Algèbre

Polynômes, théorie de Galois et applications informatiques

Cours et exercices

Algèbre

Polynômes, théorie de Galois et applications informatiques

Cours et exercices

Frédéric Butin

Hermann éditeurs

www.editions-hermann.fr

Isbn 978 2 7056 8063 3

Préface

A l'instar de Monsieur Jourdain et de sa prose, chacun "fait" de la théorie de Galois sans le savoir, ne serait-ce que parce qu'il a appris un jour que les équations de degré supérieur ou égal à cinq ne sont pas résolubles par radicaux. Ou parce qu'il connaît l'existence de problèmes insolubles tels que la quadrature du cercle, la duplication du cube, ou encore la trisection de l'angle.

Heureusement, l'intérêt de la théorie de Galois ne se limite pas à la résolution par la négative de problèmes historiques ! Grâce à la correspondance qu'elle établit entre les sous-corps d'un corps donné et les sous-groupes du groupe de ses automorphismes, elle simplifie de nombreuses questions. Elle est également liée à des applications pratiques comme les codes correcteurs d'erreurs, très largement utilisés dans la lecture des supports multimédia.

Cet ouvrage s'adresse à des étudiants de Master, à ceux qui préparent CAPES ou Agrégation, et à toute personne qui veut découvrir cette théorie : en effet, l'ensemble se veut clair, précis, et prétend donner au lecteur tous les outils nécessaires à sa progression, puisque ce livre est autocontenu. Quant aux démonstrations des théorèmes et des exercices — ils sont tous entièrement résolus — elles sont menées de façon suffisamment détaillée pour faciliter la compréhension.

La division de l'ouvrage en trois grandes parties et le nombre volontairement restreint de chapitres, réduit à dix, confèrent une unité à l'ensemble.

– Ainsi, la première partie donne les notions indispensables pour aborder la théorie de Galois.

- La deuxième, consacrée aux extensions algébriques, normales et séparables, galoisiennes — elles sont au coeur de la théorie — abéliennes, cycliques, radicales puis aux polynômes cyclotomiques, permet d'acquérir une bonne connaissance du groupe de Galois d'un polynôme.
- La dernière partie traite des applications de la théorie de Galois : les constructions à la règle et au compas sont suivies de l'étude des polynômes irréductibles sur les corps finis, de leur factorisation et de leurs applications — notamment en informatique où le codage des CD est traité de façon explicite — mais aussi des résultats classiques sur les entiers algébriques.

Dès le début, l'ouvrage se place dans un cadre général qui donne au lecteur une vision globale du sujet. Il ne s'agit nullement de "faire de l'abstrait" pour le plaisir, mais d'éviter de masquer l'essentiel par l'introduction d'hypothèses multiples dues à des cas particuliers. Partant de ce cadre général, le livre garde néanmoins le souci des applications et du concret : les calculs sont faits entièrement, car si la théorie paraît limpide, c'est souvent la pratique qui fait prendre conscience des problèmes sous-jacents.

Le calcul formel trouve ici une place de choix : de nombreuses applications suggèrent une vue différente et plus large des problèmes et mettent à profit un outil actuel pour traiter des exemples trop fastidieux à étudier "à la main". Le logiciel utilisé est Maple, mais les autres systèmes de calcul symbolique conviennent également.
Sont aussi présentés des résultats originaux, rarement traités dans la littérature, comme le théorème de Chebotaryov, l'étude explicite des codes correcteurs ou encore l'irréductibilité du permanent.

Enfin, le lecteur complétera peut-être sa culture mathématique grâce à la biographie des mathématiciens cités...
Bonne lecture !

Introduction

Les solutions de certaines équations polynomiales peuvent s'écrire au moyen de racines carrées, de racines cubiques, de racines quatrièmes... (cf. les solutions des équations de degré 2 avec la formule du discriminant). Mais il est bien connu que les équations de degré supérieur ou égal à 5 ne peuvent pas, en général, être résolues avec ce type d'écritures. Quelle en est la raison ?

Considérons trois exemples. Prenons en premier lieu l'équation $x^2 - 2 = 0$. Ses deux racines dans $\mathbb{C}$ sont $\sqrt{2}$ et $-\sqrt{2}$. Le plus petit sous-corps de $\mathbb{C}$ contenant $\mathbb{Q}$ et les racines de cette équation est donc $\mathbb{Q}[\sqrt{2}]$, i. e. l'ensemble des nombres qui s'écrivent sous la forme $a + b\sqrt{2}$ avec $(a, b) \in \mathbb{Q}^2$ (on a en effet $\left(\sqrt{2}\right)^2 \in \mathbb{Q}$ et $\frac{1}{\sqrt{2}} = \frac{\sqrt{2}}{2}$). C'est un espace vectoriel sur $\mathbb{Q}$ de base $(1, \sqrt{2})$.
Soit f un automorphisme du corps $\mathbb{Q}[\sqrt{2}]$ qui laisse fixes les éléments de $\mathbb{Q}$. Alors on a

$$0 = f(2) - 2 = f\left((\sqrt{2})^2\right) - 2 = f(\sqrt{2})^2 - 2,$$

et il y a deux applications f_1 et f_2 déterminées par

$$f_1(\sqrt{2}) = \sqrt{2} \text{ et } f_2(\sqrt{2}) = -\sqrt{2}.$$

Réciproquement, ces deux applications sont bien des automorphismes de $\mathbb{Q}[\sqrt{2}]$. Alors, le groupe des automorphismes de $\mathbb{Q}[\sqrt{2}]$ qui laissent fixes les éléments de $\mathbb{Q}$ est

$$\{f_1 : a + b\sqrt{2} \mapsto a + b\sqrt{2},\ f_2 : a + b\sqrt{2} \mapsto a - b\sqrt{2}\}.$$

Ce groupe est isomorphe au groupe symétrique $\mathfrak{S}_2$ et c'est, en particulier, un groupe résoluble.

Soit maintenant l'équation $x^4 - 7x^2 + 10 = 0$. Ses racines sont $\pm\sqrt{2}$ et $\pm\sqrt{5}$. Le plus petit sous-corps K de $\mathbb{C}$ contenant $\mathbb{Q}$ et les racines de cette équation est l'ensemble des nombres qui s'écrivent sous la forme

$$a + b\sqrt{2} + c\sqrt{5} + d\sqrt{10}$$

avec $(a,\, b,\, c,\, d) \in \mathbb{Q}^4$; c'est un $\mathbb{Q}$−espace vectoriel de base $(1,\, \sqrt{2},\, \sqrt{5},\, \sqrt{10})$. Soit f un automorphisme du corps K qui laisse fixes les éléments de $\mathbb{Q}$. Alors f vérifie $f(\sqrt{2}) = \pm\sqrt{2}$ et $f(\sqrt{5}) = \pm\sqrt{5}$. Le groupe des automorphismes de K qui laissent fixes les éléments de $\mathbb{Q}$ est donc $\{f_1,\, f_2,\, f_3,\, f_4\}$, avec

$$\begin{aligned}
f_1 &: a + b\sqrt{2} + c\sqrt{5} + d\sqrt{10} \mapsto a + b\sqrt{2} + c\sqrt{5} + d\sqrt{10},\\
f_2 &: a + b\sqrt{2} + c\sqrt{5} + d\sqrt{10} \mapsto a + b\sqrt{2} - c\sqrt{5} - d\sqrt{10},\\
f_3 &: a + b\sqrt{2} + c\sqrt{5} + d\sqrt{10} \mapsto a - b\sqrt{2} + c\sqrt{5} - d\sqrt{10},\\
f_4 &: a + b\sqrt{2} + c\sqrt{5} + d\sqrt{10} \mapsto a - b\sqrt{2} - c\sqrt{5} + d\sqrt{10}.
\end{aligned}$$

Ce groupe est isomorphe au groupe $(\mathbb{Z}\,/\,2\mathbb{Z}) \times (\mathbb{Z}\,/\,2\mathbb{Z})$ et c'est encore un groupe résoluble.

Intéressons-nous enfin à l'équation $x^5 + 4x^4 + x^2 - 7 = 0$, qui admet 5 racines complexes. Soit K le plus petit sous-corps de $\mathbb{C}$ contenant $\mathbb{Q}$ et les racines de cette équation. On peut montrer que le groupe des automorphismes de K qui laissent fixes les éléments de $\mathbb{Q}$ est isomorphe au groupe symétrique $\mathfrak{S}_5$. Par ailleurs, il s'avère que les racines de cette équation ne peuvent pas s'exprimer explicitement à l'aide de racines carrées, cubiques ...

Que ressort-il de ces exemples ? Les solutions des deux premières équations s'expriment explicitement à l'aide de racines : on dit que les équations sont *résolubles par radicaux*. Et les groupes d'automorphismes construits sont résolubles, ce qui n'est pas le cas de $\mathfrak{S}_5$. Il ne s'agit pas là d'une coïncidence, mais d'un résultat fondamental de la théorie de Galois qui affirme qu'une équation est résoluble par radicaux si et seulement si le groupe d'automorphismes qui lui est associé est résoluble. Ce groupe d'automorphismes est appelé le *groupe de Galois* de l'équation.

En préalable à l'étude de telles équations, nous introduirons le vocabulaire relatif aux extensions algébriques. Une extension algébrique d'un corps K est un corps L dont K est un sous-corps. Par exemple, $\mathbb{R}$ est une extension algébrique de $\mathbb{Q}$.
On dira que L est de degré fini sur K si L est un $K-$espace vectoriel de dimension finie.

Puis nous porterons notre attention sur les extensions normales. On dit qu'une extension L d'un corps K est normale si tout polynôme $P \in K[X]$ qui admet une racine dans L a toutes ses racines dans L. L'extension $\mathbb{Q}[\sqrt{2}]$ introduite pour l'étude de la première équation est un exemple d'extension normale.

Nous considérerons ensuite le problème de la multiplicité des racines, et pour cela nous introduirons un deuxième type d'extension algébrique : les extensions séparables. Une extension L de K sera dite séparable si tout élément de L est annulé par un polynôme $P \in K[X]$ qui est premier avec son polynôme dérivé. Ceci nous amènera aussi à étudier les corps finis ainsi que les corps parfaits.

Finalement, nous aurons tous les outils pour nous placer dans le cadre approprié de la théorie de Galois que constituent les extensions galoisiennes, c'est-à-dire les extensions qui sont à la fois normales et séparables. Nous énoncerons alors le théorème fondamental de la théorie de Galois à savoir que, si K est un corps, L une extension galoisienne de degré fini de K, et G le groupe d'automorphismes de L qui laissent fixes les éléments de K, alors les sous-groupes de G sont en bijection avec les sous-extensions de L contenant K. Le groupe d'automorphismes est appelé le *groupe de Galois* de L sur K.
Ce théorème constitue en quelque sorte le coeur de la théorie de Galois en ce sens qu'il ramène l'étude des sous-corps de L à l'étude des sous-groupes de G.

Avec l'introduction de nouveaux types d'extensions algébriques, comme les extensions abéliennes, cycliques, cyclotomiques ou encore radicales, nous démontrerons un deuxième théorème essentiel, celui évoqué au début de l'introduction : une équation est résoluble par radicaux si et seulement si son groupe de Galois est résoluble.

Forts de tous ces outils, nous serons en mesure de montrer en quoi la théorie de Galois a de l'intérêt, en évoquant et en traitant ses applications dans des domaines extrêmement variés.
Une première application est la réponse à la question qui se pose naturellement, à savoir : quand un groupe donné est-il le groupe de Galois d'une équation ? Nous répondrons de façon (très) partielle, sachant que le problème dans sa généralité reste ouvert.

La théorie répond à un autre problème algébrique, celui de la recherche des entiers d'un corps de nombres. On dit qu'un nombre complexe est un entier algébrique s'il est racine d'un polynôme unitaire à coefficients entiers. Pour connaître les entiers algébriques contenus dans divers sous-corps de $\mathbb{C}$, nous introduirons deux outils techniques, la norme et la trace. Ces outils permettront en outre d'obtenir des bases normales d'extensions galoisiennes L de degré fini d'un corps K, i. e. des bases de L dont les éléments constituent une orbite sous l'action du groupe de Galois de L sur K.

Une autre application bien connue de cette théorie est la réponse qu'elle apporte à des questions historiques de constructions à la règle et au compas, comme celles de la quadrature du cercle, de la trisection de l'angle ou de la duplication du cube. Par la correspondance de Galois, nous saurons également quels sont les polygones réguliers qui sont constructibles à la règle et au compas.

A l'opposé de ces questions qui intriguaient déjà le monde antique, la théorie a tout son intérêt dans le problème actuel des codes correcteurs d'erreurs : dans la transmission d'un message, des erreurs apparaissent souvent en raison de canaux de communication non totalement fiables. Un code correcteur est un outil informatique qui permet d'une part de coder le message avant son envoi, et d'autre part de récupérer le message initial après avoir corrigé les erreurs de transmission. Le cadre des corps finis — dont la classification résulte de la théorie de Galois — est le fondement de l'étude de ces codes. Parmi les nombreux domaines concrets où ces codes interviennent, celui des CD, et plus généralement celui de tout support numérique de stockage de l'information, sera étudié en détail.

Sommaire

Première partie

Arithmétique, anneaux et polynômes

Chapitre 1

Arithmétique et groupe symétrique

Le but de ce chapitre est de rappeler des résultats d'arithmétique et de donner des exemples d'application en informatique. Nous ferons également quelques rappels sur le groupe symétrique dont l'usage est constant en théorie de Galois.

1.1 Rappels d'arithmétique et indicatrice d'Euler

1.1.1 Anneau $\mathbb{Z}\,/\,n\mathbb{Z}$

Nous rappelons ici des résultats d'arithmétique [1] utilisés fréquemment dans les chapitres suivants.
Citons tout d'abord le théorème de Bézout, aussi facile que fondamental : si a et b sont deux entiers premiers entre eux, alors il existe deux entiers u et v tels que $au + bv = 1$.
Étant donné un entier $n \in \mathbb{N}^{\times}$, on rappelle que l'ensemble des classes d'entiers relatifs modulo n est l'ensemble $\{\overline{0}, \overline{1}, \ldots, \overline{n-1}\}$, noté $\mathbb{Z}\,/\,n\mathbb{Z}$. Cet ensemble est naturellement muni d'une structure d'anneau commutatif. Les

1. Mon Dieu, c'est l'arithmétique… tique, tique, tique ! (Colette, *L'enfant et les sortilèges*).

générateurs de $\mathbb{Z}/n\mathbb{Z}$ (en tant que groupe additif) sont les classes $\overline{m}$ telles que m et n sont premiers entre eux. Le groupe additif $\mathbb{Z}/n\mathbb{Z}$ est isomorphe au groupe multiplicatif des racines $n-$èmes de l'unité dans $\mathbb{C}$. Rappelons aussi qu'une classe $\overline{m}$ est inversible si et seulement si m et n sont premiers entre eux, et que, dans le cas contraire, $\overline{m}$ divise $\overline{0}$. Enfin, $\mathbb{Z}/n\mathbb{Z}$ est un corps si et seulement si n est un nombre premier.
Le *théorème chinois* assure que si m et n sont premiers entre eux, alors les anneaux $\mathbb{Z}/mn\mathbb{Z}$ et $\mathbb{Z}/m\mathbb{Z} \times \mathbb{Z}/n\mathbb{Z}$ sont isomorphes.

1.1.2 Groupes et indicatrice d'Euler

Soit G un groupe dont l'élément neutre est noté e. On rappelle qu'un élément $g \in G$ est d'*ordre fini* s'il existe un entier $n \in \mathbb{N}^\times$ tel que $g^n = e$. Le plus petit entier $n \in \mathbb{N}^\times$ tel que $g^n = e$ est appelé l'*ordre* de g. Le cardinal d'un groupe fini est également appelé l'*ordre* du groupe. Cette notion coïncide avec la précédente définition de l'ordre dans le cas d'un groupe *cyclique*, i. e. fini et engendré par un élément.

Le résultat basique mais fondamental relatif à l'ordre est le *théorème de Lagrange*, selon lequel l'ordre de tout élément d'un groupe fini divise l'ordre du groupe. Donnons une application de ce théorème qui sera utilisée dans la suite : si deux éléments g_1 et g_2 commutent et sont d'ordres finis m_1 et m_2 premiers entre eux, alors l'ordre de g_1g_2 est le produit de leurs ordres. En effet, $(g_1g_2)^{m_1m_2} = e$ montre que l'ordre de g_1g_2 divise m_1m_2. Inversement, si $q \in \mathbb{N}^\times$ vérifie $(g_1g_2)^q = e$, l'élément $g_2^{-q} = g_1^q$ appartient au groupe $\langle g_1\rangle \cap \langle g_2\rangle$. D'après le théorème de Lagrange, son ordre divise m_1 et m_2, donc vaut 1, et $g_1^q = e$. Ainsi, m_1 divise q ; de même m_2 divise q, donc m_1m_2 divise q.

Soit G un groupe fini qui agit sur un ensemble fini X. Pour $x \in X$, on note $G \cdot x$ l'orbite de x et G_x le stabilisateur de x dans G. L'application ψ de G dans $G \cdot x$ définie par $\psi(g) = g \cdot x$ induit une bijection de G/G_x sur $G \cdot x$, donc $|G \cdot x| = \frac{|G|}{|G_x|}$.
Les orbites forment une partition de X, donc si $O_1, \ldots, O_r$ sont les orbites distinctes de X sous l'action de G, alors $|X| = |O_1| + \cdots + |O_r|$. Cette

formule s'appelle *l'équation des classes.*
Pour $g \in G$, définissons enfin le fixateur de g par $fix_g := \{x \in X \ / \ g{\cdot}x = x\}$. On a alors la *formule de Burnside* :

$$r = \frac{1}{|G|} \sum_{g \in G} |fix_g|.$$

En effet, considérons l'ensemble $F := \{(g, x) \in G \times X \ / \ g \cdot x = x\}$. Alors $|F| = \sum_{g \in G} |fix_g|$ et

$$|F| = \sum_{x \in X} |G_x| = \sum_{j=0}^{r} \sum_{x \in O_j} |G_x| = \sum_{j=0}^{r} \sum_{x \in O_j} \frac{|G|}{|O_j|} = r\,|G|,$$

d'où le résultat.

Pour $n \in \mathbb{N} \backslash \{0, 1\}$, on note $\varphi(n)$ le nombre d'éléments inversibles de $\mathbb{Z}\,/\,n\mathbb{Z}$. On pose également $\varphi(1) = 1$. On appelle *indicatrice d'Euler* l'application de $\mathbb{N}^\times$ dans $\mathbb{N}^\times$ ainsi définie. Le nombre $\varphi(n)$ est donc le cardinal du groupe $(\mathbb{Z}\,/\,n\mathbb{Z})^\times$. Il résulte du théorème chinois que si $n_1, \ldots, n_r$ sont des nombres deux à deux premiers entre eux, alors $\varphi(n_1 \ldots n_r) = \varphi(n_1) \ldots \varphi(n_r)$. Si p est un nombre premier, alors $\mathbb{Z}\,/\,p\mathbb{Z}$ est un corps, donc $\varphi(p) = p - 1$. Si $\alpha \in \mathbb{N}$, alors $\varphi(p^\alpha)$ est le nombre d'éléments de l'ensemble $[\![0,\, p^{\alpha-1}]\!]$ qui sont premiers avec p^α. Ce sont les éléments de l'ensemble

$$[\![0,\, p^{\alpha-1}]\!] \setminus \{0,\, p,\, 2p, \ldots,\, p^{\alpha-2}p\},$$

d'où $\varphi(p^\alpha) = p^\alpha - p^{\alpha-1}$. Finalement, si $n \in \mathbb{N}^\times$ s'écrit $n = p_1^{\alpha_1} \ldots p_r^{\alpha_r}$, où les p_j sont des nombres deux à deux premiers entre eux, alors

$$\varphi(n) = \prod_{j=1}^{r} (p_j^{\alpha_j} - p_j^{\alpha_j - 1}) = n \prod_{j=1}^{r} \left(1 - \frac{1}{p_j}\right).$$

Soit a un entier premier avec n. Alors $\overline{a}$ est dans $(\mathbb{Z}\,/\,n\mathbb{Z})^\times$, donc d'après le théorème de Lagrange, $\overline{a}^{\varphi(n)} = \overline{1}$, i. e. $a^{\varphi(n)} \equiv 1 \mod n$. Ce résultat s'appelle le *théorème d'Euler*. Le *petit théorème de Fermat* s'en déduit en prenant un nombre premier p : dans ce cas, on a $\varphi(p) = p - 1$, donc si a

et p sont premiers entre eux, alors $a^{p-1} \equiv 1 \mod p$.

On a la relation $n = \sum_{d|n} \varphi(d)$ appelée *formule d'Euler*. En effet, pour tout diviseur d de n, considérons les ensembles

$$F_d := \{k \in [\![0,\, n-1]\!] \;/\; k \wedge n = 1\} \text{ et } F'_d := \{k \in [\![0,\, \frac{n}{d}-1]\!] \;/\; k \wedge \frac{n}{d} = 1\}.$$

Alors l'application $k \mapsto \frac{k}{d}$ réalise une bijection de F_d sur F'_d, de réciproque $l \mapsto dl$. Donc $|F_d| = |F'_d| = \varphi\left(\frac{n}{d}\right)$. Comme les ensembles $(F_d)_{d|n}$ forment une partition de $[\![1,\, n]\!]$, on a

$$\sum_{e|n} \varphi(e) = \sum_{d|n} \varphi\left(\frac{n}{d}\right) = \sum_{d|n} |F_d| = n.$$

Le théorème suivant est une conséquence de la formule d'Euler.

Théorème 1.1.1
Tout sous-groupe fini du groupe multiplicatif d'un corps K est cyclique. En particulier, pour $n \in \mathbb{N}^\times$, l'ensemble des racines de $X^n - 1$ dans K est un sous-groupe cyclique de $K^\times$ dont l'ordre divise n. Ce groupe est appelé le groupe des racines $n-$èmes de l'unité *de K.*

Démonstration[2] :
Soit G un sous-groupe d'ordre n de $K^\times$. Notons $\psi(d)$ le nombre d'éléments d'ordre d de G. Alors $\psi(d) = 0$ ou $\psi(d) = \varphi(d)$. En effet, s'il existe $x \in G$ d'ordre d, alors $\langle x \rangle$ est inclus dans l'ensemble des racines de $X^d - 1$ dans K. Or K est intègre, donc $X^d - 1$ a au plus d racines dans K, donc $\langle x \rangle$ est l'ensemble des racines de $X^d - 1$ dans K. Donc $\varphi(d) = \psi(d)$. En particulier, pour tout d divisant n, on a $\psi(d) \leq \varphi(d)$. Comme $n = \sum_{d|n} \varphi(d) = \sum_{d|n} \psi(d)$, on a $\varphi(d) = \psi(d)$ pour tout d divisant n. Finalement, comme $\psi(n) = \varphi(n) \neq 0$, il existe un élément y de G d'ordre n. Puisque $|G|$ est de cardinal n, on a $G = \langle y \rangle$. ■

2. Une seule démonstration me frappe plus que cinquante faits. *Diderot.*

Par exemple, pour tout p premier, $\mathbb{F}_p^\times$ est cyclique d'ordre $p-1$. Remarquons également que l'ordre du groupe des racines $n-$èmes de l'unité dépend du corps K : en effet, il y a dans $\mathbb{C}$ n racines $n-$èmes de l'unité, alors que dans $\mathbb{R}$ il n'y en a qu'une ou deux suivant la parité de n.

Il n'existe pas de méthode générale pour trouver explicitement les générateurs de $\mathbb{F}_q^\times$. Le résultat suivant permet cependant d'obtenir dans certains cas de tels générateurs.

Théorème 1.1.2 (Lucas)
Soient $n \in \mathbb{N}^\times$ et $a \in \mathbb{Z}^\times$ tels que $a^{n-1} \equiv 1 \mod n$, et tels que pour tout nombre premier p divisant $n-1$, $a^{\frac{n-1}{p}}$ ne soit pas congru à 1 modulo n. Alors n est premier et a est un générateur de $(\mathbb{Z}/n\mathbb{Z})^\times$.

Démonstration :
Notons $o(a)$ l'ordre de a dans $\mathbb{Z}/n\mathbb{Z}$. Comme $a^{n-1} \equiv 1 \mod n$, $o(a)$ divise $n-1$. Montrons par l'absurde que $o(a) = n-1$: si $o(a) \neq n-1$, alors $\frac{n-1}{o(a)} > 1$, donc $\frac{n-1}{o(a)}$ admet un facteur premier p. Il existe donc $c \in \mathbb{N}^\times$ tel que $\frac{n-1}{o(a)} = cp$. Alors $a^{\frac{n-1}{p}} = (a^{o(a)})^c \equiv 1^c \equiv 1 \mod n$. Ceci est absurde par hypothèse, donc $o(a) = n-1$. Ainsi, puisque $|(\mathbb{Z}/n\mathbb{Z})^\times| \leq n-1$, a engendre $(\mathbb{Z}/n\mathbb{Z})^\times$ et $|(\mathbb{Z}/n\mathbb{Z})^\times| = n-1$. Donc $(\mathbb{Z}/n\mathbb{Z})^\times$ est un corps, et n est nécessairement premier. ■

Pour trouver des générateurs de $(\mathbb{Z}/n\mathbb{Z})^\times$, on essaie les nombres $a = 2, 3, \ldots$
— Si a^{n-1} n'est pas congru à 1 modulo n, alors d'après le petit théorème de Fermat, n n'est pas premier.
— Si a^{n-1} est congru à 1 modulo n, alors on calcule $b_p := a^{\frac{n-1}{p}} \mod n$ pour tout nombre premier p divisant $n-1$. Si aucun des b_p n'est congru à 1 modulo n, alors n est premier et a est un générateur de $(\mathbb{Z}/n\mathbb{Z})^\times$.

Terminons ce paragraphe en rappelant un résultat sur la structure des groupes cycliques. Sa démonstration fait appel aux techniques exposées auparavant.

Proposition 1.1.3
Si G est un groupe cyclique d'ordre n, alors pour tout diviseur d de n, G contient un unique sous-groupe d'ordre d.

Démonstration :
Soit $G := \langle x \rangle$ un groupe cyclique d'ordre n. Pour tout $j \in [\![0, n-1]\!]$, l'ordre de x^j est $\frac{n}{n \wedge j}$. Le nombre d'éléments d'ordre d est donc le cardinal de l'ensemble $\{j \in [\![0, n-1]\!] \ / \ j \wedge n = \frac{n}{d}\}$. Cet ensemble est en bijection avec l'ensemble $\{l \in [\![0, d-1]\!] \ / \ l \wedge d = 1\}$, via l'application $j \mapsto j\,\frac{d}{n}$, de réciproque $l \mapsto l\,\frac{n}{d}$. Donc le nombre d'éléments d'ordre d est $\varphi(d)$.
Par ailleurs, $y := x^{\frac{n}{d}}$ est d'ordre $\frac{n}{n \wedge \frac{n}{d}} = d$. Soit $H := \langle y \rangle$ le sous-groupe de G engendré par y. Alors le nombre d'éléments d'ordre d de H est le cardinal de l'ensemble $\{l \in [\![0, d-1]\!] \ / \ l \wedge d = 1\}$, i. e. $\varphi(d)$. Donc H contient tous les éléments d'ordre d. ■

1.2 Cryptographie

Nous présentons ici deux méthodes de cryptographie, comme applications des résultats d'arithmétique. Quel est le principe de la cryptographie ?
Amélie veut envoyer un message à Baudoin. Pour rendre son texte difficile à intercepter par un tiers, elle va le coder en utilisant des *clés*. En revanche, Baudoin doit pouvoir le décoder facilement grâce à l'utilisation de ces clés.
Pour écrire le message, on fixe un alphabet "public" de cardinal L dont les lettres sont numérotées de 0 à $L-1$. Par exemple, on peut prendre

$$\mathcal{A} = \{a,\, b,\, c,\, d,\, e,\, f,\, g,\, h,\, i,\, j,\, k,\, l,\, m,\, n,\, o,\, p,\, q,\, r,\, s,\, t,\, u,\, v,\, w,\, x,\, y,\, z,\, \sqcup\},$$

avec $L = 27$.
Pour exposer les deux méthodes, nous allons les programmer à l'aide de Maple. Nous commençons par définir l'alphabet $\mathcal{A}$ et le message à envoyer.

```
alphabet:="abcdefghijklmnopqrstuvwxyz "; L:=length(alphabet);
message:="vive les vacances";
```

1.2.1 Le système RSA

Ce système de codage est un système à *clé publique*, ce qui signifie que la clé de cryptage est connue de tous. Baudoin fixe deux entiers premiers p et q distincts qu'il garde secrets. On note $M := pq$ leur produit. Le nombre M est quant à lui rendu public par Baudoin. Les facteurs premiers de M n'étant pas connus, $\varphi(M)$ ne l'est pas non plus. Baudoin fixe également un entier m inversible modulo M qu'il rend public. Le calcul de l'inverse k de m modulo M nécessite de connaître $\omega := \varphi(m)$.

Si un tiers récupère le nombre M, il doit calculer la factorisation de M en nombres premiers[3] pour avoir p et q. Il en déduit alors $\varphi(M)$ et k.

```
p:=ithprime(1000^2); q:=ithprime(1000^2+1000);
M:=p*q; omega:=(p-1)*(q-1); m:=5; igcd(5,omega);
```

On obtient $p = 15485863$ et $q = 15502177$.
Le codage du message est alors le suivant : on commence par remplacer chaque lettre du message par son numéro, on obtient ainsi une liste d'entiers compris entre 0 et $L-1$. On interprète cette liste comme l'écriture d'un entier x en base L. On convertit ensuite cette liste en l'écriture de x en base M. On obtient alors une liste d'entiers compris entre 0 et $M-1$. On élève chaque élément de cette liste à la puissance m modulo M : c'est le message codé qu'Amélie envoie à Baudoin.

```
numero:=proc(c)
if member(c,convert(alphabet,list),'i') then i-1 fi:
end proc:
lettre:=proc(n) alphabet[n+1]; end proc:
codageRSA:=proc(msg,mm,MM)
local n,liste;
```

3. Le problème de la factorisation d'un nombre en nombres premiers est un problème délicat. Plusieurs algorithmes existent, dont l'algorithme de Pollard, ou encore celui de factorisation par courbe elliptique de Lenstra, mais aucun n'est suffisamment efficace.

```
n:=length(msg):
liste:=[seq(numero(msg[j]),j=1..n)]:
liste:=convert(liste,base,L,MM):
liste:=[seq(Power(liste[j],mm) mod MM,j=1..nops(liste))]:
end proc:

messcodeRSA:=codageRSA(message,m,M);
```

Le message codé est donc [126086960139567, 152613454678237].

Le décodage du message s'effectue de la façon suivante : chaque élément de la liste est élevé à la puissance k. La liste obtenue est interprétée comme l'écriture en base M d'un entier x. On convertit x en base L et on obtient une liste d'entiers compris entre 0 et $L-1$. On remplace enfin chacun des entiers par la lettre de l'alphabet correspondante.

```
decodageRSA:=proc(liste,kk,MM)
local n,listebis:
n:=nops(liste):
listebis:=[seq(Power(liste[j],kk) mod  MM,j=1..n)]:
listebis:=convert(listebis,base,MM,L):
listebis:=[seq(lettre(listebis[j]),j=1..nops(listebis))]:
cat(op(listebis));
end proc:

k:=1/m mod omega; decodageRSA(messcodeRSA,k,M);
```

On obtient $k = 96025823294285$, puis “vive les vacances”, message toujours bien accueilli !

Attention si vous envoyez le même message à deux amis dont les clés m_1 et m_2 sont premières entre elles ! D'après le théorème de Bézout, il existe deux entiers u_1 et u_2 tels que $u_1m_1 + u_2m_2 = 1$, d'où $x = (x^{m_1})^{u_1}(x^{m_2})^{u_2}$, et le message peut être facilement décrypté par un tiers !

1.2.2 Le système d'El Gamal

Soient p un nombre premier, g un générateur de $(\mathbb{Z}/p\mathbb{Z})^\times$, et h un élément de $(\mathbb{Z}/p\mathbb{Z})^\times$. Le problème du *logarithme discret*[4] consiste à trouver $\lambda \in [\![0,\, p-1]\!]$ tel que $h = g^\lambda \mod p$.

Le système de codage d'El Gamal comporte une clé commune secrète. Il nécessite donc un échange d'informations relatives à la clé. Si un tiers intercepte ces informations, il doit résoudre le problème du logarithme discret pour connaître le message.
Baudoin rend public un entier premier p et un générateur g de $(\mathbb{Z}/p\mathbb{Z})^\times$ et choisit un entier a dans $[\![2,\, p-2]\!]$ qu'il garde secret. Il rend public le nombre $x := g^a \mod p$. De même, Amélie choisit un entier b dans $[\![2,\, p-2]\!]$ qu'elle garde secret, et rend public le nombre $y := g^b \mod p$. Amélie et Baudoin calculent enfin le nombre g^{ab} qui constitue leur clé secrète commune.
Pour envoyer le message m à Baudoin, Amélie calcule $z := mx^b \mod p$ et envoie $(y,\, z)$. Baudoin calcule alors $k := y^a = g^a b = x^b \mod p$ puis reconstitue le message en calculant $m := zk^{-1} \mod p$.

Si un tiers intercepte le couple $(y,\, z)$, le générateur g étant public, il connaît la relation $y = g^b \mod p$. Il doit donc résoudre le problème du logarithme discret pour retrouver b. Alors, comme x est public, le tiers peut calculer le nombre $k = x^b \mod p$, et enfin évaluer $m = zk^{-1} \mod p$.

```
p:=ithprime(2000*1000);
with(RandomTools): with(numtheory):
do g:=Generate(integer(range=2..p-1));
if order(g,p)=p-1 then break fi: od:
```

4. Le problème du logarithme discret est un problème supposé difficile à résoudre. L'algorithme naïf qui consiste à essayer toutes les valeurs de $\lambda \in [\![0,\, p-1]\!]$ a une complexité en $O(n)$. L'algorithme de Shanks (pas de bébé, pas de géant) permet de résoudre le problème du logarithme discret avec une complexité en $O(\sqrt{n})$ (déjà plus efficace) : on fixe $\omega \in [\![0,\, p-1]\!]$, de l'odre de $\sqrt{n}$, et par division euclidienne on écrit $\lambda = \omega\lambda_1 + \lambda_0$, avec $\lambda_1 \in [\![0,\, \omega-1]\!]$. L'équation à résoudre est donc l'équation $g^{\lambda_0} = hg^{-\omega\lambda_1}$, d'inconnue $(\lambda_0,\, \lambda_1)$. On écrit alors la liste $(g^{\lambda_0},\, \lambda_0 = 0 \ldots \omega-1) = (1,\, g,\, g^2, \ldots,\, g^{\omega-1})$, et pour tout $\lambda_1 \in [\![0,\, E(\frac{n}{\omega})]\!]$, on cherche si $g^{\lambda_0} = hg^{-\omega\lambda_1} \mod p$.

On obtient $p = 32452843$ et $g = 22393191$.

```
codageEG:=proc(msg::string,p::posint,bb::posint,gg,xx)
local n,liste;
n:=length(msg):
liste:=[seq(numero(msg[j]),j=1..n)]:
liste:=convert(liste,base,L,p):
liste:=[[seq(liste[j]*Power(xx,bb) mod p,j=1..nops(liste))],
                                        Power(gg,b) mod p]:
end proc:

a:=165; b:=744; x:=Power(g,a) mod p; y:=Power(g,b) mod p;
⟶ x:=6423741, y:=27512765
messcodeEG:=codageEG(message,p,b,g,x);
```

Le message codé est [[2799068, 20858626, 16585434, 9795925], 27512765].

```
decodageEG:=proc(listedouble,p,aa,gg)
local k,listebis,liste,y;
liste:=listedouble[1]: y:=listedouble[2]: k:=Power(y,aa) mod p:
listebis:=[seq(liste[j]/k mod  p,j=1..nops(liste))]:
listebis:=convert(listebis,base,p,L):
listebis:=[seq(lettre(listebis[j]),j=1..nops(listebis))]:
cat(op(listebis));
end proc:

decodageEG(messcodeEG,p,a,g); ⟶ "vive les vacances"
```

1.3 Transformée de Fourier discrète

1.3.1 Principe de la FFT

Nous nous intéressons dans ce paragraphe à une utilisation des racines de l'unité dans $\mathbb{C}$. Il s'agit de la transformée de Fourier discrète. L'algorithme que nous exposons ici est l'*algorithme de Cooley et Tuckey*, encore appelé *transformée de Fourier discrète rapide*[5]. C'est un algorithme récursif qui repose sur le principe "diviser pour régner" : comme la transformation de Fourier d'un vecteur $(x,\, y)$ de taille 2 est simple à obtenir — elle se ramène au calcul de $\left(\frac{x+y}{2},\, \frac{x-y}{2}\right)$ — on calcule la transformée de Fourier des termes d'indices pairs et des termes d'indices impairs et on fusionne les deux vecteurs obtenus. Cet algorithme a une complexité de l'ordre de $N\ln(N)$, alors que le calcul "naïf" a une complexité de N^2. Notons que la fonction implémentée dans Maple, et notée `DiscreteTransforms[FourierTransform]` retourne $\sqrt{2^n}$ fois le résultat de la fonction que nous donnons ci-dessous, où n est tel que y est un vecteur de taille 2^n. Pour des informations plus détaillées sur cet algorithme, on conseille le livre [GW04].

Soient $n \in \mathbb{N}^\times$, $N := 2^n$, et $\omega_N := e^{\frac{2i\pi}{N}}$.
Considérons un vecteur $y := (y_0, \ldots, y_{N-1}) \in \mathbb{C}^N$. La transformée de Fourier discrète de y est le vecteur $Y := (Y_0, \ldots, Y_{N-1}) \in \mathbb{C}^N$ défini par

$$Y_j = \frac{1}{N} \sum_{k=0}^{N-1} y_k \omega_N^{-kj}$$

pour tout $j \in [\![0,\, N-1]\!]$. On note $\mathcal{F}$ l'application de $\mathbb{C}^N$ dans lui-même définie par $\mathcal{F}(y) = Y$. La fonction ci-dessous reçoit un vecteur y de taille $N = 2^n$ (écrit sous forme de liste) et retourne sa transformée de Fourier discrète Y.

```
fourier:=proc(y::list,n::nonnegint)
local omega,Y,k,II,PP,VP,VI;
if n=1 then Y:=[(y[1]+y[2])/2,(y[1]-y[2])/2] else
    VP:=[seq(y[2*j-1],j=1..2^(n-1))]: PP:=fourier(VP,n-1):
    VI:=[seq(y[2*j],j=1..2^(n-1))]: II:=fourier(VI,n-1):
    omega:=exp(2*I*Pi/(2^n)): Y:=[seq(0,j=1..2^n)]:
    for k from 1 to 2^(n-1) do
        Y[k]:=1/2*(PP[k]+omega^(-k+1)*II[k]):
        Y[k+2^(n-1)]:=1/2*(PP[k]-omega^(-k+1)*II[k]):
    od:
```

5. FFT, i. e. fast Fourier transform.

```
fi:
return Y;
end proc:
```

Exemple `y:=[2,3,4,3,2,1,7,9]: Y:=fourier(y,3): evalf(sqrt(8)*Y);`
$\longrightarrow$ `[11., 2.0+2.0*I, -2.4+2.8*I, -2.0-0.56e-1*I, -.34, -2.0+0.56e-1*I, -2.4-2.8*I, 2.0-2.0*I]`

Comparaison avec la fonction de Maple :
`Y2:=evalf(DiscreteTransforms[FourierTransform](Vector(y)),2):`
`[seq(v2[j],j=1..8)]` $\longrightarrow$ `[11., 2.0+2.1*I, -2.5+2.8*I, -2.0-0.61e-1*I, -.35, -2.0+0.61e-1*I, -2.5-2.8*I, 2.0-2.1*I]`

Soit $f : \mathbb{R} \to \mathbb{R}$ une fonction continue par morceaux et $2\pi-$périodique. Ses coefficients de Fourier sont donnés par

$$c_j(f) = \frac{1}{2\pi} \int_0^{2\pi} f(z) e^{-ijz} dz.$$

La formule d'intégration des trapèzes donne des valeurs approchées $c'_j(f)$ des coefficients, avec

$$c'_j(f) = \frac{1}{N} \sum_{k=0}^{N-1} f\left(\frac{2k\pi}{N}\right) \omega_N^{-kj}$$

pour tout $j \in [\![-\frac{N}{2}, \frac{N}{2} - 1]\!]$. Or

$$c'_j(f) = \left\{ \begin{array}{ll} Y_j & \text{si } j \in [\![0, \frac{N}{2} - 1]\!] \\ Y_{j+N} & \text{si } j \in [\![-\frac{N}{2}, -1]\!] \end{array} \right. .$$

On a donc

$$\left(c'_0(f), c'_1(f), \ldots, c'_{\frac{N}{2}-1}(f), c'_{-\frac{N}{2}}(f), \ldots, c'_{-1}(f)\right) = \mathcal{F}\left(f(0), f\left(\frac{2k\pi}{N}\right), \ldots, f\left(\frac{2(N-1)\pi}{N}\right)\right).$$

1.3.2 Application : fonction créneau

On considère ici la fonction créneau 2π−périodique définie par

$$f(x) = \begin{cases} \frac{2}{\pi}x & \text{si } x \in [0, \frac{\pi}{2}[\\ 2 - \frac{2}{\pi}x & \text{si } x \in [\frac{\pi}{2}, \frac{3\pi}{2}[\\ \frac{2}{\pi}x - 4 & \text{si } x \in [\frac{3\pi}{2}, 2\pi] \end{cases} .$$

Sa série de Fourier est donnée par $S_N(f)(x) := \sum_{j=-\frac{N}{2}}^{\frac{N}{2}-1} c_j(f)e^{ijx}$, et la série définie par les coefficients approchés s'écrit

$$S'_N(f)(x) := \sum_{j=-\frac{N}{2}}^{\frac{N}{2}-1} c'_j(f)e^{ijx} = \sum_{j=0}^{\frac{N}{2}-1} Y_j(f)e^{ijx} + \sum_{j=-\frac{N}{2}}^{-1} Y_{j+N}(f)e^{ijx},$$

où $Y = \mathcal{F}\left(f(0), f\left(\frac{2k\pi}{N}\right), \ldots, f\left(\frac{2(N-1)\pi}{N}\right)\right)$.

```
f:=unapply(piecewise(x>0 and x<Pi/2,2/Pi*x,
           x>=3*Pi/2 and x<=2*Pi,2/Pi*x-4,
           x>=Pi/2 and x<3*Pi/2,2-2/Pi*x,0),x);

n:=4: N:=2^n: y:=[seq(f(j*2*Pi/N),j=0..N-1)]:
Y:=evalf(fourier(y,n)):
Sfp:=add(Y[j+1]*exp(I*j*x),j=0..N/2-1)+add(Y[j+N+1]*exp(I*j*x),
j=-N/2..-1):
Sfpappr:=evalc(Re(evalf(Sfp,2)));
```

Les coefficients exacts — beaucoup plus longs à obtenir que les coefficients approchés — sont donnés par les lignes suivantes.

```
Sf:=add(1/(2*Pi)*int(f(t)*exp(-I*j*t),t=0..2*Pi)*exp(I*x*j),
j=-N/2..N/2-1):
Sfappr:=evalc(Re(evalf(Sf,2)));
```

```
grf:=plot(f,0..2*Pi,color=blue):
grSf:=plot(Sfappr,x=0..2*Pi,color=black,style=point,
symbol=circle):
grSfp:=plot(Sfpappr,x=0..2*Pi,color=black,style=point,
symbol=cross):
plots[display](grf,grSf,grSfp)
```

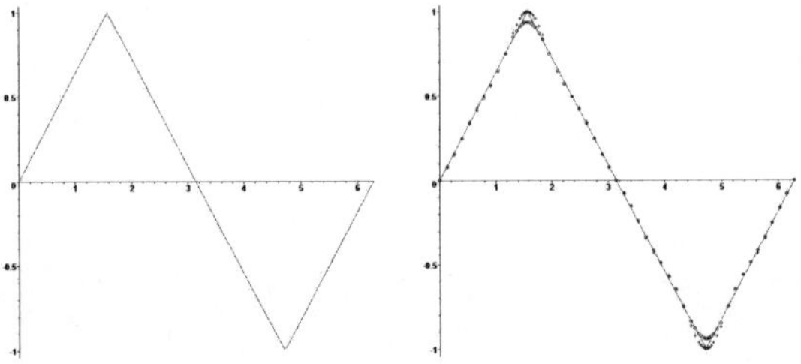

FIGURE 1.1 – Fonction f et transformées de Fourier exacte et approchée.

1.4 Groupe symétrique

1.4.1 Permutations et systèmes générateurs de $\mathfrak{S}_n$

Dans ce paragraphe, on étudie le *groupe symétrique* [6] ; c'est le groupe des bijections de l'ensemble $[\![1, n]\!]$ dans lui-même, groupe extrêmement important dans la mesure où, selon le *théorème de Cayley*, tout groupe fini G s'injecte dans le groupe symétrique $\mathfrak{S}_{|G|}$ (l'application $g \mapsto \tau_g$, où $\tau_g : h \mapsto gh$ est la translation à gauche par g, est un morphisme injectif de G dans $\mathfrak{S}_{|G|}$).

Rappelons le résultat fondamental suivant, à savoir que toute permutation se décompose de façon unique à l'ordre près des facteurs en un produit de cycles disjoints. Etant donné $\sigma \in \mathfrak{S}_n$, on peut l'écrire sous la forme $\sigma = c_1 \dots c_r$, où c_j est un cycle d'ordre k_j, avec $k_1 \geq k_2 \geq \cdots \geq k_r \geq 1$ et $k_1 + \cdots + k_r = n$.

6. Pour une approche amusante du groupe symétrique, voir [Ste86].

Ainsi, à toute permutation $\sigma \in \mathfrak{S}_n$, on peut associer la partition $(k_1, \dots, k_r)$ de n. Cette partition est appelée le *type* de la permutation. On peut aussi noter $(\cdot\cdot)\dots(\cdot\cdot\cdot)$ le type d'une permutation. Par exemple, le type (3, 2, 2, 1) de $\mathfrak{S}_8$ peut être noté $(\cdot\cdot\cdot)(\cdot\cdot)(\cdot\cdot)(\cdot)$ ou encore $(\cdot\cdot\cdot)(\cdot\cdot)(\cdot\cdot)$. On rappelle aussi que deux permutations sont conjuguées si et seulement si elles ont le même type, ce qui induit une bijection de l'ensemble des classes de conjugaison de $\mathfrak{S}_n$ sur l'ensemble des partitions de n.
Le nombre[7] de permutations ayant le même type est donné par la formule

$$\frac{n!}{\prod_{k=1}^{n} k^{N_k} N_k!},$$

où, pour $k \in [\![1, n]\!]$, N_k est le nombre de $k-$cycles de la permutation (i. e. de son type).
On en déduit immédiatement le cardinal du stabilisateur $(\mathfrak{S}_n)_\sigma$ de toute permutation $\sigma \in \mathfrak{S}_n$:

$$|(\mathfrak{S}_n)_\sigma| = \prod_{k=1}^{n} k^{N_k} K_k!.$$

Donnons ici quelques systèmes générateurs de $\mathfrak{S}_n$. Tout d'abord, les transpositions engendrent $\mathfrak{S}_n$: en effet, toute permutation s'écrit comme un produit de cycles disjoints, et tout $k-$cycle peut s'écrire sous la forme

$$(i_1, \dots, i_k) = (i_1, \dots, i_{k-1})(i_{k-1}, i_k) = (i_1, i_2)\dots(i_{k-1}, i_k).$$

Ensuite, les transpositions simples (i. e. de la forme $(j, j+1)$ avec j élément de $[\![1, n-1]\!]$) engendrent $\mathfrak{S}_n$: en effet, on a la relation $(i, j) = c(j-1, j)c^{-1}$ avec $c = (i, i+1, \dots, j-1) = (i, i+1)(i+1, i+2)\dots(j-2, j-1)$. Enfin, les permutations $t := (1, 2)$ et $c := (1, 2, \dots, n)$ engendrent également $\mathfrak{S}_n$: en effet, on a $ctc^{-1} = (2, 3)$, $c^2tc^{-2} = (3, 4), \dots, c^{n-2}tc^{-n+2} = (n-1, n)$.

Si $n \geq 3$, le centre de $\mathfrak{S}_n$ (i. e. le groupe formé par les éléments de $\mathfrak{S}_n$ qui commutent avec tous les éléments de $\mathfrak{S}_n$) est réduit au neutre. En effet, soit $\sigma \in \mathfrak{S}_n \setminus \{id\}$. Alors il existe $i \in [\![1, n]\!]$ tel que $j := \sigma(i) \neq i$.

7. Pour calculer ce nombre, on peut procéder ainsi : on commence par remplir systématiquement n cases : cela donne $n!$ possibilités. On compte ensuite les répétitions : sans changer l'ordre des $k-$cycles, il y a k^{N_k} répétitions ; en outre, il y a N_k permutations de l'ordre des $k-$cycles. D'où le résultat.

Considérons $k \in [\![1, n]\!] \setminus \{i, j\}$, et $\tau := (j, k)$. Alors on a $\sigma\tau(i) = \sigma(i) = j$ et $\tau\sigma(i) = \tau(j) = k$, donc $\sigma\tau \neq \tau\sigma$ et σ n'appartient pas au centre de $\mathfrak{S}_n$.

La signature d'une permutation σ est définie par $\varepsilon(\sigma) = (-1)^{inv(\sigma)}$, où l'entier $inv(\sigma)$ est le nombre d'inversions[8] de σ. Par exemple, la signature d'un $k-$cycle est $(-1)^{k-1}$. On dit qu'une transposition est paire (resp. impaire) si sa signature est 1 (resp. -1).
On rappelle que la signature ε est l'unique épimorphisme de groupes de $\mathfrak{S}_n$ sur $\{1, -1\}$. Par conséquent, le groupe des transpositions paires est le seul sous-groupe d'indice 2 de $\mathfrak{S}_n$. Il est appelé *groupe alterné* et est noté $\mathfrak{A}_n$.
Remarquons que si $n \geq 3$, alors les $3-$cycles engendrent $\mathfrak{A}_n$: en effet, les produits d'un nombre pair de transpositions engendrent le groupe $\mathfrak{A}_n$; on a en outre les relations $(i, j)(j, k) = (i, j, k)$, $(i, j)(i, k) = (i, k, j)$ et $(i, j)(k, l) = (i, j)(i, k)(i, k)(k, l) = (i, k, j)(i, k, l)$.

1.4.2 Simplicité de $\mathfrak{A}_n$ pour $n \geq 5$

Rappelons qu'un groupe G est dit *simple* s'il n'est pas réduit au neutre et s'il n'admet aucun sous-groupe distingué propre non trivial. Dans ce paragraphe, nous énonçons et démontrons un résultat important concernant $\mathfrak{A}_n$, à savoir que $\mathfrak{A}_n$ est simple pour $n \geq 5$. La démonstration de ce théorème comporte deux étapes : la première consiste à montrer que le groupe $\mathfrak{A}_5$ est simple, la deuxième permet de traiter le cas de $n \geq 6$.
Notons déjà la propriété suivante, utile à la démonstration : si n est supérieur ou égal à 5, alors les $3-$cycles sont conjugués dans $\mathfrak{A}_n$. En effet, considérons deux $3-$cycles $c := (a_1, a_2, a_3)$ et $d := (b_1, b_2, b_3)$. On peut alors écrire $[\![1, n]\!] = (a_1, \ldots, a_n) = (b_1, \ldots, b_n)$, et on définit une permutation σ par $\sigma(a_j) = b_j$ pour tout $j \in [\![1, n]\!]$. Si $\varepsilon(\sigma) = 1$, alors $d = \sigma c \sigma^{-1}$ avec $\sigma \in \mathfrak{A}_n$. Sinon, on pose $\widetilde{\sigma} := (a_{n-1}, a_n) \circ \sigma$, de sorte que $d = \widetilde{\sigma} c \widetilde{\sigma}^{-1}$ avec $\widetilde{\sigma} \in \mathfrak{A}_n$.

8. Le nombre d'inversions de σ est le cardinal de l'ensemble

$$\{(i, j) \in [\![1, n]\!]^2 \ / \ i < j \text{ et } \sigma(i) > \sigma(j)\}.$$

Théorème 1.4.1 *(Galois)*
Le groupe $\mathfrak{A}_n$ est simple pour $n \geq 5$.

Démonstration :
• Il y a dans $\mathfrak{A}_5$ 60 éléments : le neutre (de type $(\cdot)$), 15 éléments d'ordre 2 (de type $(\cdot\cdot)(\cdot\cdot)$), 20 éléments d'ordre 3 (de type $(\cdots)$), 24 éléments d'ordre 5 (de type $(\cdot\cdot\cdot\cdot\cdot)$).
D'après ce qui précède, les éléments d'ordre 3 sont conjugués dans $\mathfrak{A}_5$. Il en est de même des éléments d'ordre 2. En effet, si $c := (a_1, a_2)(a_3, a_4)(a_5)$ et $d := (b_1, b_2)(b_3, b_4)(b_5)$ sont deux éléments d'ordre 2, alors il existe comme ci-dessus une permutation $\sigma \in \mathfrak{A}_5$ telle que pour tout $j \in \{1, 2, 5\}$, on ait $\sigma(a_j) = b_j$. Alors $\sigma \circ c \circ \sigma^{-1} = d$. Considérons maintenant un sous-groupe H distingué dans $\mathfrak{A}_5$ et différent de $\{id\}$. Si H contient un élément d'ordre 3, alors il les contient tous. De même, si H contient un élément d'ordre 2, alors il les contient tous. Si maintenant H contient un élément d'ordre 5, alors il contient le 5−sous groupe de Sylow de $\mathfrak{A}_5$ engendré par cet élément. Or tous les 5−sous groupes de Sylow sont conjugués, et H est distingué dans $\mathfrak{A}_5$, donc H contient tous les 5−sous groupes de Sylow, donc tous les éléments d'ordre 5.
Si H ne contient, en plus de id, qu'un des trois types d'éléments sus-cités, alors on a $|H| = 24+1 = 25$ ou $|H| = 21$ ou $|H| = 16$. Ceci contredit le théorème de Lagrange, selon lequel $|H|$ divise $|\mathfrak{A}_5| = 60$. Ainsi, H contient au moins deux des types d'éléments sus-cités, et on a $|H| \geq 20 + 15 + 1 = 36$, donc $|H| = 60$ puisque $|H|$ divise 60. Finalement, on a $H = \mathfrak{A}_5$, ce qui montre que $\mathfrak{A}_5$ est simple.

• Étudions le cas où $n \geq 6$: soit H un sous-groupe distingué de $\mathfrak{A}_n$, différent de $\{id\}$. Notons $I := [\![1, n]\!]$. Il existe un élément $\sigma \in \mathfrak{A}_n$ différent de id, donc il existe $a \in I$ tel que $b := \sigma(a) \neq a$. Comme n est supérieur ou égal à 4, il existe $c \in I$ tel que c n'appartienne pas à l'ensemble $\{a, b, \sigma(b)\}$. Posons $\tau := (a, c, b) \in \mathfrak{A}_n$, et $\rho := \tau\sigma\tau^{-1}\sigma^{-1}$.
Alors $\tau^{-1} = (b, c, a)$, $\rho = (\tau\sigma\tau^{-1})\sigma^{-1}$ appartient à H, et on obtient les égalités $\rho = \tau(\sigma\tau^{-1}\sigma^{-1}) = (a, c, b)(\sigma(b), \sigma(c), \sigma(a))$.
Comme $\sigma(a) = b$, l'ensemble $J := \{a, c, b, \sigma(b), \sigma(c), \sigma(a)\}$ comporte au

plus 5 éléments, et on a $\rho(J) = J$ et $\rho_{|I\setminus J} = id_{|I\setminus J}$. Quitte à ajouter des éléments dans J, on peut supposer que $|J| = 5$. On a $\rho \neq id$ (puisqu'en effet $\rho(b) = \tau(\sigma(b)) \neq b$, sinon $\sigma(b) = \tau^{-1}(b) = c$, ce qui est absurde). L'ensemble $\mathfrak{A}_J$ des permutations paires de J s'identifie au groupe $\mathfrak{A}_5$, et s'injecte dans $\mathfrak{A}_n$ via l'application $j : \alpha \mapsto \widetilde{\alpha}$ de $\mathfrak{A}_J$ dans $\mathfrak{A}_n$ définie par $\widetilde{\alpha}_{|J} = \alpha$ et $\widetilde{\alpha}_{|I\setminus J} = id_{I\setminus J}$. Soit $\widehat{H} := j^{-1}(H) = \{u \in \mathfrak{A}_J \ / \ \widetilde{u} \in H\} = H \cap \mathfrak{A}_J$.
Alors $\widehat{H}$ est distingué dans $\mathfrak{A}_F$ et non réduit au neutre, car $\rho_{|J}$ appartient à $\widehat{H}$ et $\rho_{|J} \neq id_{|J}$. Comme $\mathfrak{A}_F \simeq \mathfrak{A}_5$ est simple (premier point), $\widehat{H} = \mathfrak{A}_F$.
Soit maintenant α un 3−cycle de $\mathfrak{A}_F$. Alors $\alpha \in \widehat{H}$, donc $\widetilde{\alpha} \in H$. Or $\widetilde{\alpha}$ est également un 3−cycle, et tous les 3−cycles étant conjugués dans $\mathfrak{A}_n$, tous les 3−cycles sont dans H puisque H est distingué dans $\mathfrak{A}_n$. Comme les 3−cycles engendrent $\mathfrak{A}_n$, on a $H = \mathfrak{A}_n$, ce qui termine la démonstration. ■

Corollaire 1.4.2
Pour $n \geq 5$, les seuls sous-groupes distingués de $\mathfrak{S}_n$ sont $\{id\}$, $\mathfrak{A}_n$ et $\mathfrak{S}_n$.

Démonstration :
Si H est distingué dans $\mathfrak{S}_n$, alors $H \cap \mathfrak{A}_n$ est distingué dans $\mathfrak{A}_n$ donc d'après le théorème 1.4.1, on a $H \cap \mathfrak{A}_n = \mathfrak{A}_n$ ou $H \cap \mathfrak{A}_n = \{id\}$. Dans le premier cas, on a alors $H = \mathfrak{A}_n$ ou $H = \mathfrak{S}_n$. Dans le second cas, la signature ε induit un isomorphisme de H sur $\varepsilon(H) \subset \{1, -1\}$, donc $|H| \leq 2$. Si $|H| = 2$, on a $H = \{id, \sigma\}$, avec $\sigma \neq id$. Soit $\tau \in \mathfrak{S}_n$. Alors comme H est distingué dans $\mathfrak{S}_n$, on a $\tau\sigma\tau^{-1} \in H$, et $\tau\sigma\tau^{-1} \neq id$, donc $\tau\sigma\tau^{-1} = \sigma$, i. e. σ est dans le centre de $\mathfrak{S}_n$. C'est absurde puisque le centre de $\mathfrak{S}_n$ est réduit au neutre pour $n \geq 3$. ■

Notons également que tout sous-groupe H d'indice 2 d'un groupe G est nécessairement distingué dans G : en effet, il y a deux classes à droite (H et Hx) et deux classes à gauche (H et yH) modulo H. On a alors $Hx = yH$, puis $Hx = Hy$ (en effet, si $Hx = H$, on a $x \in H$ ce qui est impossible), d'où $yH = Hy$.

1.5 Exercices

Exercice 1.5.1 (Nombres de Fermat)

Montrer que si 2^n+1 est premier, alors n est une puissance de 2. On appelle nombre de Fermat un nombre de la forme $F_j := 2^{2^j}+1$ pour $j \in \mathbb{N}$. Les nombres $F_0, \ldots, F_4$ sont premiers, mais $F_5 = 641 \times 6\,700\,417$ n'est pas premier (ce dernier résultat est dû à Euler).

Solution

Si n n'est pas une puissance de 2, alors n a au moins un facteur premier impair p. Il existe alors $q \in \mathbb{N}^\times$ tel que $n = pq$. Alors $2^n+1 = (2^q)^p+1 = (2^q+1)((2^q)^{n-1} - \cdots + (2^q)^2 - 2^q + 1)$ est divisible par 2^q+1 donc 2^n+1 n'est pas premier.

Exercice 1.5.2 (Nombres de Mersenne)

Montrer que si $a^n - 1$ est premier, alors $a = 2$ et n est un nombre premier. On appelle nombre de Mersenne un nombre de la forme $M_n := 2^n - 1$ avec n premier. Les nombres M_2, M_3, M_5, M_7 sont premiers, mais $M_{11} = 23 \times 49$ n'est pas premier.

Solution

On a $a^n - 1 = (a-1)(1+a+\cdots+a^{n-1})$, or $a^n - 1$ est premier, donc $a - 1 = 1$, i. e. $a = 2$. Ecrivons n sous la forme $n = pq$. Alors $2^n - 1 = (2^q)^p - 1$, donc $2^q - 1$ divise $2^n - 1$. Comme $2^n - 1$ est premier, on a $q = 1$ ou $q = n$, ce qui montre que n est premier.

Exercice 1.5.3 (Arithmétique "classique")

Deux jésuites, Ignace et Jean, ont rencontré trois jansénistes au cours d'une balade dans la campagne. Jean interroge Ignace sur leur âge. Ignace lui répond que le produit de leurs âges vaut 2 450 et que la somme de leurs âges est égale au double de son propre âge. Il lui dit également qu'il est plus âgé qu'eux. Quel est l'âge des jansénistes, et quel est l'âge d'Ignace ?

Solution

Notons x, y, z les âges des trois jansénistes et l l'âge d'Ignace.
On a $xyz = 2\,450$, $x+y+z = 2l$ et $x < l$, $y < l$, $z < l$. On a également $2\,450 = 7^2 \times 5^2 \times 2$. Comme $x+y+z$ est pair, soit les trois nombres x, y, z sont pairs, soit deux sont impairs et le troisième est pair. Comme $2\,450$ n'a qu'un facteur premier pair, on est nécessairement dans le second cas. On peut supposer qu'aucun des jansénistes n'a un an (en effet, on a toujours $y - x > 1$ ou $x - y > 1$, i. e. $y > \frac{x+y+1}{2}$ ou $x > \frac{x+y+1}{2}$). Quitte à échanger les rôles de x, y, z, le triplet (x, y, z) est alors égal à l'un des triplets $(7^2 \times 5, 5, 2)$, $(7 \times 5^2, 7, 2)$, $(7^2, 5^2, 2)$, $(7 \times 5, 7 \times 5, 2)$, $(7^2 \times 2, 5, 5)$, $(5^2 \times 2, 7, 7)$, $(5 \times 7 \times 2, 5, 7)$, $(5 \times 2, 5, 7^2)$, $(5 \times 2, 5 \times 7, 7)$, $(7 \times 2, 5^2, 7)$, $(7 \times 2, 5 \times 7, 5)$.
Les sommes $x+y+z$ valent alors respectivement 252, 184, 76, 72, 108, 64, 82, 64, 52, 46, 54.
Seul le quatrième cas convient : $x = y = 35$, $z = 2$ (!) et $l = 36$.

Exercice 1.5.4 (Fonction de Möbius)

La fonction de Möbius est l'application μ de $\mathbb{N}^\times$ dans $\mathbb{Z}$ définie par

$$\mu(n) = \begin{cases} 1 & \text{si } n = 1 \\ (-1)^r & \text{si } n \text{ est le produit de } r \text{ facteurs premiers distincts} \\ 0 & \text{si } n \text{ comporte un facteur carré} \end{cases}.$$

1. Montrer que μ est une fonction arithmétique multiplicative, i. e. si m et n sont premiers entre eux, alors $\mu(mn) = \mu(m)\mu(n)$.
2. Montrer que $\sum_{d|n} \mu(d) = 1$ si $n = 1$ et 0 sinon.
En déduire que $\sum_{n=1}^{\infty} \frac{\mu(n)}{n^2} = \frac{6}{\pi^2}$.
3. Soit f une fonction arithmétique multiplicative.
Montrer que la fonction $\widetilde{f} : n \mapsto \sum_{d|n} f(d)$ est aussi multiplicative et que l'on a l'égalité $f(n) = \sum_{d|n} \mu(d)\widetilde{f}\left(\frac{n}{d}\right)$. Cette relation est appelée *formule d'inversion de Möbius.*
4. En déduire la relation $\varphi(n) = n \sum_{d|n} \frac{\mu(d)}{d}$.

Solution

1. Soient $m, n \in \mathbb{N}^\times$ deux entiers supérieurs ou égaux à 2 et premiers entre eux. Si l'un des deux nombres a un facteur carré, alors le produit mn aussi. Sinon, soit r_m (resp. r_n) le nombre de facteurs premiers distincts de m (resp. n).

On a alors $\mu(mn) = (-1)^{r_m+r_n} = (-1)^{r_m}(-1)^{r_n} = \mu(m)\mu(n)$, ce qui montre que μ est multiplicative.
2. Soit $n \in \mathbb{N}^\times$ un entier supérieur ou égal à 2, et soit r le nombre de facteurs premiers de n. L'ensemble des diviseurs de n peut s'écrire sous la forme $C \sqcup D$ où C est l'ensemble des diviseurs comportant un facteur carré, et D l'ensemble des diviseurs sans facteur carré. On a alors $D = \coprod_{k=0}^r D_k$ où D_k est l'ensemble des diviseurs de n qui comportent k facteurs premiers. Le cardinal de D_k est $|D_k| = C_r^k$.
On a alors $\sum_{d|n} \mu(d) = \sum_{k=1}^r \sum_{j\in D_k} \mu(j) = \sum_{k=1}^r \sum_{j\in D_k} (-1)^k$
$= \sum_{k=1}^r C_r^k (-1)^k = 0$.
On en déduit

$$\sum_{n=1}^{\infty} \frac{\mu(n)}{n^2} \sum_{m=1}^{\infty} \frac{1}{m^2} = \sum_{p=1}^{\infty} \sum_{mn=p} \frac{\mu(n)}{n^2}\frac{1}{m^2} = \sum_{p=1}^{\infty} \sum_{n|p} \frac{\mu(n)}{p^2} = \mu(1) + \sum_{p=2}^{\infty} \sum_{n|p} 0,$$

d'où le résultat souhaité.
3. Si f est multiplicative, et si m et n sont premiers entre eux, alors les diviseurs de mn sont les nombres de la forme ab où $a|m$ et $b|n$, et $\widetilde{f}$ est ainsi multiplicative. On a l'équivalence

$$\left(d|n \text{ et } k|\tfrac{n}{d}\right) \Leftrightarrow \left(k|n \text{ et } d|\tfrac{n}{k}\right),$$

donc

$$\sum_{d|n} \mu(d)\widetilde{f}\left(\tfrac{n}{d}\right) = \sum_{d|n} \mu(d) \sum_{k|\frac{n}{d}} f(k) = \sum_{k|n} f(k) \sum_{d|\frac{n}{k}} \mu(d).$$

Or d'après 2, $\sum_{d|\frac{n}{k}} \mu(d) = 1$ si $\frac{n}{k} = 1$ et 0 sinon, d'où la formule d'inversion de Möbius.
4. La fonction d'Euler est multiplicative, donc on peut appliquer la question 3 : la fonction $\widetilde{\varphi}$ est définie par $\widetilde{\varphi}(n) = \sum_{d|n} \varphi(d)$, i. e. $\widetilde{\varphi}(n) = n$ d'après le paragraphe 1.1.2.
Alors $\varphi(n) = \sum_{d|n} \mu(d)\widetilde{\varphi}\left(\frac{n}{d}\right) = n \sum_{d|n} \mu(d)$.

Exercice 1.5.5 (Nombres parfaits)

On dit qu'un entier naturel non nul est *parfait* si la somme de ses diviseurs positifs stricts est égale à lui-même. Pour $n \in \mathbb{N}^\times$, on note $\sigma(n)$ la somme des diviseurs positifs de n, de sorte que n est parfait si et seulement si $\sigma(n) = 2n$.
1. Montrer que si m et n sont premiers entre eux, alors $\sigma(mn) = \sigma(m)\sigma(n)$.
2. Donner un exemple de nombre parfait. Montrer que si $2^q - 1$ est un nombre premier, alors $2^{q-1}(2^q - 1)$ est un nombre parfait.
3. Montrer qu'un nombre parfait pair[9] est de la forme $2^{q-1}(2^q-1)$, où 2^q-1

9. On ne sait pas s'il existe des nombres parfaits impairs.

est un nombre premier.
4. Créer une fonction qui permet de savoir si un entier naturel n non nul est parfait. En déduire une fonction qui détermine tous les nombres parfaits inférieurs ou égaux à un entier m donné, et donner tous les nombres parfaits inférieurs ou égaux à 50 000.

Solution
1. Ecrivons n sous la forme $n = p_1^{\alpha_1} \dots p_r^{\alpha_r}$, où $p_1, \dots, p_r$ sont des nombres premiers distincts. On a alors

$$\sigma(n) = \sum_{i_1=0}^{\alpha_1} \dots \sum_{i_r=0}^{\alpha_r} p_1^{i_1} \dots p_r^{i_r} = \prod_{j=1}^{r} (1 + p_j + \dots + p_j^{\alpha_j}) = \prod_{j=1}^{r} \frac{p_j^{\alpha_j+1} - 1}{p_j - 1}.$$

Ceci montre que si m et n sont premiers entre eux, alors on a $\sigma(mn) = \sigma(m)\sigma(n)$.
2. Le nombre 6 est un nombre parfait. Posons $n := 2^{q-1}(2^q - 1)$. D'après la question 1, on a alors $\sigma(n) = \sigma(2^{q-1})\sigma(2^q - 1) = (2^q - 1)2^q = 2n$ puisque $2^q - 1$ est premier, ce qui montre que n est parfait.
3. Soit n un nombre parfait pair. Il existe $q \geq 2$ et un entier impair m tels que $n = 2^{q-1}m$. Comme 2^{q-1} et m sont premiers entre eux, on a $\sigma(n) = \sigma(2^{q-1})\sigma(m) = (2^q - 1)\sigma(m)$. Par hypothèse, $\sigma(n) = 2n = 2^q m$, donc on a $(2^q - 1)\sigma(m) = 2^q m$. Ainsi, $2^q - 1$ divise $2^q m$, donc m (théorème de Gauss). Il existe alors $j \in \mathbb{N}^\times$ tel que $m = (2^q - 1)j$. On en déduit que $(2^q - 1)\sigma(m) = 2^q(2^q - 1)j$, donc $\sigma(m) = 2^q j = m + j$. Si $j \geq 2$, le nombre m a au moins 3 diviseurs distincts, à savoir 1, j et m, donc $\sigma(m) \geq 1 + j + m$, ce qui est impossible. Donc $j = 1$, ce qui entraîne $m = 2^q - 1$ et $\sigma(m) = m + 1$. Les seuls diviseurs de m sont donc 1 et m, d'où le résultat.
4. On utilise la fonction `sigma` de la bibliothèque `numtheory` qui reçoit un entier et retourne la somme de ses diviseurs.

```
parfait:=proc(n) if numtheory[sigma(n)]-n=n then true else false fi;
end proc:
listeparfaits:=proc(m) local L,n;
L:=[]: for n from 1 to m do if parfait(n) then L:=[op(L),n] fi: od: L;
end proc:
listeparfaits(50000); ⟶ [6, 28, 496, 8128]
```

Exercice 1.5.6 (Groupe symétrique)

Montrer que les transpositions de la forme $(1,\, j)$ pour $j \in [\![2,\, n]\!]$ engendrent le groupe $\mathfrak{S}_n$.

Solution

On sait que les transpositions engendrent $\mathfrak{S}_n$. Or on a $(i,\, j) = (1,\, j)(1,\, i)(1,\, j)$, donc les transpositions de la forme $(1,\, j)$ pour $j \in [\![2,\, n]\!]$ engendrent $\mathfrak{S}_n$.

Exercice 1.5.7 (Groupe symétrique)

Soit H un sous-groupe d'indice n de $\mathfrak{S}_n$. Montrer que H est isomorphe à $\mathfrak{S}_{n-1}$. Indication : distinguer deux cas : $n \leq 4$ et $n \geq 5$.

Solution

• Si $n = 1$, 2 ou 3, le résultat est évident. Pour $n = 4$, si H n'est pas isomorphe à $\mathfrak{S}_3$, alors H est isomorphe à $\mathbb{Z}\,/\,6\mathbb{Z}$ donc il est engendré par un élément d'ordre 6, ce qui est impossible car $\mathfrak{S}_4$ ne contient aucun élément d'ordre 6.

• Supposons que n est supérieur ou égal à 5. Le groupe $\mathfrak{S}_n$ agit par translation à gauche sur $X := \mathfrak{S}_n\,/\,H$, via le morphisme $\varphi : \mathfrak{S}_n \to \mathfrak{S}_X$ défini par $\varphi(x) : \sigma H \mapsto x\sigma H$, et on a $\mathfrak{S}_X \simeq \mathfrak{S}_n$. Or $\mathrm{Ker}(\varphi)$ est un sous-groupe distingué de $\mathfrak{S}_n$, et comme $n \geq 5$, $\mathrm{Ker}(\varphi)$ est isomorphe à $\{id\}$, $\mathfrak{A}_n$ ou $\mathfrak{S}_n$ d'après le corollaire 1.4.2.

Si $\mathrm{Ker}(\varphi) \simeq \mathfrak{S}_n$, on a $\mathrm{Im}(\varphi) \simeq \mathfrak{S}_n\,/\,\mathrm{Ker}(\varphi) \simeq \{id\}$, ce qui est absurde.

Si $\mathrm{Ker}(\varphi) \simeq \mathfrak{A}_n$, alors pour tout $\sigma \in \mathfrak{A}_n$, on a $\sigma H = H$, donc $\sigma \in H$, d'où $\mathfrak{A}_n \subset H$, ce qui est absurde pour $n > 2$.

Finalement, $\mathrm{Ker}(\varphi) \simeq \{id\}$, et φ est bijectif, donc $\varphi(H) = H$. Or H est le stabilisateur de H dans $\mathfrak{S}_X$ (en effet, si $h \in H$, $hH = H$, et réciproquement, si $\sigma H = H$, on a $\sigma \in H$), donc $\varphi(H)$ est le stabilisateur d'un point de $\mathfrak{S}_n$, donc il est isomorphe à $\mathfrak{S}_{n-1}$.

Exercice 1.5.8 (Groupe symétrique)

On rappelle qu'étant donné un corps K, le groupe projectif $\mathbf{PGL}_n K$ est le quotient de $\mathbf{GL}_n K$ par son centre, et que ce centre est formé des homothéties de rapport non nul. Le plan projectif, noté $\mathbf{P}(K^2)$, est l'ensemble des droites vectorielles du plan.

On considère ici un corps fini de cardinal q, noté $\mathbb{F}_q$. Montrer que $\mathbf{PGL}_2(\mathbb{F}_q)$ est isomorphe à un sous-groupe de $\mathfrak{S}_{q+1}$. Indication : utiliser l'action naturelle de $\mathbf{GL}_2(\mathbb{F}_q)$ sur $\mathbf{P}(\mathbb{F}_q^2)$.

Solution
Le groupe $\mathbf{GL}_2(\mathbb{F}_q)$ agit sur $\mathbf{P}(\mathbb{F}_q^2)$ par le morphisme $\varphi : \mathbf{GL}_2(\mathbb{F}_q) \to \mathfrak{S}_{\mathbf{P}(\mathbb{F}_q^2)}$ qui est défini par $\varphi(g)(D) = g(D)$. On a $\mathrm{Ker}(\varphi) = \mathbb{F}_q^\times$: en effet, on a clairement $\mathbb{F}_q^\times \subset \mathrm{Ker}(\varphi)$. Soit maintenant $f \in \mathrm{Ker}(\varphi)$, et soit (x, y) une base de $\mathbb{F}_q^2$. Alors $f(x) = \lambda_x x$ et $f(y) = \lambda_y y$. De même, $f(x+y) = \lambda_{x+y}(x+y)$, d'où $(\lambda_{x+y} - \lambda_x)x + (\lambda_{x+y} - \lambda_y)y = 0$. Comme x et y sont libres, on a $\lambda_x = \lambda_{x+y} = \lambda_y$, et f est donc une homothétie de rapport non nul. On a donc bien $\mathrm{Ker}(\varphi) = \mathbb{F}_q^\times$, et alors

$$\varphi(\mathbf{GL}_2(\mathbb{F}_q)) \simeq \mathbf{GL}_2(\mathbb{F}_q) \,/\, \mathrm{Ker}(\varphi) \simeq \mathbf{GL}_2(\mathbb{F}_q) \,/\, \mathbb{F}_q^\times \simeq \mathbf{PGL}_2(\mathbb{F}_q).$$

Or $\varphi(\mathbf{GL}_2(\mathbb{F}_q))$ est un sous-groupe de $\mathfrak{S}_{\mathbf{P}(\mathbb{F}_q^2)}$ isomorphe à $\mathfrak{S}_{q+1}$: en effet, une droite vectorielle étant définie par un vecteur non nul, il y a $|\mathbb{F}_q|^2 - 1$ possibilités, et les $|\mathbb{F}_q| - 1$ vecteurs colinéaires donnant la même droite, on a $|\mathbf{P}(\mathbb{F}_q^2)| = \frac{|\mathbb{F}_q|^2-1}{|\mathbb{F}_q|-1} = \frac{q^1-1}{q-1} = q+1$.

Exercice 1.5.9 (Groupe dérivé)
Etant donné un groupe G, on appelle *groupe dérivé* de G le groupe engendré par les éléments de la forme $xyx^{-1}y^{-1}$ pour $x, y \in G$. On le note $D(G)$.
1. Montrer que $D(G)$ est distingué dans G et que $G \,/\, D(G)$ est abélien.
2. Montrer que
— si $n \geq 5$, alors $D(\mathfrak{A}_n) = \mathfrak{A}_n$,
— si $n \geq 2$, alors $D(\mathfrak{S}_n) = \mathfrak{A}_n$.

Solution
1. On a :

$$g(xyx^{-1}y^{-1})g^{-1} = (gxg^{-1})(gyg^{-1})(gx^{-1}g^{-1})(gy^{-1}g^{-1}) = (gxg^{-1})(gyg^{-1})(gxg^{-1})^{-1}(gyg^{-1})^{-1},$$

donc $g(xyx^{-1}y^{-1})g^{-1}$ appartient à $D(G)$. Donc $D(G)$ est distingué dans G.
Soient $\overline{x}, \overline{y} \in G \,/\, D(G)$, alors $\overline{xyx}^{-1}\overline{y}^{-1} = \overline{xyx^{-1}y^{-1}} = \overline{id}$ car $xyx^{-1}y^{-1}$ appartient à $D(G)$. Donc $G \,/\, D(G)$ est abélien.
2. On a $\varepsilon(xyx^{-1}y^{-1}) = 1$, donc $D(\mathfrak{A}_n) \subset D(\mathfrak{S}_n) \subset \mathfrak{A}_n$. Prenons $n \geq 5$. On sait que $\mathfrak{A}_n$ est engendré par les 3−cycles. Soit $c := (i, j, k)$ un tel 3−cycle. On a $c^2 = (i, k, j)$, et comme $n \geq 5$, les 3−cycles sont conjugués dans $\mathfrak{A}_n$, donc c et c^2 sont conjugués dans $\mathfrak{A}_n$,

i. e. il existe $\sigma \in \mathfrak{A}_n$ tel que $c^2 = \sigma c \sigma^{-1}$, i. e. $c = \sigma c \sigma^{-1} c^{-1}$. Donc c appartient à $D(\mathfrak{A}_n)$, et donc $\mathfrak{A}_n \subset D(\mathfrak{A}_n)$. On en déduit alors que $D(\mathfrak{S}_n) = \mathfrak{A}_n$ pour $n \geq 5$.
On vérifie enfin que l'on a bien $\mathfrak{A}_n \subset D(\mathfrak{S}_n)$ pour $n = 2, 3, 4$: en effet, pour $n \geq 3$, les 3−cycles engendrent $\mathfrak{A}_n$, et on a $(i, j, k) = (i, j)(i, k)(i, j)^{-1}(i, k)^{-1} \in D(\mathfrak{S}_n)$.

Chapitre 2

Anneaux et polynômes

Dans ce chapitre, on rappelle des résultats importants sur les anneaux, et on donne plus particulièrement des propriétés fondamentales sur les anneaux de polynômes.

2.1 Anneaux et polynômes

2.1.1 Anneaux intègres et corps des fractions

Soit A un anneau commutatif et unitaire [1]. Un *diviseur de zéro* de A est un élément $a \in A$ tel qu'il existe un élément non nul $b \in A$ avec $ab = 0$. On dit que A est *intègre* si A ne possède aucun diviseur de zéro. On note $A^\times$ l'ensemble des éléments inversibles de A (appelé aussi ensemble des unités de A).

Considérons un anneau commutatif, intègre et unitaire, noté A. On peut alors définir sur A une relation de préordre, appelée relation de *divisibilité*, et par laquelle a divise b (noté $a|b$) si et seulement s'il existe $c \in A \setminus \{0\}$ tel que $b = ac$.
On dit que a et b sont *associés* si l'on a $a|b$ et $b|a$. Cela équivaut à l'existence

1. Sauf mention expresse du contraire, tous les anneaux considérés dans l'ouvrage sont commutatifs et unitaires.

d'un élément $u \in A^\times$ tel que $b = au$. On rappelle également qu'étant donné un anneau intègre A, il existe un plus petit corps dans lequel A s'injecte. Ce corps est appelé le *corps des fractions* de A, et est noté $Frac(A)$. De cette façon, A s'identifie à un sous-anneau de $Frac(A)$.
Si $f : A \to B$ est un morphisme d'anneaux, tel que l'image de tout élément non nul de A soit inversible dans B, alors f s'étend d'une unique façon en un morphisme de $Frac(A)$ dans B.

2.1.2 Anneaux, caractéristique, factorialité

À partir de maintenant, A est un anneau commutatif, intègre et unitaire. Citons ici sans démonstration les résultats de base sur les idéaux d'un anneau.
Un idéal J de A est dit *principal* si tous ses idéaux sont de la forme aA avec $a \in A$. L'idéal engendré par a se note indifféremment (a) ou aA.
Un idéal J de A est dit *premier* si pour tout $(a, b) \in A$, on a l'implication $ab \in J \Rightarrow (a \in J \text{ ou } b \in J)$. Un idéal J de A est premier si et seulement si le quotient $A\,/\,J$ est intègre.
Un idéal J de A est dit *maximal* s'il est maximal pour l'inclusion dans l'ensemble des idéaux stricts de A. Un idéal J de A est maximal si et seulement si le quotient $A\,/\,J$ est un corps. En particulier, tout idéal maximal est premier. Par ailleurs, le *théorème de Krull*[2] affirme que tout idéal strict est contenu dans un idéal maximal.
Un anneau A est dit *principal* s'il est intègre et si tous ses idéaux sont principaux. Enfin, un anneau A est un corps si et seulement si ses seuls idéaux sont A et $\{0\}$.

L'application $\kappa : \mathbb{Z} \to A$ définie par $n \mapsto n1_A$ est l'unique morphisme d'anneaux de $\mathbb{Z}$ dans A. On a alors $\mathbb{Z}\,/\,\mathrm{Ker}(\kappa) \simeq \mathrm{Im}(\kappa) \subset A$. Comme $\mathrm{Im}(\kappa)$ est intègre, $\mathrm{Ker}(\kappa)$ est un idéal premier de $\mathbb{Z}$, donc de la forme $\{0\}$ ou $p\mathbb{Z}$ avec p premier.
— Si $\mathrm{Ker}(\kappa) = \{0\}$, l'application κ est injective, donc $\mathbb{Z}$ s'injecte dans A. D'après ce qui précède, κ s'étend en un morphisme de $Frac(\mathbb{Z}) = \mathbb{Q}$ dans A,

2. Comme on peut l'imaginer, le théorème de Krull repose sur le lemme de Zorn !

et ce morphisme est injectif. On dit que A est de caractéristique nulle.
— Si $\mathrm{Ker}(\kappa) = p\mathbb{Z}$, l'application κ induit un morphisme injectif de $\mathbb{Z}/p\mathbb{Z}$ dans A. On dit que A est de caractéristique p.
Le corps défini ci-dessus qui s'injecte dans l'anneau A est appelé *sous-corps premier* de A.

Proposition 2.1.1
Soient A un anneau de caractéristique p, $j \in \mathbb{N}$ et a, b deux éléments de A qui commutent. Alors $(a+b)^{p^j} = a^{p^j} + b^{p^j}$.

Démonstration :
On procède par récurrence sur $j \in \mathbb{N}$. Pour $j = 0$, le résultat est évident. Pour $j = 1$, comme a et b commutent, le binôme de Newton donne

$$(a+b)^p = \sum_{i=0}^{p} C_p^i a^i b^{p-i}.$$

Or pour tout $i \in [\![1, p-1]\!]$, p divise $C_p^i = \frac{p!}{i!(p-i)!}$, donc $C_p^i \equiv 0 \mod p$. Supposons la formule vraie pour j. Alors par hypothèse de récurrence, on a

$$(a+b)^{p^{j+1}} = \left((a+b)^{p^j}\right)^p = \left(a^{p^j} + b^{p^j}\right)^p = \left(a^{p^j}\right)^p + \left(b^{p^j}\right)^p = a^{p^{j+1}} + b^{p^{j+1}},$$

ce qui termine la démonstration. ■

Un élément non nul $p \in A$ est dit *irréductible* dans A si pour toute écriture de p sous la forme $p = ab$, on a a ou $b \in A^\times$. Un élément non nul $p \in A$ est irréductible si et seulement si l'idéal Ap est maximal.
Un anneau intègre est dit *factoriel* si tout élément non nul a une décomposition en produit d'éléments irréductibles, unique à permutation et à association près des facteurs. On rappelle que tout anneau principal est factoriel. Etant donné un anneau factoriel A, on choisit en général un représentant p dans chaque classe d'association d'éléments irréductibles $pA^\times$. Cela s'appelle la normalisation. On note alors $\mathfrak{P}$ le transversal ainsi obtenu, i. e. l'ensemble des représentants p que l'on a choisis. Par exemple, dans $\mathbb{Z}$, on prend souvent pour $\mathfrak{P}$ l'ensemble des nombres premiers. Si K est un corps,

on prend en général dans $K[X]$ l'unique polynôme unitaire de chaque classe d'association de polynômes irréductibles. Si de plus K est algébriquement clos, on prend l'ensemble des éléments de la forme $X - a$ pour $a \in K$.

Soient A un anneau factoriel, et $\mathfrak{P}$ un transversal obtenu par normalisation. Tout élément a non nul de A s'écrit alors sous la forme

$$a = u \prod_{p \in \mathfrak{P}} p^{\alpha_p},$$

où les α_p sont presque tous nuls. Si $b := v \prod_{p \in \mathfrak{P}} p^{\beta_p}$ est un élément de A, alors a divise b si et seulement si pour tout $p \in \mathfrak{P}$, on a $\alpha_p \leq \beta_p$. On peut alors définir le *plus grand commun diviseur* (pgcd) de a et b par

$$a \wedge b := \prod_{p \in \mathfrak{P}} p^{\min(\alpha_p, \beta_p)},$$

et le *plus petit commun multiple* (ppcm) de a et b par

$$a \vee b := \prod_{p \in \mathfrak{P}} p^{\max(\alpha_p, \beta_p)}.$$

On dit que a et b sont *premiers entre eux* si $a \wedge b = 1$. Le *théorème chinois* affirme que si $a_1, \ldots, a_n$ sont deux à deux premiers entre eux, alors les anneaux $A / (a_1 \ldots a_n)$ et $A / (a_1) \times \cdots \times A / (a_n)$ sont isomorphes.

Proposition 2.1.2 (Bézout) *Soient A un anneau principal, et a, b deux éléments de A. Alors $(a) + (b) = (a \wedge b)$. En particulier, il existe λ, $\mu \in A$ tels que $\lambda a + \mu b = a \wedge b$.*

Démonstration :

Notons $d := a \wedge b$. Comme $(a) + (b)$ est un idéal de l'anneau principal A, il est de la forme $(a) + (b) = (c)$ avec $c \in A$. Or d divise a et b, donc d divise c, d'où $(c) \subset (d)$. Or a et b sont dans (c), donc c divise a et b. Par définition de d, c divise d, d'où $(d) \subset (c)$. ■

Le lemme suivant est très utile dans la suite.

Lemme 2.1.3 (Euclide)
Soient A un anneau factoriel, et p un élément irréductible de A. Si p divise ab, alors p divise a ou p divise b, i. e. pA est premier.

Démonstration :
Si $ab = 0$, on a $a = 0$ ou $b = 0$ par intégrité de A. Sinon, ab s'écrit sous la forme $ab = pm$. Si m est inversible, pm est irréductible, donc a ou b est associé à p. Si m n'est pas inversible, on décompose a, b, m en produits d'irréductibles, et on a $p_1 \ldots p_r p_{r+1} \ldots p_s = upq_1 \ldots q_t$ avec $u \in A^{\times}$. Par unicité de la factorisation, p est associé à l'un des p_j, ce qui montre que p divise a ou b. ■

2.1.3 Polynômes univariés et division euclidienne

Soit A un anneau (resp. une algèbre) intègre. On note $A[X]$ l'anneau (resp. l'algèbre) de polynômes en l'indéterminée X et à coefficients dans A. On note $\partial^\circ(P)$ le degré d'un polynôme $P \in A[X]$, et $\mathrm{cd}(P)$ son coefficient dominant. Le degré du polynôme nul est $-\infty$ par définition. Un polynôme est dit unitaire si son coefficient dominant vaut 1. On rappelle que si B est un anneau (resp. une algèbre), b un élément de B, et $\varphi : A \to B$ un morphisme d'anneaux (resp. algèbres), alors il existe un unique morphisme d'anneaux (resp. algèbres) $\widehat{\varphi} : A[X] \to B$ tel que $\widehat{\varphi}_{|A} = \varphi$ et $\varphi(X) = b$. Cela constitue la *propriété universelle* des algèbres de polynômes. Rappelons également que $A[X]$ est intègre si et seulement si A est intègre. Dans ce cas, on a la formule $\partial^\circ(PQ) = \partial^\circ(P) + \partial^\circ(Q)$, et l'ensemble des inversibles de $A[X]$ est $A^{\times}$.

La propriété suivante est basique mais fondamentale.

Proposition 2.1.4 (Division euclidienne)
Soient A un anneau, et F, $G \in A[X]$ tels que le coefficient dominant de G soit inversible dans A. Alors il existe un couple $(Q,\, R)$ d'éléments de $A[X]$ tel que $F = GQ + R$ avec $\partial^\circ(R) < \partial^\circ(G)$.
Si A est intègre, alors le couple $(Q,\, R)$ est unique, et $\partial^\circ(Q) = \partial^\circ(F) - \partial^\circ(G)$.

Démonstration :

• Existence : on écrit $F := \sum_{j=0}^{n} a_j X^j$, $G := \sum_{j=0}^{p} b_j X^j$. On note $n := \partial^\circ(F)$ et $p := \partial^\circ(G)$. On procède alors par récurrence sur $n \in \mathbb{N}$.

— Si $n = 0$, on pose $Q = 0$, $R = F$ si $p \geq 1$, et $Q = b_p^{-1}F$, $R = 0$ si $p = 0$.

— Supposons le résultat vrai pour les polynômes F de degré inférieur ou égal à $n-1$, et considérons F un polynôme de degré n. Si $n < p$, le résultat est évident. Sinon, on pose $Q_n := a_n b_p^{-1} X^{n-p}$ et $R_n := F - GQ_n$. Alors $n := \partial^\circ(R_n) < \partial^\circ(G) \leq n$, et par hypothèse de récurrence, il existe un couple (Q_{n-1}, R_{n-1}) tel que $R_n = GQ_{n-1} + R_{n-1}$, et qui vérifie l'inégalité $n := \partial^\circ(R_{n-1}) < \partial^\circ(G)$. D'où $F = G(Q_{n-1} + Q_n) + R_{n-1}$.

• Unicité dans le cas où A est intègre : supposons que l'on ait les deux relations $F = GQ + R$ et $F = G_1 Q + R_1$ avec $\partial^\circ(R) < \partial^\circ(G)$ et $\partial^\circ(R_1) < \partial^\circ(G)$. Alors $G(Q - Q_1) = R_1 - R$. Si l'on a $Q \neq Q_1$, alors comme A est intègre,

$$\partial^\circ(R_1 - R) = \partial^\circ(G(Q - Q_1)) = \partial^\circ(G) + \partial^\circ(Q - Q_1) \geq \partial^\circ(G).$$

Or $\partial^\circ(R_1 - R) \leq \max(\partial^\circ(R), \partial^\circ(R_1)) < \partial^\circ(G)$. On a donc une contradiction, ce qui montre que $Q = Q_1$ et $R = R_1$. ■

Le résultat suivant est une conséquence de la division euclidienne.

Proposition 2.1.5

Soient A un anneau intègre, $m \in \mathbb{N}$ et $P \in A[X]$ un polynôme de degré m. Alors P admet dans A au plus m racines.

Démonstration :

Comme $\partial^\circ(P) \in \mathbb{N}$, P est non nul. On procède par récurrence sur $\partial^\circ(P)$. Si P est constant ou de degré 1, le résultat est clair.

Soit $m \geq 2$, et supposons le résultat vrai pour les polynômes de degré inférieur ou égal à $m-1$. Soit P un polynôme de degré m. Si P n'a aucune racine dans A, alors le résultat est prouvé. Sinon, soit $a \in A$ une racine de P. Par division euclidienne dans A, on a $P = (X-a)Q + R$ avec $\partial^\circ(R) \leq 0$, donc $R = 0$ puisque $P(a) = 0$. Ainsi, $P = (X-a)Q$. Les racines de P sont donc a et les racines de Q. Comme Q est de degré $m-1$, il a par hypothèse de récurrence au plus $m-1$ racines, donc P a au plus m racines. ■

Proposition 2.1.6
Soit A un anneau intègre. Alors $A[X]$ est principal si et seulement si A est un corps.

Démonstration :
• Condition nécessaire : supposons que $A[X]$ est principal. Alors, grâce au degré, X est irréductible dans $A[X]$, donc l'idéal (X) est premier, donc maximal puisque A est principal. Ainsi, $A[X] \,/\, (X)$ est un corps, i. e. A est un corps.
• Condition suffisante : supposons que A est un corps. Soit J un idéal non nul de $A[X]$, et soit $N \in J \setminus \{0\}$, tel que $\partial°(N)$ soit minimal.
Pour tout $M \in J$, la division euclidienne de M par N s'écrit $M = NQ + R$ avec Q, $R \in A[X]$ et $\partial°(R) < \partial°(N)$. Comme $\partial°(N)$ est minimal, on a nécessairement $R = 0$, donc M est divisible par N, et $J = (N)$ est principal. ■

2.2 Contenu d'un polynôme et critères d'irréductibilité

2.2.1 Contenu d'un polynôme à coefficients dans un anneau factoriel

On introduit maintenant un outil pour étudier les polynômes irréductibles d'un anneau factoriel. Soit A un anneau factoriel. Etant donné un polynôme $P \in A[X]$, on appelle *contenu* de P le pgcd des coefficients de P et on le note $\mathrm{cont}(P)$. Un polynôme est dit *primitif* si ses coefficients sont premiers entre eux, i. e. son contenu vaut 1.

Lemme 2.2.1 (Gauss)
Soient A un anneau factoriel, et P, $Q \in A[X]$.
Alors $\mathrm{cont}(PQ) = \mathrm{cont}(P)\mathrm{cont}(Q)$.

Démonstration :
On suppose que $\mathrm{cont}(P) = \mathrm{cont}(Q) = 1$. Sinon, on pose $P_1 := P/\mathrm{cont}(P)$ et $Q_1 := Q/\mathrm{cont}(Q)$.

Soit $p \in \mathfrak{P}$, et considérons la réduction modulo p des polynômes P et Q que l'on note $\overline{P}$ et $\overline{Q}$. Comme p est irréductible, $A\,/\,(p)$ est intègre, si bien que $A\,/\,(p)[X]$ est intègre. Or $\overline{P}$ et $\overline{Q}$ sont non nuls, donc $\overline{PQ}$ est non nul. Donc $\overline{PQ}$ admet au moins un coefficient qui n'est pas divisible par p. Comme cela est valable pour tout $p \in \mathfrak{P}$, le pgcd des coefficients de PQ est 1, i. e. $\mathrm{cont}(PQ) = 1 = \mathrm{cont}(P)\mathrm{cont}(Q)$. ■

Proposition 2.2.2
Soient A un anneau factoriel, et K son corps de fractions. Si P, $Q \in K[X]$ sont unitaires, et si PQ appartient à $A[X]$, alors P et Q sont dans $A[X]$.

Démonstration :
Soit d (resp. e) un dénominateur commun des coefficients de P (resp. Q). Alors dP et eQ sont dans $A[X]$ et ont pour coefficients dominants respectifs d et e. Notons $d' = \mathrm{cont}(dP)$ et $e' = \mathrm{cont}(eQ)$. Alors par définition, d' divise d et e' divise e. D'après le lemme de Gauss 2.2.1, on a

$$d'e' = \mathrm{cont}(dP)\mathrm{cont}(eQ) = \mathrm{cont}(dPeQ) = d\,e\,\mathrm{cont}(PQ) = de,$$

donc $d = d'$ et $e = e'$. Or dP/d' et eQ/e' appartiennent à $A[X]$, donc P et Q appartiennent à $A[X]$. ■

Il n'est en général pas très judicieux de supposer qu'un polynôme $P \in A[X]$ est unitaire [3]. La condition de normalisation intéressante est ici de demander que le contenu de P soit 1. Alors P est irréductible sur A si et seulement s'il est irréductible sur $Frac(A)$. C'est l'objet de la proposition suivante.

Proposition 2.2.3 *Soient A un anneau factoriel, K son corps de fractions, et $P \in A[X]$ un polynôme primitif. Alors P est irréductible dans $A[X]$ si et seulement s'il est irréductible dans $K[X]$.*

Démonstration :
• Condition nécessaire : supposons que P est irréductible dans $A[X]$. Soient

3. En revanche, dans un corps, cette hypothèse est souvent utile.

Q, $R \in K[X]$ tels que $P = QR$. Notons a (resp. b) le ppcm des dénominateurs des coefficients de Q (resp. R). Alors $Q_1 := aQ$ et $R_1 := bR$ appartiennent à $A[X]$, et on a $abP = Q_1R_1$. Donc d'après le lemme de Gauss 2.2.1,

$$ab = ab\,\mathrm{cont}(P) = \mathrm{cont}(ab\,P) = \mathrm{cont}(Q_1R_1) = \mathrm{cont}(Q_1)\mathrm{cont}(R_1).$$

Alors $P = \frac{Q_1R_1}{ab} = \frac{Q_1}{\mathrm{cont}(Q_1)}\frac{R_1}{\mathrm{cont}(R_1)}$, avec $\left(\frac{Q_1}{\mathrm{cont}(Q_1)}, \frac{R_1}{\mathrm{cont}(R_1)}\right) \in A[X]^2$.
Comme P est irréductible dans $A[X]$, $\frac{Q_1}{\mathrm{cont}(Q_1)}$ ou $\frac{R_1}{\mathrm{cont}(R_1)}$ y est inversible.
Par exemple, $\frac{Q_1}{\mathrm{cont}(Q_1)}$ est inversible dans $A[X]$, donc dans $K[X]$.
Or $ab = \mathrm{cont}(Q_1)\mathrm{cont}(R_1)$, donc a est inversible dans K. Alors le polynôme $Q = \frac{Q_1}{a} = \frac{\mathrm{cont}(Q_1)}{a}\frac{Q_1}{\mathrm{cont}(Q_1)}$ est inversible dans $K[X]$. Donc P est irréductible dans $K[X]$.

• Condition suffisante : supposons que P est irréductible dans $K[X]$, et soient Q, $R \in A[X]$ tels que $P = QR$. Alors Q et R sont dans $K[X]$, donc ils sont inversibles dans $K[X]$ ou associés à P. Par exemple, Q appartient à $A \setminus \{0\}$, de sorte que $P = aR$. Alors a divise tous les coefficients de P, donc a divise leur pgcd qui n'est autre que le contenu de P. Ainsi, a divise 1, donc a est inversible dans A, et P est irréductible dans $A[X]$. ■

Théorème 2.2.4
Si A est un anneau factoriel, alors $A[X]$ est un anneau factoriel, et les éléments irréductibles de $A[X]$ sont les éléments irréductibles de A et les éléments primitifs de $A[X]$ irréductibles dans $K[X]$.

Démonstration :
• Si $a \in A$ est irréductible dans A, alors grâce au degré, a est encore irréductible dans $A[X]$. Si $P \in A[X]$ est irréductible dans $A[X]$ avec $\partial^\circ(P) \geq 1$, alors $P = \mathrm{cont}(P)\frac{P}{\mathrm{cont}(P)}$. Nécessairement, $\mathrm{cont}(P)$ est inversible, donc par définition, $\mathrm{cont}(P) = 1$.
Réciproquement, si $P \in A[X]$ est irréductible dans $K[X]$ avec $\mathrm{cont}(P) = 1$, alors d'après la proposition 2.2.3, P est irréductible dans $A[X]$.

• Soit $P \in A[X]$ un polynôme non nul. Alors comme $K[X]$ est principal donc factoriel, il existe des éléments irréductibles $Q_1, \dots, Q_r$ de $K[X]$ tels que $P = Q_1 \dots Q_r$. Pour tout $j \in [\![1, r]\!]$, soit a_j le ppcm des coefficients de Q_j. Alors $a_1 \dots a_r P = a_1 Q_1 \dots a_r Q_r$, donc

$$a_1 \dots a_r \operatorname{cont}(P) = \operatorname{cont}(a_1 Q_1) \dots \operatorname{cont}(a_r Q_r),$$

d'où

$$P = \frac{a_1 Q_1}{a_1} \dots \frac{a_r Q_r}{a_r} = \operatorname{cont}(P) \frac{a_1 Q_1}{\operatorname{cont}(a_1 Q_1)} \dots \frac{a_1 Q_1}{\operatorname{cont}(a_1 Q_1)}.$$

Pour tout $j \in [\![1, r]\!]$, le polynôme $\frac{a_j Q_j}{\operatorname{cont}(a_j Q_j)}$ est un élément de $A[X]$, irréductible dans $K[X]$ et son contenu vaut 1, donc d'après la proposition 2.2.3, il est irréductible dans $A[X]$. On factorise enfin $\operatorname{cont}(P)$ dans A pour avoir l'existence de la factorisation de P.

• Si l'on a deux décompositions $P = p_1 \dots p_m Q_1 \dots Q_r = q_1 \dots q_n R_1 \dots R_s$, avec p_j, $q_j \in A$ irréductibles dans A, et Q_j, $R_j \in A[X]$ primitifs et irréductibles dans $K[X]$, alors comme $K[X]$ est factoriel (car principal), on a $s = r$, et quitte à permuter les facteurs, il existe pour tout $j \in [\![1, r]\!]$ un élément $d_j \in K^\times$ tel que $R_j = d_j Q_j$. Cet élément s'écrit $d_j = \frac{d_j^{(1)}}{d_j^{(2)}}$ avec $d_j^{(i)} \in A$, ce qui entraîne $d_j^{(2)} = d_j^{(2)} \operatorname{cont}(R_j) = d_j^{(1)} \operatorname{cont}(Q_j) = d_j^{(1)}$, d'où $d_j = 1$. Finalement, on a $p_1 \dots p_m = q_1 \dots q_n$, d'où le résultat, en utilisant la factorialité de A. ■

Dans un anneau factoriel A de corps des fractions K, pour factoriser un polynôme $P \in K[X]$, on prend le ppcm des coefficients de P, noté a. Comme $P = \frac{\operatorname{cont}(aP)}{a} \frac{aP}{\operatorname{cont}(aP)}$, il suffit alors de factoriser $\frac{aP}{\operatorname{cont}(aP)}$ dans $A[X]$.

2.2.2 Critères d'irréductibilité

Nous allons maintenant énoncer des critères permettant de montrer qu'un polynôme à coefficients dans un anneau factoriel est irréductible. Mais rappelons tout d'abord deux résultats importants bien connus :

• Les polynômes irréductibles sur $\mathbb{C}$ sont les polynômes de degré 1 : ceci constitue le théorème de D'Alembert.
• Les polynômes irréductibles sur $\mathbb{R}$ sont les polynômes de degré 1 et les polynômes de degré 2 dont le discriminant est strictement négatif.

Proposition 2.2.5 (Critère d'Eisenstein)
Soient A un anneau factoriel et K son corps de fractions.
Soit un polynôme $P := \sum_{j=0}^{n} a_j X^j \in A[X]$. S'il existe p irréductible dans A tel que p divise $a_0, \dots, a_{n-1}$, tel que p ne divise pas a_n, et tel que p^2 ne divise pas a_0, alors P est irréductible sur K.

Démonstration :
En divisant P par le pgcd de ses coefficients, on peut supposer que P est primitif. Raisonnons par l'absurde : supposons que P n'est pas irréductible sur K. D'après le lemme 2.2.3, P n'est pas irréductible sur A, donc il existe une factorisation de P de la forme $P = QR$ avec Q, $R \in A[X]$, non constants. Notons $Q := \sum_{j=1}^{q} b_j X^j$ et $R := \sum_{j=1}^{r} c_j X^j$. La réduction modulo p de l'égalité $P = QR$ donne $\overline{a_n} X^n = \left(\sum_{j=1}^{q} \overline{b_j} X^j\right)\left(\sum_{j=1}^{r} \overline{c_j} X^j\right)$. Comme $\overline{a_n}$ est non nul, $\overline{b_q}$ et $\overline{c_r}$ sont tous les deux non nuls. Or $\overline{b_0}\overline{c_0} = 0$, et $A/(p)$ est intègre, donc $\overline{b_0} = 0$ ou $\overline{c_0} = 0$. Par exemple, supposons que $\overline{b_0} = 0$. Soit donc $j \in \mathbb{N}^\times$ le plus petit entier strictement positif tel que $\overline{b_j}$ soit non nul. Alors on a $0 < j \leq q < n$.
Comme $0 = \overline{a_j} = \overline{b_j}\overline{c_0} + \overline{b_{j-1}}\overline{c_1} + \cdots + \overline{b_0}\overline{c_j} = \overline{b_j}\overline{c_0}$, on a $\overline{c_0} = 0$. Alors p divise b_0 et c_0, donc p^2 divise $b_0 c_0$, i. e. p^2 divise a_0. C'est absurde par hypothèse. ■

Proposition 2.2.6 (Critère de réduction modulo p)
Soient A un anneau principal *et K son corps de fractions.*
Soit $P := \sum_{j=0}^{n} a_j X^j \in A[X]$ un polynôme. S'il existe p irréductible dans A tel que p ne divise pas a_n, et tel que $\overline{P} := \sum_{j=0}^{n} \overline{a_j} X^j$ soit irréductible sur le corps $A/(P)$, alors P est irréductible sur K.

Démonstration :
En divisant P par le pgcd de ses coefficients, on peut supposer que P est

primitif. Raisonnons par l'absurde : supposons que P n'est pas irréductible sur K. D'après le lemme 2.2.3, P n'est pas irréductible sur A, donc il existe une factorisation de P de la forme $P = QR$ avec Q, $R \in A[X]$, non constants. Modulo p, on a donc $\overline{P} = \overline{QR}$. Or $\overline{a_n}$ est non nul, donc Q et R sont de degré supérieur ou égal à 1. Cela contredit l'hypothèse d'irréductibilité de P sur $A\,/\,(P)$. ■

Une méthode intéressante pour montrer qu'un polynôme $P := \sum_{j=0}^{n} a_j X^j$ de $A[X]$ n'admet pas de racine dans K est la suivante : soit $\frac{p}{q}$ une éventuelle racine de P dans K, avec p et q premiers entre eux. Alors on a :

$$0 = q^n P\left(\frac{p}{q}\right) = q^n \sum_{j=0}^{n} a_j \frac{p^j}{q^j} = a_0 q^n + \sum_{j=1}^{n-1} a_j \frac{p^j}{q^j} + a_n p^n.$$

En prenant cette égalité modulo p (respectivement modulo q), on obtient la relation $a_0 q^n = 0 \mod p$ (respectivement $a_n p^n = 0 \mod q$), donc p divise a_0 (respectivement q divise a_n). Il reste ensuite à tester toutes les fractions qui sont des quotients d'un diviseur de a_0 par un diviseur de a_n et à montrer qu'aucune n'est racine de P.

2.3 Résultant de deux polynômes

Dans ce paragraphe, nous définissons le résultant de deux polynômes. C'est un outil qui intervient dans de nombreux domaines et que nous utiliserons à plusieurs reprises. Soit K un corps. Considérons deux polynômes non nuls $P = \sum_{i=0}^{m} a_i X^i$ et $Q = \sum_{j=0}^{n} b_j X^j$ de $K[X]$ (ainsi, $a_m \neq 0$ et $b_n \neq 0$). Pour $p \geq m$ et $q \geq n$, on définit les vecteurs

$$r_p(P) = \begin{pmatrix} 0 \\ \vdots \\ 0 \\ a_m \\ \vdots \\ a_0 \end{pmatrix} \quad \text{et} \quad r_q(P) = \begin{pmatrix} 0 \\ \vdots \\ 0 \\ b_n \\ \vdots \\ b_0 \end{pmatrix}$$

de dimensions respectives p et q. On peut alors définir une matrice $\Sigma^{p,q}(P,\, Q)$ de taille $(p+q)\times(p+q)$ par :

$$\Sigma^{p,q}(P,\, Q) = \Big(r_{p+q-1}(X^{q-1}P),\, r_{p+q-1}(X^{q-2}P), \ldots,\, r_{p+q-1}(P),\\ r_{p+q-1}(X^{p-1}Q), r_{p+q-1}(X^{p-2}Q), \ldots,\, r_{p+q-1}(Q)\Big)\,.$$

Notons que si $p > m$ et $q > n$, alors la matrice $\Sigma^{m,n}(P,\, Q)$ comporte au moins une ligne nulle, et son déterminant est donc nul. Si maintenant on prend $p = m$ et $q = n$, alors la matrice $\Sigma^{m,n}(P,\, Q)$ est appelée *matrice de Sylvester* du couple $(P,\, Q)$. Le *résultant* de P et Q est alors défini par la relation $R_X(P,\, Q) := \det(\Sigma^{m,n}(P,\, Q))$.
Comme le résultant est par définition un déterminant, on a évidemment les formules $R_X(Q,\, P) = (-1)^{mn}R_X(P,\, Q)$, et $R_X(aP,\, bQ) = a^n b^m R_X(P, Q)$, pour tout $a,\, b \in K$.
La commande Maple qui permet de calculer le résultant de deux polynômes P et Q est `resultant(P,Q,X)`.
Attention, la commande `sylvester(P,Q,X)` retourne la transposée de la matrice $\Sigma^{p,q}(P,\, Q)$.

Nous allons maintenant donner une caractérisation du résultant qui permet le calcul de $R_X(P,\, Q)$ par l'algorithme d'Euclide.

Proposition 2.3.1
Soit K un corps. Alors le résultant R_X est l'unique application de $(K[X] \setminus \{0\})^2$ dans K qui vérifie, pour tout $P = \sum_{i=0}^m a_i X^i \in K[X] \setminus \{0\}$, et pour tout $Q = \sum_{j=0}^n b_j X^j \in K[X] \setminus \{0\}$, les trois conditions suivantes.

(i) *Pour tout $a \in K^\times$, $R_X(a,\, Q) = a^n$,*

(ii) $R_X(Q,\, P) = (-1)^{mn}R_X(P,\, Q)$,

(iii) *Si $m \le n$, alors $R_X(P,\, Q) = \begin{cases} 0 & \text{si } H = 0 \\ a_m^{n-r} R_X(P,\, H) & \text{si } H \neq 0, \end{cases}$ où H est le reste de la division euclidienne de Q par P.*

Démonstration :

• Montrons que le résultant R_X vérifie les trois points de la proposition. On a déjà :

$$\begin{aligned} R_X(a, Q) &= a^n R_X(1, Q) \\ &= a^n \det(r_{n-1}(X^{n-1}), r_{n-1}(X^{n-2}), \dots, r_{n-1}(1)) \\ &= a^n \det(I_n) = a^n, \end{aligned}$$

et $R_X(Q, P) = (-1)^{mn} R_X(P, Q)$. Si la division euclidienne de Q par P s'écrit $Q = PU + H = \sum_{i=0}^{n-m} u_i X^i P + H$, avec $\partial^\circ(H) < \partial^\circ(P)$, alors pour tout $j \in [\![0, m-1]\!]$, on a $X^j Q = \sum_{i=0}^{n-m} u_i X^{i+j} P + X^j H$. Si $H = 0$, alors les colonnes de $\Sigma^{m,n}(P, Q)$ sont liées, et $R_X(P, Q) = 0$. Si $H \neq 0$, alors en notant $r := \partial^\circ(H)$, on a :

$$\begin{aligned} R_X(P, Q) &= \det(\Sigma^{m,r+(n-r)}(P, H)) = a_m^{n-r} \det(\Sigma^{m,r}(P, H)) \\ &= a_m^{n-r} R_X(P, H). \end{aligned}$$

En effet, la matrice $\Sigma^{m,r+(n-r)}(P, H)$ s'écrit sous la forme

$$\Sigma^{m,r+(n-r)}(P, H) = \begin{pmatrix} T & 0 \\ * & \Sigma^{m,r}(P, H) \end{pmatrix},$$

avec T matrice triangulaire supérieure de coefficients diagonaux égaux à a_m.

• Soit maintenant L une extension de K, et considérons une application S de $(K[X] \setminus \{0\})^2$ dans L qui vérifie les trois points de la proposition. Montrons que $S = R_X$: prouvons par récurrence sur le degré $m \in \mathbb{N}$ de P que pour tout P de degré m, et pour tout Q, on a $S(P, Q) = R_X(P, Q)$.
Si $m = 0$, $P = a$ est un élément de $K^\times$, et on a $S(a, Q) = a^n = R_X(a, Q)$. Supposons que le résultat est vrai pour P de degré strictement inférieur à m. Soit P de degré m.
— Si $n < m$, alors $R_X(P, Q) = (-1)^{mn} R_X(Q, P) = (-1)^{mn} S(Q, P)$, d'où $R_X(P, Q) = S(P, Q)$ par hypothèse de récurrence et par hypothèse sur S.
— Si $n \geq m$, la division euclidienne de Q par P s'écrit $Q = PU + H$ avec $r := \partial^\circ(H) < m$. Si $H = 0$, alors $S(P, Q) = 0 = R_X(P, Q)$. Si $H \neq 0$, alors par hypothèse sur S, on a $S(P, Q) = a_m^{n-r} S(P, H) = (-1)^{mr} a_m^{n-r} S(H, P)$. On a aussi $R_X(P, Q) = a_m^{n-r} R_X(P, H) = (-1)^{mr} a_m^{n-r} R_X(H, P)$. Or par hypothèse de récurrence, comme $r < m$, on a $S(H, P) = R_X(H, P)$. D'où

l'égalité $S(P, Q) = R_X(P, Q)$. Finalement, l'égalité $S = R_X$ montre que S est à valeurs dans K. ■

L'algorithme suivant résulte directement de la proposition ci-dessus. C'est une application de l'algorithme d'Euclide[4].

```
res:=proc(P,Q,X)
local H, P0, Q0,R:
if P=0 or Q=0 then return 0 fi:
R:=1: P0:=P: Q0:=Q:
do
  if degree(P0,X)>=degree(Q0,X) then
        R:=(-1)^(degree(P0,X)*degree(Q0,X))*R: H:=P0:
        P0:=Q0: Q0:=H: fi:
  if degree(P0,X)=0 then return lcoeff(P0,X)^degree(Q0,X)*R fi:
  H:=rem(Q0,P0,X): if H=0 then return 0 fi:
  R:=R*lcoeff(P0,X)^(degree(Q0,X)-degree(H,X))*R: Q0:=H:
od:
R;
end proc:
```

La proposition suivante fait le lien entre le résultant de deux polynômes et les racines de ces polynômes. Mais en général, elle ne sert pas à calculer le résultant...

Proposition 2.3.2

Soient K un corps, $P = \sum_{i=0}^{m} a_i X^i \in K[X] \setminus \{0\}$ et $Q = \sum_{j=0}^{n} b_j X^j \in K[X] \setminus \{0\}$ deux polynômes non nuls, et L une extension de K sur laquelle P et Q sont scindés. Notons $\alpha_1, \ldots, \alpha_m$ les racines de P, et $\beta_1, \ldots, \beta_n$ les

4. Mettons ici en évidence l'importance de l'algorithme d'Euclide : non seulement il permet le calcul du pgcd, mais il admet de nombreuses généralisations ou raffinements, comme l'algorithme d'Euclide étendu, qui nous servira en particulier pour les codes correcteurs, et qui intervient dans les suites de Sturm pour connaître le nombre de racines réelles d'un polynôme, ou encore l'algorithme de Buchberger qui permet d'obtenir une base de Gröbner d'un idéal à partir de n'importe quel système générateur de l'idéal.

racines de Q dans L. Alors on a

$$R_X(P,\,Q) = a_m^n b_n^m \prod_{i=1}^{m}\prod_{j=1}^{n}(\alpha_i - \beta_j) = a_m^n \prod_{i=1}^{m} Q(\alpha_i) = (-1)^{mn} b_n^m \prod_{j=1}^{n} P(\beta_j).$$

Démonstration :
Soit $S : (K[X]\setminus\{0\})^2 \to K$ l'application définie pour $(P,\,Q) \in K[X]\setminus\{0\})^2$ par la formule $S(P,\,Q) = a_m^n b_n^m \prod_{i=1}^{m}\prod_{j=1}^{n}(\alpha_i - \beta_j)$. Alors on a évidemment les égalités $S(P,\,Q) = a_m^n \prod_{i=1}^{m} Q(\alpha_i) = (-1)^{mn} b_n^m \prod_{j=1}^{n} P(\beta_j)$.
De plus, l'application S vérifie les trois points de la proposition 2.3.1, donc elle coïncide avec R_X. ■

Corollaire 2.3.3
Soit K un corps.
• *Soient $P,\,Q \in K[X]\setminus\{0\}$ deux polynômes non nuls. Alors P et Q ont une racine commune dans une extension de K si et seulement si $R_X(P,\,Q) = 0$.*
• *Soient $P,\,Q,\,H \in K[X]\setminus\{0\}$ trois polynômes non nuls. Alors on a la formule $R_X(PQ,\,H) = R_X(P,\,H)R_X(Q,\,H)$.*

Démonstration :
D'après la proposition 2.3.2, on a $R_X(P,\,Q) = a_m^n b_n^m \prod_{i=1}^{m}\prod_{j=1}^{n}(\alpha_i - \beta_j)$, et le corollaire s'ensuit immédiatement. ■

Corollaire 2.3.4
Soient K un corps, et $P,\,Q \in K[X]\setminus\{0\}$ deux polynômes premiers entre eux de degrés m et n.
• *Il existe un unique couple $(U,\,V) \in K[X]^2$ tel que $PU + QV = 1$, avec $\partial^\circ(U) \leq n-1$ et $\partial^\circ(V) \leq m-1$ (*formule de Bézout*).*
• *Il existe un unique couple $(u,\,v) \in K[X]^2$ tel que $Pu + Qv = R_X(P,\,Q)$, avec $\partial^\circ(u) \leq n-1$ et $\partial^\circ(v) \leq m-1$ (*formule de Sylvester*). En particulier, on a $u = R_X(P,\,Q)U$ et $v = R_X(P,\,Q)V$.*

Démonstration :
Considérons l'application B de $K[X]_{\leq n-1} \times K[X]_{\leq m-1}$ dans $K[X]_{\leq m+n-1}$

définie par $B(U, V) = UP+VQ$. Cette application est linéaire, et sa matrice dans les bases

$$\big((X^{n-1}, 0), \ldots, (1, 0), (0, X^{m-1}), \ldots, (0, 1)\big) \text{ et } (X^{m+n-1}, \ldots, 1)$$

de $K[X]_{\leq n-1} \times K[X]_{\leq m-1}$ et $K[X]_{\leq m+n-1}$ est la matrice $\Sigma^{m,n}(P, Q)$. Comme P et Q sont premiers entre eux, on a, d'après le corollaire 2.3.3, $\det(\Sigma^{m,n}(P, Q)) = R_X(P, Q) \neq 0$. Ainsi, B est un isomorphisme d'espaces vectoriels. L'élément 1 (resp. $R_X(P, Q)$) a donc un unique antécédent, noté (U, V) (resp. (u, v)). ■

Notons que si A est un anneau intègre, de corps de fractions K, et si P et Q sont des polynômes de $A[X]$, alors le résultant $R_X(P, Q)$ est un élément de A. En effet, la formule de développement du déterminant par rapport à une ligne montre par récurrence que le résultant $R_X(P, Q)$ est dans le sous-anneau de K engendré par les coefficients de P et Q, donc dans A.
La proposition suivante concerne la spécialisation du résultant. Elle est fondamentale, car elle montre qu'une solution particulière n'est pas toujours un cas particulier de la solution générale. Ce type de résultat rappelle — dans un tout autre domaine ! — le théorème de Fuchs [5] sur les équations différentielles linéaires à singularité isolée en l'origine.

5. En général, on ne peut pas permuter "solution générale" et "cas particulier". Prenons l'exemple de l'équation d'Euler $z^2y'' + azy' + by = 0$.
— La solution générale est $y(z) = C_1 z^{\frac{1}{2}(-a+1+\sqrt{a^2-2a+1-4b})} + C_2 z^{\frac{1}{2}(-a+1-\sqrt{a^2-2a+1-4b})}$.
Le cas particulier où $a = 1$, $b = 0$ donne $y(z) = C_1 + C_2$.
— Le cas particulier $a = 1$, $b = 0$ a pour solution générale $y(z) = C_1 + C_2 \log(z)$.
Le théorème de Fuchs donne une condition suffisante pour pouvoir permuter "solution générale" et "cas particulier". Voir [Rei89] p. 359 pour la démonstration de ce résultat.

Théorème 2.3.5 (Fuchs)
On s'intéresse aux solutions complexes de l'équation $z^2u'' + zp_1(z)u' + p_2(z)u = 0$ sur $D(0, \rho[$, où $\rho > 0$. Notons s_1 et s_2 les racines de l'équation indicielle $\lambda^2 + (p_1(0) - 1)\lambda + p_2(0) = 0$, où s_1 est celle dont la partie réelle est la plus grande. Alors l'équation a une solution de la forme $u_1(z) = z^{s_1}\varphi(z)$, où φ est holomorphe sur $D(0, \rho[$ avec $\varphi(0) = 1$.

(i) *Si $s_1 - s_2$ n'est pas dans $\mathbb{Z}$, alors il existe une solution indépendante de u_1, de la forme $u_2(z) = z^{s_2}\psi(z)$, où ψ est holomorphe sur $D(0, \rho[$, avec $\psi(0) = 1$.*

(ii) *Si $s_1 - s_2 \in \mathbb{N}$, alors il existe une solution indépendante de u_1, de la forme $u_2(z) = \lambda u_1(z)\log(z) + z^{s_2}\psi(z)$, où $\lambda \in \mathbb{C}$, et où ψ est holomorphe sur $D(0, \rho[$.*

Proposition 2.3.6
Soient A, B deux anneaux intègres, $\varphi : A \to B$ un morphisme d'anneaux, et $P = \sum_{i=0}^{m} a_i X^i$, $Q = \sum_{j=0}^{n} b_j X^j$ deux éléments non nuls de $A[X]$. Alors on a

$$\varphi(R_X(P, Q)) = \begin{cases} 0 & \textit{si } \partial^\circ(\varphi(P)) < \partial^\circ(P) \textit{ et } \partial^\circ(\varphi(Q)) < \partial^\circ(Q) \\ \varphi(a_m)^k R_X(\varphi(P), \varphi(Q)) & \textit{si } \partial^\circ(\varphi(P)) = \partial^\circ(P) \textit{ et } \partial^\circ(\varphi(Q)) = \partial^\circ(Q) - k. \end{cases}$$

Démonstration :
Puisque φ est un morphisme d'anneaux, on a

$$\varphi(R_X(P, Q)) = \varphi(\det(\Sigma^{m,n}(P, Q))) = \det(\Sigma^{m,n}(\varphi(P), \varphi(Q))).$$

En procédant comme dans la démonstration de la proposition 2.3.1, on obtient :

$$\det(\Sigma^{m,n}(\varphi), \varphi(Q))) = \begin{cases} 0 & \text{si } \partial^\circ(\varphi(P)) < \partial^\circ(P) \text{ et } \partial^\circ(\varphi(Q)) < \partial^\circ(Q) \\ \varphi(a_m)^k R_X(\varphi(P), \varphi(Q)) & \text{si } \partial^\circ(\varphi(P)) = \partial^\circ(P) \text{ et } \partial^\circ(\varphi(Q)) = \partial^\circ(Q) - k, \end{cases}$$

d'où le résultat. ∎

La proposition suivante montre que le résultant est un dénominateur commun des coefficients de Bézout. Elle donne en outre une jolie application de la formule de Cramer [6] sur la comatrice.

Proposition 2.3.7
Soient A un anneau factoriel, et K son corps de fractions.

(iii) *Si s_1 est racine double, alors il existe une solution indépendante de u_1, de la forme $u_2(z) = u_1(z)\log(z) + z^{s_1+1}\psi(z)$, où $\lambda \in \mathbb{C}$, et où ψ est holomorphe sur $D(0, \rho[$.*

6. Rappelons que la formule de Cramer permet de résoudre un système linéaire. Nonobstant, elle n'est utilisée que de façon théorique. Pour une résolution effective d'un système, on utilisera la méthode du pivot de Gauss, ou encore la décomposition LU...

• *Si* $P, Q \in A[X]$ *sont deux polynômes premiers entre eux, alors les coefficients de Sylvester de* P *et* Q *sont dans* A. *Le résultant* $R_X(P, Q)$ *est donc un dénominateur commun des coefficicents de Bézout de* P *et* Q.
• *Soient* $P, Q \in A[X]$. *Alors* $R_X(P, Q)$ *est dans* $(P, Q) \cap A$.
L'idéal $(P, Q) \cap A$ *est appelé* idéal d'élimination *de* (P, Q) *relativement à* X.

Démonstration :
Soit $A := \Sigma^{m,n}(P, Q)$. La formule de Cramer s'écrit sous la forme

$$^t\mathrm{com}(A)A = \det(A)I_{m+n} = R_X(P, Q)I_{m+n}.$$

Or d'après le corollaire 2.3.4, il existe un unique couple (U, V) d'éléments de $K[X]$ tels que $\partial^\circ(U) \le n-1$, $\partial^\circ(V) \le m-1$ et $PU + QV = 1$.
En termes de vecteurs, on a

$$A \begin{pmatrix} U_{n-1} \\ \vdots \\ U_0 \\ V_{m-1} \\ \vdots \\ V_0 \end{pmatrix} = \begin{pmatrix} 0 \\ \vdots \\ \vdots \\ \vdots \\ 0 \\ 1 \end{pmatrix}, \text{ donc } R_X(P, Q) \begin{pmatrix} U_{n-1} \\ \vdots \\ U_0 \\ V_{m-1} \\ \vdots \\ V_0 \end{pmatrix} = {}^t\mathrm{com}(A) \begin{pmatrix} 0 \\ \vdots \\ \vdots \\ \vdots \\ 0 \\ 1 \end{pmatrix},$$

or $^t\mathrm{com}(A)$ est à coefficients dans A, donc les polynômes $u = R_X(P, Q)U$ et $v = R_X(P, Q)V$ sont dans $A[X]$.
Le second point résulte clairement de ce qui a été fait. ■

2.4 Polynômes multivariés

2.4.1 Définitions, ordre lexicographique

Soient A un anneau intègre et $A[X_1, \ldots, X_n]$ l'algèbre des polynômes multivariés à coefficients dans A. Tout élément de $A[X_1, \ldots, X_n]$ s'écrit de façon unique sous la forme $P = \sum_{\mathbf{i} \in \mathbb{N}^n} c_{\mathbf{i}} \mathbf{X}^{\mathbf{i}}$, avec $c_{\mathbf{i}} \in A$ et où seul un nombre fini de coefficients $c_{\mathbf{i}}$ est non nul. On note $|\mathbf{i}| = i_1 + \cdots + i_n$. Le degré d'un polynôme est le maximum des $|\mathbf{i}|$ pris sur l'ensemble des $c_\mathbf{i}$ qui sont non nuls. On le note $\partial^\circ(P)$. Quant au minimum des $|\mathbf{i}|$, on l'appelle la valuation de P, et on le note $\mathrm{val}(P)$. On a donc toujours $\mathrm{val}(P) \leq \partial^\circ(P)$. Comme l'anneau A est intègre, on a les deux relations $\partial^\circ(PQ) = \partial^\circ(P) + \partial^\circ(Q)$ et $\mathrm{val}(PQ) = \mathrm{val}(P) + \mathrm{val}(Q)$.

La proposition suivante donne la propriété universelle des polynômes. Elle permet de prolonger à un anneau de polynômes un morphisme d'anneaux.

Proposition 2.4.1
Soient $\varphi : A \to B$ un morphisme d'anneaux (resp. algèbres), et $b_1, \ldots, b_n$ des éléments de B. Alors il existe un unique morphisme d'anneaux (resp. algèbres) $\widehat{\varphi} : A[X_1, \ldots, X_n] \to B$ tel que $\widehat{\varphi}_{|A} = \varphi$ et pour tout $j \in [\![1, n]\!]$, $\varphi(X_j) = b_j$.

Démonstration :
L'unicité vient de ce que les éléments $X_1, \ldots, X_n$ engendrent l'anneau $A[X_1, \ldots, X_n]$. Pour l'existence, on vérifie que l'application $\widehat{\varphi}$ définie par $\widehat{\varphi}\left(\sum_{\mathbf{i}\in\mathbb{N}^n} c_\mathbf{i}\mathbf{X}^\mathbf{i}\right) = \sum_{\mathbf{i}\in\mathbb{N}^n} c_\mathbf{i}\mathbf{b}^\mathbf{i}$ convient. ■

Proposition 2.4.2
Soit A un anneau intègre. Si un polynôme $P \in A[X_1, \ldots, X_n]$ s'annule sur un produit $A_1 \times \cdots \times A_n$ de facteurs infinis, alors ce polynôme est le polynôme nul.

Démonstration :
On procède par récurrence sur n. Si $n = 1$, le résultat provient de la proposition 2.1.5. Supposons maintenant le résultat vrai jusqu'à l'ordre n. Soit $P \in A[X_1, \ldots, X_{n+1}]$ un polynôme qui s'annule sur $A_1 \times \cdots \times A_n$. On peut écrire P sous la forme

$$P = P_0(X_1, \ldots, X_n) + P_1(X_1, \ldots, X_n)X_{n+1} + \cdots + P_d(X_1, \ldots, X_n)X_{n+1}^d.$$

Si P est non nul, alors $d \geq 0$ et il existe $j \in [\![0, d]\!]$ tel que le polynôme $P_j(X_1, \ldots, X_n)$ soit non nul. Par hypothèse de récurrence, P_j ne s'annule pas identiquement sur $A_1 \times \cdots \times A_n$, donc il existe $(x_1, \ldots, x_n)$ appartenant à $A_1 \times \cdots \times A_n$ tel que $P_j(x_1, \ldots, x_n) \neq 0$. Alors le polynôme

$$Q(X_{n+1}) := P_0(x_1, \ldots, x_n) + P_1(x_1, \ldots, x_n)X_{n+1} + \cdots + P_d(x_1, \ldots, x_n)X_{n+1}^d$$

de $A[X_{n+1}]$ est non nul, donc d'après la proposition 2.1.5, il admet au plus d racines dans A. Ainsi, comme A_{n+1} est infini, il existe $x_{n+1} \in A_{n+1}$ tel que $Q(x_{n+1}) \neq 0$. Alors $P(x_1, \ldots, x_{n+1}) \neq 0$, ce qui est absurde par hypothèse. ■

Pour obtenir tous les monômes unitaires de degré d, on peut procéder ainsi : on a la formule

$$\begin{aligned} \frac{1}{(1 - TX_1) \ldots (1 - TX_n)} &= \left(\sum_{j_1=0}^{\infty} X_1^{j_1} T^{j_1} \right) \ldots \left(\sum_{j_n=0}^{\infty} X_n^{j_n} T^{j_n} \right) \\ &= \sum_{d=0}^{\infty} \left(\sum_{j_1+\cdots+j_n=d}^{\infty} X_1^{j_1} \ldots X_n^{j_n} \right) T^d. \end{aligned}$$

En développant en série jusqu'au degré d, on obtient tous les monômes unitaires de degré d.

Soit $\mathcal{M}_n$ l'ensemble des monômes unitaires de $A[X_1, \ldots, X_n]$. La relation de divisibilité sur $\mathcal{M}_n$ définit seulement un ordre partiel. Pour obtenir un ordre total sur $\mathcal{M}_n$, on introduit l'ordre lexicographique[7], défini par

$$\mathbf{X}^{\mathbf{i}} \preceq \mathbf{X}^{\mathbf{j}} \Leftrightarrow \exists\, k \in [\![1, n]\!] \ / \ i_1 = j_1, \ldots, i_{k-1} = j_{k-1}, \text{ et } i_k < j_k.$$

L'ordre total ainsi défini sur $\mathcal{M}_n$ vérifie en outre la propriété suivante[8].

Proposition 2.4.3
Toute partie non vide de $\mathcal{M}_n$ admet un plus petit élément pour la relation $\preceq$.

---

7. On pourrait introduire d'autres ordres, mais celui-ci convient bien.

8. Cette propriété généralise l'assertion bien connue : "toute partie non vide de $\mathbb{N}$ admet un plus petit élément".

Démonstration :
Procédons par récurrence sur $n \in \mathbb{N}^\times$. Pour $n = 1$, l'ensemble $\mathcal{M}_1$ s'identifie à $\mathbb{N}$, et le résultat est clair. Supposons maintenant que la propriété est vraie pour $n - 1$. Soient $\mathcal{N}$ une partie non vide de $\mathcal{M}_n$, et

$$\widehat{\mathcal{N}} := \{M \in \mathcal{M}_n \ / \ \exists\ k \in \mathbb{N} \ / \ MX_n^k \in \mathcal{N}\}.$$

Alors $\widehat{\mathcal{N}}$ est une partie non vide de $\mathcal{M}_{n-1}$, donc par hypothèse de récurrence, elle admet un plus petit élément M_0. Soit $k_0 := \min\{k \in \mathbb{N} \ / \ M_0 X_n^k \in \mathcal{N}\}$. Alors $M_0 X_n^{k_0}$ est le plus petit élément de $\mathcal{N}$. ■

2.4.2 Polynômes homogènes

Un polynôme $P = \sum_{\mathbf{i} \in \mathbb{N}^n} c_{\mathbf{i}} \mathbf{X}^{\mathbf{i}}$ est dit *homogène* de degré m si l'on a $c_{\mathbf{i}} = 0$ pour tout $\mathbf{i}$ tel que $|\mathbf{i}| \neq m$. Cela signifie que, dans l'algèbre $A[X_1, \dots, X_n, T]$, on a l'égalité $P(TX_1, \dots, TX_n) = T^m P(X_1, \dots, X_n)$, ou encore que l'on a $\mathrm{val}(P) = \partial^\circ(P)$.
La formule suivante donne une caractérisation très utile des polynômes homogènes.

Proposition 2.4.4 (Formule d'Euler)
Un polynôme $P \in A[X_1, \dots, X_n]$ est homogène de degré m si et seulement s'il vérifie la relation $\sum_{j=1}^n X_j \partial_j P = mP$.

Démonstration :
• Condition nécessaire : si P est homogène de degré m, alors on a $P(TX_1, \dots, TX_n) = T^m f(X_1, \dots, X_n)$, et en dérivant cette égalité par rapport à T, on a

$$\sum_{j=1}^n X_j \partial_j P(TX_1, \dots, TX_n) = mT^{m-1} P(X_1, \dots, X_n).$$

En remplaçant T par 1, on obtient la relation souhaitée.
• Condition suffisante : supposons que P vérifie $\sum_{j=1}^n X_j \partial_j P = mP$. Notons $P = P_{a_1} + \cdots + P_{a_r}$ la décomposition de P en composantes homogènes,

où P_{a_j} est un polynôme homogène de degré a_j, avec $a_1 < \cdots < a_r$. On a donc $\sum_{j=1}^n X_j\partial_j P_{a_1} + \cdots + \sum_{j=1}^n X_j\partial_j P_{a_r} = mP_{a_1} + \ldots mP_{a_r}$. Or P_{a_i} est homogène de degré a_i, donc d'après le premier point, $\sum_{j=1}^n X_j\partial_j P_{a_i} = a_i P_{a_i}$. Ainsi $a_1 P_{a_1} + \ldots a_r P_{a_r} = mP_{a_1} + \ldots mP_{a_r}$. On a alors nécessairement $r = 1$ et $a_1 = m$. Ainsi, P est homogène de degré m. ■

La formule d'Euler permet de définir une généralisation des polynômes homogènes : il s'agit des polynômes *quasi-homogènes*. On dit qu'un polynôme $P \in A[X_1, \ldots, X_n]$ est quasi-homogène s'il existe $(m_1, \ldots, m_n)$ appartenant à $(\mathbb{N}^\times)^n$ et m appartenant à $\mathbb{Z}$ tels que $\sum_{j=1}^n m_j X_j \partial_j P = mP$. Les polynômes [9] suivants sont des polynômes quasi-homogènes :

$P_{A_k} := -k(X_1X_2 - X_3^k)$	$P_{E_6} := 4(X_1^2 - X_2^3 + 108X_3^4)$
$P_{D_k} := 2k(-1)^{k+1}((-1)^k X_1^2 +$ $(-1)^{k+1}X_2^2X_3 + 4X_3^{k+1})$	$P_{E_7} := 8(3X_1^2 - 12X_2^3 + X_2X_3^3)$
	$P_{E_8} := 10(-X_1^2 + X_2^3 + 1\,728X_3^5)$

Proposition 2.4.5
Soient $P \in A[X_1, \ldots, X_n]$ un polynôme homogène, et Q_1, Q_2 deux polynômes de $A[X_1, \ldots, X_n]$ tels que $P = Q_1Q_2$. Alors Q_1 et Q_2 sont homogènes.

Démonstration :
On a $\partial^\circ(Q_1Q_2) = \mathrm{val}(Q_1Q_2)$, donc $\partial^\circ(Q_1) + \partial^\circ(Q_2) = \mathrm{val}(Q_1) + \mathrm{val}(Q_2)$. Comme $\mathrm{val}(Q_1) \leq \partial^\circ(Q_1)$ et $\mathrm{val}(Q_2) \leq \partial^\circ(Q_2)$, on a alors $\mathrm{val}(Q_1) = \partial^\circ(Q_1)$ et $\mathrm{val}(Q_2) = \partial^\circ(Q_2)$, ce qui montre que Q_1 et Q_2 sont homogènes. ■

9. Ces polynômes définissent les fameuses *surfaces de Klein* (voir [But08] et [Spr77]). On peut en effet montrer que tout sous-groupe fini G de $\mathbf{SL}_2\mathbb{C}$ est conjugué soit à un groupe cyclique (noté A_k), soit à un groupe binaire diédral (D_k), soit à un groupe binaire tétraédral (E_6), octaédral (E_7) ou icosaédral (E_8).
Soit G l'un des groupes de la liste précédente. L'algèbre des invariants de $\mathbb{C}[x, y]$ sous l'action de G est alors de la forme

$$\mathbb{C}[x, y]^G = \mathbb{C}[e_1^{(G)}, e_2^{(G)}, e_3^{(G)}] = \mathbb{C}[e_1^{(G)}, e_2^{(G)}] \oplus e_3^{(G)}\mathbb{C}[e_1^{(G)}, e_2^{(G)}] \simeq \mathbb{C}[X_1, X_2, X_3]/\langle P_G\rangle,$$

où les invariants $e_j^{(G)}$ sont des polynômes homogènes, avec $e_1^{(G)}$ et $e_2^{(G)}$ algébriquement indépendants, et où P_G est un polynôme quasi-homogène à singularité isolée en l'origine. La surface de Klein associée à G est alors l'hypersurface $\{\mathbf{z} \in \mathbb{C}^3 \ / \ P_G(\mathbf{z}) = 0\}$. Les surfaces de Klein sont très fortement liées aux solides de Platon ainsi qu'à la correspondance de McKay.

Proposition 2.4.6
Soient K un corps algébriquement clos, et $P \in K[X_1, X_2]$ un polynôme homogène de degré m. Alors P se décompose en un produit de polynômes homogènes de degré 1 de $K[X_1, X_2]$.

Démonstration :
Soit p le degré en X_1 de P. Ainsi, P s'écrit sous la forme

$$P(X_1, X_2) = a_0 X_2^m + a_1 X_1 X_2^{m-1} + \cdots + a_p X_1^p X_2^{m-p},$$

donc $P(X_1, 1) = a_0 + a_1 X_1 + \cdots + a_p X_1^p$. Le polynôme homogénéisé correspondant est alors

$$Q(X_1, X_2) := X_2^p P\left(\frac{X_1}{X_2}, 1\right) = a_0 X_2^p + a_1 X_1 X_2^{p-1} + \cdots + a_p X_1^p,$$

donc

$$X_2^{m-p} Q(X_1, X_2) = a_0 X_2^m + a_1 X_1 X_2^{m-1} + \cdots + a_p X_1^p X_2^{m-p} = P(X_1, X_2).$$

Or K est algébriquement clos, donc il contient les p racines $x_1, \ldots, x_p$ de $P(X_1, 1)$, de sorte que $P(X_1, 1)$ peut s'écrire sous la forme

$$P(X_1, 1) = a_p \prod_{j=1}^{p} (X - x_j).$$

Alors

$$Q(X_1, X_2) = X_2^p P\left(\frac{X_1}{X_2}, 1\right) = X_2^p a_p \prod_{j=1}^{p} \left(\frac{X_1}{X_2} - x_j\right) = a_p \prod_{j=1}^{p} (X_1 - x_j X_2).$$

Finalement, on a $P(X_1, X_2) = a_p X_2^{m-p} \prod_{j=1}^{p} (X_1 - x_j X_2)$. ■

Notons que ce résultat est faux si l'on considère un polynôme en au moins trois indéterminées. En effet, prenons un corps algébriquement clos K de caractéristique différente de 2. Soit $P := X_1^2 + X_2^2 + X_3^2 \in K[X_1, X_2, X_3]$. Supposons que P est un produit de polynômes homogènes de degré 1.

Alors $P = (aX_1 + bX_2 + cX_3)(dX_1 + eX_2 + fX_3)$, avec a, b, c, d, e, $f \in K$, donc par identification des coefficients, on obtient les relations

$$1 - cf = 1 - ad = 1 - be = bf + ce = af + cd = ae + bd = 0.$$

Nécessairement, les éléments a, b, c sont tous les trois non nuls, et on a les égalités $d = \frac{1}{a}$, $e = \frac{1}{b}$, $f = \frac{1}{c}$. Alors $0 = bf + ce = \frac{b}{c} + \frac{c}{b} = \frac{b^2+c^2}{bc} = 0$, donc on a $b^2 + c^2 = 0$, et de même $a^2 + c^2 = a^2 + b^2 = 0$. Il s'ensuit que $a^2 - c^2 = 0$, et enfin $2a^2 = 0$, ce qui entraîne $a = 0$ puisque K est de caractéristique différente de 2. C'est absurde.

2.5 Polynômes symétriques

2.5.1 Définitions et polynômes symétriques élémentaires

Le groupe symétrique $\mathfrak{S}_n$ agit par automorphismes sur l'algèbre $A[X_1, \dots, X_n]$, selon la formule $\sigma \cdot P(X_1, \dots, X_n) = P(X_{\sigma^{-1}(1)}, \dots, X_{\sigma^{-1}(n)})$. On dit qu'un polynôme $P \in A[X_1, \dots, X_n]$ est *symétrique* s'il est invariant sous l'action du groupe $\mathfrak{S}_n$, et on note $A[X_1, \dots, X_n]^{\mathfrak{S}_n}$ la sous-algèbre de $A[X_1, \dots, X_n]$ formée des polynômes symétriques.
Les *polynômes symétriques élémentaires* sont définis pour $k \in [\![1, n]\!]$ par la formule

$$\Sigma_k := \frac{1}{k!} \sum_{\sigma \in \mathfrak{S}_n} X_{\sigma(1)} \dots X_{\sigma(k)} = \sum_{1 \le i_1 < \dots < i_k \le n} X_{i_1} \dots X_{i_k}.$$

Ils vérifient la relation

$$\prod_{j=1}^{n} (1 + X_j T) = 1 + \sum_{j=1}^{n} \Sigma_j T^j,$$

et on peut les obtenir en développant le produit $\prod_{j=1}^{n}(1 + X_j T)$, vu comme polynôme en T, et en calculant ses coefficients.
Pour des raisons techniques, on pose également $\Sigma_0 := 1$ et $\Sigma_j = 0$ pour tout $j \ge n + 1$. Seuls les polynômes $\Sigma_1, \dots, \Sigma_n$ sont appelés polynômes symétriques élémentaires.

Proposition 2.5.1

Dans $A[X_1, \ldots, X_n][T]$, *on a la relation* $\prod_{j=1}^{n}(T - X_j) = \sum_{j=0}^{n}(-1)^j T^{n-j}\Sigma_j$ *pour tout* $n \in \mathbb{N}$.

Démonstration :

On procède par récurrence sur $n \in \mathbb{N}$. Pour $n = 0$ et $n = 1$, la proposition est évidente. Supposons qu'elle est vraie au rang n. On note $\Sigma_1, \ldots, \Sigma_n$ (resp. $\Upsilon_1, \ldots, \Upsilon_{n+1}$) les polynômes symétriques élémentaires associés aux indéterminées $X_1, \ldots, X_n$ (resp. $X_1, \ldots, X_{n+1}$). On a alors, par hypothèse de récurrence,

$$\prod_{j=1}^{n+1}(T - X_j) = (T - X_{n+1})\prod_{j=1}^{n}(T - X_j) = (T - X_{n+1})\sum_{j=0}^{n}(-1)^j T^{n-j}\Sigma_j,$$

donc

$$\begin{aligned}\prod_{j=1}^{n+1}(T - X_j) &= \sum_{j=0}^{n}(-1)^j T^{n-j+1}\Sigma_j - \sum_{j=0}^{n}(-1)^j T^{n-j}\Sigma_j X_{n+1} \\ &= \sum_{j=0}^{n}(-1)^j T^{n-j+1}\Sigma_j - \sum_{j=1}^{n+1}(-1)^{j-1} T^{n+1-j}\Sigma_{j-1} X_{n+1} \\ &= T^{n+1} + \sum_{j=1}^{n}(-1)^j T^{n+1-j}(\Sigma_j + \Sigma_{j-1}X_{n+1}) \\ &\quad +(-1)^{n+1}\Sigma_n X_{n+1}.\end{aligned}$$

Or $\Sigma_n X_{n+1} = \Upsilon_{n+1}$ et pour tout $j \in [\![1, n]\!]$, $\Sigma_j + \Sigma_{j-1}X_{n+1} = \Upsilon_j$, donc la proposition est vraie au rang $n + 1$. ■

Soient K un corps, et $P = \sum_{j=0}^{n} a_j X^j \in K[X]$ un polynôme de degré n. Si $x_1, \ldots, x_n$ sont les racines de P dans une extension L de K, alors on a, pour $p \in [\![1, n]\!]$, les relations

$$\Sigma_p(x_1, \ldots, x_n) = (-1)^p \frac{a_{n-p}}{a_n},$$

appelées *relations coefficients-racines*. Ces relations proviennent de la proposition 2.5.2. En effet, il existe un unique morphisme d'algèbres φ

de $A[X_1, \ldots, X_n][X]$ dans $L[X]$ tel que $\varphi(X) = X$ et $\varphi(X_j) = x_j$ pour tout $j \in [\![1, n]\!]$. Alors

$$\begin{aligned}
\sum_{j=0}^{n} a_j X^j &= a_n \prod_{j=1}^{n} (X - x_j) = \varphi\left(a_n \prod_{j=1}^{n} (X - X_j)\right) \\
&= \varphi\left(a_n \textstyle\sum_{j=0}^{n} (-1)^j T^{n-j} \Sigma_j\right) \\
&= \sum_{j=0}^{n} (-1)^j T^{n-j} \Sigma_j(x_1, \ldots, x_n),
\end{aligned}$$

d'où le résultat par identification des coefficients.

2.5.2 Indépendance algébrique des polynômes symétriques élémentaires

Le principal résultat concernant les polynômes symétriques est le théorème suivant : sa démonstration est donnée ici de façon constructive. L'algorithme de symétrisation qui la suit est exactement calqué sur elle.

Théorème 2.5.2
Tout polynôme symétrique $P \in A[X_1, \ldots, X_n]^{\mathfrak{S}_n}$ s'écrit de façon unique comme polynôme en les polynômes symétriques élémentaires, i. e. il existe un unique polynôme $F \in A[X_1, \ldots, X_n]$ tel que $P = F(\Sigma_1, \ldots, \Sigma_n)$.
En particulier, les polynômes symétriques élémentaires sont algébriquement indépendants sur A.

Démonstration :
• Unicité : soient $P \in A[X_1, \ldots, X_n]^{\mathfrak{S}_n}$ et $F, G \in A[X_1, \ldots, X_n]$ tels que $P = F(\Sigma_1, \ldots, \Sigma_n) = G(\Sigma_1, \ldots, \Sigma_n)$.
Montrons que $F = G$, i. e. $H := F - G = 0$. Par l'absurde, montrons que si $H \neq 0$, alors $H(\Sigma_1, \ldots, \Sigma_n) \neq 0$: pour tout monôme unitaire $M = X_1^{i_1} \ldots X_n^{i_n}$ apparaissant dans H avec un coefficient non nul, on note

$$S_M := M(\Sigma_1, \ldots, \Sigma_n) = c_{\mathbf{i}} \Sigma_1^{i_1} \ldots \Sigma_n^{i_n}.$$

Le coefficient dominant de Σ_k est $X_1 \dots X_k$, or le coefficient d'un produit est le produit des coefficients dominants, donc le coefficient dominant de S_M est

$$D_M := X_1^{i_1+\cdots+i_n} \dots X_k^{i_k+\cdots+i_n} \dots X_n^{i_n}.$$

Si $M \neq M'$ sont deux monômes distincts de H, les monômes D_M et $D_{M'}$ sont donc distincts. Ainsi, le monôme $\mathrm{Max}(\{D_M \;/\; M \text{ monôme de } H\})$ est un monôme non nul de $H(\Sigma_1, \dots, \Sigma_n)$. C'est absurde puisque $H(\Sigma_1, \dots, \Sigma_n)$ est nul.

• Existence : soit $c_{\mathbf{i}} X_1^{i_1} \dots X_n^{i_n}$ un terme de P. Comme P est symétrique, pour tout $\sigma \in \mathfrak{S}_n$ l'élément $c_{\mathbf{i}} X_1^{i_{\sigma(1)}} \dots X_n^{i_{\sigma(n)}}$ est aussi un terme de P. Son terme dominant s'écrit $c_{\mathbf{i}} X_1^{i_{\sigma(1)}} \dots X_n^{i_{\sigma(n)}}$ avec $i_1 \geq i_2 \geq \cdots \geq i_n$. Or le polynôme $\widetilde{P} := P - c_{\mathbf{i}} \Sigma_1^{i_1-i_2} \dots \Sigma_{n-1}^{i_{n-1}-i_n} \Sigma_n^{i_n}$ est symétrique, et le terme dominant de $c_{\mathbf{i}} \Sigma_1^{i_1-i_2} \dots \Sigma_{n-1}^{i_{n-1}-i_n} \Sigma_n^{i_n}$ est $c_{\mathbf{i}} X_1^{i_{\sigma(1)}} \dots X_n^{i_{\sigma(n)}}$, c'est-à-dire celui de P, donc le terme dominant de $\widetilde{P}$ est strictement inférieur au terme dominant de P. D'après la proposition 2.4.3, en partant de $\widetilde{P} = P$ et $F = 0$, on peut itérer la transformation

$$(P,\, F) \mapsto (\widetilde{P},\, F + c_{\mathbf{i}} \Sigma_1^{i_1-i_2} \dots \Sigma_{n-1}^{i_{n-1}-i_n} \Sigma_n^{i_n})$$

jusqu'à ce que $\widetilde{P}$ soit nul. ■

Nous donnons ici le code Maple de l'algorithme de symétrisation.

```
n:=3: vars:=[seq(X[j],j=1..n)];
with(Groebner):

mdeg:=proc(P)
local l;
l:=[seq(degree(LeadingMonomial(P,plex(op(vars))),X[j])
                                        ,j=1..n)]:
end proc;
```

```
PolSymElem:=proc()
local FS;
FS:=sort(expand(mul(1+T*v,v=vars)),T);
[seq(coeff(FS,T,j),j=1..n)];
end proc:

Sym:=proc(f)
local ftilde,F,p,E,c,lambda,lt,EE,pbis;
ftilde:=f: F:=0: EE:=PolSymElem(): E:=[seq(E[j],j=1..n)]:
while ftilde<>0 do
    lt:=LeadingTerm(ftilde,plex(op(vars))): c:=lt[1]:
    lambda:=mdeg(lt[2]):
    p:=c*mul(E[j]^(lambda[j]-lambda[j+1]),
                            j=1..n-1)*E[n]^lambda[n]:
    pbis:=subs(seq(E[j]=EE[j],j=1..n),p):
    ftilde:=ftilde-expand(pbis): F:=F+p
od:
F;
end proc:
```

En exemple, appliquons cet algorithme aux deux polynômes $X_1^2 + X_2^2 + X_3^2$ et $X_1^5 + X_2^5 + X_3^5$:
`PolSymElem();`
`Sym(X[1]^2+X[2]^2+X[3]^2); Sym(X[1]^5+X[2]^5+X[3]^5);`
On trouve :
$X_1^2+X_2^2+X_3^2 = \Sigma_1^2 - 2\Sigma_2$, et ${X_1}^5+{X_2}^5+{X_3}^5 = {\Sigma_1}^5 - 5\,{\Sigma_1}^3\Sigma_2 + 5\,\Sigma_1{\Sigma_2}^2 + 5\,{\Sigma_1}^2\Sigma_3 - 5\,\Sigma_2\Sigma_3$.

Nous énonçons maintenant les *formules de Newton*. Elles permettent d'écrire de proche en proche les sommes de puissances de monômes en fonction des polynômes symétriques élémentaires. Pour les démontrer, nous utilisons des dérivations. Rappelons qu'étant donné une algèbre A (non nécessairement associative), on appelle *dérivation* de A tout endomorphisme d de A tel que $\forall\ a,\ b \in A,\ d(ab) = d(a)b + ad(b)$. On note $\mathfrak{der}(A)$ l'ensemble des dérivations de A. Notons que si l'on munit l'algèbre $\mathfrak{gl}(A)$ du crochet défini par $[u, v] = uv - vu$, alors $\mathfrak{gl}(A)$ est une algèbre de Lie dont $\mathfrak{der}(A)$ est une sous-algèbre de Lie [10].

Les *polynômes de Newton* sont définis pour tout $d \in \mathbb{N}^\times$ par

$$N_d := \sum_{j=1}^{n} X_j^d.$$

Ce sont des éléments de $A[X_1, \ldots, X_n]$.

Théorème 2.5.3 (Formules de Newton)
Pour tout $d \in \mathbb{N}^\times$, *on a* $N_d = \sum_{j=1}^{d-1} \Sigma_j N_{d-j} + (-1)^{d-1}\Sigma_d$.

Démonstration :
Considérons la $A-$algèbre $A[[X_1, \ldots, X_n]]$ des séries formelles en les indéterminées $X_1, \ldots, X_n$, et l'application $D := \sum_{j=1}^{n} X_j \partial_j$. Alors D est une dérivation de l'algèbre $A[[X_1, \ldots, X_n]]$. Or tout élément de $A[[X_1, \ldots, X_n]]$ s'écrit de façon unique sous la forme $P := \sum_{j=0}^{\infty} P_j$, où P_j est un polynôme homogène de degré j, donc on a $D(P) = \sum_{j=0}^{\infty} jP_j$.
Si maintenant $P^{(1)}, \ldots, P^{(r)}$ sont des séries formelles, on a

$$D(P^{(1)} \ldots P^{(r)}) = \sum_{j=1}^{r} D(P^{(j)}) \prod_{\substack{i=1 \\ i \neq j}}^{r} P^{(i)}.$$

Si les $P^{(j)}$ sont inversibles, on peut écrire

$$\frac{D(P^{(1)} \ldots P^{(r)})}{P^{(1)} \ldots P^{(r)}} = \sum_{j=1}^{r} \frac{D(P^{(j)})}{P^{(j)}}.$$

10. Donnons ici quelques propriétés des dérivations des algèbres de dimension finie. La démonstration de certaines d'entre elles est proposée en exercice.
• Soit A une algèbre (non nécessairement associative) de dimension finie sur $\mathbb{K} = \mathbb{R}$ ou $\mathbb{C}$. Soit $Aut(A)$ le groupe des automorphismes de l'algèbre A. C'est un sous-groupe fermé de $\mathbf{GL}(A)$, donc un groupe de Lie. De plus, $Lie(Aut(A)) = \mathfrak{der}(A)$ et $\mathfrak{g} := \mathfrak{der}(A)$ est une algèbre de Lie. Si G est l'unique groupe de Lie connexe simplement connexe tel que $Lie(G) = \mathfrak{g}$, alors $G = Aut(A)$.
• Soit $\mathbb{H}$ l'algèbre des quaternions réels. On a $Aut(\mathbb{H}) = \mathbf{SO}_3\mathbb{R}$, donc $\mathfrak{der}(\mathbb{H}) = \mathfrak{so}_3\mathbb{R}$.
• On peut également montrer que l'algèbre des dérivations de l'algèbre des octonions complexes $\mathbb{O}_\mathbb{C} = \mathbb{C} \otimes_\mathbb{R} \mathbb{O}$ (de dimension 8 sur $\mathbb{C}$) est une algèbre de Lie isomorphe à l'algèbre de Lie exceptionnelle $\mathfrak{g}_2$.

En particulier, en appliquant cette formule aux séries $P^{(j)} = 1 + X_j$, on a $D(P^{(j)}) = X_j$ et

$$\frac{D\left((1+X_1)\dots(1+X_n)\right)}{(1+X_1)\dots(1+X_n)} = \sum_{j=1}^{n} \frac{X_j}{1+X_j}.$$

Or $\frac{X_j}{1+X_j} = \sum_{k=0}^{\infty}(-1)^k X_j^{k+1}$, donc

$$\frac{D\left((1+X_1)\dots(1+X_n)\right)}{(1+X_1)\dots(1+X_n)} = \sum_{j=1}^{n}\sum_{k=0}^{\infty}(-1)^k X_j^{k+1},$$

i. e.

$$D\left(\prod_{j=1}^{n}(1+X_j)\right) = \prod_{j=1}^{n}(1+X_j)\sum_{j=1}^{n}\sum_{k=0}^{\infty}(-1)^k X_j^{k+1}. \tag{2.1}$$

En appliquant la proposition avec $T = -1$, on a

$$(-1)^n \prod_{j=1}^{n}(1+X_j) = \sum_{j=0}^{n}(-1)^j(-1)^{n-j}\Sigma_j, \text{ i. e. } \prod_{j=1}^{n}(1+X_j) = \sum_{j=0}^{n}\Sigma_j = \sum_{j=0}^{\infty}\Sigma_j,$$

puisque $\Sigma_j = 0$ pour $j \geq n+1$. On en déduit que

$$D\left(\prod_{j=1}^{n}(1+X_j)\right) = D\left(\sum_{j=0}^{\infty}\Sigma_j\right) = \sum_{j=0}^{\infty} j\Sigma_j. \tag{2.2}$$

Or d'après la formule (2.1), on a aussi

$$\begin{aligned}
D\left(\prod_{j=1}^{n}(1+X_j)\right) &= \left(\sum_{l=0}^{\infty}\Sigma_l\right)\sum_{k=0}^{\infty}(-1)^k\sum_{j=1}^{n}X_j^{k+1} \\
&= \left(\sum_{l=0}^{\infty}\Sigma_l\right)\sum_{k=0}^{\infty}(-1)^k N_{k+1} \\
&= \sum_{d=0}^{\infty}\sum_{k+d=l}(-1)^k\Sigma_l N_{k+1} \\
&= \sum_{d=0}^{\infty}\sum_{l=0}^{d}(-1)^{d-l}\Sigma_l N_{k+1} \\
&= \sum_{d=0}^{\infty}\left((-1)^d N_{d+1} + \sum_{l=1}^{d}(-1)^{d-l}\Sigma_l N_{d-l+1}\right).
\end{aligned}$$

D'où

$$D\left(\prod_{j=1}^{n}(1+X_j)\right)=\sum_{d=1}^{\infty}\left((-1)^{d-1}N_d+\sum_{l=1}^{d-1}(-1)^{d-1-l}\Sigma_l N_{d-l}\right). \quad (2.3)$$

En identifiant les parties homogènes dans les formules (2.2) et (2.3), on obtient $d\Sigma_d=(-1)^{d-1}N_d+\sum_{l=1}^{d-1}(-1)^{d-1-l}\Sigma_l N_{d-l}$, d'où le résultat. ■

2.6 Irréductibilité de certains polynômes "génériques"

2.6.1 Irréductibilité du déterminant et du permanent génériques

Soit A un anneau. Rappelons que le déterminant[11] d'une matrice carrée $M=(a_{i,j})_{i,j}\in\mathbf{M}_nA$ est défini par

$$\det(M)=\sum_{\sigma\in\mathfrak{S}_n}\varepsilon(\sigma)\prod_{i=1}^{n}m_{i,\sigma(i)}.$$

Les formules de développement du déterminant par rapport à la ligne i et à la colonne j sont les suivantes :

$$\det(M)=\sum_{j=1}^{n}(-1)^{i+j}m_{i,j}\det(\widehat{M_{i,j}}) \text{ et } \det(M)=\sum_{i=1}^{n}(-1)^{i+j}m_{i,j}\det(\widehat{M_{i,j}}),$$

où $\widehat{M_{i,j}}$ est la matrice obtenue à partir de M en supprimant sa $i-$ème ligne et sa $j-$ème colonne.

11. Le déterminant et le permanent admettent la généralisation suivante. Considérons un caractère du groupe symétrique $\mathfrak{S}_n$, noté $\chi:\mathfrak{S}_n\to\mathbb{C}$. Alors on peut définir l'*immanent*, associé au caractère χ, d'une matrice carrée $M=(a_{i,j})_{i,j}\in\mathbf{M}_n\mathbb{C}$ par la formule

$$\mathrm{imm}_\chi(M)=\sum_{\sigma\in\mathfrak{S}_n}\chi(\sigma)\prod_{i=1}^{n}m_{i,\sigma(i)}.$$

Le déterminant est obtenu en prenant $\chi=\varepsilon$ tandis que le permanent correspond à $\chi=1$.

De la même façon, on peut définir le *permanent*[12] de M par la formule

$$\mathrm{per}(M) = \sum_{\sigma \in \mathfrak{S}_n} \prod_{i=1}^{n} m_{i,\sigma(i)}.$$

La propriété suivante énonce les formules de développement du permanent.

Proposition 2.6.1

Soient i, $j \in \mathbb{N}^\times$. Le permanent vérifie alors les formules

$$\mathrm{per}(M) = \sum_{j=1}^{n} m_{i,j}\mathrm{per}(\widehat{M_{i,j}}) \text{ et } \mathrm{per}(M) = \sum_{i=1}^{n} m_{i,j}\mathrm{per}(\widehat{M_{i,j}}).$$

Démonstration :

Le groupe $\mathfrak{S}_n$ admet la partition $\mathfrak{S}_n = \coprod_{j=1}^{n} \{\sigma \in \mathfrak{S}_n \ / \ \sigma(i) = j\}$, donc

$$\mathrm{per}(M) = \sum_{\sigma \in \mathfrak{S}_n} \prod_{k=1}^{n} m_{k,\sigma(k)} = \sum_{j=1}^{n} \sum_{\substack{\sigma \in \mathfrak{S}_n \\ \sigma(i) = j}} \prod_{k=1}^{n} m_{k,\sigma(k)},$$

i. e.

$$\mathrm{per}(M) = \sum_{j=1}^{n} \sum_{\substack{\sigma \in \mathfrak{S}_n \\ \sigma(i) = j}} m_{i,j} \prod_{\substack{k=1 \\ k \neq i}}^{n} m_{k,\sigma(k)} = \sum_{j=1}^{n} m_{i,j}\mathrm{per}(\widehat{M_{i,j}}),$$

12. Soit K un corps. Le calcul du permanent est un problème difficile : il n'existe aucune méthode connue efficace pour le calculer. Selon un théorème de Valiant ([Val79]), ce problème est VNP-complet en caractéristique différente de 2. Il en résulte que l'on a $VP = VNP$ si et seulement si per $\in VP$, égalité qui reste l'une des conjectures majeures en théorie de la complexité... En revanche, le calcul du déterminant est facile, car on dispose de l'algorithme du pivot de Gauss. Celui-ci repose sur le caractère alterné du déterminant, propriété qui n'est pas valable pour le permanent. Un problème que l'on ne sait pas résoudre de manière efficace est le problème des mariages : considérons n femmes, placées en colonnes, et n hommes, placés en lignes. Si le mariage de la $j-$ème femme et du $i-$ème homme est possible, on place un 1 à l'intersection de la $i-$ème ligne et de la $j-$ème colonne. Sinon, on place un 0. Le nombre de façons d'effectuer des mariages est alors le permanent de la matrice ainsi construite, calcul difficile comme il a été dit plus haut. Nonobstant, on peut connaître facilement la parité de ce nombre, car en caractéristique 2, permanent et déterminant sont identiques !

ce qui démontre la première formule. La deuxième se prouve de manière analogue. ■

Considérons n^2 indéterminées $X_{1,1}, \ldots, X_{n,n}$. Le *déterminant générique* est le polynôme de $A[X_{1,1}, \ldots, X_{n,n}]$ défini par

$$D_n := \sum_{\sigma \in \mathfrak{S}_n} \varepsilon(\sigma) \prod_{i=1}^{n} X_{i,\sigma(i)}.$$

C'est le déterminant de la matrice de terme général $X_{i,j}$.
De même, le *permanent générique* est le polynôme de $A[X_{1,1}, \ldots, X_{n,n}]$ défini par

$$P_n := \sum_{\sigma \in \mathfrak{S}_n} \prod_{i=1}^{n} X_{i,\sigma(i)}.$$

C'est le permanent de la matrice de terme général $X_{i,j}$. La propriété suivante montre que ces deux polynômes sont irréductibles sur A.

Proposition 2.6.2
Le déterminant générique et le permanent générique sont irréductibles sur A.

Démonstration :
• Montrons que D_n est irréductible sur A. Supposons que D_n s'écrit sous la forme $D_n = Q_1 Q_2$, où Q_1 et Q_2 sont deux polynômes de $A[X_{1,1}, \ldots, X_{n,n}]$. En développant D_n par rapport à la première ligne, on obtient

$$D_n = \sum_{j=1}^{n} (-1)^{j+1} m_{i,j} \det(\widehat{M_{1,j}}),$$

donc D_n est un polynôme homogène de degré 1 en $X_{1,1}, \ldots, X_{1,n}$.
Ainsi, d'après la propriété 2.4.5, Q_1 et Q_2 sont eux aussi homogènes en les indéterminées $X_{1,1}, \ldots, X_{1,n}$, et on a par exemple $\partial^\circ(Q_1) = 1$ et $\partial^\circ(Q_2) = 0$. Or D_n est de degré 1 en chacune des indéterminées $X_{1,1}, \ldots, X_{1,n}$, et il en est de même pour Q_1. Fixons maintenant $j \in [\![1, n]\!]$, et développons D_n par rapport à sa $j-$ème colonne.

Comme précédemment, D_n est un polynôme homogène de degré 1 en les indéterminées $X_{1,j}, \ldots, X_{n,j}$, donc Q_1 et Q_2 le sont également, et l'un des deux polynômes est de degré 1 tandis que l'autre est de degré 0. Or Q_1 est de degré 1 en $X_{1,j}$, donc il est homogène de degré 1 en $X_{1,j}, \ldots, X_{n,j}$. Donc Q_2 est de degré 0 en $X_{1,j}, \ldots, X_{n,j}$. Finalement, Q_2 ne dépend d'aucune indéterminée ; c'est donc un élément de A. Alors Q_2 divise dans A tous les coefficients de Q_1, et les coefficients de D_n sont inversibles dans A, donc Q_2 est un élément inversible de A, ce qui montre que D_n est irréductible sur A.

• La démonstration de l'irréductibilité de P_n est analogue : les seules propriétés du déterminant qui ont été utilisées sont le développement par rapport aux lignes et aux colonnes, ainsi que le fait que les coefficients du polynôme D_n sont des éléments de $A^{\times}$. Or ces deux propriétés sont aussi vérifiées par P_n. ■

Donnons maintenant une application en algèbre linéaire de l'irréductibilité du déterminant générique.

Proposition 2.6.3
Soient K un corps infini et n un entier supérieur ou égal à 2. Alors tout hyperplan de $\mathbf{M}_n K$ contient au moins une matrice inversible.

Démonstration :
Raisonnons par l'absurde, et supposons qu'il existe un hyperplan H de $\mathbf{M}_n K$ qui ne contient aucune matrice inversible. Il existe une forme linéaire φ non nulle telle que $H = \mathrm{Ker}(\varphi)$. La forme linéaire φ s'identifie à un polynôme de degré 1, élément de $K[X_{1,1}, \ldots, X_{n,n}]$, et on note $\varphi = \sum_{i=1}^{n} \sum_{j=1}^{n} \varphi_{i,j} X_{i,j}$. Comme φ est non nulle, il existe $(i_0, j_0) \in [\![1, n]\!]^2$ tel que $\varphi_{i_0,j_0} \neq 0$. Pour simplifier les notations, on peut supposer que $\varphi_{1,1} \neq 0$. On considère alors D_n et φ comme des polynômes en $X_{1,1}$ dont les coefficients appartiennent à $K[X_{1,2}, \ldots, X_{n,n}]$. Comme le coefficient $\varphi_{1,1}$ est inversible dans l'anneau $K[X_{1,1}, \ldots, X_{n,n}]$, on effectue la division euclidienne de D_n par φ : on a $D_n = \varphi Q + R$ avec $Q \in K[X_{1,1}, \ldots, X_{n,n}]$ et $R \in K[X_{1,2}, \ldots, X_{n,n}]$. Soit maintenant un vecteur quelconque $(x_{1,2}, \ldots, x_{n,n}) \in K^{n^2-1}$. On peut

alors définir un élément $x_{1,1} \in K$ par $x_{1,1} := -\frac{1}{\varphi_{1,1}}(\varphi_{1,2}x_{1,2}+\cdots+\varphi_{n,n}x_{n,n})$. Alors par construction des $x_{i,j}$, on a $\varphi(x_{1,1}, \dots, x_{n,n}) = 0$, i. e. $(x_{1,1}, \dots, x_{n,n}) \in H$, donc comme H ne contient par hypothèse aucune matrice inversible, on a $D_n(x_{1,1}, \dots, x_{n,n}) = 0$. On en déduit que $R(x_{1,1}, \dots, x_{n,n}) = 0$. Ainsi, R s'annule sur un produit de facteurs infinis, donc, d'après la proposition 2.4.2, R est le polynôme nul. Donc φ divise D_n. C'est absurde, car le degré de D_n est $n \geq 2$, et D_n est irréductible d'après la proposition 2.6.2. ■

2.6.2 Irréductibilité du résultant générique

Nous appliquons ici le théorème de spécialisation du résultant pour démontrer l'irréductibilité du résultant générique, défini ci-dessous.

Théorème 2.6.4 (Irréductibilité du résultant générique)
Soient $A = \mathbb{Z}[A_0, \dots, A_m, B_0, \dots, B_n]$ (où $A_0, \dots, A_m, B_0, \dots, B_n$ sont des indéterminées), et $P = \sum_{i=0}^{m} A_i T^i$ et $Q = \sum_{j=0}^{n} B_j T^j$ deux éléments non nuls de $A[T]$. Alors le polynôme $R_{m,n} := R_T(P, Q)$ est un élément de A, appelé résultant générique, *et cet élément est irréductible dans A.*

Démonstration :

• Considérons de nouvelles indéterminées, notées $X_1, \dots, X_m, Y_1, \dots, Y_n$, et définissons l'anneau $B := \mathbb{Z}[A_m, B_n, X_1, \dots, X_m, Y_1, \dots, Y_n]$.
Le groupe $\mathfrak{S}_m$ (resp. $\mathfrak{S}_n$) agit sur B par permutation des indéterminées X_i (resp. Y_j), ce qui induit une action de $\mathfrak{S}_m \times \mathfrak{S}_n$ sur B. On a évidemment l'inclusion $\mathbb{Z}[A_m, B_n] \subset B^{\mathfrak{S}_m \times \mathfrak{S}_n}$. Notons $\Sigma_1, \dots, \Sigma_m$ (resp. $\Upsilon_1, \dots, \Upsilon_n$) les fonctions symétriques élémentaires de $X_1, \dots, X_m$ (resp. $Y_1, \dots, Y_n$), et considérons le morphisme d'algèbres $\chi : A \to B$ défini par

$$\begin{array}{l|l} \chi(A_i) = (-1)^{m-i} A_m \Sigma_{m-i} \text{ pour } i \in [\![1, m-1]\!], & \chi(A_m) = A_m, \\ \chi(B_j) = (-1)^{n-j} B_n \Upsilon_{n-j} \text{ pour } j \in [\![1, n-1]\!], & \chi(B_n) = B_n. \end{array}$$

Par définition l'image de χ est incluse dans $B^{\mathfrak{S}_m \times \mathfrak{S}_n}$. Montrons que l'application χ est injective : soit $H = \sum_{\mathbf{i},\mathbf{j}} \mathbf{c}_{\mathbf{i},\mathbf{j}} \mathbf{A}^{\mathbf{i}} \mathbf{B}^{\mathbf{j}} \in A$ tel que $\chi(H) = 0$.

On a

$$\chi(H) = \sum_{\mathbf{i},\mathbf{j}} \mathbf{c}_{\mathbf{i},\mathbf{j}} (-1)^{m\, i_0} A_m^{i_0} \Sigma_m^{i_0} \ldots (-1)^{i_m} A_m^{i_{m-1}} \Sigma_1^{i_{m-1}} A_m^{i_m} (-1)^{n j_0} B_n^{j_0} \Upsilon_n^{j_0} \ldots (-1)^{j_n} B_n^{j_{n-1}} \Upsilon_1^{j_{n-1}} B_n^{j_n}$$

$$= \pm \sum_{\mathbf{i},\mathbf{j}} \mathbf{c}_{\mathbf{i},\mathbf{j}} A_m^{i_0+\cdots+i_m} \Sigma_m^{i_0} \ldots \Sigma_1^{i_{m-1}} B_n^{j_0+\cdots+j_n} \Upsilon_n^{j_0} \ldots \Upsilon_1^{j_{n-1}}.$$

Or les éléments $\Upsilon_1, \ldots, \Upsilon_n$ sont algébriquement indépendants sur l'anneau $\mathbb{Z}[A_m, B_n, X_1, \ldots, X_n]$, donc pour tout $n-$uplet $(j_0, \ldots, j_{n-1})$, on a

$$B_n^{j_0+\cdots+j_{n-1}} \sum_{\mathbf{i}, j_n} \mathbf{c}_{\mathbf{i},\mathbf{j}} A_m^{i_0+\cdots+i_m} \Sigma_m^{i_0} \ldots \Sigma_1^{i_{m-1}} B_n^{j_n} = 0.$$

De même, comme les éléments $\Sigma_1, \ldots, \Sigma_m$ sont algébriquement indépendants sur $\mathbb{Z}[A_m, B_n]$, on a, pour tout $m-$uplet $(i_0, \ldots, i_{m-1})$,

$$A_m^{i_0+\cdots+i_{m-1}} B_n^{j_0+\cdots+j_{n-1}} \sum_{i_m, j_n} \mathbf{c}_{\mathbf{i},\mathbf{j}} A_m^{i_m} B_n^{j_n} = 0.$$

Finalement, pour tout $(\mathbf{i}, \mathbf{j})$, on a $\mathbf{c}_{\mathbf{i},\mathbf{j}} = 0$, donc $H = 0$. Ainsi, χ est injective, ce qui permet d'identifier A à son image qui est un sous-anneau de $B^{\mathfrak{S}_m \times \mathfrak{S}_n}$. L'image de P est alors

$$\chi(P) = \sum_{i=1}^{m} \chi(A_i) T^i = A_m T^m + \sum_{i=1}^{m} (-1)^{m-i} A_m E_{m-i} T^i = A_m \prod_{k=1}^{m} (T - X_k),$$

puisque les éléments $\Sigma_1, \ldots, \Sigma_m$ sont les fonctions symétriques élémentaires de $X_1, \ldots, X_m$. De même, on a $\chi(Q) = B_n \prod_{k=1}^{n} (T - Y_k)$. Alors d'après la proposition 2.3.2, $R_T(\chi(P), \chi(Q)) = \prod_{i=1}^{m} \prod_{j=1}^{n} (X_i - Y_j)$.
Or on a $\partial^\circ(\chi(P)) = \partial^\circ(P)$ et $\partial^\circ(\chi(Q)) = \partial^\circ(Q)$, donc d'après la proposition de spécialisation du résultant,

$$\chi(R_{m,n}) = \chi(R_T(P, Q)) = R_T(\chi(P), \chi(Q)) = A_m^n B_n^m \prod_{i=1}^{m} \prod_{j=1}^{n} (X_i - Y_j).$$

• Montrons maintenant que $R_{m,n}$ n'est divisible dans A ni par A_m, ni par B_n. Supposons qu'il existe $F \in A$ tel que $R_{m,n} = B_n F$.

Soit $\varphi : A \to \mathbb{Z}[A_0, \ldots, A_m, B_0, \ldots, B_{n-1}]$ le morphisme d'algèbres défini par

$$\varphi(A_i) = A_i \text{ pour } i \in [\![0, m]\!],\ \varphi(B_j) = B_j \text{ pour } j \in [\![0, n-1]\!], \text{ et } \varphi(B_n) = 0.$$

Alors, par définition de φ, on a $\partial^\circ(\varphi(P)) = \partial^\circ(P)$ et $\partial^\circ(\varphi(Q)) = \partial^\circ(Q) - 1$, donc d'après la proposition de spécialisation du résultant,

$$\varphi(R_{m,n}) = \varphi(A_m) R_T(\varphi(P), \varphi(Q)) = A_m R_{m,n-1}.$$

Ainsi, on a $A_m R_{m,n-1} = \varphi(R_{m,n}) = \varphi(B_n)\varphi(F) = 0$, donc $R_{m,n-1} = 0$. C'est absurde, car d'après le premier point $R_{m,n-1}$ peut être envoyé, via une injection, sur $A_m^{n-1} B_{n-1}^m \prod_{i=1}^m \prod_{j=1}^{n-1} (X_i - Y_j)$, élément qui est visiblement non nul.

• Nous pouvons maintenant montrer que $R_{m,n}$ est irréductible sur A. Soit H un élément irréductible qui divise $R_{m,n}$ dans A. Alors $\chi(H)$ divise $\chi(R_{m,n})$ dans $\chi(A)$. Or d'après le second point, A_m ne divise pas $R_{m,n}$ dans A, donc A_m ne divise pas H. De même, B_n ne divise pas H.
Comme $\chi(A_m) = A_m$ et $\chi(B_n) = B_n$, ni A_m, ni B_n ne divise $\chi(H)$ dans $\chi(A)$. Or $\chi(H)$ divise $\chi(R_{m,n})$, et d'après le premier point, on a

$$\chi(R_{m,n}) = A_m^n B_n^m \prod_{i=1}^{m} \prod_{j=1}^{n} (X_i - Y_j),$$

donc il existe un couple (i, j) tel que $X_i - Y_j$ divise $\chi(H)$.
Or l'image $\chi(A)$ est incluse dans $B^{\mathfrak{S}_m \times \mathfrak{S}_n}$, donc pour tout $\sigma \in \mathfrak{S}_m$, et pour tout $\tau \in \mathfrak{S}_n$, $X_{\sigma(i)} - Y_{\tau(j)}$ divise $\chi(H)$. Comme A est factoriel, le produit $\prod_{i=1}^m \prod_{j=1}^n (X_i - Y_j)$ divise $\chi(H)$. Alors il existe un couple (m_0, n_0) tel que

$$\chi(H) = \pm A_m^{n_0} B_n^{m_0} \prod_{i=1}^{m} \prod_{j=1}^{n} (X_i - Y_j).$$

Or ni A_m, ni B_n ne divise $\chi(H)$ dans $\chi(A)$, d'où $m_0 = m$ et $n_0 = n$. Ainsi, H est associé à $R_{m,n}$, ce qui montre que $R_{m,n}$ est irréductible dans A. ■

2.7 Exercices

Exercice 2.7.1 (Résultant)
1. Calculer le résultant des polynômes
$P := -62 - 7\,X^7 + 22\,X^6 - 55\,X^5 - 94\,X^4 + 87\,X^3 - 56\,X^2$
et $Q := 62 + 97\,X^5 - 73\,X^4 - 4\,X^3 - 83\,X^2 - 10\,X$.
2. Les polynômes $P := 2\,X + 9\,X^6 - 7\,X^5 - 2\,i\sqrt{2} - 9\,i\sqrt{2}X^5 + 7\,i\sqrt{2}X^4$ et $Q := X - 3\,X^5 - i\sqrt{2} + 3\,i\sqrt{2}X^4$ sont-ils premiers entre eux ?
Factoriser alors P et Q.
3. Pour quelles valeurs de $a \in \mathbb{C}$ les polynômes
$P := X^3 - 3\,X^2 + 2\,X - X^2a + 3\,aX - 2\,a$
et $Q := X^3 - 2\,X^2 - 3\,X - 2\,X^2a + 4\,aX + 6\,a$
ont-ils au moins une racine commune dans $\mathbb{C}$? Pour ces valeurs-là, donner alors les racines communes.

Solution

1. Grâce à la commande `R:=resultant(P,Q,X);`, on trouve
$R = 7\,152\,807\,280\,333\,268\,450\,281\,572$.

2. De même, on trouve $R = 0$, donc P et Q ne sont pas premiers entre eux. La commande `factor` donne $P = \left(2 + 9\,X^5 - 7\,X^4\right)\left(X - i\sqrt{2}\right)$ et $Q = -\left(-1 + 3\,X^4\right)\left(X - i\sqrt{2}\right)$.

3. On calcule le résultant R de P et Q : on trouve $R(a) = -48\,a^5 + 168\,a^4 - 24\,a^3 - 168\,a^2 + 72\,a$. Le degré de P est indépendant de la valeur numérique que peut prendre le paramètre a, donc d'après la propriété de spécialisation 2.6.2, P et Q ont une racine commune si et seulement si $R(a) = 0$, i. e. $a \in \{0,\ 1,\ 3,\ \frac{1}{2},\ -1\}$. Notons `sol` l'ensemble solution. On obtient les racines communes avec `seq({solve(P,X)} intersect {solve(Q,X)},a=sol);`. On trouve `{0}, {2}, {3}, {1}, {-1}`.

Exercice 2.7.2 (Résultant et courbes algébriques)
On considère les deux courbes algébriques du plan d'équations

$$P := X^4 + 2\,X^3 + 4\,Y^2 \text{ et } Q := 2\,X^4 + 2\,Y^4 + 5\,XY^2 - 6\,X^2 + 1.$$

1. Représenter ces deux courbes sur un même graphique.
2. Déterminer les coordonnées approchées de leurs points d'intersection.

Solution

1. On procède ainsi pour représenter graphiquement les deux courbes.

```
P:=X^4+2*X^3+4*Y^2: Q:=2*X^4+2*Y^4+5*X*Y^2-6*X^2+1:
with(plots): D1:=implicitplot(P,X=-3..2.2,Y=-3..3,grid=[100,100],
color=blue):
D2:=implicitplot(Q,X=-3..2.2,Y=-3..3,grid=[100,100],color=red):
display({D1,D2});
```

2. D'après la propriété de spécialisation 2.6.2, X (resp. Y) est l'abscisse (resp. l'ordonnée) d'un point d'intersection de P et Q si et seulement si $R_Y(P,Q)=0$ (resp. $R_X(P,Q)=0$).

```
RX:=resultant(P,Q,Y);
```

Comme R_X n'est pas séparable, on le remplace par $R_X \wedge R'_X$.

```
RX1:=gcd(RX,diff(RX,X)); ⟶
RX1:=-16*X^4+32-192*X^2-40*X^5+4*X^8+16*X^7+16*X^6
irreduc(RX1); ⟶ true
x:=evalf([fsolve(RX1,X)],3); ⟶ x:=[-1.80, -.409, .403, 1.66]
```

On procède de même pour Y.

```
RY:=resultant(P,Q,X);
⟶ RY:=16*Y^16-336*Y^14+1312*Y^12+7116*Y^10-14808*Y^8+
32068*Y^6-7992*Y^4-138*Y^2+9
irreduc(RY); ⟶ true
y:=evalf([fsolve(RY,Y)],3); ⟶ y:=[-.543, -.165, .165, .543]
```

On obtient $\{(-1.80,-.543),(-1.80,.543),(-.409,-.165),(-.409,.165)\}$.

Exercice 2.7.3 (Résultant et équation cartésienne)

On considère la courbe paramétrée définie par :

$$\left\{\begin{array}{lcl} x(t) & = & (\cos(t)^2+1)\sin(t) \\ \\ y(t) & = & \sin(t)^2\cos(t) \end{array}\right. .$$

1. Tracer la courbe.
2. Donner une équation cartésienne irréductible C vérifiée par tous les points de la courbe. Indication : mettre x (resp. y) sous la forme rationnelle $x=\frac{x_n}{x_d}$ (resp. $y=\frac{y_n}{y_d}$) en posant $u:=\tan(\frac{t}{2})$, et considérer les polynômes $P:=x_dX-x_n$ et $Q:=y_dX-y_n$.

3. Représenter graphiquement l'ensemble défini par C en utilisant `implicitplot`.
4. On considère la droite Δ_n d'équation $\sin(n)\,X - \cos(n)\,Y - \sin(n)^2 = 0$. Représenter sur un même graphique la courbe paramétrée et les droites Δ_n pour $n \in [\![-20,\, 20]\!]$.

Solution

1. Graphique : `x:=(cos(t)^2+1)*sin(t): y:=sin(t)^2*cos(t):`

```
gr:=plot([x,y,t=0..2*Pi],thickness=3):
```

2. On a $\cos(t) = \frac{1-u^2}{1+u^2}$ et $\sin(t) = \frac{2u}{1+u^2}$.
On peut donc définir x_1 et y_1 comme ci-dessous.

```
ens:={cos(t)=(1-u^2)/(1+u^2),sin(t)=2*u/(1+u^2)}:
x1:=simplify(subs(ens,x)); y1:=simplify(subs(ens,y));
```

Ceci donne $x_1 = 4\,\frac{(1+u^4)u}{(1+u^2)^3}$ et $y_1 = -4\,\frac{u^2(-1+u^2)}{(1+u^2)^3}$.

```
P:=X*denom(x1)-numer(x1): Q:=Y*denom(y1)-numer(y1):
R:=resultant(P,Q,u); C:=R/262144; irreduc(C); ⟶ true
```

On obtient $C = 16\,Y^2 - X^4 - 20\,Y^2X^2 + 8\,Y^4 + X^6 + 3\,Y^2X^4 + 3\,Y^4X^2 + Y^6$.

3. `with(plots): implicitplot(C,X=-1.2..1.2,Y=-0.4..0.4,grid=[200,200]);`

4. `Delta:=sin(n)*X-cos(n)*Y-sin(n)^2:`

```
grdr:=implicitplot([seq(Delta,n=-20..20)],X=-1.2..1.2,Y=-0.4..0.4,
            color=blue):
display(gr,grdr);
```

Exercice 2.7.4 (Résultant et tasse de café)

On considère la surface d'une tasse de café, assimilée à un disque de centre O et de rayon 1. La surface est éclairée par une lumière arrivant horizontalement, i. e. les rayons lumineux sont parallèles à l'axe des abscisses. Ils sont alors réfléchis sur le bord de la tasse.
1. Soit M le point du bord de la tasse de coordonnées $(x,\, y)$ et d'angle polaire θ. Donner l'équation cartésienne vérifiée par le rayon réfléchi Δ_θ d'un rayon arrivant au point M. Représenter sur un même graphique 60 rayons réfléchis.
2. On appelle paramétrisation de l'*enveloppe* de la famille de droites $(\Delta_\theta)_{\theta\in[-\frac{\pi}{2},\,\frac{\pi}{2}]}$ une courbe paramétrée $M(\theta) = (x(\theta),\, y(\theta))$ telle que pour

tout $\theta \in [-\frac{\pi}{2}, \frac{\pi}{2}]$, on ait $M(\theta) \in \Delta_\theta$ et telle que pour tout $\theta \in [-\frac{\pi}{2}, \frac{\pi}{2}]$, la droite Δ_θ soit tangente à la courbe en $M(\theta)$. Donner une paramétrisation de l'enveloppe de la famille de droites $(\Delta_\theta)_{\theta\in[-\frac{\pi}{2}, \frac{\pi}{2}]}$. Représenter sur un même graphique l'enveloppe et les 60 rayons réfléchis.

3. Donner une équation cartésienne irréductible C vérifiée par tous les points de l'enveloppe. Indication : mettre x (resp. y) sous forme rationnelle $x = \frac{x_n}{x_d}$ (resp. $y = \frac{y_n}{y_d}$) en posant $u := \tan(\frac{t}{2})$, et considérer les polynômes $P := x_d X - x_n$ et $Q := y_d X - y_n$.

4. Représenter graphiquement l'ensemble défini par C en utilisant `implicitplot`.

Solution

1. Un vecteur directeur de Δ_θ est donné par $\overrightarrow{v} := \begin{pmatrix} \cos(2\theta - \pi) \\ \sin(2\theta - \pi) \end{pmatrix} = \begin{pmatrix} -\cos(2\theta) \\ -\sin(2\theta) \end{pmatrix}$.
Un point $Z = (X, Y)$ appartient donc à Δ si et seulement si les vecteurs $\overrightarrow{MZ}$ et $\overrightarrow{v}$ sont liés, i. e. si $\begin{vmatrix} X - x & -\cos(2\theta) \\ Y - y & -\sin(2\theta) \end{vmatrix} = 0$. L'équation du rayon réfléchi est donc $x\sin(2\theta) - y\cos(2\theta) - \sin(\theta) = 0$, i. e. $a(\theta)x + b(\theta)y + c(\theta) = 0$, avec :

```
a:=sin(2*t): b:=-cos(2*t): c:=-sin(t): ecdr:=X*sin(2*t)-Y*cos(2*t)-sin(t);
droites:=[seq(implicitplot(subs(t=-Pi/2+Pi*j/60,ecdr=
0,X=0..1,Y=-1.5..1.5),j=0..59)]:
```

2. On procède comme en 1 pour mettre en équations les données géométriques.

```
x:=simplify((-c*diff(b,t)+b*diff(c,t))/(a*diff(b,t)-b*diff(a,t)));
y:=simplify((c*diff(a,t)-a*diff(c,t))/(a*diff(b,t)-b*diff(a,t)));
```

On obtient $M(\theta) = (-1/2\left(2(\cos(\theta))^2 - 3\right)\cos(\theta), (\sin(\theta))^3)$.

```
enveloppe:=plot([x,y,t=-Pi/2..Pi/2],color=blue,thickness=4):
with(plots): display(droites,enveloppe,scaling=constrained);
```

3. Voir la question 2 de l'exercice 2.7.3.
On trouve $P = 2X\left(1+u^2\right)^3 + \left(1+10u^2+u^4\right)\left(-1+u^2\right)$,
$Q = Y\left(1+u^2\right)^3 - 8u^3$ et $C = 96Y^2X^2 + 48X^4 + 48Y^4 + 15Y^2 - 12X^2 - 192Y^4X^2 - 192X^4Y^2 - 64Y^6 - 64X^6 + 1$.

4. `implicitplot(C,X=0..1,Y=-1.1..1.1,grid=[100,100],scaling=constrained);`

Exercice 2.7.5 (Critères d'irréductibilité)
Les quatre questions sont indépendantes.
1. Le polynôme $P := X^n - 6$ est-il irréductible sur $\mathbb{Q}$?
2. Soit p un nombre premier.
Montrer que le polynôme $Q := X^{p-1} + \cdots + X + 1$ est irréductible sur $\mathbb{Q}$.
3. Montrer que le polynôme $R := Y^2 - X^5 + 4X \in \mathbb{Q}[X][Y]$ est irréductible sur $\mathbb{Q}[X]$.
4. Soit p un nombre premier. Le polynôme $S := \sum_{j=0}^{p} \frac{X^j}{j!}$ est-il irréductible sur $\mathbb{Q}$?

Solution

1. Le critère d'Eisenstein appliqué à P avec $p = 2$ montre que P est irréductible sur $\mathbb{Q}$.
2. Il suffit de montrer que $Q(X+1)$ est irréductible sur $\mathbb{Q}$. On a $(X-1)Q = X^p - 1$, donc $XQ(X+1) = (X+1)^p - 1 = \sum_{j=1}^{p} C_p^j X^j$, donc $Q(X+1) = \sum_{j=1}^{p} C_p^j X^{j-1}$. Or pour tout $j \in [\![1,\, p-1]\!]$, p divise C_p^j, donc le critère d'Eisenstein s'applique.
3. Le contenu de R est $\text{cont}(R) = 1 \wedge (-X^5 + 4X) = 1$. Or R est irréductible sur le corps des fractions $\mathbb{Q}(X)$ de $\mathbb{Q}[X]$: sinon il aurait une racine de la forme $\frac{A}{B} \in \mathbb{Q}(X)$, et on aurait $A^2 = B^2(X^5 - 4X)$, d'où $2\partial^\circ(A) = 2\partial^\circ(B) + 5$: ceci est impossible car le membre de gauche est pair tandis que celui de droite est impair. D'après le théorème 2.2.4, R est irréductible sur $\mathbb{Q}[X]$.
4. Montrer que S est irréductible sur $\mathbb{Q}$ revient à montrer que $p!S$ est irréductible sur $\mathbb{Q}$. On a $p!S = p! + p!X + \frac{p!}{2!}X^2 + \cdots + pX^{p-1} + X^p$, donc on peut appliquer le critère d'Eisenstein et en conclure que $p!S$ est irréductible sur $\mathbb{Q}$.

Exercice 2.7.6 (Critères d'irréductibilité)
Soit $P \in \mathbb{Z}[X]$ un polynôme unitaire qui admet une racine rationnelle x. Montrer que x est un nombre entier qui divise $P(0)$. En déduire que pour tout $n \in \mathbb{N}$, le nombre $\sqrt{n}$ est entier ou irrationnel.

Solution

Ecrivons P sous la forme $P = \sum_{j=0}^{n} a_j X^j$. D'après ce qui suit la proposition 2.2.6, si $\frac{p}{q}$ est une racine de P avec p et q premiers entre eux, alors p divise $a_0 = P(0)$ et q divise $a_n = 1$, donc $\frac{p}{q}$ est un entier. Soit maintenant $n \in \mathbb{N}$ tel que $\sqrt{n}$ n'est pas un nombre entier.

Si $\sqrt{n}$ est rationnel, alors $\sqrt{n}$ est racine rationnelle de $P := X^2 - n$, donc un nombre entier, ce qui est impossible par hypothèse.

Exercice 2.7.7 (Critères d'irréductibilité)

Les deux questions sont indépendantes.
1. Montrer que $P := X^{13} + 3\,X^{11} - 6\,X^{10} + 12\,X^4 - 9\,X^3 - 3$ est irréductible sur $\mathbb{Q}$.
2. Montrer que $Q := X^4 - 4\,X^3 + 11\,X^2 - 14$ est irréductible sur $\mathbb{Q}$.

Solution

1. Le critère d'Eisenstein s'applique avec $p = 3$.
2. La réduction modulo 5 de Q s'écrit $\overline{Q} = X^4 + X^3 + X^2 + 1$. Montrons que $\overline{Q}$ est irréductible sur $\mathbb{F}_5$. On vérifie déjà qu'aucun des nombres de $[\![0,\, 4]\!]$ n'est racine de ce polynôme. Si $\overline{Q}$ est réductible, $\overline{Q}$ se factorise en un produit de deux facteurs irréductibles sur $\mathbb{F}_5$. Il existe donc $a,\, b,\, a',\, b' \in \{-2,\, -1,\, 0,\, 1,\, 2\}$ tels que $\overline{Q} = (X^2 + aX + b)(X^2 + a'X + b')$. En identifiant les coefficients, on trouve $a + a' = 1$, $b + aa' + b' = 1$, $ab' + ba' = 0$ et $bb' = 1$. En prenant successivement pour a les valeurs $-2,\, -1,\, 0,\, 1,\, 2$, on obtient les systèmes

$$\left\{\begin{array}{rcl} a & = & -2 \\ a' & = & 3 \\ b + b' & = & 2 \\ -2b' + 3b & = & 0 \\ bb' & = & 1 \end{array}\right., \left\{\begin{array}{rcl} a & = & -1 \\ a' & = & 2 \\ b + b' & = & 3 \\ -b' + 2b & = & 0 \\ bb' & = & 1 \end{array}\right., \left\{\begin{array}{rcl} a & = & 0 \\ a' & = & 1 \\ b + b' & = & 1 \\ b & = & 0 \\ bb' & = & 1 \end{array}\right.,$$

$$\left\{\begin{array}{rcl} a & = & 1 \\ a' & = & 0 \\ b + b' & = & 1 \\ b' & = & 0 \\ bb' & = & 1 \end{array}\right., \left\{\begin{array}{rcl} a & = & 2 \\ a' & = & -1 \\ b + b' & = & 3 \\ 2b' - b & = & 0 \\ bb' & = & 1 \end{array}\right..$$

Le premier système donne $1 + b^2 - 2b = 0$, d'où $b = 1$ et $b' = 1$, ce qui contredit $-2b' + 3b = 0$. Le deuxième donne $b = 1$ et $b' = 2$, ce qui contredit $bb' = 1$. Les troisième et quatrième sont clairement impossibles, et le cinquième donne $b' = 1$ et $b = 2$, ce qui contredit $bb' = 1$. Ainsi, $\overline{Q}$ est irréductible. Le critère de réduction modulo 5 permet alors de conclure que Q est irréductible sur $\mathbb{Q}$.

Exercice 2.7.8 (Théorème de D'Alembert)
Démontrer le théorème de D'Alembert, à savoir que tout polynôme de $\mathbb{C}[X]$ est scindé sur $\mathbb{C}$.

Solution

Soit $P \in \mathbb{C}[X]$ un polynôme non constant, et montrons qu'il admet au moins une racine dans $\mathbb{C}$. Raisonnons par l'absurde en supposant le contraire. Ainsi, P définit une fonction holomorphe sur $\mathbb{C}$ qui ne s'annule jamais. Son inverse $\frac{1}{P}$ est donc une fonction entière. Or elle tend vers 0 en l'infini, donc elle est bornée. D'après le théorème de Liouville, elle est constante. Ainsi, P est un polynôme constant, ce qui est absurde par hypothèse.

Exercice 2.7.9 (Relations coefficients-racines)
1. Soit $P := \sum_{j=0}^{n} a_j X^j \in \mathbb{C}[X]$ un polynôme de degré n dont on note $z_1, \ldots, z_n$ les n racines dans $\mathbb{C}$. On suppose que 0 n'est pas racine de P. Calculer en fonction des coefficients a_j les sommes $S := \sum_{i=j}^{n} z_j^2$ et $S' := \sum_{j=1}^{n} \frac{1}{z_j}$.
2. Application 1 : calculer S et S' pour $P = X^5 + X^4 + 4X^3 - X^2 + X + 7$.
3. Application 2 : résoudre dans $(\mathbb{C}^{\times})^3$ le système $\left\{\begin{array}{rcl} x+y+z & = & 1 \\ x^2+y^2+z^2 & = & 9 \\ \frac{1}{x}+\frac{1}{y}+\frac{1}{z} & = & 1 \end{array}\right.$.

Solution

1. Comme P est de degré n, on a $a_n \neq 0$. Notons $\sigma_p := \Sigma_p(z_1, \ldots, z_p)$. On a $\sigma_1^2 = (z_1 + \cdots + Z_n)^2 = \sum_{j=1}^{n} z_j^2 + 2\sum_{1\leq i<j\leq n} z_i z_j = S + 2\sigma_2$, d'où $S = \sigma_1^2 - 2\sigma_2$. D'après les relations coefficients-racines, on peut écrire $S = \left(-\frac{a_{n-1}}{a_n}\right)^2 - 2\frac{a_{n-2}}{a_n} = \frac{a_{n-1}^2 - 2a_n a_{n-2}}{a_n^2}$.
De même, $S' = \sum_{j=1}^{n} \frac{z_1 \ldots z_n + z_1 z_3 \ldots z_n + \cdots + z_1 \ldots z_{n-1}}{z_1 \ldots z_n} = \frac{\sigma_{n-1}}{\sigma_n} = \frac{(-1)^{n-1}\frac{a_1}{a_n}}{(-1)^n \frac{a_0}{a_n}} = -\frac{a_1}{a_0}$.
2. D'après la question 1, on trouve $S = -7$ et $S' = -\frac{1}{7}$. Notons que la combinaison des fonctions `RootOf` et `sum` de Maple permet également d'obtenir le résultat, sans utiliser la question 1. Le calcul de S s'obtient par exemple grâce à
`P:=X^5+X^4+4*X^3-X^2+X+7: sum(x^2, x=RootOf(P)):.`
3. On cherche un polynôme unitaire P de degré 3 dont x, y et z sont les racines. Ecrivons P sous la forme $P := X^3 + a_2 X^2 + a_1 X + a_0$. D'après la question 1, le système à résoudre équivaut à $\left\{\begin{array}{rcl} -a_2 & = & 1 \\ a_2^2 - 2a_1 & = & 9 \\ -\frac{a_1}{a_0} & = & 1 \end{array}\right.$. Il admet une unique solution $(a_0, a_1, a_2) = (4, -4, -1)$. Il

s'agit donc de trouver les racines de $P = X^3 - X^2 - 4X + X$. On a $P = (X-1)(X-2)(X+2)$. L'ensemble des solutions du système est donc
$\{(1, 2, -2), (1, -2, 2), (2, 1, -2), (2, -2, 1), (-2, 1, 2), (-2, 2, 1)\}$.

Exercice 2.7.10 (Irréductibilité de $X^n - X - 1$ sur $\mathbb{Q}$)

Le but de cet exercice est de montrer que pour tout $n \geq 2$, le polynôme $P := X^n - X - 1$ est irréductible[13] sur $\mathbb{Q}$. On procède par l'absurde en supposant qu'il existe deux polynômes Q, $R \in \mathbb{Q}[X]$ unitaires tels que $P = QR$.
1. Montrer que P est séparable et que Q et R sont dans $\mathbb{Z}[X]$.
2. Soit $S = \sum_{j=0}^{s} a_j X^j \in \mathbb{C}[X]$ un polynôme quelconque de degré s n'ayant pas de racine nulle. Notons $z_1, \ldots, z_s$ ses racines.
On définit alors $\Psi(S) := \sum_{j=1}^{s}(z_j - \frac{1}{z_j})$. Calculer $\Psi(S)$.
3. On note $Q = \sum_{j=0}^{q} a_j X^j$, et $z_1, \ldots, z_q$ ses racines dans $\mathbb{C}$. Montrer que $\Psi(P)$ et $\Psi(Q)$ existent, calculer $\Psi(P)$ et montrer que $\Psi(Q) \in \mathbb{Z}$.
4. Soit $z := re^{i\theta}$ une racine de Q, avec $r > 0$ et $\theta \in \mathbb{R}$. Montrer que l'on a $r^{2n} = r^2 + 2r\cos(\theta) + 1$, et en déduire que $r \neq 1$. Montrer alors que $2\Re(1 - \frac{1}{z}) > \frac{1}{r^2} - 1$.
5. Calculer $\prod_{j=1}^{q} |z_j|$, et montrer que $\Psi(Q) \geq 1$. Indication : utiliser l'inégalité arithmético-géométrique.
6. Déduire de ce qui précède que P est irréductible sur $\mathbb{Q}$.

Solution

1. On a $P' = nX^{n-1} - 1$. Si P et P' ont une racine commune z dans $\mathbb{C}$, alors z vérifie $z^n - z - 1 = 0$ et $nz^{n-1} - 1 = 0$, d'où $z^{n-1} = \frac{1}{z} + 1$ et $z^{n-1} = \frac{1}{n}$. On en déduit que $z = \frac{n}{1-n}$. Par conséquent, on a $|z| > 1$, ce qui est absurde puisque $z^{n-1} = \frac{1}{n}$.
Les polynômes Q et R sont unitaires et leur produit est un élément de $\mathbb{Z}[X]$, donc d'après la proposition 2.2.2, ils sont dans $\mathbb{Z}[X]$.
2. Notons $\sigma_p := \Sigma_p(z_1, \ldots, z_s)$. Les relations coefficients-racines donnent
$\Psi(S) = \sigma_1 - \frac{\sigma_{n-1}}{\sigma_n} = -\frac{a_{n-1}}{a_n} - \frac{(-1)^{n-1}\frac{a_1}{a_n}}{(-1)^n \frac{a_0}{a_n}} = -\frac{a_{n-1}}{a_n} + \frac{a_1}{a_0}$.
3. Le nombre 0 n'est racine ni de P ni de Q, donc $\Phi(P)$ et $\Phi(Q)$ existent. On a, d'après

13. Remarque : le groupe de Galois de $X^n - X - 1$ est $\mathfrak{S}_n$; la démonstration de ce résultat fait appel à des techniques qui ne sont pas abordées dans cet ouvrage.

la question 2, $\Psi(P) = 1$. Or Q divise P, donc $Q(0)$ divise $P(0) = -1$, donc $Q(0) = \pm 1$. Ainsi, $\Psi(Q) \in \mathbb{Z}$.

4. Si z est racine de Q, alors z est racine de P, donc on a $z^n = z + 1$. Alors $r^{2n} = (|z|^2)^n = |z^n|^2 = |z+1|^2 = (z+1)(\overline{z}+1) = z\overline{z} + z + \overline{z} + 1 = r^2 + 2r\cos(\theta) + 1$. Si $r = 1$, on a $\cos(\theta) = -\frac{1}{2}$, donc $z = j$ ou $z = j^2$. Si $z = j$, j est racine de P, donc $0 = j^n - j - 1 = j^n + j^2$, i. e. $j^{n-2} = -1$, d'où $1 = (j^{n-2})^3 = (-1)^3 = -1$, ce qui est impossible. De même, on obtient une absurdité si $z = j^2$. Donc $r \neq 1$.

D'après ce qui précède, on a $2\Re(z - \frac{1}{z}) = 2(r\cos(\theta) - \frac{1}{r}\cos(\theta)) = 2(r - \frac{1}{r})\cos(\theta) = 2(r - \frac{1}{r})\frac{r^{2n} - r^2 - 1}{2r} = (\frac{1}{r^2} - 1)(r^2 + 1 - r^{2n})$.

— Si $r < 1$, on a $\frac{1}{r^2} - 1 > 0$ et $r^2 + 1 - r^{2n} > 1$ car $r^2 - r^{2n} > 0$, donc $2\Re(z - \frac{1}{z}) > \frac{1}{r^2} - 1$.

— Si $r < 1$, on a $-\frac{1}{r^2} + 1 > 0$ et $-r^2 - 1 + r^{2n} > 1$ car $r^2 - r^{2n} < 0$, donc $2\Re(z - \frac{1}{z}) > \frac{1}{r^2} - 1$.

5. On a $\prod_{j=1}^q |z_j| = \left|\prod_{j=1}^q z_j\right| = |\sigma_n| = \left|\frac{a_0}{a_n}\right| = 1$. Notons $r_j := |z_j|$. Comme $\Psi(Q)$ est un réel, on a $\Psi(Q) = \sum_{j=1}^q (z_j - \frac{1}{z_j}) = \sum_{j=1}^q \Re(z_j - \frac{1}{z_j}) > \frac{1}{2}\sum_{j=1}^q (\frac{1}{r_j^2} - 1)$ d'après la question 4. Ainsi, $\Psi(Q) > \frac{q}{2}\left(\sum_{j=1}^q \frac{1}{r_j^2} - 1\right)$. L'inégalité arithmético-géométrique s'écrit $1 = \sqrt[q]{\prod_{j=1}^q \frac{1}{r_j^2}} \leq \frac{1}{q}\sum_{j=1}^q \frac{1}{r_j^2}$, donc $\Psi(Q) > 0$. Comme $\Psi(Q)$ est un entier, on a $\Psi(Q) \geq 1$.

6. D'après la question 5, on a $\Psi(Q) \geq 1$. On a de même $\Psi(R) \geq 1$. Finalement, on a $1 = \Psi(P) = \Psi(Q) + \Psi(R) \geq 1 + 1$, ce qui est absurde. Ceci montre que P est irréductible sur $\mathbb{Q}$.

Exercice 2.7.11 (Théorème de Kronecker)

Soit $P \in \mathbb{Z}[X]$ un polynôme unitaire dont toutes les racines dans $\mathbb{C}$ ont un module inférieur ou égal à 1. Montrer que les racines de P sont soit nulles, soit des racines de l'unité.

Solution

• Soit I_n l'ensemble des polynômes unitaires de degré n dont toutes les racines dans $\mathbb{C}$ ont un module inférieur ou égal à 1. Alors cet ensemble est fini.

En effet, soit $P = \sum_{j=0}^n a_j X^j \in I_n$, et notons $z_1, \ldots, z_n$ ses racines dans $\mathbb{C}$, et $\sigma_p := \Sigma_p(z_1, \ldots, z_n)$. Les coefficients de P sont dans $\mathbb{Z}$, et on a d'après les relations coefficients-racines, $\sigma_p = (-1)^p a_{n-p}$.

Donc $|a_{n-p}| = |\sigma_p| = \left|\sum_{1 \leq j_1 < \cdots < j_p \leq n} z_{j_1} \ldots z_{j_p}\right| \leq \sum_{1 \leq j_1 < \cdots < j_p \leq n} |z_{j_1}| \ldots |z_{j_p}| \leq \sum_{1 \leq j_1 < \cdots < j_p \leq n} 1 = C_n^p$.

• Pour $P = \in I_n$ fixé, et pour tout $i \in \mathbb{N}^\times$, définissons $R_i := (X - z_1^i) \ldots (X - z_n^i) \in$

$\mathbb{C}[X]$. Alors si l'on note $R_i = \sum_{j=0}^{n} b_j^{(i)} X^j$, les coefficients $b_j^{(i)}$ de R_i vérifient $b_{n-p}^{(i)} = (-1)^p \Sigma_p(z_1^i, \ldots, z_n^i)$. Or $\Sigma_p(X_1^i, \ldots, X_n^i)$ est un polynôme symétrique, donc d'après le théorème 2.5.2, il existe $\Gamma \in \mathbb{Z}[X_1, \ldots, X_n]$ tel que $\Sigma_p(X_1^i, \ldots, X_n^i) = \Gamma(\Sigma_1, \ldots, \Sigma_n)$. Cela montre que $b_{n-p}^{(i)}$ appartient à $\mathbb{Z}$. Finalement R_i est un élément de I_n.

• L'ensemble $\{(z_1^i, \ldots, z_n^i) \ / \ i \in \mathbb{N}^\times\}$ est fini : en effet, il est inclus dans $\{z_1^i, \ldots, z_n^i\}^n$, or les z_j^i sont des racines de R_i, et R_i est dans I_n qui est lui-même fini, donc l'ensemble des z_j^i est fini. Ainsi, il existe au moins deux indices $i \neq l$ tels que $z_j^i = z_j^l$ pour tout $j \in [\![1, n]\!]$. Cela entraîne $z_j = 0$ ou $z_j^{l-i} = 1$, d'où le résultat.

Exercice 2.7.12 (Dérivations des algèbres de dimension finie)
Soit A une algèbre (non nécessairement associative) de dimension finie sur $\mathbb{K} = \mathbb{R}$ ou $\mathbb{C}$. Soit $Aut(A)$ le groupe des automorphismes de l'algèbre A.
1. Montrer que $Aut(A)$ est un sous-groupe fermé de $\mathbf{GL}(A)$, donc un groupe de Lie.
2. Montrer que $Lie(Aut(A)) = \mathfrak{der}(A)$.
3. En déduire que $\mathfrak{g} := \mathfrak{der}(A)$ est une algèbre de Lie et que si G est l'unique groupe de Lie connexe simplement connexe tel que $Lie(G) = \mathfrak{g}$, alors on a $G = Aut(A)$.
4. Soit $\mathbb{H}$ l'algèbre des quaternions réels. Montrer que $Aut(\mathbb{H}) = \mathbf{SO}_3\mathbb{R}$, et en déduire que $\mathfrak{der}(\mathbb{H}) = \mathfrak{so}_3\mathbb{R}$.

Solution
1. Comme $\mathbf{GL}(A)$ est métrique, la fermeture de $Aut(A)$ est évidente, en prenant une suite $(v_n)_{n\in\mathbb{N}}$ à valeurs dans $Aut(A)$ qui converge vers $v \in \mathbf{GL}(A)$ et en l'appliquant à ab.
2. Soit $G = Aut(A)$. Montrons que $Lie(G) = \mathfrak{der}(A)$:
— Soit $g \in Lie(G)$. Soient $a,\ b \in A$. Montrons que $g(ab) = g(a)b + ag(b)$: par hypothèse, $g \in T_I G$, donc il existe un arc $\mathcal{C}^1$ tracé dans G, noté γ, tel que $\gamma(0) = I$ et $\gamma'(0) = g$. Comme $\gamma(t) \in Aut(A)$, on a $\gamma(t)(ab) = \gamma(t)a.\gamma(t)b$.
En dérivant et en prenant $t = 0$, on a $g(ab) = g(a)b + ag(b)$.
— Réciproquement, soit $D \in \mathfrak{der}(A)$. Montrons que $D \in Lie(G)$. D s'identifie à un élément de $\mathbf{M}_n\mathbb{C}$, où $n = \dim(A)$. Soit $t \in \mathbb{R}$, montrons que $e^{tD} \in G$: en effet,
$e^{tD}(ab) = \sum_{j=0}^{\infty} \frac{t^j}{j!} D^j(ab) = \sum_{j=0}^{\infty} \frac{t^j}{j!} \sum_{l=0}^{j} C_j^l D^l(a) D^{j-l}(b)$, et

$$(e^{tD}(a))(e^{tD}(b)) = (\textstyle\sum_{m=0}^{\infty} \frac{t^m}{m!} D^m(a))(\sum_{n=0}^{\infty} \frac{t^n}{n!} D^n(b))$$
$$= \sum_{p=0}^{\infty} t^p \sum_{m=0}^{p} \underbrace{\frac{1}{m!}\,\frac{1}{(p-m)!}}_{\frac{C_p^m}{p!}} D^m(a) D^{p-m}(b) = \sum_{p=0}^{\infty} \frac{t^p}{p!} \sum_{m=0}^{p} C_p^m D^m(a) D^{p-m}(b),$$

d'où $(e^{tD}(a))(e^{tD}(b)) = e^{tD}(ab)$. Ainsi, $e^{tD} \in G$, et $D \in Lie(G)$.
3. D'après le deuxième point, on a : $Lie(Aut(A)) = \mathfrak{der}(A)$, et $Aut(A)$ est un groupe de Lie. Par unicité du groupe de Lie simplement connexe associé à une algèbre de Lie, on a $G = Aut(A)$.
4. On a $\mathbb{H} = \mathbb{R} \oplus \mathbb{R}^3$, muni du produit $(a, u)(b, v) = (ab - uv,\ av + bu + u \wedge v)$. Soit φ un automorphisme de l'algèbre $\mathbb{H}$. Il préserve le centre de $\mathbb{H}$ qui est $\mathbb{R}$. De plus, $q \in \mathbb{R}^3 \Leftrightarrow q^2 \in \mathbb{R}_-$, donc si $q \in \mathbb{R}^3$, on a $\varphi(q)^2 = \varphi(q^2) = q^2 \in \mathbb{R}_-$, donc φ induit un automorphisme de $\mathbb{R}^3$. Puisque $\forall\, q \in \mathbb{R}^3$, $\|q\|^2 = -q^2$, φ préserve la norme. Enfin, $\varphi|_{\mathbb{R}^3}$ préserve le produit vectoriel donc l'orientation. Ainsi, l'application de $Aut(\mathbb{H})$ dans $\mathbf{SO}_3\mathbb{R}$ définie par $\varphi \mapsto \varphi|_{\mathbb{R}^3}$ est un morphisme injectif. Elle est aussi surjective puisque si ψ est dans $\mathbf{SO}_3\mathbb{R}$, alors $id_{\mathbb{R}} \oplus \psi$ est un automorphisme de $\mathbb{H}$: en effet, ψ préserve le produit vectoriel, donc $id_{\mathbb{R}} \oplus \psi$ préserve le produit de $\mathbb{H}$.
Remarque : on peut également montrer que l'algèbre des dérivations de l'algèbre des octonions complexes $\mathbb{O}_{\mathbb{C}} = \mathbb{C} \otimes_{\mathbb{R}} \mathbb{O}$ (de dimension 8 sur $\mathbb{C}$) est une algèbre de Lie isomorphe à l'algèbre de Lie exceptionnelle $\mathfrak{g}_2$.

Exercice 2.7.13 (Algorithme de Kronecker)
Le but de cet exercice est d'implémenter l'*algorithme de Kronecker*, qui permet de factoriser un polynôme primitif de $\mathbb{Z}[X]$. Cet algorithme, quoique peu performant, donne un bon exemple d'utilisation des polynômes d'interpolation de Lagrange.
Soit $P \in \mathbb{Z}[X]$ un polynôme primitif de degré n. Soient $a_0, \ldots, a_n$ des entiers deux à deux distincts fixés dont aucun n'est racine de P. Si Q divise P dans $\mathbb{Z}[X]$, alors pour tout $j \in [\![0, n]\!]$, $Q(a_j)$ divise $P(a_j)$ dans $\mathbb{Z}$. Or le polynôme Q est le polynôme d'interpolation de Lagrange associé aux $n-$uplets $(a_0, \ldots, a_n)$ et $(Q(a_0), \ldots, Q(a_n))$, et est donc déterminé par eux. L'algorithme de Kronecker consiste à déterminer les $n-$uplets $(d_0, \ldots, d_n)$ où, pour tout $j \in [\![0, n]\!]$, d_j divise $P(a_j)$, et à former les polynômes de Lagrange L associés à $(a_0, \ldots, a_n)$ et $(d_0, \ldots, d_n)$. On teste alors si L divise P et si $\frac{P}{L}$ appartient à $\mathbb{Z}[X]$. Si c'est le cas, alors L est un diviseur de P.
1. Créer une fonction Maple `kron` qui reçoit un polynôme primitif $P \in \mathbb{Z}[X]$ et retourne la liste des diviseurs de P.
2. En utilisant la fonction `kron`, factoriser les polynômes $P_1 := 2X + 4X^2 + 1$ et $P_2 := X^4 - 2X^3 - 16X^2 + 2X + 15$.

Solution

1. Fonction `kron` :

```
kron:=proc(P,X)
local Q,co,T,A,Jev,J,L,n,j;
n:=degree(P,X): J:=[]:
for j from 0 do if subs(X=j,P)<>0 then J:=[op(J),j] fi: if nops(J)=n+1
 then break fi: od:
for j from 0 to n do L[j]:=interp(J,[seq(0,i=0..j-1),1,seq(0,i=j+1..n)],X) od:
Jev:=[seq(subs(X=J[j],P),j=1..n+1)];
T:=combinat[cartprod]([seq(numtheory[divisors](Jev[j])
union {seq(-j,j=numtheory[divisors](Jev[j]))},j=1..n+1)]):
Q:=add(co[j+1]*L[j],j=0..n): A:=[]:
while not T[finished] do co:=T[nextvalue]():
                         Q:=add(co[j+1]*L[j],j=0..n):
                         if divide(P,Q) then  A:=[op(A),Q] fi:
od: A;
end proc:
```

2. Application : P_1 est irréductible sur $\mathbb{Z}$, et $P_2 = (X-1)(X-5)(X+1)$.

Deuxième partie

Théorie de Galois

Chapitre 3

Extensions algébriques

Dans ce chapitre, nous définissons les extensions algébriques : ce sont les outils préliminaires pour aborder la théorie de Galois.

3.1 Extensions algébriques

Soit K un corps. On appelle *extension* de K tout corps L dont K est un sous-corps.
Soient K un corps, L une extension de K, et $P \in K[X]$ un polynôme de degré n. On dit que P est *scindé* sur L si P admet n racines dans L.
Une suite d'extensions de la forme $K_1 \subset K_2 \subset \cdots \subset K_n$ est parfois appelée unc *tour dc corps*[1].

3.1.1 Eléments algébriques

Proposition 3.1.1
Soient K un corps et $P \in K[X]$ un polynôme non constant. Alors il existe une extension L de K sur laquelle P est scindé.

1. Un peu à l'image des musiciens de Brême (Grimm, 1857) : comment quatre animaux âgés, dont les maîtres voulaient se débarrasser, partent pour s'engager dans l'orchestre de Brême et font fuir des brigands installés dans une maison en bondissant sur eux à partir de la tour qu'ils avaient formée et en les effrayant, chacun criant à sa façon.

FIGURE 3.1 – Un exemple — non mathématique — de tour de corps !

Démonstration :
On procède par récurrence sur le degré n de P.
— La proposition est claire pour un polynôme de degré 1.
— Supposons la proposition vraie au rang $n-1$, et montrons-la au rang n. Soit Q un facteur irréductible de P dans $K[X]$. Alors $L := K[X] / (Q)$ est un corps. L'application $a \mapsto \overline{a}$ de K dans L étant un morphisme de corps, elle est injective, de sorte que K s'identifie à un sous-corps de L.
Soit $x := \overline{X}$, l'image de X par ce morphisme.
Alors $Q(x) = Q(\overline{X}) = \overline{Q(X)} = 0$, donc x est racine de Q, donc de P dans L. Ainsi il existe $R \in L[X]$ tel que $P = (X-x)R$. On a $\partial^\circ(R) = \partial^\circ(P) - 1$, donc par hypothèse de récurrence, il existe une extension L' de L sur laquelle R est scindé. Alors P est scindé sur L'. ■

Soient B un anneau et A un sous-anneau de B. Pour tout $x \in B$, le *morphisme d'évaluation* associé est l'application $e_x : P \mapsto P(x)$ de $A[X]$ dans B. Son image est le plus petit sous-anneau de B contenant A et x, i. e. l'anneau $A[x]$ des polynômes en x à coefficients dans A. En ce qui concerne le

noyau de e_x, deux cas se présentent :
— Soit $\operatorname{Ker} e_x = \{0\}$: x ne vérifie aucune relation algébrique non triviale. On dit que x est *transcendant* sur A.
— Soit $\operatorname{Ker} e_x$ est non trivial, i. e. x est racine d'un polynôme non nul à coefficients dans A. On dit alors que x est *algébrique* sur A.

Proposition 3.1.2
L'ensemble des nombres complexes algébriques est dénombrable, donc de mesure de Lebesgue nulle.

Démonstration :
En effet, pour tout $n \in \mathbb{N}^\times$, l'ensemble des polynômes de degré n à coefficients rationnels est dénombrable, donc l'ensemble des racines de ces polynômes l'est aussi. Ainsi, l'ensemble des nombres complexes algébriques est une réunion dénombrable d'ensembles dénombrables, donc il est dénombrable. ∎

Proposition 3.1.3
Soient K un corps, L une extension de K, et $x \in L$. Alors les trois assertions suivantes sont équivalentes :

(i) *x est algébrique sur K.*

(ii) *$K[x]$ est de dimension finie sur K.*

(iii) *$K[x]$ est un corps, i. e. $K[x] = K(x)$.*

Dans ce cas, le morphisme d'évaluation e_x a pour noyau l'idéal (P_x), où P_x est le polynôme unitaire de $K[X]$ de plus petit degré dont x est racine. Ce polynôme est appelé le polynôme minimal *de x sur K, et il est irréductible sur K. De plus, l'application e_x induit un isomorphisme de $K-$espaces vectoriels $\overline{e_x}$ de $K[X]\,/\,(P_x)$ sur $K(x)$. On a $n := [K(x) : K] = \partial^\circ(P_x)$, et la famille $(1, x \ldots, x^{n-1})$ est une base du $K-$espace vectoriel $K(x)$. Le nombre n est appelé le* degré *de x sur K.*

Démonstration :
(i)⇒(ii) Si $\operatorname{Ker} e_x \neq \{0\}$, alors comme $K[X]$ est principal, il existe un

polynôme $P_x \in K[X]$ unitaire tel que $\operatorname{Ker} e_x = (P_x)$. Alors l'application e_x passe au quotient en un isomorphisme de $K-$espaces vectoriels $\overline{e_x}$ de $K[X] / (P_x)$ sur $K(x)$. Par division euclidienne, $(1, X, \ldots, X^{n-1})$ est une base du $K-$espace vectoriel $K[X] / (P_x)$. Or $\overline{e_x}$ est un isomorphisme, donc la famille $(1, x \ldots, x^{n-1})$ est une base du $K-$espace vectoriel $K[x]$.
(ii)⇒(iii) Soit $y \in K[x]^\times$, montrons que $y^{-1} \in K[x]$: l'application $z \mapsto yz$ est un endomorphisme du $K-$espace vectoriel $K[x]$, et elle est injective par intégrité de L. Comme $K[x]$ est de dimension finie, elle est aussi bijective, donc il existe $z \in K[x]$ tel que $yz = 1$.
(iii)⇒(i) Si $x = 0$, le résultat est clair. Sinon, x est inversible dans $K[x]$, donc $x^{-1} = \sum_{j=0}^{n} a_j x^j$, avec $a_j \in K$. Donc x est racine du polynôme non nul $P := \sum_{j=0}^{n} a_j x^{j+1} - 1$.
Dans ces conditions, $K[x] \simeq K[X] / (P_x)$ est un corps. Or $K[X]$ est factoriel, donc P_x est irréductible sur K. ■

Terminons ce paragraphe en citant un théorème dû à Hermite et Lindemann.

Théorème 3.1.4 (Hermite-Lindemann)
Si $x_1, \ldots, x_n \in \mathbb{C}$ sont des nombres algébriques sur $\mathbb{Q}$ deux à deux distincts, et si $\lambda_1, \ldots, \lambda_n \in \mathbb{C}$ sont des nombres algébriques sur $\mathbb{Q}$ vérifiant l'égalité $\lambda_1 e^{x_1} + \cdots + \lambda_n e^{x_n} = 0$, alors on a $\lambda_1 = \cdots = \lambda_n = 0$.

En particulier, si $x \in \mathbb{C}$ est un nombre algébrique non nul, alors e^x est un nombre transcendant. En effet, s'il existe un polynôme $P \in \mathbb{Q}[X]$ tel que $P(e^x) = 0$, alors en écrivant P sous la forme $P = \sum_{j=0}^{n} a_j X^j$, on a l'égalité $\sum_{j=0}^{n} a_j e^{jx} = 0$, donc $a_0 = \cdots = a_n = 0$, ce qui montre que e^x est transcendant. On en déduit immédiatement que e est un nombre transcendant. Ensuite, par contraposée, comme $-1 = e^{i\pi}$ est algébrique, $i\pi$ est transcendant, donc π est aussi transcendant.
Nous proposons à la fin de ce chapitre un exercice dont le but est de prouver la transcendance de e.

3.1.2 Extensions algébriques : définition et premières propriétés

Soient K un corps, et L une extension de K. On dit que L est une *extension algébrique* de K si tout élément de L est algébrique sur K.
La proposition 3.1.3 montre que toute extension finie de K est algébrique sur K. La réciproque est fausse.
Soit S une partie de L. On note $K[S]$ le plus petit sous-anneau de L contenant K et S, et $K(S)$ le plus petit sous-corps de L contenant K et S, i. e. la sous-extension de L engendrée par S. Si $S = \{x_1, \ldots, x_n\}$ est un ensemble fini, on note $K[x_1, \ldots, x_n]$ et $K(x_1, \ldots, x_n)$ les ensembles $K[S]$ et $K(S)$.

Lemme 3.1.5
Soient K un corps, L une extension de degré fini de K, et V un $L-$espace vectoriel. Alors on a $\dim_K(V) = \dim_L(V)[L : K]$.

Démonstration :
Soit $(x_1, \ldots, x_n)$ une base de L sur K, et $(v_1, \ldots, v_p)$ une base de V sur L. Alors la famille formée par les $x_i v_j$ pour $i \in [\![1, n]\!]$ et $j \in [\![1, p]\!]$ est une base de V sur K. ■

Proposition 3.1.6 (Multiplicativité du degré)
Soient K un corps, L une extension de K, et L' une extension de L. Alors L' est de degré fini sur K si et seulement si L' est de degré fini sur L et si L est de degré fini sur K. Dans ce cas, on a $[L' : K] = [L' : L][L : K]$.
En particulier, le degré d'une extension intermédiaire divise le degré de l'extension.

Corollaire 3.1.7
Soient K un corps, L une extension de K, et $x_1, \ldots, x_n$ des éléments de L qui sont algébriques sur K. Alors $K[x_1, \ldots, x_n] = K(x_1, \ldots, x_n)$ est une extension finie de K.

Démonstration :
On procède par récurrence sur n :
— Le cas où $n = 1$ résulte de la proposition 3.1.3.
— Pour $n \geq 2$, on a $K[x_1, \ldots, x_n] = K[x_1, \ldots, x_{n-1}][x_n]$. Par hypothèse de récurrence, $K' := K[x_1, \ldots, x_{n-1}] = K(x_1, \ldots, x_{n-1})$ est une extension de degré fini de K. Or x est algébrique sur K, donc sur K'. Par multiplicativité du degré (proposition 3.1.6), $K'(x_n)$ est de degré fini sur K. ■

Corollaire 3.1.8
Soient K un corps, et L une extension de K. Alors l'ensemble des éléments de L qui sont algébriques sur K est une extension algébrique de K appelée fermeture algébrique *de K dans L.*

Démonstration :
Soient x et y algébriques sur K. Alors $K[x, y] = K(x, y)$ est une extension finie de K d'après le corollaire 3.1.7, c'est donc une extension algébrique de K. Ainsi, $x + y$, $-x$, xy et x^{-1} (si $x \neq 0$) sont algébriques sur K. ■

En utilisant le résultant, on peut donner une démonstration constructive du résultat précédent selon lequel l'ensemble des éléments algébriques sur un corps forme lui-même un corps. C'est l'objet de la proposition suivante.

Proposition 3.1.9
Soient K un corps, et L une extension de K. Soient x et y deux éléments non nuls de L qui sont algébriques sur K. Notons P_x et P_y leurs polynômes minimaux sur K. Alors

$$\begin{array}{l} R_T(P_x(X-T),\, P_y(T)) \textit{ annule } x+y, \\ R_T(P_x(X+T),\, P_y(T)) \textit{ annule } x-y, \\ R_T\left(T^{\partial^\circ(P_x)} P_x\left(\dfrac{X}{T}\right),\, P_y(T)\right) \textit{ annule } xy, \\ R_T(P_x(XT),\, P_y(T)) \textit{ annule } \frac{x}{y}. \end{array}$$

Démonstration :
Soit L' une extension de K sur laquelle P_x et P_y sont scindés (une telle

extension existe d'après la propriété 3.1.1).
Notons $x = x_1, \ldots, x_m$ les racines de P_x dans L', et $y = y_1, \ldots, y_n$ les racines de P_y dans L'. Alors on a $P_x = \prod_{i=1}^m (X - x_i)$ et $P_y = \prod_{j=1}^n (X - y_j)$, donc

$$\begin{array}{l|l} P_x(X-T) = \prod_{i=1}^m (X - T - x_i) & T^{\partial^\circ(P_x)} P_x\left(\dfrac{X}{T}\right) = \displaystyle\prod_{i=1}^m (X - Tx_i) \\ P_x(X+T) = \prod_{i=1}^m (X + T - x_i) & P_x(XT) = \prod_{i=1}^m (XT - x_i). \end{array}$$

Alors d'après la propriété 2.3.2, on a :

$$Q_1 := R_T(P_x(X-T),\, P_y(T)) = (-1)^{mn} \prod_{j=1}^n A(X - y_j),$$

donc

$$Q_1(x+y) = Q_1(x_1 + y_1) = (-1)^{mn} P_x(x_1 + y_1 - y_1) \prod_{j=2}^n P_x(X - y_j) = 0.$$

Les autres vérifications se font de façon analogue. ■

Corollaire 3.1.10 (Transitivité des extensions algébriques)
Soient K un corps, L une extension de K, et L' une extension de L. Alors L' est algébrique sur K si et seulement si L' est algébrique sur L et si L est algébrique sur K.

Démonstration : La condition est clairement nécessaire. Montrons qu'elle est suffisante : soit $x \in L'$. On note $P_x := X^n + a_{n-1}X^{n-1} + \cdots + a_1 X + a_0$ son polynôme minimal sur L. Comme les éléments a_j sont algébriques sur K, d'après le corollaire 3.1.7, $K' := K[a_0, \ldots, a_n] = K(a_0, \ldots, a_n)$ est une extension finie de K. Or x est algébrique sur K', donc $K'(x)$ est de degré fini sur K' d'après la proposition 3.1.3. Donc par multiplicativité des degrés (proposition 3.1.6), $K'(x)$ est de degré fini sur K.
D'après l'inclusion $K(x) \subset K'(x)$, $K(x)$ est de degré fini sur K. Donc x est algébrique sur K. ■

3.2 Clôtures algébriques

Proposition 3.2.1
Soit K un corps. Alors les trois assertions suivantes sont équivalentes :

(i) *Tout polynôme non constant de $K[X]$ est scindé sur K.*

(ii) *Tout polynôme irréductible sur K est de degré 1.*

(iii) *Si L est une extension algébrique de K, alors $L = K$.*

Démonstration :
(i)⇒(ii) Cette implication est évidente.
(ii)⇒(iii) Soit $x \in L$. Alors x est algébrique sur K, et son polynôme minimal sur K est irréductible sur K, donc de degré 1. Ainsi, $P_x = X - x$, donc $x \in K$.
(iii)⇒(i) Soit P un polynôme non constant de $K[X]$. Alors d'après la proposition 3.1.1, il existe une extension L de K telle que P soit scindé sur L. Notons $x_1, \dots, x_n$ les racines de P dans L. Alors $K(x_1, \dots, x_n)$ est une extension finie, donc algébrique de K, et par hypothèse, $K(x_1, \dots, x_n) = K$, i. e. tous les x_j sont dans K. Donc P est scindé sur K. ■

Un corps vérifiant les assertions de la proposition 3.2.1 est dit *algébriquement clos.*
Notons qu'un corps algébriquement clos est nécessairement infini. En effet, si K est un corps fini, alors le polynôme $1 + \prod_{x \in K}(X - x) \in K[X]$ est non constant et non scindé sur K, car il n'a aucune racine dans K.
Le théorème et le corollaire suivants sont importants en ce qu'ils montrent qu'une clôture algébrique existe toujours.

Théorème 3.2.2 (Steinitz)
Tout corps admet une extension algébriquement close.

Démonstration :
La démonstration de ce théorème comporte deux étapes. Considérons un corps K.

• La première étape consiste à construire une extension L_1 de K dans laquelle tout polynôme $P \in K[X]$ non constant admet une racine. Pour tout polynôme $P \in K[X]$, on définit une indéterminée X_P, et on considère l'anneau de polynômes $A := K[X_P \,/\, P \in K[X]]$ en une infinité de variables. Soit I l'idéal de A engendré par les polynômes de la forme $P(X_P)$. Montrons par l'absurde que $I \neq A$. Si $I = A$, alors $1 \in I$, donc il existe $g_1, \dots, g_r \in A$ et $P_1, \dots, P_r \in K[X]$ tels que $1 = \sum_{j=1}^{r} g_j P_j(X_{P_j})$.
Comme les polynômes $g_1, \dots, g_r$ ont chacun un nombre fini d'indéterminées, on peut considérer l'ensemble $\{X_{P_1}, \dots, X_{P_n}\}$ formé des indéterminées $X_{P_1}, \dots, X_{P_r}$ et des indéterminées des polynômes $g_1, \dots, g_r$. Par substitution, on a alors $1 = \sum_{j=1}^{r} g_j(X_{P_1}, \dots, X_{P_n}) P_j(X_{P_j})$. Or par récurrence, on peut construire une extension L_0 de K dans laquelle tous les polynômes $P_j(X_{P_j})$ admettent une racine, notée x_j. Par substitution, on a donc $1 = \sum_{j=1}^{r} g_j(X_{P_1}, \dots, x_j, X_{P_n}) P_j(x_j) = 0$, ce qui est absurde. Ainsi, on a $I \neq A$, donc d'après le *lemme de Krull*[2], il existe un idéal maximal de A, noté M, tel que $I \subset M$. Soit $L_1 := A \,/\, M$.
Alors comme M est maximal, L_1 est un corps, et pour tout $P \in K[X]$, il contient le corps $K[X_P] \,/\, (P)$ (corps de rupture). Donc tout polynôme non constant $P \in K[X]$ admet une racine dans L_1.

• En appliquant le point précédent à L_1, on peut construire une extension L_2 de L_1 telle que tout polynôme non constant $P \in L_1[X]$ admet une racine dans L_2. Et par récurrence, on construit une tour de corps $K \subset L_1 \subset L_2 \subset \cdots \subset L_n \subset \dots$ telle que pour tout $j \in \mathbb{N}^\times$ tout polynôme non constant $P \in L_j[X]$ admet une racine dans L_{j+1}. Soit $E := \bigcup_{j \in \mathbb{N}^\times} L_j$. Alors E est un corps (comme union croissante de corps), et tout polynôme non constant $P \in E[X]$ admet une racine dans E, car il existe un entier $j \in \mathbb{N}^\times$ tel que P soit dans L_j. Ainsi, les seuls polynômes irréductibles sont les polynômes de degré 1, ce qui montre que l'extension E de K est algébriquement close. ■

Corollaire 3.2.3
Tout corps K admet une extension algébrique qui est algébriquement close.

2. Tout idéal propre est inclus dans un idéal maximal.

On appelle cette extension une clôture algébrique *de* K.

Démonstration :
D'après le théorème de Steinitz, il existe une extension L de K qui est algébriquement close. Soit Ω la fermeture algébrique de K dans L. Alors Ω est algébriquement close. En effet, si $P \in \Omega[X]$ est un polynôme irréductible, et si $x \in L$ est une racine de P, alors x est algébrique sur Ω puisque P est à coefficients dans Ω. Or, d'après le corollaire 3.1.8, Ω est algébrique sur K, donc par transitivité, x est algébrique sur K, i. e. $x \in \Omega$. Comme P est irréductible sur Ω, et que $x \in \Omega$, on a $P = \lambda(X - x)$ avec $\lambda \in \Omega$, donc P est de degré 1. ■

Exemple 3.2.4
• $\mathbb{C} = \mathbb{R}(i) = \mathbb{R}[X]\,/\,(X^2 + 1)$ *est une clôture algébrique de* $\mathbb{R}$*, de degré* 2 *sur* $\mathbb{R}$.
• *La fermeture algébrique de* $\mathbb{Q}$ *dans* $\mathbb{C}$ *est une clôture algébrique de* $\mathbb{Q}$*, de degré infini sur* $\mathbb{Q}$*. De plus, elle est différente de* $\mathbb{C}$ *(*π *est transcendant sur* $\mathbb{Q}$*).*

Proposition 3.2.5 (Prolongement des morphismes)
Soient K *un corps,* L *une extension algébrique de* K*, et* Ω *un corps algébriquement clos. Alors tout morphisme de corps* $\sigma : K \to \Omega$ *se prolonge d'au moins une façon en un morphisme de corps* $\widetilde{\sigma} : L \to \Omega$.

Démonstration :
Soit $\mathcal{C}$ l'ensemble des couples de la forme $(M,\, \tau)$, où M est un corps tel que $K \subset M \subset L$, et où $\tau : M \to \Omega$ est un morphisme de corps qui prolonge σ. Cet ensemble est muni de la relation d'ordre $\preceq$ définie par :

$$(M,\, \tau) \preceq (M',\, \tau') \text{ si et seulement si } M \subset M' \text{ et } \tau' \text{ prolonge } \tau.$$

Cet ensemble est inductif : si $(M_j,\, \tau_j)_{j\in J}$ est une partie totalement ordonnée de $\mathcal{C}$, alors $\bigcup_{j\in J}(M_j,\, \tau)$, où τ est le morphisme défini par $\tau_{|M_j} = \tau_j$, majore $(M_j,\, \tau_j)_j \in J$. D'après le lemme de Zorn, $\mathcal{C}$ admet un élément maximal $(M,\, \tau)$. Montrons que $M = L$: soient $x \in L$, et $P = \sum_{j=0}^{n} a_j X^j$ son polynôme minimal sur M. Soit $\omega \in \Omega$ une racine de $\sum_{j=0}^{n} \tau(a_j)X^j \in \Omega[X]$. D'après la propriété universelle des polynômes, τ se prolonge en un morphisme d'anneaux $\tau : M[X] \to \Omega$, avec $\tau(X) = \omega$. Alors $\tau(P) = 0$, donc τ définit un morphisme de corps $\tau' : M(x) = M[X] / (P) \to \Omega$ qui prolonge τ. Donc $(M(x), \tau') \succeq (M, \tau)$. Comme (M, τ) est maximal, on a $M(x) = M$, i. e. $x \in M$. ■

Corollaire 3.2.6
Soient K un corps, et Ω et Ω' deux clôtures algébriques de K. Alors Ω et Ω' sont $K-$isomorphes.

Démonstration :
Soit $i : K \to \Omega$ l'injection canonique. D'après la proposition 3.2.5, i se prolonge en un morphisme de corps $\sigma : \Omega' \to \Omega$ et σ fixe les éléments de K, donc σ est un $K-$morphisme. Or σ est injectif, donc $\sigma(\Omega') \simeq \Omega'$, donc $\sigma(\Omega')$ est algébriquement clos. Comme Ω est algébrique sur K, donc sur $\sigma(\Omega')$, on a, d'après la proposition 3.2.1, $\sigma(\Omega') = \Omega$. Donc σ est surjectif, donc bijectif. ■

Notons que si K est un corps, et si L est une extension algébrique de K, alors toute clôture algébrique de L est une clôture algébrique de K (par transitivité). On peut donc toujours supposer que la clôture algébrique du corps de base K contient l'extension algébrique L de K (deux clôtures algébriques de K sont $K-$isomorphes).

3.3 Corps de rupture, éléments conjugués, corps de décomposition

Soient K un corps, et $Q \in K[X]$ un polynôme non constant. On appelle *corps de rupture* de Q une extension de K de la forme $K(x)$, où $x \in L$ est une racine de Q. Par exemple, si P est un facteur irréductible de Q, et si x est la classe de X modulo P, alors $K(x) = K[X] / (P)$ est un corps de rupture de Q sur K.
Remarquons que si $P \in K[X]$ est irréductible sur K, alors deux corps de

rupture $K(x)$ et $K(x')$ de P sont $K-$isomorphes, et il existe un et un seul $K-$isomorphisme $\sigma : K(x) \to K(x')$ tel que $\sigma(x) = x'$. On a $K(x) \simeq K[X] / (P) \simeq K(x')$.

Lemme 3.3.1
Soient K un corps, et L une extension algébrique de K. Alors tout $K-$endomorphisme de L est automatiquement un $K-$isomorphisme.

Démonstration :
Soit σ un $K-$endomorphisme de L. Alors σ est déjà injectif. Soient $x \in L$ et P son polynôme minimal sur K. Soit S l'ensemble des racines de P dans L. Comme σ fixe les coefficients de P, on a $\sigma(S) \subset S$. Or σ est injectif, et S est fini, donc $\sigma(S) = S$. Comme x appartient à S, on a $x \in \sigma(S)$. Donc σ est surjectif. ■

Proposition 3.3.2
Soient K un corps, Ω une clôture algébrique de K, et x et x' deux éléments de Ω. Alors x et x' ont même polynôme minimal sur K si et seulement s'il existe un $K-$isomorphisme σ de Ω tel que $\sigma(x) = x'$.
Dans ces conditions, x et x' sont dans la même orbite sous l'action de $Aut_K(\Omega)$, et x et x' sont dits conjugués *sur K.*

Démonstration :
• Condition nécessaire : soit P le polynôme minimal commun à x et à x'. Alors $K(x)$ et $K(x')$ sont des corps de rupture du polynôme P qui est irréductible, donc il existe un $K-$isomorphisme $\sigma : K(x) \to K(x')$ tel que $\sigma(x) = x'$. Selon la proposition 3.2.5, σ se prolonge en un $K-$morphisme bijectif $\sigma : \Omega \to \Omega$ (lemme 3.3.1).
• Condition suffisante : comme σ fixe les coefficients du polynôme minimal P_x de x sur K, et comme $\sigma(x) = x'$, x' est aussi une racine de P_x. Donc le polynôme minimal $P_{x'}$ de x' divise P_x. Comme P_x est irréductible, et que P_x et $P_{x'}$ sont unitaires, on a $P_x = P_{x'}$. ■

Soient K un corps, Ω une clôture algébrique de K, $P \in K[X]$ un polynôme non constant, et $x_1, \ldots, x_n$ les racines distinctes de P dans Ω.

Alors $K(x_1, \ldots, x_n)$ est une extension finie de K, et c'est la plus petite sous-extension de Ω sur laquelle P est scindé. On l'appelle le *corps de décomposition* (ou *corps des racines*) dans Ω de P sur K. Ce corps est déterminé indépendamment de la clôture algébrique, à $K-$isomorphisme près. En effet, si $\sigma : \Omega \to \Omega'$ est un $K-$isomorphisme entre deux clôtures algébriques de K, alors σ induit une bijection entre les x_j dans Ω et les x_j dans Ω'.

La commande `factor` de Maple factorise par défaut sur $\mathbb{Q}$ les polynômes de $\mathbb{Q}[X]$. Si l'on veut factoriser dans une extension finie de $\mathbb{Q}$, on doit placer en second argument un système de générateurs de l'extension. Par exemple, pour factoriser $X^2 + 1$ sur $\mathbb{Q}[i]$, on doit entrer `factor(X^2+1,I)`. De même, pour factoriser $X^2 + 2$ sur $\mathbb{Q}[i, \sqrt{2}]$, on utilisera la commande `factor(X^2+2,[I,sqrt(2)])`.

3.4 Existence et unicité des corps finis

Le théorème suivant est fondamental : il montre en particulier que pour p premier et $f \in \mathbb{N}^\times$, il existe un unique corps de cardinal p^f.

Théorème 3.4.1 *(Existence et unicité du corps fini de cardinal p^f)*
Soient p un nombre premier, $f \in \mathbb{N}^\times$, et $q := p^f$. Alors il existe un corps fini K de cardinal q, et ce corps est unique à isomorphisme près.
Soient Ω une clôture algébrique de $\mathbb{F}_p$, et $\mathbb{F}_q$ l'ensemble des racines de $X^q - X$ dans Ω. Alors K est isomorphe à $\mathbb{F}_q$.

Démonstration :

• Existence : soit $\sigma : \Omega \to \Omega$ l'endomorphisme de Frobenius de Ω, défini par $\sigma : z \mapsto z^p$, et soit $\mathbb{F}_q := \{z \in \Omega \ / \ \sigma^f(z) = z\}$. Alors $\mathbb{F}_q$ est un corps, comme ensemble des points fixes d'un isomorphisme de corps. Comme $\mathbb{F}_p$ est égal à l'ensemble $\{z \in \Omega \ / \ z^p = z\}$ (petit théorème de Fermat), on a l'inclusion $\mathbb{F}_p \subset \mathbb{F}_q$. Par ailleurs, on a $(X^q - X)' = qX^{q-1} - 1 = -1 \neq 0$, donc toutes les racines de $X^q - X$ dans Ω sont simples, et donc $|\mathbb{F}_q| = q$.
• Unicité : soit K un corps de cardinal q, et soit Ω' une clôture algébrique

de $\mathbb{F}_p$ qui contient K. Alors il existe un $\mathbb{F}_p$−isomorphisme $\sigma : \Omega' \to \Omega$. D'après le théorème de Lagrange, pour tout $x \in K^\times$, on a $x^{q-1} = 1$, donc pour tout $x \in K$, on a $x^q = x$. Comme $X^q - X$ a au plus q racines dans Ω', le corps K est l'ensemble des racines de $X^q - X$. Donc σ induit un $\mathbb{F}_p$−isomorphisme de K sur $\mathbb{F}_q$. ■

Corollaire 3.4.2
Si K est un corps fini, alors il existe sur K des polynômes irréductibles de tout degré.

Démonstration :
Soit d le cardinal de K. D'après le théorème 3.4.1, K est l'ensemble des racines du polynôme $X^d - X$ dans une clôture algébrique Ω de K. Le corps

$$L := \{x \in \Omega \; / \; x^{q^n} = x\}$$

contient K et est de cardinal q^n, donc $[L : K] = n$. D'après le théorème 1.1.1, le groupe $L^\times$ est cyclique, de la forme $L = K(x)$. Le polynôme minimal de x sur K est donc de degré n et il est évidemment irréductible. ■

Notons l'importance de l'hypothèse de finitude du corps : le résultat précédent est faux sur $\mathbb{R}$ ou $\mathbb{C}$ (sur $\mathbb{C}$, seuls les polynômes de degré 1 sont irréductibles, et sur $\mathbb{R}$ un polynôme irréductible ne peut être que de degré 1 ou 2).

3.5 Exercices

Exercice 3.5.1 (Nombres algébriques)
Le nombre $\sqrt{10+3\sqrt{7}}$ appartient-il à $\mathbb{Q}(\sqrt{7})$? Même question avec $\sqrt{6+4\sqrt{2}}$ et $\mathbb{Q}(\sqrt{2})$, puis avec $\sqrt{6+4\sqrt{11}}$ et $\mathbb{Q}(\sqrt{11})$.

Solution

- Montrons que $\sqrt{10+3\sqrt{7}}$ n'appartient pas à $\mathbb{Q}(\sqrt{7})$. Par l'absurde, si $\sqrt{10+3\sqrt{7}} \in$

$\mathbb{Q}(\sqrt{7}) = \mathbb{Q}[\sqrt{7}]$, il existe $a, b \in \mathbb{Q}$ tels que $\sqrt{10+3\sqrt{7}} = a + b\sqrt{7}$. Alors on a $10+3\sqrt{7} = a^2 + 7b^2 + 2ab\sqrt{7}$, donc $a^2 + 7b^2 = 10$ et $2ab = 3$. On en déduit que $b = \frac{3}{2a}$ et que $4a^4 - 40a^2 + 63 = 0$. Or les solutions de l'équation $A^2 - 40A + 63 = 0$ sont $5 \pm \frac{\sqrt{37}}{2}$, donc a est irrationnel, ce qui est absurde.

• On a $\sqrt{6+4\sqrt{2}} = \sqrt{(2+\sqrt{2})^2} = 2 + \sqrt{2} \in \mathbb{Q}(\sqrt{2})$.

• Pour montrer que $\sqrt{6+4\sqrt{11}}$ n'appartient pas à $\mathbb{Q}(\sqrt{11})$, on procède comme dans le premier point : on obtient alors l'équation $A^2 - 6A + 44$ dont le discriminant est strictement négatif.

Exercice 3.5.2 (Nombres algébriques)
Comparer les nombres $a = 2+2\sqrt{2}$ et $b = \sqrt{2}+\sqrt{3}+\sqrt{9-2\sqrt{6}+4\sqrt{2}-4\sqrt{3}}$.

Solution

Montrons que les deux nombres sont égaux :
on a déjà $a^2 - b^2 = -2 + 4\sqrt{2} + 4\sqrt{3} - 2(\sqrt{2}+\sqrt{3})\sqrt{9-2\sqrt{6}+4\sqrt{2}-4\sqrt{3}}$.
Posons $c := -2 + 4\sqrt{2} + 4\sqrt{3}$ et $d := 2(\sqrt{2}+\sqrt{3})\sqrt{9-2\sqrt{6}+4\sqrt{2}-4\sqrt{3}}$.
Alors $c^2 = 84 - 16\sqrt{2} - 16\sqrt{3} + 32\sqrt{6}$.
De même, $d^2 = 4(2+3+2\sqrt{6})(9-2\sqrt{6}+4\sqrt{2}-4\sqrt{3}) = 84 - 16\sqrt{2} - 16\sqrt{3} + 32\sqrt{6} = c^2$.
Comme c et d sont tous deux positifs, on a $c = d$, i. e. $a^2 = b^2$. Or a et b sont positifs, donc $a = b$.
Notons que la commande `evala(a-b);` de Maple donne immédiatement le résultat !

Exercice 3.5.3 (Extensions algébriques)
1. Donner le degré de $\mathbb{Q}(\sqrt{3})$ sur $\mathbb{Q}$ et donner une base de $\mathbb{Q}(\sqrt{3})$ sur $\mathbb{Q}$.
Même question avec :
2. $\mathbb{Q}(\sqrt[3]{5})$ sur $\mathbb{Q}$,
3. $\mathbb{Q}(\sqrt{3}, \sqrt[3]{5})$ sur $\mathbb{Q}$ et sur $\mathbb{Q}(\sqrt[3]{5})$.
4. $\mathbb{Q}(\sqrt{3}, \sqrt{5})$ sur $\mathbb{Q}$ et sur $\mathbb{Q}(\sqrt{5})$.
Montrer aussi que l'on a $\mathbb{Q}(\sqrt{3}, \sqrt{5}) = \mathbb{Q}(\sqrt{3}+\sqrt{5})$.

Solution

1. Le polynôme minimal de $\sqrt{3}$ sur $\mathbb{Q}$ est $X^2 - 3$, donc $\sqrt{3}$ est de degré 2 sur $\mathbb{Q}$, et une base de $\mathbb{Q}(\sqrt{3})$ sur $\mathbb{Q}$ est $(1, \sqrt{3})$.
2. Le polynôme minimal de $\sqrt[3]{5}$ sur $\mathbb{Q}$ est $X^3 - 5$, donc $\sqrt[3]{5}$ est de degré 3 sur $\mathbb{Q}$, et une

base de $\mathbb{Q}(\sqrt[3]{5})$ sur $\mathbb{Q}$ est $(1,\ \sqrt[3]{5},\ \sqrt[3]{5}^2)$.
3. On a $\mathbb{Q} \subset \mathbb{Q}(\sqrt[3]{5}) \subset \mathbb{Q}(\sqrt{3},\ \sqrt[3]{5}) = \mathbb{Q}(\sqrt[3]{5})(\sqrt{3})$. Or le polynôme minimal de $\sqrt[3]{5}$ sur $\mathbb{Q}$ est $X^3 - 5$, donc $[\mathbb{Q}(\sqrt[3]{5}) : \mathbb{Q}] = 3$. Le polynôme $X^2 - 3$ est à coefficients dans $\mathbb{Q}(\sqrt[3]{5})$ et il annule $\sqrt{3}$, donc $\sqrt{3}$ est de degré inférieur ou égal à 2 sur $\mathbb{Q}(\sqrt[3]{5})$. Ainsi, par multiplicativité du degré, on a

$$n := [\mathbb{Q}(\sqrt{3},\ \sqrt[3]{5}) : \mathbb{Q}] = [\mathbb{Q}(\sqrt{3},\ \sqrt[3]{5}) : \mathbb{Q}(\sqrt[3]{5})][\mathbb{Q}(\sqrt[3]{5}) : \mathbb{Q}] \leq 2 \times 3,$$

et 3 divise n. Or on a aussi $\mathbb{Q} \subset \mathbb{Q}(\sqrt{3}) \subset \mathbb{Q}(\sqrt{3},\ \sqrt[3]{5}) = \mathbb{Q}(\sqrt{3})(\sqrt[3]{5})$, et $[\mathbb{Q}(\sqrt{3}) : \mathbb{Q}] = 2$, donc 2 divise n. Finalement, on a $n = 6$, et donc $[\mathbb{Q}(\sqrt{3},\ \sqrt[3]{5}) : \mathbb{Q}(\sqrt[3]{5})] = \frac{6}{3} = 2$. Une base de $\mathbb{Q}(\sqrt{3},\ \sqrt[3]{5})$ sur $\mathbb{Q}(\sqrt[3]{5})$ est $(1,\ \sqrt{3})$, tandis qu'une base de $\mathbb{Q}(\sqrt{3},\ \sqrt[3]{5})$ sur $\mathbb{Q}(\sqrt[3]{5})$ est donnée par le produit des bases $(1,\ \sqrt{3})$ et $(1,\ \sqrt[3]{5},\ \sqrt[3]{5}^2)$, à savoir :
$(1,\ \sqrt{3},\ \sqrt[3]{5},\ \sqrt{3}\sqrt[3]{5},\ \sqrt[3]{5}^2,\ \sqrt{3}\sqrt[3]{5}^2)$.
4. On procède comme pour la question 3 : par multiplicativité du degré, $[\mathbb{Q}(\sqrt{3},\ \sqrt{5}) : \mathbb{Q}]$ est divisible par 2 et inférieur ou égal à 4. Or s'il est égal à 2, alors $[\mathbb{Q}(\sqrt{3},\ \sqrt{5}) : \mathbb{Q}(\sqrt{5})] = 1$, i. e. $\sqrt{3} \in \mathbb{Q}(\sqrt{5}) = \mathbb{Q}[\sqrt{5}]$. Donc il existe $a,\ b \in \mathbb{Q}$ tels que $\sqrt{3} = a + b\sqrt{5}$, d'où $3 = a^2 + 5b^2 + 2ab\sqrt{5}$, ce qui entraîne que $\sqrt{5}$ est rationnel. Ceci est absurde, donc $[\mathbb{Q}(\sqrt{3},\ \sqrt{5}) : \mathbb{Q}] = 4$ et $[\mathbb{Q}(\sqrt{3},\ \sqrt{5}) : \mathbb{Q}(\sqrt{5})] = 2$. Une base de $\mathbb{Q}(\sqrt{3},\ \sqrt{5})$ sur $\mathbb{Q}(\sqrt{5})$ est $(1,\ \sqrt{3})$, tandis qu'une base de $\mathbb{Q}(\sqrt{3},\ \sqrt{5})$ sur $\mathbb{Q}(\sqrt{5})$ est $(1,\ \sqrt{3},\ \sqrt{5},\ \sqrt{3}\sqrt{5})$. Enfin, on a clairement $\mathbb{Q}(\sqrt{5}) \subset \mathbb{Q}(\sqrt{3}+\sqrt{5}) \subset \mathbb{Q}(\sqrt{3},\ \sqrt{5})$ avec $[\mathbb{Q}(\sqrt{3},\ \sqrt{5}) : \mathbb{Q}] = 4$. Si l'inclusion $\mathbb{Q}(\sqrt{3}+\sqrt{5}) \subset \mathbb{Q}(\sqrt{3},\ \sqrt{5})$ est stricte, on a alors $\mathbb{Q}(\sqrt{5}) = \mathbb{Q}(\sqrt{3}+\sqrt{5})$, donc $\sqrt{3} \in \mathbb{Q}(\sqrt{5})$, ce qui est impossible. Donc $\mathbb{Q}(\sqrt{3}+\sqrt{5}) = \mathbb{Q}(\sqrt{3},\ \sqrt{5})$.

Exercice 3.5.4 (Nombres de Liouville)

1. Soit $x \in \mathbb{R}$ un nombre algébrique sur $\mathbb{Q}$, et soit $P \in \mathbb{Z}[X]$ tel que $P(x) = 0$. Notons $n := \partial^\circ(P)$. Montrer qu'il existe $\alpha > 0$ tel que pour tout $(p,\ q) \in \mathbb{Z} \times \mathbb{N}^\times$, on ait $\left|x - \frac{p}{q}\right| \geq \frac{\alpha}{q^n}$.
2. On appelle *nombre de Liouville* un nombre $x \in \mathbb{R} \setminus \mathbb{Q}$ tel que pour tout $j \in \mathbb{N}^\times$, il existe $(p,\ q) \in \mathbb{Z} \times \mathbb{N}^\times$ avec $q \geq 2$ tel que $\left|x - \frac{p}{q}\right| < \frac{1}{q^j}$. Montrer qu'un nombre de Liouville est transcendant.
3. Montrer que $x := \sum_{j=0}^{\infty} \frac{1}{10^{j!}}$ est un nombre de Liouville.

Solution
1. Comme l'ensemble des racines de P est fini, il existe $\eta > 0$ tel que pour tout $t \in [x - \eta,\ x + \eta] \setminus \{x\}$, $P(t) \neq 0$. Soient M le maximum de $|P|$ sur $[x - \eta,\ x + \eta]$, et α le minimum de $\{\frac{1}{M},\ \eta\}$. Soit $(p,\ q) \in \mathbb{Z} \times \mathbb{N}^\times$.

— Si $\frac{p}{q}$ appartient à $[x-\eta,\, x+\eta]$, alors $\frac{p}{q} \neq x$ car x n'est pas rationnel, donc $P(\frac{p}{q}) \neq 0$. Comme $q^n P(\frac{p}{q}) \in \mathbb{Z}$, on a $\left|q^n P(\frac{p}{q})\right| \geq 1$. D'après l'inégalité des accroissements finis, on a $\left|P(\frac{p}{q})\right| = \left|P(\frac{p}{q}) - P(x)\right| \leq M\left|\frac{p}{q} - x\right|$, donc $\left|\frac{p}{q} - x\right| \geq \frac{1}{M}\left|P(\frac{p}{q})\right| \geq \frac{\alpha}{q^n}$.
— Si $\frac{p}{q}$ n'appartient pas à $[x-\eta,\, x+\eta]$, on a $\left|\frac{p}{q} - x\right| > \eta > \frac{\alpha}{q^n}$.
2. Par l'absurde : si x est algébrique, d'après la question 1, il existe $n \in \mathbb{N}^\times$ et $\alpha > 0$ tels que pour tout $(p,\, q) \in \mathbb{Z} \times \mathbb{N}^\times$, on ait $\left|x - \frac{p}{q}\right| \geq \frac{\alpha}{q^n}$. Soit $j \in \mathbb{N}^\times$ avec $j \geq n$ tel que $2^{n-j} < \alpha$. Par hypothèse, il existe $(p,\, q) \in \mathbb{Z} \times \mathbb{N}^\times$ avec $q \geq 2$ tel que $\left|x - \frac{p}{q}\right| < \frac{1}{q^j}$. Alors $\frac{\alpha}{q^n} \leq \left|x - \frac{p}{q}\right| < \frac{1}{q^j}$, donc $\alpha < q^{n-j} < 2^{n-j} < \alpha$, ce qui est absurde. Donc x est transcendant.
3. Comme le développement décimal de x n'est pas périodique, x est irrationnel. Soit $n \in \mathbb{N}^\times$. Posons $p := 10^{n!}\sum_{j=0}^{n} \frac{1}{10^{j!}}$ et $q := 10^{n!}$. Alors $(p,\, q) \in \mathbb{Z} \times \mathbb{N}^\times$ et $q \geq 2$. On a alors

$$d := q^n\left|x - \frac{p}{q}\right| = 10^{nn!}\left|\sum_{j=0}^{\infty} \frac{1}{10^{j!}} - \sum_{j=0}^{n} \frac{1}{10^{j!}}\right| = 10^{nn!}\left|\sum_{j=n+1}^{\infty} \frac{1}{10^{j!}}\right| = \sum_{j=n+1}^{\infty} \frac{1}{10^{j!-nn!}}.$$

Or pour tout $j \geq n+1$, on a $nn! - j! = n!(n - (n+1)\ldots j) \leq n - j$, donc $d \leq \sum_{j=n+1}^{\infty} \frac{1}{10^{j-n}} = \frac{1}{10}\frac{1}{1-\frac{1}{10}} = \frac{1}{9} < 1$, i. e. $\left|x - \frac{p}{q}\right| q^n < 1$, i. e. $\left|x - \frac{p}{q}\right| < \frac{1}{q^n}$, donc x est un nombre de Liouville.

Exercice 3.5.5 (Transcendance de e)

Le but de cet exercice est de montrer que e est transcendant sur $\mathbb{Q}$.
1. Pour $P \in \mathbb{C}[X]$ de degré n, on pose

$$\delta(P) := \sum_{j=0}^{\infty} P^{(j)} = \sum_{j=0}^{n} P^{(j)} = P + P' + \cdots + P^{(n)}.$$

Montrer que pour tout $x \in \mathbb{C}$, on a

$$e^x \delta(P)(0) = x\int_0^1 e^{x(1-t)} P(xt)dt + \delta(P)(x).$$

Indication : poser $f(t) := e^{-xt}\delta(P)(xt)$, dériver et intégrer.
2. Soient p un entier supérieur ou égal à 2, $R \in \mathbb{Z}[X]$, et $P := \frac{X^{p-1}}{(p-1)!}R$. Montrer que $\delta(P)(0)$ est un entier congru à $R(0)$ modulo p.
3. Pour montrer que e est transcendant sur $\mathbb{Q}$, raisonnons par l'absurde et supposons que e est algébrique : il existe un polynôme $Q \in \mathbb{Z}[X]$ non

nul tel que $Q(e) = 0$. Notons $n := \partial^\circ(Q)$ et pour tout nombre premier p, considérons $P_p := \frac{X^{p-1}}{(p-1)!}((X-1)\dots(X-n))^p$. Montrer que si $j \in [\![1, n]\!]$, alors $\delta(P_p)(j)$ est un entier divisible par p. Indication : poser $G := P_p(X+j)$ et utiliser la question précédente.
4. Soit $j \in [\![1, n]\!]$. Montrer que $\int_0^1 e^{j(1-t)} P_p(jt)dt$ tend vers 0 quand p tend vers l'infini.
5. On pose

$$\Sigma_p^{(1)} := \sum_{j=0}^{n} a_j j \int_0^1 e^{j(1-t)} P_p(jt)dt \quad \text{et} \quad \Sigma_p^{(2)} := \sum_{j=0}^{n} a_j \delta(P_p)(j).$$

Montrer que $\Sigma_p^{(1)} + \Sigma_p^{(2)} = 0$. Montrer que pour p assez grand, on a $\left|\Sigma_p^{(2)}\right| \geq 1$ et que $\Sigma_p^{(1)}$ tend vers 0 quand p tend vers l'infini. En déduire que e est transcendant sur $\mathbb{Q}$.

Solution

1. On a $\delta(P)' = \delta(P) - P$, donc pour tout $t \in [0, 1]$, on a $f'(t) = -xe^{-xt}\delta(P)(xt) + xe^{-xt}\delta(P)'(xt) = -xe^{-xt}P(xt)$, ce qui donne par intégration $e^{-x}\delta(P)(x) - \delta(P)(0) = f(1) - f(0) = -x\int_0^1 e^{-xt}P(xt)dt$.
2. Si R s'écrit $R = \sum_{j=0}^n r_j X^j$, alors $P = \sum_{j=0}^n r_j \frac{X^{j+p-1}}{(p-1)!}$, donc $\delta(P)(0) = \sum_{j=0}^n r_j \frac{(j+p-1)!}{(p-1)!} = r_0 + \sum_{j=1}^n r_j(j+p-1)\dots(p+1)p$, ce qui montre que $\delta(P)(0)$ est un entier congru à $r_0 = R(0)$ modulo p.
3. On a $G = \frac{(X+j)^{p-1}}{(p-1)!}((X+j-1)\dots(X+j-j)\dots(X+j-n))^p = \frac{X^{p-1}}{(p-1)!}XJ$ avec $J \in \mathbb{Z}[X]$. D'après la question 2, $\delta(G)(0) = \delta(P_p)(j)$ est un entier congru à $0J(0) = 0$ modulo p.
4. L'inégalité $e^{j(1-t)}|P_p(jt)| \leq e^j j^{p-1}\frac{(n^n)^p}{(p-1)!}$ permet d'écrire $\left|\int_0^1 e^{j(1-t)}P_p(jt)dt\right| \leq n^n e^j \frac{(kn^n)^{p-1}}{(p-1)!}$, où la quantité $\frac{(kn^n)^{p-1}}{(p-1)!}$ tend vers 0 quand p tend vers l'infini.
5. Notons $Q = \sum_{j=0}^n a_j X^j$. On peut supposer que $a_0 \neq 0$ (sinon, on peut diviser Q par X). D'après la question 1, on a :
$\left(\sum_{j=0}^n a_j e^j\right)\delta(P_p)(0) = \sum_{j=0}^n a_j \left(j\int_0^1 e^{j(1-t)}P_p(jt)dt + \delta(P_p)(j)\right) = \Sigma_p^{(1)} + \Sigma_p^{(2)}$. Or par hypothèse, $\sum_{j=0}^n a_j e^j = Q(e) = 0$, donc $\Sigma_p^{(1)} + \Sigma_p^{(2)} = 0$. D'après la question 3, on a pour tout $j \in [\![1, n]\!]$, $\delta(P_p)(j) \equiv 0 \mod p$, donc $\Sigma_p^{(2)} = \sum_{j=0}^n a_j\delta(P_p)(j) \equiv a_0\delta(P_p)(0) \equiv a_0((-1)\dots(-n))^p \equiv a_0(-1)^{pn}(n!)^p \mod p$. Comme $a_0 \neq 0$, pour tout p premier strictement supérieur à $|a_0|$ et à n, $\Sigma_p^{(2)}$ n'est pas congru à 0 modulo p. Ainsi $\Sigma_p^{(2)}$ est un entier

non nul, donc $|\Sigma_p^{(2)}| \geq 1$. Or d'après la question 4, $\Sigma_p^{(1)}$ tend vers 0 quand p tend vers l'infini, ce qui contredit la relation $\Sigma_p^{(1)} + \Sigma_p^{(2)} = 0$. Ainsi, e est transcendant.

Exercice 3.5.6

Soit $P = X^4 + X^3 + \sqrt{2}\,X^2 + a\,X + b \in \mathbb{R}[X]$.
1. Sachant que $1+i$ est un zéro de P, déterminer les réels a et b.
2. Factoriser P dans $\mathbb{R}[X]$ et $\mathbb{C}[X]$.

Solution

1. Si z est racine d'un polynôme P à coefficients réels, alors le conjugué de z est aussi racine de P. Il s'agit donc de résoudre le système suivant :

```
sol:=solve({subs(X=1+I,P),subs(X=1-I,P)},{a,b}); P:=subs(sol,P);
```

On trouve $a = -2 - 2\sqrt{2}$ et $b = 8 + 2\sqrt{2}$.

2. `factor(P); solve(P); factor(P,[I,sqrt(-7-4*sqrt(2))]);`

On obtient $P = \left(X^2 + 3\,X + \sqrt{2} + 4\right)\left(X^2 - 2\,X + 2\right)$ pour la factorisation dans $\mathbb{R}[X]$ et $P = \frac{1}{4}\left(2\,X + 3 - \sqrt{-7 - 4\sqrt{2}}\right)\left(2\,X + 3 + \sqrt{-7 - 4\sqrt{2}}\right)(X - 1 - i)(X - 1 + i)$ pour la factorisation dans $\mathbb{C}[X]$.

Exercice 3.5.7

Soit $P = 15\,X^4 + 5\,X^3 - a\,X^2 + 3\,X - 5 \in \mathbb{C}[X]$
1. Déterminer $a \in \mathbb{C}$ pour que P admette deux racines opposées et donner toutes les racines de P.
2. Factoriser P dans $\mathbb{R}[X]$ et $\mathbb{C}[X]$.

Solution

1.
```
P:=15*X^4+5*X^3-a*X^2+3*X-5; Q:=15*(X-b)*(X+b)*(X-c)*(X-d);
R:=expand(P-Q); eq:={coeffs(R,X)}; sol:=solve(eq,{a,b,c,d});
```

On obtient des expressions avec des `RootOf` (i. e. racines de polynômes). Le réflexe à avoir est d'utiliser la commande `allvalues`.

```
solb:=allvalues(sol);
```

L'équation admet donc une unique solution : $a = -\frac{2}{3}$.

2. `P:=subs(solb,P); factor(P,[sqrt(21)]);`

On trouve $P = \frac{1}{12}\left(5\,X^2 + 3\right)\left(6\,X + 1 + \sqrt{21}\right)\left(6\,X + 1 - \sqrt{21}\right)$.

Exercice 3.5.8 (Résultant et nombres algébriques)
1. Soient $P := X^3 + 7X + 1$ et $Q := X^4 - X + 11$. On note α une racine de P et β une racine de Q. Donner le polynôme minimal de $\alpha + \beta$.
2. Donner le polynôme minimal de $\sqrt{3} + \sqrt[4]{7}$.
3. Déterminer le polynôme minimal de $\sqrt{7 + 4\sqrt[3]{17}}$.

Solution

1. On utilise la proposition 3.1.9. On vérifie que P et Q sont irréductibles et on calcule le résultant $R_T(P(X-T), Q(T))$. On vérifie que le polynôme obtenu est irréductible sur $\mathbb{Q}$.

```
P:=X^3+7*X+1: Q:=X^4-X+11: irreduc(P), irreduc(Q); ⟶ true, true
alias(alpha=RootOf(P)): alias(beta=RootOf(Q)):
R:=resultant(subs(X=X-T,P),subs(X=T,Q),T); irreduc(R); ⟶ true
```

On obtient $R = X^{12} + 28X^{10} + X^9 + 327X^8 + 84X^7 + 783X^6 - 6X^5 + 7328X^4 + 951X^3 + 5225X^2 - 1312X + 39257$.

Comme R est irréductible, c'est bien le polynôme minimal cherché.

2. On procède comme en 1, sachant que le polynôme minimal de $\sqrt{3}$ (resp. $\sqrt[4]{7}$) est $P := X^2 - 3$ (resp. $Q := X^4 - 7$).

```
P:=X^2-3: Q:=X^4-7:
R:=resultant(subs(X=X-T,P),subs(X=T,Q),T); irreduc(R); ⟶ true
```

On trouve $R = X^8 + 40X^4 - 12X^6 - 360X^2 + 4$.

3. On commence par déterminer un polynôme qui annule $7 + 4\sqrt[3]{17}$. On procède comme en 1.

```
P:=X-7: Q:=X^3-17*64: R:=resultant(subs(X=X-T,P),subs(X=T,Q),T):
```

Puis on remplace X par X^2 dans R.

```
S:=subs(X=X^2,R); irreduc(R2); ⟶ true
```

On trouve $S = 1431 - X^6 + 21X^4 - 147X^2$.

Exercice 3.5.9 (Critères d'irréductibilité)

Soient K un corps, Ω une clôture algébrique de K, $P \in K[X]$ un polynôme de degré $m \geq 1$, et $\alpha \in \Omega$ une racine de P.
1. Montrer que l'on a $[K(\alpha) : K] \leq m$, avec égalité si et seulement si P est irréductible sur K.
2. Soit L une extension de degré n de K. Montrer que si P est irréductible sur K et si m et n sont premiers entre eux, alors P est irréductible sur L.

3. Soit α une racine de $X^{11}+4X+2$. Montrer que $X^{17}+25X^8+10X^2-5$ est irréductible sur $\mathbb{Q}(\alpha)$.
4. Montrer que le résultat de la question 2 est faux si l'on ne suppose pas que m et n sont premiers entre eux.

Solution

1. Le nombre α est racine de $P \in K[X]$, donc il est algébrique sur K, de degré inférieur ou égal à m, i. e. $[K(\alpha) : K] \leq m$. Si P est irréductible sur K, alors P est, à un facteur multiplicatif non nul près, le polynôme minimal de α sur K, donc α est algébrique de degré m. En revanche, si P est réductible, il est divisible par un polynôme irréductible Q de degré m' strictement inférieur à m, et α est algébrique de degré $m' < m$.
2. Montrons que P est irréductible sur L. Raisonnons par l'absurde en supposant que P est réductible : il existe alors Q, $R \in L[X]$ avec Q irréductible sur L tels que $P = QR$. Notons q le degré de Q. On a donc $q \in [\![1, m-1]\!]$. Soient $\beta \in \Omega$ une racine de Q, et $M := L(\beta)$. Alors par multiplicativité des degrés, on a $[M : K] = [M : L][L : K] = qn$, car β est de degré q sur L. Or Q divise P, donc β est aussi racine de P, donc β est de degré m sur K. Ainsi, $[M : K] = [M : K(\beta)][K(\beta) : K] = [M : K(\beta)]m$, d'où $qn = [M : K(\beta)]m$. Comme n et m sont premiers entre eux, m divise q d'après le théorème de Gauss. Ceci est absurde car $q \in [\![1, m-1]\!]$.
3. D'après le critère d'Eisenstein appliqué à $Q := X^{11}+4X+2$ et $p = 2$, Q est irréductible sur $\mathbb{Q}$, donc $\mathbb{Q}(\alpha)$ est une extension de degré 11 de $\mathbb{Q}$. De même, d'après le critère d'Eisenstein appliqué à $P := X^{17}+25X^8+10X^2-5$ et $p = 5$, P est irréductible sur $\mathbb{Q}$ et de degré 17. La question 2 montre que P est irréductible sur $\mathbb{Q}(\alpha)$.
4. Le polynôme X^4-2 est irréductible sur $\mathbb{Q}$, mais il n'est pas irréductible sur $\mathbb{Q}(\sqrt{2})$ car $X^4-2 = (X^2-\sqrt{2})(X^2+\sqrt{2})$.

Exercice 3.5.10 (Corps finis)

Montrer que $\mathbb{F}_3[X] \,/\, (X^2+2X+2)$ est un corps isomorphe à $\mathbb{F}_9$.

Solution

Le polynôme X^2+2X+2 est irréductible sur $\mathbb{F}_3$ car il n'a aucune racine dans $\mathbb{F}_3$. Donc l'idéal (X^2+2X+2) est maximal, et $\mathbb{F}_3[X] \,/\, (X^2+2X+2)$ est un corps. Il a visiblement le même nombre d'éléments que $\mathbb{F}_9$, donc il lui est isomorphe.

Exercice 3.5.11 (Corps de décomposition)

Soient K un corps, $P \in K[X]$ un polynôme, et L le corps de décomposition de P sur K. Montrer que $[L : K]$ divise $n!$.

Solution

On procède par récurrence sur le degré n de P. Si $\partial^\circ(P) = 1$, le résultat est clair. Sinon, on distingue deux cas :

— Si P est irréductible sur K, on considère une racine α de P dans L, de sorte que P peut s'écrire $P = (X - \alpha)Q$. On a $[K(\alpha) : K] = n$. Or L est le corps de décomposition de Q sur $K(\alpha)$, donc par hypothèse de récurrence, $[L : K(\alpha)]$ divise $(n-1)!$. Comme $[L : K] = [L : K(\alpha)][K(\alpha) : K]$, on en déduit que $[L : K]$ divise $n!$.

— Si P est réductible sur K, on a $P = QR$ avec Q, $R \in K[X]$. Soient q et r les degrés de Q et R. Soit K' le corps de décomposition de Q sur K dans L. Alors L est le corps de décomposition de R sur K'. Par hypothèse de récurrence, $[K' : K]$ divise $q!$ et $[L : K']$ divise $r!$. Or $[L : K] = [L : K'][K' : K]$, donc $[L : K]$ divise $q!r!$. Comme C_{q+r}^r est un entier, $q!r!$ divise $(q+r)!$, et $[L : K]$ divise donc $(q+r)! = n!$.

Chapitre 4

Extensions normales et extensions séparables

Dans ce chapitre, nous définissons les extensions normales ainsi que les extensions séparables. Ces deux nouveaux types d'extensions nous fourniront un cadre adapté à la théorie de Galois. Ce chapitre constitue ainsi la dernière étape avant le théorème fondamental de la théorie de Galois.

4.1 Extensions normales

Dans ce paragraphe, nous introduisons les extensions normales.

Théorème 4.1.1 *Soient K un corps, L une extension algébrique de K, et Ω une clôture algébrique de L (ou une clôture algébrique de K contenant L). Il y a alors équivalence entre les trois assertions suivantes.*

(i) *Pour tout $P \in K[X]$ irréductible sur K, si P a une racine dans L, alors P est scindé sur L.*

(ii) *Pour tout $x \in L$, tous les conjugués de x sur K sont dans L.*

(iii) *Pour tout $K-$morphisme $\sigma : \Omega \to \Omega$, on a $\sigma(L) \subset L$ (donc $\sigma(L) = L$)*

Démonstration :

(i)⇒(ii) Soient $x \in L$, et $y \in \Omega$ un conjugué de x sur K. Alors y est racine

du polynôme minimal P_x de x sur K. Or x est une racine de P_x dans L, donc comme P_x est scindé sur L, y appartient à L.
(ii)⇒(iii) Soit $\sigma : \Omega \to \Omega$ un $K-$morphisme. Soit $x \in L$, montrons que $\sigma(x) \in L$: comme σ fixe les éléments de K, σ fixe les coefficients de P_x, donc $\sigma(x)$ est aussi racine de P_x. Alors $\sigma(x)$ et x sont conjugués sur K. Donc d'après **(ii)**, $\sigma(x)$ appartient à L. D'après le lemme 3.3.1, σ est bijectif, donc $\sigma(L) = L$.
(iii)⇒(i) Soient $P \in K[X]$ un polynôme irréductible sur K, et $x \in L$ une racine de P. Soit $y \in \Omega$ une racine de P. Comme P est irréductible, P est le polynôme minimal de x et y sur K, donc x et y sont conjugués sur K. D'après la proposition 3.3.2, il existe un $K-$isomorphisme de Ω tel que $y = \sigma(x)$. Or $x \in L$, et d'après **(iii)**, $\sigma(L) \subset L$, donc $y \in L$. Ainsi, P est scindé sur L. ■

Soient K un corps, et L une extension algébrique de K. Si L vérifie les conditions du théorème 4.1.1, on dit que L est une extension *normale* de K.

Proposition 4.1.2 *Soient K un corps et L une extension de K. Alors L est une extension normale de degré fini de K si et seulement si L est le corps de décomposition sur K d'un polynôme $P \in K[X]$.*

Démonstration :

• Condition suffisante : si $L = K(x_1, \dots, x_n)$, où $x_1, \dots, x_n$ sont les racines distinctes de $P \in K[X]$ dans une clôture algébrique Ω de K, L est de degré fini sur K. Soit $\sigma : \Omega \to \Omega$ un $K-$morphisme. Alors on a l'inclusion $\sigma(\{x_1, \dots, x_n\}) \subset \{x_1, \dots, x_n\}$, donc $\sigma(L) \subset L$. Donc L est normale sur K.

• Condition nécessaire : supposons que L est normale de degré fini sur K, alors L s'écrit $L = K(x_1, \dots, x_n)$, où les x_j sont algébriques sur K. Soit P_{x_j} le polynôme minimal de x_j sur K. On définit $P := \prod_{j=1}^{m} P_{x_j}$. Pour tout $j \in [\![1, n]\!]$, P_{x_j} a au moins une racine (x_j) dans L. Or L est normale, et P_{x_j} est irréductible sur K, donc P_{x_j} est scindé sur L. Donc P a toutes ses racines dans L, et L est le corps de décomposition de P. ■

Avant de passer à la définition des extensions séparables, notons quelques observations au sujet des extensions normales :

• Une extension *quadratique* (i. e. de degré 2) est toujours normale. En effet, si $x \in L \setminus K$ a pour polynôme minimal P_x sur K, alors $P_x = (X-x)(X-y)$ avec $x + y \in K$ et $xy \in K$ (d'après les relations coefficients-racines), donc $y \in L$.
• Soient K un corps, L une extension de K, et L' une extension de L. Si L' est normale sur K, alors L' est normale sur L (car tout $L-$morphisme est un $K-$morphisme, donc fixe les éléments de L'). Mais en général, L n'est pas normale sur K. La suite d'extensions $\mathbb{Q} \subset \mathbb{Q}(\sqrt[3]{2}) \subset \mathbb{Q}(\sqrt[3]{2}, j)$ constitue un contre-exemple : en effet, $\mathbb{Q}(\sqrt[3]{2}, j)$ est normale sur $\mathbb{Q}$, comme corps de décomposition de $P := X^3 - 2$ sur $\mathbb{Q}$, mais $\mathbb{Q}(\sqrt[3]{2})$ n'est pas normale sur $\mathbb{Q}$, car $j\sqrt[3]{2}$ est racine de $P \in \mathbb{Q}[X]$ (qui est irréductible sur $\mathbb{Q}$) mais n'est pas dans $\mathbb{Q}(\sqrt[3]{2})$.
• Soient K un corps, L une extension de K, et L' une extension de L. Si L est normale sur K, et si L' est normale sur L, alors en général L' n'est pas normale sur K. Il n'y a donc pas de transitivité pour les extensions normales. En effet, la suite $\mathbb{Q} \subset \mathbb{Q}(\sqrt{2}) \subset \mathbb{Q}(\sqrt[4]{2})$ est formée d'extensions normales (car quadratiques). Mais le corps de décomposition sur $\mathbb{Q}$ du polynôme irréductible $X^4 - 2$ est $\mathbb{Q}(\sqrt[4]{2}, i)$, et i n'appartient pas à $\mathbb{Q}(\sqrt[4]{2})$, donc $\mathbb{Q}(\sqrt[4]{2})$ n'est pas normale sur $\mathbb{Q}$.

4.2 Extensions séparables

4.2.1 Définitions et propriétés

Définition 4.2.1
Soient K un corps et $P \in K[X]$ un polynôme non constant. P est dit séparable *si toutes ses racines dans une clôture algébrique de K sont simples.*

Proposition 4.2.2
Soient K un corps et $P \in K[X]$ un polynôme non constant.
• *P est séparable si et seulement si P et P' sont premiers entre eux.*
• *Si P est irréductible sur K, alors P est séparable si et seulement si P' est non nul.*
• *Si K est de caractéristique nulle, alors tout polynôme irréductible sur K est séparable.*

Démonstration :

• Montrons que la condition est nécessaire : s'il existe un polynôme non constant Q qui divise P et P', considérons une racine x de Q. Alors x est racine de P et P', donc x est une racine multiple de P. Pour la réciproque, le thèorème de Bézout donne l'existence de deux polynômes A, $B \in K[X]$ tels que $AP + BP' = 1$. Si x est racine de P, alors $P'(x) \neq 0$, donc x est une racine simple.

• Comme $\partial^\circ(P') < \partial^\circ(P)$, on a les équivalences :

$$P \text{ et } P' \text{ non premiers entre eux} \Leftrightarrow P|P' \Leftrightarrow P' = 0.$$

• Si K est de caractéristique nulle, alors $\partial^\circ(P') = \partial^\circ(P) - 1 \geq 0$. ■

Notons qu'en caractéristique non nulle, il existe des polynômes irréductibles non séparables. En effet, si K est un corps de caractéristique p (avec p premier), et si $L := K(Y^p) \subset K(Y)$, alors le polynôme $P := X^p - Y^p \in L[X]$ est irréductible sur L (critère d'Eisenstein), mais n'est pas séparable car $P' = 0$. En fait, $P = (X - Y)^p$, donc Y est une racine d'ordre p.

Définition 4.2.3

Soient K un corps et L une extension algébrique de K. Un élément $x \in L$ est dit séparable *sur K si son polynôme minimal sur K est séparable. L'extension L est dite* séparable *sur K si tous ses éléments sont séparables sur K.*

Soient K un corps, L une extension de K, et L' une extension de L. Si un élément x (resp. l'extension L') est séparable sur K, alors l'élément x (resp. l'extension L') est séparable sur L. En effet, le polynôme minimal de x sur L est séparable et divise le polynôme minimal de x sur K, donc ce dernier est aussi séparable.

Nous énonçons maintenant un résultat très général et très utile dans la suite.

Lemme 4.2.4 (Dedekind)

Si K et K' sont deux corps, alors les morphismes distincts non nuls de K

dans K' sont linéairement indépendants sur K'. De même, si K' est une extension de K, et si A est une $K-$algèbre, alors les morphismes distincts non nuls de A dans K' sont linéairement indépendants sur K'.

Démonstration :

Il s'agit de montrer que toute famille finie de morphismes distincts non nuls de K dans K' est libre. On procède par récurrence sur le cardinal n de la famille. Pour $n = 1$, le résultat est clair. Supposons que le résultat est vrai pour $n-1$, et montrons-le pour n. Soit $\{\sigma_1, \ldots, \sigma_n\}$ une famille de morphismes distincts non nuls de K dans K'. Soient $a_1, \ldots, a_n$ des éléments de K' tels que $\sum_{j=1}^n a_j\sigma_j = 0$ et soient $x, y \in E$. Alors $\sum_{j=1}^n a_j\sigma_j(x) = 0$, donc

$$\sum_{j=1}^n a_j\sigma_j(x)\sigma_1(y) = 0 \text{ et } \sum_{j=1}^n a_j\sigma_j(x)\sigma_j(y) = \sum_{j=1}^n a_j\sigma_j(xy) = 0.$$

D'où

$$\sum_{j=2}^n a_j(\sigma_j(y) - \sigma_1(y))\sigma_j(x) = 0.$$

Comme $\sigma_1 \neq \sigma_2$, il existe $y \in K$ tel que $\sigma_1(y) \neq \sigma_2(y)$. Par hypothèse de récurrence, on a donc $a_2 = \cdots = a_n = 0$. Comme $\sigma_1 \neq 0$, on en conclut que $a_1 = 0$. Donc la famille $\{\sigma_1, \ldots, \sigma_n\}$ est libre. Le cas des $K-$algèbres se traite de façon analogue. ■

Corollaire 4.2.5

Soient K un corps, L une extension algébrique de degré fini de K, et K' une extension quelconque de K. Alors en notant $Hom_K(L, K')$ l'ensemble des $K-$morphismes de L vers K', on a $|Hom_K(L, K')| \leq [L : K]$.

Démonstration :

Soit $(x_1, \ldots, x_n)$ une base du $K-$espace vectoriel L. Par l'absurde, supposons qu'il existe au moins $n+1$ morphismes distincts $\sigma_0, \sigma_1, \ldots, \sigma_n$ de L vers K'. Alors le système linéaire $\sum_{i=0}^n y_i\sigma_i(x_j)$, $j \in [\![1, n]\!]$ d'inconnues $y_0, y_1, \ldots, y_n$ a une solution non nulle $(z_0, z_1, \ldots, z_n) \in (K')^{n+1}$. Donc $\sum_{i=0}^n z_i\sigma_i$ est une application $K-$linéaire qui s'annule sur la base $(x_1, \ldots, x_n)$, donc elle est identiquement nulle. Ainsi, la famille $\{\sigma_0, \sigma_1, \ldots, \sigma_n\}$ est liée. C'est absurde d'après le lemme 4.2.4 de Dedekind. ■

Donnons à présent une autre application du lemme de Dedekind qui nous servira dans la démonstration du théorème 10.2.13 de la base normale.

Proposition 4.2.6
Soient K un corps infini, L une extension de K et A une $K-$algèbre. Soient $P \in K[X_1, \ldots, X_n]$ un polynôme, et $\sigma_1, \ldots, \sigma_n$ des morphismes distincts de A dans K. Si pour tout $a \in A$, on a $P(\sigma_1(a), \ldots, \sigma_n(a)) = 0$, alors P est le polynôme nul.

Démonstration :
Soit E le $L-$sous-espace vectoriel de L^n engendré par les éléments de la forme $(\sigma_1(a), \ldots, \sigma_n(a))$ pour a parcourant A. Si E est distinct de L^n, alors il est contenu dans un hyperplan, donc il existe des éléments $h_1, \ldots, h_n$ de L tels que pour tout $a \in A$, on ait $h_1\sigma_1(a) + \cdots + h_n\sigma_n(a) = 0$. D'où l'égalité $h_1\sigma_1 + \cdots + h_n\sigma_n = 0$, et les morphismes $\sigma_1, \ldots, \sigma_n$ sont liés, ce qui est absurde d'après le lemme 4.2.4.
Ainsi, on a $E = L^n$: il existe $a_1, \ldots, a_n \in A$ tels que la famille $(b_1, \ldots, b_n)$ définie par $b_i := (\sigma_1(a_i), \ldots, \sigma_n(a_i))$ soit une base de L^n. La matrice de terme général $\sigma_i(a_j)$ est alors inversible, et on note $m_{i,j}$ le terme général de son inverse. Soit

$$Q := P\left(\sum_{j=1}^{n} \sigma_1(a_j)X_j, \ldots, \sum_{j=1}^{n} \sigma_n(a_j)X_j\right).$$

Alors pour tout $(x_1, \ldots, x_n) \in L^n$, on a

$$\begin{aligned} Q(x_1, \ldots, x_n) &= P\left(\sum_{j=1}^{n} \sigma_1(a_j)x_j, \ldots, \sum_{j=1}^{n} \sigma_n(a_j)x_j\right) \\ &= P\left(\sigma_1(\sum_{j=1}^{n} a_jx_j), \ldots, \sigma_n(\sum_{j=1}^{n} a_jx_j)\right) = 0 \end{aligned}$$

par hypothèse, donc d'après la propriété 2.4.2, Q est le polynôme nul (K est infini). Or on peut écrire $P = Q\left(\sum_{j=1}^n m_{1,j}X_j, \ldots, \sum_{j=1}^n m_{n,j}X_j\right)$, donc P est le polynôme nul. ■

Le résultat précédent est faux si K est fini. Par exemple, si K est un corps fini de cardinal p^f (où p est premier), alors en prenant $A = L = K$, $\sigma_1 = id_K$, et $P := X^{p^f} - X$ on a $P(x) = 0$ pour tout $x \in K$, bien que P ne soit pas le polynôme nul.

4.2.2 Théorème de l'élément primitif

Le théorème de l'élément primitif donne une caractérisation des extensions séparables en termes de morphismes. Il nécessite l'utilisation du lemme suivant qui a trait à l'algèbre linéaire et repose sur le *principe des tiroirs de Dirichlet* (appelé encore le *principe des trous de pigeons*[1]).

Lemme 4.2.7
Soit E un espace vectoriel de dimension finie sur un corps infini K. Alors E n'est pas une union finie de sous espaces stricts de E.

Démonstration :
Il s'agit de montrer que pour toute famille $(H_1, \ldots, H_p)$ de sous-espaces stricts de E, on a $E \neq \bigcup_{j=1}^p H_j$. On procède par récurrence sur p.
La propriété est claire pour $p = 1$. Supposons-la vraie pour $p-1$, et montrons-la pour p. Par l'absurde, supposons que $E = \bigcup_{j=1}^p H_j$. Par hypothèse de récurrence, il existe $x \in E \setminus \bigcup_{j=1}^{p-1} H_j$, donc $x \in H_p$. Or il existe $y \notin H_p$, donc $y \in \bigcup_{j=1}^{p-1} H_j$. Considérons la droite affine D passant par x et de vecteur directeur y, i. e.

$$D = \{x + \lambda y \,/\, y \in K\}.$$

1. Si $n+1$ pigeons sont répartis dans n trous, l'un des trous contient au moins deux pigeons !

Alors D est de même cardinal que K, donc D est infinie, donc d'après le principe des tiroirs, il existe $j \in [\![1, p]\!]$, et il existe $\lambda \neq \mu$ tels que $x + \lambda y \in H_j$ et $x + \mu y \in H_j$. Alors $(\lambda - \mu)y \in H_j$, donc $y \in H_j$, et finalement $x \in H_j$, ce qui est absurde par hypothèse. ■

Théorème 4.2.8 (Théorème de l'élément primitif)
Soient K un corps, L une extension algébrique de degré fini de K, et Ω une clôture algébrique de K. Il y a alors équivalence entre les trois assertions suivantes.

(i) *L est séparable*[2] *sur K.*

(ii) $|Hom_K(L, \Omega)| = [L : K]$.

(iii) *Il existe un élément $x \in L$, séparable sur K, tel que $L = K(x)$.*

Dans ces conditions, un tel élément x est appelé un élément primitif *de L sur K.*

Démonstration :
(i)⇒(ii) Soit L une extension séparable sur K.
Montrons que $|Hom_K(L, \Omega)| = [L : K]$. D'après le corollaire 4.2.5, on a déjà : $|Hom_K(L, \Omega)| \leq [L : K]$.

— Supposons qu'il existe $x \in L$ tel que $L = K(x)$. Soit $n := [L : K]$, de sorte que l'on a $n = \partial^\circ(P_x)$. Comme L est séparable sur K, P_x a n racines distinctes $x_1, \ldots, x_n$ dans Ω. On définit alors n $K-$morphismes $\sigma_i : L \to \Omega$ par $\sigma_i(x) = x_i$.

— Pour le cas général, on procède par récurrence sur $n := [L : K]$. Soient $x \in L \setminus K$, et p le degré de x sur K, de sorte que $p = [K(x) : K]$. D'après le premier cas, il existe p $K-$morphismes distincts $\sigma_i : K(x) \to \Omega$. Or L est algébrique sur K, donc sur $K(x)$, donc par prolongement des morphismes (proposition 3.2.5), on en déduit l'existence de p $K-$morphismes

2. En introduisant le produit tensoriel, on peut montrer qu'une extension algébrique L d'un corps K est séparable si et seulement si l'algèbre $L \otimes_K \Omega$ est *réduite* (i. e. son seul élément nilpotent est 0), où Ω est une clôture algébrique de K.

distincts $\sigma_i : L \to \Omega$. Comme L est séparable sur K, elle l'est sur $K(x)$, donc pour tout $i \in [\![1,\, p]\!]$, $\sigma_i(L)$ est séparable sur $\sigma_i(K(x)) = K(x_i)$, où l'on note $x_i := \sigma_i(x)$. De plus, l'extension $\sigma_i(L)$ est de degré

$$[\sigma_i(L) : K(x_i)] = [L : K(x)] = [L : K] \,/\, [K(x) : K] = \frac{n}{p} < n.$$

Par hypothèse de récurrence appliquée à l'extension $\sigma_i(L)$, il existe $\frac{n}{p}$ $K(x_i)-$morphismes distincts $\sigma_{i1}, \sigma_{i2}, \dots \sigma_{i\frac{n}{p}}$ de $\sigma_i(L)$ dans Ω. Alors si l'on prend $(i,\, j) \in [\![1,\, p]\!] \times [\![1,\, \frac{n}{p}]\!]$, les éléments $\sigma_{ij} \circ \sigma_i$ constituent $p\,\frac{n}{p} = n$ $K-$morphismes de L dans Ω. Montrons qu'ils sont distincts : si $i = k$ et si $j \neq l$, alors $\sigma_{ij} \circ \sigma_i \neq \sigma_{il} \circ \sigma_i$; si $i \neq k$, on a $\sigma_{ij} \circ \sigma_i(x) = \sigma_{ij}(x_i) = x_i$ et $\sigma_{kl} \circ \sigma_k(x) = \sigma_{kl}(x_k) = x_k$, donc $\sigma_{ij} \circ \sigma_i \neq \sigma_{kl} \circ \sigma_k$.

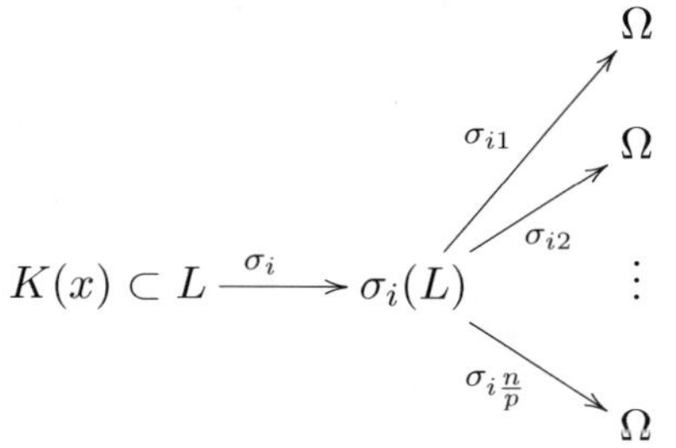

(ii)⇒(iii) Supposons que $|Hom_K(L,\, \Omega)| = [L : K]$, et montrons qu'il existe $x \in L$, séparable sur K, tel que $L = K(x)$: on distingue deux cas.

— Si K est fini, l'hypothèse n'est pas utilisée : L est fini, comme espace vectoriel de dimension finie sur un corps fini, donc d'après le théorème 1.1.1, le groupe $L^\times$ est cyclique, de la forme $L^\times = \langle x \rangle$, donc $L = K(x)$.

— Si K est infini : soient $\sigma_1, \dots, \sigma_n$ les n $K-$morphismes distincts de L dans Ω. Pour $i \neq j$, on note $\tau_{ij} = \sigma_i - \sigma_j$. Les τ_{ij} sont alors des applications $K-$linéaires non nulles, donc les noyaux $\operatorname{Ker} \tau_{ij}$ sont des hyperplans, donc des $K-$sous espaces vectoriels stricts de L. D'après le lemme 4.2.7, on a $L \neq \bigcup_{i \neq j} \operatorname{Ker} \tau_{ij}$, de sorte qu'il existe un élément $x \in L$ tel que pour tout $i \neq j$, $\sigma_i(x) \neq \sigma_j(x)$. Or σ_j se prolonge d'après la proposition 3.2.5 en un $K-$endomorphisme de Ω qui est un $K-$automorphisme de Ω d'après le lemme 3.3.1. Donc les $\sigma_j(x)$ sont des conjugués de x sur K. Ainsi, d'après la proposition 3.3.2, ce sont des racines du polynôme minimal P_x de x sur K. Donc $\partial^\circ(P_x) \geq n$. Comme on a déjà $\partial^\circ(P_x) \leq n$, on en déduit que P_x est de degré n, ce qui montre que $L = K(x)$. De plus, comme les racines de P_x sont les $\sigma_j(x)$ qui sont tous distincts, x est séparable sur K.

(iii)⇒(i) Supposons qu'il existe $x \in L$ tel que $L = K(x)$, et montrons que L est séparable sur K. Soient donc $y \in L$, et $L' := K(y)$. On note $y_1, \ldots, y_p$ les conjugués distincts de y dans une clôture algébrique Ω' de L. D'après la proposition 3.3.2, pour tout $i \in [\![1, p]\!]$, il existe un $K-$automorphisme σ_i de Ω' tel que $\sigma_i(y) = y_i$. Pour $i \in [\![1, p]\!]$, soit

$$\Delta_i := \{\sigma \in Hom_K(L, \Omega') \,/\, \sigma(y) = y_i\}.$$

Alors les $\Delta_1, \ldots, \Delta_p$ forment une partition de $Hom_K(L, \Omega')$. Or $\sigma \mapsto \sigma_i \circ \sigma$ est une bijection de $Hom_{L'}(L, \Omega')$ sur Δ_i, et $\sigma \mapsto \sigma_j \circ \sigma^{-1} \circ \sigma_i$ est une bijection de Δ_i sur Δ_j, donc $|Hom_K(L, \Omega')| = p\,|Hom_{L'}(L, \Omega')|$.
Comme x est séparable sur K, avec $L = K(x)$, d'après l'implication **(i)⇒(ii)**, on a $|Hom_K(L, \Omega')| = [L : K]$. Mais x est aussi séparable sur L', avec $L = L'(x)$, donc on a aussi $|Hom_{L'}(L, \Omega')| = [L : L']$. Alors

$$p = \frac{|Hom_K(L, \Omega')|}{|Hom_{L'}(L, \Omega')|} = \frac{[L : K]}{[L : L']} = [L' : K] = [K(y) : K].$$

Ainsi, y est de degré p sur K, donc les racines de P_y (qui sont les $y_1, \ldots, y_p$) sont toutes simples dans Ω'. Donc y est séparable sur K. ■

4.3 Corps parfaits

Dans la proposition suivante, on introduit les corps parfaits. Cette notion fait appel à l'*endomorphisme de Frobenius*, défini sur un corps K de caractéristique p (avec p premier) par $x \mapsto x^p$. Notons que, comme tout morphisme de corps, il est injectif.

Proposition 4.3.1
Soit K un corps. Il y a alors équivalence entre les trois assertions suivantes.

(i) *Tout polynôme $P \in K[X]$ irréductible sur K est séparable.*

(ii) *Toute extension algébrique de K est séparable sur K.*

(iii) *K est de caractéristique nulle, ou bien K est de caractéristique p (avec p premier) et l'endomorphisme de Frobenius de K est surjectif.*

FIGURE 4.1 – Corps parfait...

Démonstration :
(i)⇒(ii) Soit L une extension algébrique de K. Montrons que L est séparable sur K : soit $x \in L$. Alors le polynôme minimal de x sur K est irréductible sur K, donc d'après **(i)**, il est séparable, de sorte que x est séparable sur K.

(ii)⇒(iii) Supposons que la caractéristique de K est non nulle : c'est donc un nombre premier p. Soit $y \in K$, et montrons qu'il existe $x \in K$ tel que $y = x^p$. Soit $Q := X^p - y \in K[X]$. Soient Ω une clôture algébrique de K, et $x \in \Omega$ une racine de Q. Comme x appartient à L qui est séparable, le polynôme minimal P_x de x sur K n'a que des racines simples, et il divise Q dans $K[X]$. Or $Q = X^p - y = X^p - x^p = (X - x)^p$, donc on a nécessairement $P_x = X - x$, i. e. $x \in K$. Ainsi, $y = x^p$.

(iii)⇒(i) Soit $P \in K[X]$ irréductible sur K. D'après le proposition 4.2.2, il suffit de montrer que P' est non nul. Par l'absurde, supposons que $P' = 0$. Le polynôme P s'écrit $P = \sum_{i=0}^{n} a_i X^i$, d'où $P' = \sum_{i=1}^{n} ia_i X^{i-1}$. Alors pour tout $i \in [\![1, n]\!]$, on a $ia_i = 0$, donc $i = 0$ ou $a_i = 0$. Or P est irréductible, donc non constant, et comme $P' \neq 0$, la caractéristique de K est non nulle : c'est donc un nombre pemier p. Donc pour tout i non multiple de p, on a $a_i = 0$, et $P = \sum_{j=0}^{E(n/p)} a_j X^{jp}$. Par hypothèse, l'endomorphisme de Frobenius est surjectif, donc pour tout $j \in [\![0, E(n/p)]\!]$, il existe $b_j \in K$ tel que $a_j = b_j^p$. Alors $P = \sum_{j=0}^{E(n/p)} b_j^p X^{jp} = \left(\sum_{j=0}^{E(n/p)} b_j X^j\right)^p$. C'est absurde puisque P est irréductible sur K. Donc $P' = 0$. ■

Un corps vérifiant les conditions de la proposition 4.3.1 est appelé *corps parfait*. Ainsi, dans un corps parfait, il n'y a pas de problème de séparabilité.

Donnons, pour terminer ce paragraphe, quelques exemples de corps parfaits.
• Si K est de caractéristique nulle, alors K est parfait. En effet, d'après la proposition 4.2.2, tout polynôme irréductible sur K est séparable.
• Si K est fini, alors K est parfait. En effet, tout morphisme de corps est injectif, donc bijectif.
• Si K est parfait, et si L est une extension algébrique de K, alors L est un corps parfait. En effet, si M est une extension algébrique de L, M est une extension algébrique de K, donc M est séparable sur K, donc sur L.
• Si k est de caractéristique p avec p premier, alors $K := k(Y^p)$ n'est pas parfait. En effet, le polynôme $X^p - Y^p \in K[X]$ est irréductible sur K mais non séparable.

4.4 Exercices

Exercice 4.4.1 (Extensions quadratiques de $\mathbb{Q}$)

1. Soit K une extension quadratique de $\mathbb{Q}$. Montrer qu'elle est de la forme $K = \mathbb{Q}(\sqrt{\alpha})$ où α est un entier relatif sans facteur carré.

2. Montrer que les extensions quadratiques de $\mathbb{Q}$ sont en bijection avec les entiers relatifs sans facteur carré.

Solution

1. Soient $\alpha \in K \setminus \mathbb{Q}$ et $P_\alpha = X^2 + aX + b \in \mathbb{Q}[X]$ le polynôme minimal de α sur $\mathbb{Q}$. Soit $k \in \mathbb{N}^\times$ tel que $ka \in \mathbb{Z}$ et $kb \in \mathbb{Z}$. Alors $\beta := k\alpha$ est racine de $P_\alpha(\frac{X}{k})$, donc son polynôme minimal est $P_\beta = X^2 + kaX + k^2b = X^2 + a'X + b'$, et $\mathbb{Q}(\beta) = \mathbb{Q}(\alpha)$. Or $\gamma := \beta - \frac{a'}{2}$ est racine de $Q := P_\beta(X - \frac{a'}{2}) = X^2 - (\frac{a'^2}{4} - b')$. Soit m' tel que $m'(\frac{a'^2}{4} - b') \in \mathbb{Z}$. Alors $\delta := m'\gamma$ est racine de $Q(\frac{X}{m'})$, donc son polynôme minimal est $P_\delta = X^2 - m'^2(\frac{a'^2}{4} - b') = X^2 - b'' \in \mathbb{Z}[X]$, et l'on a $\mathbb{Q}(\delta) = \mathbb{Q}(\gamma) = \mathbb{Q}(\beta)$. Si b'' ne comporte aucun facteur premier, alors on a $K = \mathbb{Q}(\delta)$ et la démonstration est terminée. Sinon, notons $p_1, \ldots, p_r$ les nombres premiers tels que p_j^2 divise b'', et soient $n_1, \ldots, n_r$ tels que $b''' := \frac{b''}{p_1^{2n_1} \ldots p_r^{2n_r}}$ soit un entier sans facteur premier. Alors $\varepsilon := \frac{\delta}{p_1^{n_1} \ldots p_r^{n_r}}$ est racine de $P_\delta(p_1^{n_1} \ldots p_r^{n_r} X)$, donc son polynôme minimal est $P_\varepsilon = X^2 - b'''$. Donc on a $K = \mathbb{Q}(\varepsilon)$ et la démonstration est terminée.
2. L'application $f : e \mapsto \mathbb{Q}(\sqrt{e})$ de l'ensemble des entiers sans facteur carré dans l'ensemble des extensions quadratiques est bien définie. Elle est surjective d'après la première question. Montrons qu'elle est injective : soient e et e' deux entiers distincts sans facteur carré, et montrons que $\mathbb{Q}(\sqrt{e}) \neq \mathbb{Q}(\sqrt{e'})$. Cela revient à montrer que $\sqrt{e}$ et $\sqrt{e'}$ sont libres sur $\mathbb{Q}$, i. e. sur $\mathbb{Z}$. Par l'absurde, supposons qu'il existe $a, b \in \mathbb{Z}$ non simultanément nuls tels que $a\sqrt{e} = b\sqrt{e'}$. On a alors $a^2e = b^2e'$.

— Si $a^2 = b^2$, on a $e = e'$, ce qui est absurde.

— Si $a^2 \neq b^2$, il existe par exemple un facteur premier p de a qui n'est pas un facteur premier de b. Ainsi, p^2 divise a^2, donc p^2 divise b^2e'. Comme p n'est pas un facteur premier de b, p^2 divise nécessairement e'. Ceci est absurde par hypothèse.

L'application f est donc bijective.

Exercice 4.4.2 (Extensions normales)

Soit n un entier supérieur ou égal à 3. L'extension $\mathbb{Q}(2^{\frac{1}{n}})$ est-elle normale sur $\mathbb{Q}$?

Solution

Le polynôme $X^n - 2$ est irréductible sur $\mathbb{Q}$ d'après le critère d'Eisenstein ($p = 2$). Il a une racine dans $\mathbb{Q}(2^{\frac{1}{n}})$, mais ses $n-1$ autres racines (les nombres $2^{\frac{1}{n}} e^{\frac{2ij\pi}{n}}$ pour $j \in [\![1, n-1]\!]$) ne sont pas dans $\mathbb{Q}(2^{\frac{1}{n}})$. D'après le théorème 4.1.1, l'extension n'est pas normale.

Exercice 4.4.3 (Extensions normales)

Soient K un corps, Ω une clôture algébrique de K, et α, β deux éléments de Ω.
1. Montrer que si $K(\alpha)$ est inclus dans $K(\beta)$, alors le corps de décomposition K_α du polynôme minimal P_α de α sur K est inclus dans le corps de décomposition K_β du polynôme minimal P_β de β sur K.
2. En déduire que si $K(\alpha) = K(\beta)$, alors $K_\alpha = K_\beta$.
3. Montrer que la réciproque est fausse.

Solution

1. Le corps K_α est engendré par les racines de P_α. Il suffit donc de montrer que les racines de P_α sont dans K_β. Soit x une racine de P_α dans Ω. D'après la proposition 4.1.2, le corps K_β est une extension normale de K. Or P_α est irréductible sur K, et P_α a une racine (α) dans K_β par hypothèse. Donc d'après le théorème 4.1.1, toutes les racines de P_α sont dans K_β.
2. Cela résulte de façon évidente de la première question.
3. Prenons $K = \mathbb{Q}$, $\alpha = \sqrt[5]{3}$, $\beta = e^{\frac{2i\pi}{5}} \sqrt[5]{3}$. Alors les polynômes minimaux de α et β sont égaux et valent $X^5 - 3$, donc leurs corps de décomposition sont égaux. Mais on n'a ni l'inclusion $K(\alpha) \subset K(\beta)$, ni l'inclusion $K(\alpha) \supset K(\beta)$.

Exercice 4.4.4 (Extensions normales)

Soient K un corps fini et L une extension algébrique de K. Montrer que L est une extension normale de K.

Solution

Notons $q = p^f$ le cardinal de K. Soit $x \in L$. L'extension $K(x)$ est une extension finie de K puisque x est algébrique sur K. Notons $m := [K(x) : K]$. Alors $|K(x)| = |K|^m = p^{fm}$. Par unicité du corps fini de cardinal p^{fm}, $K(x)$ est le corps de décomposition (et même l'ensemble des racines) de $X^{p^{fm}} - X$. D'après la proposition 4.1.2, $K(x)$ est une extension normale de K. Donc d'après le théorème 4.1.1, tous les conjugués de x sur K sont dans $K(x)$, et donc dans L. Ainsi, L est une extension normale de K.

Exercice 4.4.5 (Extensions normales)
Soient $K := \mathbb{Q}(\sqrt{7})$ et $L := \mathbb{Q}(\sqrt{7}, \sqrt{2+\sqrt{7}})$.
1. Montrer que K est une extension normale de $\mathbb{Q}$ et que L est une extension normale de K.
2. Calculer le polynôme minimal de $\sqrt{2+\sqrt{7}}$. L'extension L est-elle normale sur $\mathbb{Q}$?

Solution
1. L'extension K est de degré 2 sur $\mathbb{Q}$, donc elle est normale. L'extension L est de degré 1 ou 2 sur L, donc elle est aussi normale.
2. Notons $x := \sqrt{2+\sqrt{7}}$, et montrons que $[L : K] = 2$: si x appartient à K, il existe $a, b \in \mathbb{Q}$ tels que $x = a+b\sqrt{7}$, d'où $2+\sqrt{7} = x^2 = a^2+7b^2+2ab\sqrt{7}$. Ainsi, on a $a^2+7b^2 = 2$ et $2ab = 1$, de sorte que $a = \frac{1}{2b}$ et $7b^4 - 2b^2 + \frac{1}{4} = 0$. Le discriminant de $7X^2 - 2X + \frac{1}{4}$ est $\Delta = -3$, donc b^2 n'est pas un nombre réel. C'est impossible, donc x n'appartient pas à K, et $[L : K] = 2$, d'où $[L : \mathbb{Q}] = 4$. Or $x^4 = (2+\sqrt{7})^2 = 11+4\sqrt{7} = 11+4x^2-8$, donc x est racine de $P := X^4 - 4X^2 - 3$. Comme x est de degré 4 sur $\mathbb{Q}$, P est le polynôme minimal de x sur $\mathbb{Q}$. Or d'après les relations coefficients-racines, le produit des racines du polynôme $X^2 - 4X - 3$ est -3, donc il y a au moins une racine qui n'est pas dans $\mathbb{R}_+$: P a au moins une racine qui n'est pas réelle, et qui n'est donc pas dans L. D'après le théorème 4.1.1, L n'est pas normale sur $\mathbb{Q}$.

Exercice 4.4.6 (Extensions normales)
Montrer que l'extension $\mathbb{Q}(\sqrt{5}, \sqrt{7})$ est normale sur $\mathbb{Q}$, et déterminer le groupe des $\mathbb{Q}-$automorphismes de $\mathbb{Q}(\sqrt{5}, \sqrt{7})$.

Solution
Soit $L := \mathbb{Q}(\sqrt{5}, \sqrt{7})$. Soit σ un $\mathbb{Q}-$morphisme de L dans $\mathbb{C}$, et montrons que $\sigma(L) \subset L$. On a $\sigma(\sqrt{5})^2 = \sigma(\sqrt{5}^2) = 5$, donc $\sigma(\sqrt{5}) = \pm\sqrt{5}$, et de même, $\sigma(\sqrt{7}) = \pm\sqrt{7}$, ce qui montre que $\sigma(L) \subset L$. D'après le théorème 4.1.1, L est normale sur $\mathbb{Q}$. Or L est une extension algébrique de $\mathbb{Q}$, de caractéristique nulle, donc L est séparable sur $\mathbb{Q}$, et d'après le théorème 4.2.8, le nombre de $\mathbb{Q}-$morphismes de L dans $\mathbb{C}$ est égal à $[L : \mathbb{Q}]$. Or $[L : \mathbb{Q}] = [\mathbb{Q}(\sqrt{5})(\sqrt{7}) : \mathbb{Q}(\sqrt{5})][\mathbb{Q}(\sqrt{5}) : \mathbb{Q}] = 4$ (utiliser la méthode du chapitre 3), donc il y a 4 $\mathbb{Q}-$morphismes de L dans $\mathbb{C}$. Les applications $\sigma_1, \ldots, \sigma_4$ définies par $\sigma_1 = id$, $\sigma_2 : \sqrt{5} \mapsto -\sqrt{5}$, $\sigma_2 : \sqrt{7} \mapsto \sqrt{7}$, $\sigma_3 : \sqrt{5} \mapsto \sqrt{5}$, $\sigma_3 : \sqrt{7} \mapsto -\sqrt{7}$, et $\sigma_4 = -id$

sont des $\mathbb{Q}-$automorphismes de L, et d'après la proposition 3.2.5 ils se prolongent en des $\mathbb{Q}-$morphismes de L dans $\mathbb{C}$, donc ce sont les seuls $\mathbb{Q}-$automorphismes de L.

Exercice 4.4.7 (Extensions normales)
Soient p un nombre premier, L un corps de caractéristique p, et K l'ensemble des éléments de la forme x^p pour $x \in L$. Montrer que l'extension L est normale sur K.

Solution

L'extension L est une extension algébrique de K, car si x appartient à L, x est racine du polynôme $X^p - x^p \in K[X]$. Soient Ω une clôture algébrique de L, et σ un $K-$morphisme de L dans Ω. Alors pour tout $x \in L$, on a $\sigma(x)^p = \sigma(x^p) = x^p$, donc $(\sigma(x) - x)^p = \sigma(x)^p - x^p = 0$, donc $\sigma(x) = x$, donc $\sigma(x)$ appartient à L. D'après le théorème 4.1.1, L est normale sur K.

Exercice 4.4.8 (Caractérisation des extensions normales)
Soient K un corps et L une extension algébrique de K. Montrer que L est normale sur K si et seulement si tout polynôme irréductible sur K se décompose en facteurs irréductibles sur L qui ont tous le même degré.

Solution

• Condition nécessaire : supposons que L est normale sur K. Soit $P \in K[X]$ un polynôme irréductible sur K, et soient P_1, P_2 deux facteurs irréductibles de P sur L que l'on choisit unitaires. Soit α_1 (resp. α_2) une racine de P_1 (resp. P_2) dans une clôture algébrique Ω de L. Alors α_1 et α_2 sont deux racines de P, et comme P est irréductible, il existe un $K-$automorphisme σ de Ω tel que $\alpha_2 = \sigma(\alpha_1)$. Comme L est normale sur K, on a $\sigma(L) \subset L$ d'après le théorème 4.1.1. Donc $\sigma(P_1)$ est un facteur irréductible de P sur L. Comme α_2 est une racine commune de $\sigma(P_1)$ et P_2, polynômes tous deux irréductibles et unitaires, on a $\sigma(P_1) = P_2$. Par conséquent, on a $\partial^\circ(P_1) = \partial^\circ(P_2)$.
• Condition suffisante : soit P un polynôme irréductible sur K qui a une racine α dans L. Alors P a un facteur irréductible de degré 1 sur L, donc tous ses facteurs irréductibles sur L sont de degré 1, ce qui montre que toutes les racines de P sont dans L. D'après le théorème 4.1.1, L est une extension normale de K.

Exercice 4.4.9 (Extensions séparables)

1. Montrer qu'en caractéristique différente de 2, toute extension quadratique est séparable.
2. Montrer que ce résultat est faux en caractéristique 2.

Solution

1. Soient K un corps de caractéristique 2, et L une extension quadratique de K. Soit $x \in L \setminus K$, et notons $P_x = X^2 + a_1 X + a_0 \in K[X]$ le polynôme minimal de x sur K. Si x est une racine double, les relations coefficients-racines permettent d'écrire $2x = -a_1$. Comme la caractéristique de K est différente de 2, on a $x = -\frac{a_1}{2}$, ce qui entraîne que x appartient à K : c'est absurde par hypothèse. Donc l'extension est séparable sur K.
2. Contre-exemple en caractéristique 2 : on pose $K := \mathbb{F}_2(X^2)$ et $L := \mathbb{F}_2(X)$. Alors le polynôme minimal de X sur K est $P_X = T^2 - X^2 = (T - X)^2$. Il n'est donc pas séparable.

Exercice 4.4.10 (Extensions séparables)

Déterminer le corps des racines L de $P := X^{18} + 1 \in F_3[X]$ sur $\mathbb{F}_3$. Le polynôme P est-il séparable ? L'extension L est-elle séparable sur $\mathbb{F}_3$?

Solution

On a $X^{18} + 1 = (X^2 + 1)^9 \mod 3$, donc P n'est pas séparable. Le corps des racines de P est alors le corps des racines de $Q := X^2 + 1$. Le polynôme Q est irréductible sur $\mathbb{F}_3$ (il n'a pas de racine dans $\mathbb{F}_3$), donc $L = \mathbb{F}_3[X] \,/\, (X^2 + 1)$. Comme L est de cardinal 9, L est isomorphe à $\mathbb{F}_9$ par unicité du corps fini de cardinal 9. Or si x est une racine de Q, on a également $\mathbb{F}_3(x) \simeq \mathbb{F}_9$, et $Q \wedge Q' = (X^2 + 1) \wedge 2X = 1$, donc Q est séparable. Ainsi, $L \simeq \mathbb{F}_3(x)$ est séparable sur $\mathbb{F}_3$.

Exercice 4.4.11 (Extensions séparables)

Soient p un nombre premier, $K := \mathbb{F}_p(X^p, Y^p)$ et $L := \mathbb{F}_p(X, Y)$.
1. Calculer le degré de L sur K.
2. Montrer que pour tout $x \in L$, on a $x^p \in K$.
3. En déduire que L n'est pas séparable sur K.

Solution

1. On a les inclusions $K = \mathbb{F}_p(X^p, Y^p) \subset \mathbb{F}_p(X^p, Y) \subset \mathbb{F}_p(X, Y) = L$, donc

$$[L : K] = [\mathbb{F}_p(X^p, Y) : \mathbb{F}_p(X^p, Y^p)][\mathbb{F}_p(X, Y) : \mathbb{F}_p(X^p, Y)].$$

Or Y est de degré p sur K, car Y est racine de $T^p - Y^p \in K[T]$, avec Y^p irréductible dans K, donc $T^p - Y^p$ est irréductible sur K (critère d'Eisenstein). De même, X est de degré p sur $M := \mathbb{F}_p(X^p, Y)$, car X est racine de $T^p - X^p \in M[T]$, avec X^p irréductible dans M, donc $T^p - X^p$ est irréductible sur M (critère d'Eisenstein). Donc $[L : K] = p^2$.
2. Pour tout $(a, b) \in L^2$, on a $(a + b)^p = a^p + b^p$, donc si $P = \sum_{i=0}^m \sum_{j=0}^n a_{i,j} X^i Y^j \in \mathbb{F}_p[X, Y]$, on a $P^p = \sum_{i=0}^m \sum_{j=0}^n a_{i,j} (X^p)^i (Y^p)^j \in \mathbb{F}_p[X^p, Y^p]$, et de même, si $\frac{P}{Q} \in L$, alors $\left(\frac{P}{Q}\right)^p = \frac{P^p}{Q^p} = \frac{P(X^p)}{Q(X^p)} \in K$. Ainsi, pour tout $x \in L$, on a $x^p \in K$.
3. Par l'absurde, si L est séparable sur K, d'après le théorème 4.2.8 de l'élément primitif, il existe $x \in L$ tel que $L = K(x)$. Alors x est de degré p^2 sur K (question 1). Or d'après la question 2, x^p appartient à K, donc x est de degré inférieur ou égal à p sur K : ceci est absurde, et L n'est pas séparable sur K.

Exercice 4.4.12 (Caractérisation des extensions séparables)

Soient K un corps infini, et L une extension algébrique de degré fini sur K. Montrer que L est séparable sur K si et seulement s'il n'existe qu'un nombre fini d'extensions intermédiaires entre K et L.

Solution

• Condition nécessaire : supposons que L est séparable sur K. D'après le théorème 4.2.8 de l'élément primitif, il existe $x \in L$ tel que $L = K(x)$. Soit M une extension intermédiaire entre K et L. Notons P_x (resp. Q_x) le polynôme minimal de x sur K (resp. M). On a alors $[L : M] = \partial^\circ(Q_x)$. Comme P_x est un polynôme à coefficients dans M qui annule x, Q_x divise P_x dans $M[X]$, donc dans $L[X]$. Ainsi, il n' y a qu'un nombre fini de possibilités pour le polynôme Q_x. Considérons maintenant la sous-extension M' de M engendrée sur K par les coefficients de Q_x. Comme Q_x est irréductible sur M, il l'est aussi sur M'. Or puisque $L = K(x)$, avec $K \subset M' \subset L$ et $x \in L$, on a $L = M'(x)$, donc L est de degré $\partial^\circ(Q_x)$ sur M', i. e. $[L : M'] = \partial^\circ(Q_x)$. Comme on a aussi $[L : M] = \partial^\circ(Q_x)$ avec $M' \subset M$, on en déduit que $L = L'$, de sorte que L est déterminée uniquement par le polynôme Q_x. Ceci montre que le nombre d'extensions intermédiaires entre K et L est fini.

• Condition suffisante : supposons maintenant qu'il n'existe qu'un nombre fini d'extensions intermédiaires entre K et L. Montrons que L est séparable sur K. Comme L est de degré fini sur K, on peut prendre un élément $x \in L$ de degré maximal sur K. Montrons que $L = K[x]$. Soit $y \in L$. Pour tout élément $k \in K$, on pose $z_k := x + ky$, et on note $M_k = K(z_k)$ la sous-extension de L engendrée par z_k sur K. Par hypothèse, l'ensemble des M_k est fini. Or K est infini, donc il existe deux éléments distincts de K, notés k et k', tels que $M_k = M_{k'}$. Alors $(k - k')y$ appartient à M_k, donc y appartient à M_k, et $x = z_k - ky$ appartient aussi à M_k. Ainsi, on a $K(x) \subset K(x, y) \subset M_k = K(z_k)$. Comme x est de degré maximal sur K, on a $K(z_k) = K(x)$, et ainsi y appartient à $K(x)$. On a donc montré que $L \subset K(x)$, d'où $L = K(x)$. D'après le théorème 4.2.8 de l'élément primitif, L est séparable sur K.

Chapitre 5

Théorie de Galois

Le but de ce chapitre est d'énoncer le théorème fondamental de la théorie de Galois et de le démontrer. C'est le cœur de cet ouvrage.

5.1 Extensions galoisiennes

Soient K un corps, L une extension de K, et $Aut(L)$ le groupe des automorphismes de L. Alors le groupe des $K-$automorphismes de L est un sous-groupe de $Aut(L)$, noté $Gal(L|K)$.
Soient maintenant L un corps, et G un sous-groupe de $Aut(L)$. Alors l'ensemble

$$L^G := \{x \in L \,/\, \forall\, \sigma \in G,\, \sigma(x) = x\}$$

des points fixes de L sous l'action de G est un sous-corps de L, et par définition G est un sous-groupe de $Gal(L|L^G)$.
Réciproquement, si L est une extension de K, et si G est un sous-groupe de $Gal(L|K)$, alors L^G est une extension de K. Mais en général l'inclusion $K \subset L^G$ est stricte.

Donnons ici un exemple d'extension L d'un corps K pour laquelle l'inclusion $K \subset L^G$ est stricte. Prenons $K := \mathbb{Q}$ et $L := \mathbb{Q}(\alpha)$ où $\alpha := \sqrt[4]{2}$. Alors une base de L sur K est $(1, \alpha, \alpha^2, \alpha^3)$. Un $K-$automorphisme σ

de L vérifie $\sigma(1) = 1$, $\sigma(\alpha) = \alpha$ (et alors $\sigma(\alpha^3) = \alpha^3$) ou $\sigma(\alpha) = \alpha^3$ (et alors $\sigma(\alpha^3) = \alpha$), et $\sigma(\alpha^2) = \alpha^2$, car α^2 est le seul élément de degré 2 de la base. Donc le groupe $G := Gal(L|K)$ contient deux éléments, et $\sqrt{2} = \alpha^2$ appartient à L^G, ce qui montre que l'inclusion $K \subset L^G$ est stricte.

Définition 5.1.1
Soient K un corps et L une extension algébrique de K. On dit que L est galoisienne sur K si L est à la fois normale sur K et séparable sur K.

Théorème 5.1.2
Soient K un corps et L une extension algébrique de K. Alors on a l'égalité $K = L^{Gal(L|K)}$ si et seulement si L est galoisienne sur K.

Démonstration :
• Condition nécessaire : supposons que $K = L^{Gal(L|K)}$, et montrons que L est normale et séparable. Soient $x \in L$, et P_x son polynôme minimal sur K. On note $x_1, \dots, x_n$ les racines distinctes de P_x dans L, avec $x_1 = x$. On définit alors le polynôme $Q := \prod_{j=1}^{n}(X - x_j)$, que l'on peut écrire sous la forme $Q = a_0 + a_1 X + \cdots + a_{n-1}X^{n-1} + X^n$. Pour $\sigma \in Gal(L|K)$, on a $\sigma(\{x_1, \dots, x_n\}) = \{x_1, \dots, x_n\}$, donc $Q = \prod_{j=1}^{n}(X - \sigma(x_j))$.
Or les relations coefficients-racines s'écrivent $\Sigma_p(x_1, \dots, x_n) = (-1)^p a_{n-p}$ pour $p \in [\![1, n]\!]$, donc les coefficients de Q sont dans $L^{Gal(L|K)}$, c'est-à-dire dans K par hypothèse. Ainsi $Q \in K[X]$. Or par définition, Q divise P_x dans $L[X]$, donc $Q = P_x$. Ainsi P_x n'a que des racines simples et est séparable. Finalement, x est séparable sur K. Or P_x est scindé sur L, donc tous les conjugués de x sur K sont dans L, et L est normale sur K.

• Condition suffisante : supposons que L est galoisienne sur K. On a évidemment $K \subset L^{Gal(L|K)}$; il reste à montrer que $L^{Gal(L|K)} \subset K$. Soient $x \in L^{Gal(L|K)}$, et P_x son polynôme minimal sur K. Considérons une clôture algébrique Ω de L. Si x' est un conjugué de x sur K, il existe un $K-$morphisme σ de Ω tel que $x' = \sigma(x)$. Comme L est normale sur K, on a $\sigma|_L(L) = L$, et $\sigma|_L$ est dans $Gal(L|K)$. Alors $x' = \sigma(x) = x$, et la seule racine de P_x dans Ω est x. Comme L est séparable, x est une racine simple. Donc $P_x = X - x$, d'où $x \in K$. ■

Remarque 5.1.3
Soient K un corps et Ω une clôture algébrique de K. Alors Ω est galoisienne sur K si et seulement si K est parfait.

Théorème 5.1.4
Soient K un corps et L une extension de K de degré fini. Il y a alors équivalence entre les trois assertions suivantes.

(i) *L est galoisienne sur K.*

(ii) $|Gal(L|K)| = [L : K]$.

(iii) *Il existe $P \in K[X]$ séparable (irréductible) dont L est le corps des racines sur K.*

Démonstration :
(i)⇔(ii) Soit Ω une clôture algébrique de K contenant L. On a évidemment $|Gal(L|K)| \leq |Hom_K(L, \Omega)|$ et, d'après le corollaire 4.2.5, on a l'inégalité $|Hom_K(L, \Omega)| \leq [L : K]$. L'assertion **(ii)** équivaut donc à avoir l'égalité dans ces deux inégalités, c'est-à-dire, d'après les théorèmes 4.1.1 et 4.2.8, au fait que L est normale et séparable sur K.

(i)⇒(iii) D'après le théorème 4.2.8, il existe $x \in L$ séparable tel que l'on ait $L = K(x)$. Or L est normale, donc toutes les racines de P_x sont dans L. Donc L est le corps de décomposition de P_x, avec P_x irréductible et séparable sur K.

(iii)⇒(i) D'après la proposition 4.1.2, L est normale. Il reste à montrer que L est séparable sur K, c'est-à-dire, d'après le théorème 4.2.8, à montrer que si Ω est une clôture algébrique de L, alors $|Hom_K(L, \Omega)| = [L : K]$. D'après le corollaire 4.2.5, on a déjà $|Hom_K(L, \Omega)| \leq [L : K]$. Or L s'écrit sous la forme $L = K(x_1, \ldots, x_n)$, où les x_j sont séparables sur K. Procédons par récurrence sur n.
— Si $n = 1$, $L = K(x_1)$. Soit $p := [L : K]$. Ainsi on a $p = \partial^\circ(P_{x_1})$.

Comme L est séparable sur K, P_{x_1} a p racines distinctes $y_1, \ldots, y_p$ dans Ω. On définit alors p $K-$morphismes $\sigma_i : L \to \Omega$ par $\sigma_i(x) = y_i$. D'où l'égalité $|Hom_K(L, \Omega)| = [L : K]$.

— Si $n \geq 2$, on a $L = K(x_1)(x_2, \ldots, x_n)$. Soit p le degré de x_1 sur K, de sorte que $p = [K(x_1) : K]$. D'après le cas $n = 1$, il existe p $K-$morphismes distincts $\sigma_i : K(x_1) \to \Omega$. Or L est algébrique sur K, donc sur $K(x_1)$, et par prolongement des morphismes (proposition 3.2.5), il existe p $K-$morphismes distincts $\sigma_i : L \to \Omega$. Notons $K' = K(x_1)$, de sorte que $L = K'(x_2, \ldots, x_n)$. Par hypothèse de récurrence appliquée à l'extension L de K', on a la relation $|Hom_{K'}(L, \Omega)| = [L : K']$, donc

$$|Hom_{\sigma_i(K')}(\sigma_i(L), \Omega)| = [\sigma_i(L) : \sigma_i(K')] = [L : K'] = \frac{[L : K]}{[K(x_1) : K]} = \frac{n}{p},$$

i. e. $|Hom_{K(x_i)}(\sigma_i(L), \Omega)| = \frac{n}{p}$. On note $x_i := \sigma_i(x)$, et $\sigma_{i1}, \sigma_{i2}, \ldots \sigma_{i\frac{n}{p}}$ les $\frac{n}{p}$ $K(x_i)-$morphismes distincts de $\sigma_i(L)$ dans Ω. Si $(i, j) \in [\![1, p]\!] \times [\![1, \frac{n}{p}]\!]$, les éléments $\sigma_{ij} \circ \sigma_i$ constituent $p\,\frac{n}{p} = n$ $K-$morphismes de L dans Ω. Montrons qu'ils sont distincts : si $i = k$ et $j \neq l$, alors $\sigma_{ij} \circ \sigma_i \neq \sigma_{il} \circ \sigma_i$; si $i \neq k$, on a $\sigma_{ij} \circ \sigma_i(x) = \sigma_{ij}(x_i) = x_i$ et $\sigma_{kl} \circ \sigma_k(x) = \sigma_{kl}(x_k) = x_k$, donc $\sigma_{ij} \circ \sigma_i \neq \sigma_{kl} \circ \sigma_k$. Ainsi $|Hom_K(L, \Omega)| = [L : K]$. ■

5.2 Théorème d'Artin

Le théorème suivant constitue une réciproque du théorème énoncé ci-dessus.

Théorème 5.2.1 (Artin)
Soient L un corps, G un sous-groupe de $Aut(L)$, et K le sous-corps L^G des invariants de L sous l'action de G. Alors $[L : K]$ est fini si et seulement si G est fini.
Dans ce cas, L est galoisienne sur K, et on a $Gal(L|K) = G$; de plus, pour tout $x \in L$, le polynôme minimal de x sur K est $\prod_{g \in G\,/\,G_x}(X - g \cdot x)$ (ici, G_x est le stabilisateur de x, donc $G \cdot x = G\,/\,G_x$ est l'orbite de x sous l'action de G).

Démonstration :

• Condition nécessaire : par définition, G est un sous-groupe de $Gal(L|K)$. Si $[L:K]$ est fini, alors d'après le théorème 4.2.5, on a

$$|G| \leq |Gal(L|K)| = |Hom_K(L,L)| \leq [L:K],$$

donc G est fini.

• Condition suffisante : supposons que G est fini. Soit $x \in L$ et considérons l'orbite $G \cdot x = \{\sigma(x) \,/\, \sigma \in G\}$ de x sous l'action de G. On définit alors le polynôme $P = \prod_{y \in G \cdot x}(X - y)$, élément de $L[X]$. Pour tout $\sigma \in G$, on a $P = \prod_{y \in G \cdot x}(X - \sigma(y))$, donc d'après les relations coefficients-racines, les coefficients de P sont dans L^G, i. e. dans K. Ainsi, $P \in K[X]$, donc x est algébrique sur K, et $\partial^\circ(x) \leq \partial^\circ(P) \leq |G \cdot x| \leq |G|$. L'extension L est donc algébrique sur K. Or $K \subset L^{Gal(L|K)} \subset L^G = K$, donc $K = L^{Gal(L|K)}$, i. e. L est galoisienne sur K.
Soit $x \in L$ un élément de degré maximal sur K, et notons n son degré (un tel élément existe d'après l'inégalité ci-dessus). Si $L \neq K(x)$, il existe un élément y dans $L \setminus K(x)$. Or L est séparable sur K, donc $K(x,y)$ est séparable sur K. D'après le théorème 4.2.8, il existe $z \in L$ tel que l'on ait $K(x,y) = K(z)$. Alors $\partial^\circ(z) = [K(x,y) : K)] > [K(x) : K] = n$, ce qui est absurde par maximalité de n. Donc $L = K(x)$. Ainsi $[L:K] = \partial^\circ(x) = n$, et $[L:K] \leq |G|$. D'où $[L:K] = |Gal(L|K)| = |G|$ d'après l'inégalité obtenue dans le premier point. Comme G est un sous-groupe de $Gal(L|K)$, on en déduit que $G = Gal(L|K)$. ■

5.3 Théorème fondamental de la théorie de Galois

Le théorème suivant est fondamental , en ce qu'il ramène l'étude des sous-extensions à celle des sous-groupes.

Théorème 5.3.1 (Théorème fondamental de la théorie de Galois)
Soient K un corps, L une extension galoisienne de degré fini de K, et soit $G = Gal(L|K)$.
Alors les applications $H \mapsto L^H$ et $E \mapsto Gal(L|E)$ sont des bijections décroissantes réciproques entre l'ensemble des sous-groupes de G et l'ensemble

des sous-extensions de L contenant K.
De plus, on a les relations $[L^H : K] = [G : H]$ *et* $[L : L^H] = |H|$, *et* L^H *est galoisienne sur* K *si et seulement si* H *est distingué dans* G.
Enfin, le morphisme de restriction $G \to Gal(L^H|K)$ *est bien défini, et il induit un isomorphisme de* $G\,/\,H$ *sur* $Gal(L^H|K)$ [1].

Démonstration :

• Si H est un sous-groupe de G, alors d'après le théorème d'Artin 5.2.1, L est galoisienne sur L^H et $Gal(L|L^H) = H$. D'après le théorème 5.1.4, on a aussi

1. Pour les lecteurs intéressés par la topologie algébrique, nous faisons la digression suivante en donnant un théorème important qui montre l'analogie entre la classification des revêtements connexes par arcs d'un revêtement galoisien (notion introduite par Poincaré) et la classification des sous-extensions d'une extension galoisienne (d'où la terminologie de revêtement galoisien).
Rappelons tout d'abord la notion de révêtement. Considérons E et B deux espaces topologiques séparés et localement connexes par arcs.

Définition 5.3.2
Une application $p : E \to B$ *est un revêtement si pour tout* $b \in B$, *il existe un ouvert* U *contenant* b *tel que* $p^{-1}(U) = \coprod_{\alpha \in A} V_\alpha$, *où les* V_α *sont des ouverts deux à deux disjoints homéomorphes à* U.
Pour tout $\alpha \in A$, *soit* $p_\alpha : V_\alpha \to U$ *un homéomorphisme. Ainsi, l'application* $\phi : p^{-1}(U) \to U \times A$ *définie par* $\phi(b) = (\phi_\alpha(b),\ \alpha)$ *si* $x \in V_\alpha$, *est un homéomorphisme, si l'on munit* A *de la topologie discrète.*

On dit qu'un revêtement $p : E \to B$ est *galoisien* si E est connexe par arcs et si le groupe $G := Aut(E)$ agit transitivement sur les fibres de E. L'application $p : E\,/\,G \to B$ est alors un homéomorphisme. On peut également montrer que si E est simplement connexe, et si b est un élément de B, alors $p : E \to B$ est galoisien, et G est isomorphe au groupe fondamental $\pi_1(B,\, b)$ de B. On a alors le résultat fondamental suivant :

Théorème 5.3.3
Soit $p : E \to B$ *un revêtement simplement connexe. Alors il existe une correspondance bijective*

$$\begin{array}{rcl} j : \dfrac{\{\text{Sous-groupes de } G\}}{\text{Relation de conjugaison}} & \to & \dfrac{\{\text{Revêtements connexes par arcs de } B\}}{\text{Relation d'isomorphisme}} \\ H & \mapsto & j_H : E\,/\,H \mapsto B. \end{array}$$

De plus, $j_H : E\,/\,H \to B$ *est galoisien si et seulement si* H *est distingué dans* G. *On a alors* $Aut(j_H) \simeq G\,/\,H$.

$[L : L^H] = |H|$. Donc $[L^H : K] = [L : K] / [L^H : K] = |G| / |H| = [G : H]$.
• Réciproquement, si E est une sous-extension de L contenant K, alors L est normale et séparable sur K, donc sur E, donc L est galoisienne sur E. Ainsi, $E = L^{Gal(L|E)}$.

• Supposons que L^H est galoisienne sur K, et montrons que H est distingué dans G. Comme L^H est normale sur K, on a $\sigma(L^H) = L^H$ pour tout σ de $Gal(L|K)$. Le morphisme de restriction $G \to Gal(L^H|K)$ est donc bien défini. Il est surjectif d'après le théorème de prolongement des morphismes. Son noyau est

$$\{\sigma \in Gal(L|K) \,/\, \sigma_{L^H} = id_{L^H}\} = Gal(L|L^H) = H,$$

donc H est distingué dans G, comme noyau d'un morphisme. On a alors $Gal(L^H|K) \simeq Gal(L|K) \,/\, H$.
• Réciproquement, supposons que H est distingué dans G, et montrons que L^H est galoisienne sur K. Comme L est séparable sur K, L^H est séparable sur K, i. e.

$$\forall\ (\sigma, \tau) \in G \times H,\ \sigma^{-1} \circ \tau \circ \sigma \in H, \text{ i. e. } \forall\ x \in L^H,\ \tau \circ \sigma(x) = \sigma(x),$$

donc $\sigma(x) \subset L^H$. Ainsi, pour tout $\sigma \in Gal(L|K)$, on a $\sigma(L^H) \subset L^H$. Alors L^H est normale sur K. En effet, tout $K-$morphisme d'une clôture algébrique de L se restreint en un élément de $Gal(L|K)$ puisque L est normale sur K. Finalement, L^H est galoisienne sur K. ■

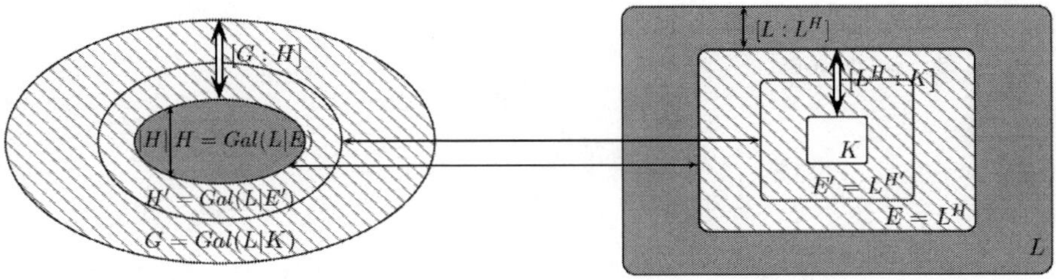

Voici maintenant un exemple classique d'application du théorème fondamental de la théorie de Galois : elle consiste à déterminer les sous-extensions d'un corps L contenant K à partir des sous-groupes de $Gal(L|K)$. Le treillis des sous-extensions de L contenant K est l'image dans un miroir du treillis des sous-groupes de $Gal(L|K)$.

Exemple 5.3.4

• *Le polynôme* $P := X^3 - 2 \in \mathbb{Q}[X]$ *est irréductible sur* $\mathbb{Q}$, *et son corps de décomposition est* $L := Q(j, \sqrt[3]{2})$. *Donc l'extension* L *est galoisienne sur* $\mathbb{Q}$. *On a* $[L : \mathbb{Q}] = [L : \mathbb{Q}(\sqrt[3]{2})][\mathbb{Q}(\sqrt[3]{2}) : \mathbb{Q}] = 2 \times 3$, *donc le groupe de Galois* $G := Gal(L|\mathbb{Q})$ *est de cardinal* 6. *De plus, tout élément* $\sigma \in G$ *induit une permutation* $\widetilde{\sigma}$ *des 3 racines de* P, *et cet élément est déterminé par* $\widetilde{\sigma}$, *donc* G *s'injecte dans* $\mathfrak{S}_3$. *Ainsi,* G *est isomorphe à* $\mathfrak{S}_3$.

• *D'après le théorème 5.3.1, les sous-extensions de* L *sont déterminées par les sous-groupes de* G. *Or les sous-groupes de* $\mathfrak{S}_3$ *sont :*
$\{id\}$, $\langle(1, 2)\rangle$, $\langle(1, 3)\rangle$, $\langle(2, 3)\rangle$, $\langle(1, 2, 3)\rangle = \mathfrak{A}_3$, $\mathfrak{S}_3$, *donc les sous-extensions de* L *sont* L, $\mathbb{Q}(j^2\sqrt[3]{2})$, $\mathbb{Q}(j\sqrt[3]{2})$, $\mathbb{Q}(\sqrt[3]{2})$, $\mathbb{Q}(j)$, $\mathbb{Q}$. *De plus,* $\mathfrak{A}_3$ *est le seul sous-groupe distingué de* $\mathfrak{S}_3$, *donc la seule sous-extension de* L *galoisienne sur* $\mathbb{Q}$ *est* $\mathbb{Q}(j)$, *et on a* $Gal(\mathbb{Q}(j)|\mathbb{Q}) \simeq \mathfrak{S}_3 / \mathfrak{A}_3 \simeq \mathbb{Z} / 2\mathbb{Z}$.

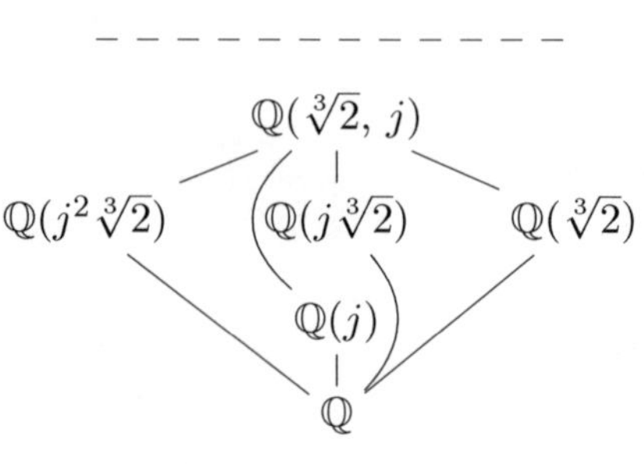

Proposition 5.3.5
Soient K un corps, L une extension séparable de degré fini de K, et Ω une clôture algébrique de L. Alors il existe une plus petite extension galoisienne $\widetilde{L}$ de K telle que $L \subset \widetilde{L} \subset \Omega$. De plus, $[\widetilde{L} : K]$ est fini.
L'extension $\widetilde{L}$ est appelée fermeture galoisienne *de L dans Ω.*

Démonstration :
L'extension L est séparable, donc d'après le théorème de l'élément primitif, il existe un élément $x \in L$ tel que $L = K(x)$. Soient P_x le polynôme minimal de x, et $\widetilde{L}$ son corps de décomposition. Alors $\widetilde{L}$ contient évidemment L. Comme P_x est séparable, l'extension $\widetilde{L}$ est une extension galoisienne de K de degré fini (théorème 5.1.4).
Soit maintenant M une extension galoisienne de K telle que $L \subset M \subset K$. Alors M contient x et est normale sur K, donc M contient tous les conjugués de x, i. e. les racines de P_x. Donc M contient $\widetilde{L}$. ■

5.4 Exercices

Exercice 5.4.1

1. Déterminer les automorphismes du corps des nombres réels.
2. En déduire le groupe $Gal(\mathbb{C}|\mathbb{R})$.

Solution

1. Soit f un automorphisme de $\mathbb{R}$. On a alors $f(1) = f(1^2) = f(1)f(1)$, donc $f(1) = 1$. Alors $0 = f(0) = f(1)+f(-1)$, donc $f(-1) = -1$. Pour $n \in \mathbb{N}$, on a $f(n) = f(1+\cdots+1) = f(1)+\cdots+f(1) = n$. De même, pour $n \in \mathbb{Z}$, on a $f(n) = n$. Soit maintenant $x = \frac{m}{n} \in \mathbb{Q}$, avec $(m, n) \in \mathbb{Z} \times \mathbb{N}^{\times}$. Alors $m = f(m) = f(n)f(x) = nf(x)$, donc $f(x) = \frac{m}{n} = x$. Or pour tout $x \in \mathbb{R}$, on a $f(x^2) = f(x)^2$, d'où l'implication $y \geq 0 \Rightarrow f(y) \geq 0$, de sorte que f est une application croissante. Soit $x \in \mathbb{R}$. Il existe une suite $(x_n^{(1)})_{n\in\mathbb{N}}$ (resp. $(x_n^{(2)})_{n\in\mathbb{N}}$) à valeurs dans $\mathbb{Q}$ qui tend vers x et vérifie $x_n^{(1)} \leq x$ (resp. $x_n^{(2)} \geq x$) pour tout $n \in \mathbb{N}$. Alors on a $x_n^{(1)} \leq x \leq x_n^{(2)}$, d'où $x_n^{(1)} = f(x_n^{(1)}) \leq f(x) \leq f(x_n^{(2)}) = x_n^{(2)}$ par croissance de f. D'après le théorème d'encadrement, on en déduit que $f(x) = x$, c'est-à-dire que $f = id$.

2. Soit f un élément de $Gal(\mathbb{C}|\mathbb{R})$. Alors $f(i)^2+1 = f(i^2+1) = f(0) = 0$, donc $f(i) = \pm i$. Ainsi f est l'identité ou la conjugaison. Ces deux applications appartiennent à $Gal(\mathbb{C}|\mathbb{R})$, donc $Gal(\mathbb{C}|\mathbb{R}) = \{id,\ z \mapsto \overline{z}\}$.

Exercice 5.4.2 (Théorème d'Artin)
On considère le sous-groupe $G := \langle t \mapsto t+1 \rangle$ du groupe des automorphismes de $\mathbb{F}_3(t)$. Déterminer le corps des invariants $\mathbb{F}_3(t)^G$.

Solution

On a $G = \{id,\ t \mapsto t+1,\ t \mapsto t+2\}$, et $G_t = \{id\}$, donc d'après le théorème 5.2.1, le polynôme minimal de t sur $\mathbb{F}_3(t)^G$ est $P_t = \prod_{g \in G\,/\,G_t}(X - g.t) = (X-t)(X-t-1)(X-t-2)$. Donc l'extension $\mathbb{F}_3(t)$ est de degré 3 sur $\mathbb{F}_3(t)^G$. Soit $L := \mathbb{F}_3(t(t+1)(t+2))$, et montrons que $\mathbb{F}_3(t)^G = L$. On a déjà $L \subset \mathbb{F}_3(t)^G \subset \mathbb{F}_3(t)$. Or le polynôme $X(X+1)(X+2) - t(t+1)(t+2)$ annule t, et est à coefficients dans L, donc $[\mathbb{F}_3(t) : L] \leq 3$. Finalement, $\mathbb{F}_3(t)$ est de degré 3 sur L et on a l'égalité $L = \mathbb{F}_3(t)^G$.

Exercice 5.4.3 (Théorème d'Artin)
Soient $n \in \mathbb{N}^\times$, et ω_n une racine primitive $n-$ème de 1. On considère le sous-groupe $G := \langle \tau,\ \sigma \rangle$ du groupe des automorphismes de $\mathbb{C}(t)$, où τ et σ sont définis par $\tau(t) = \frac{1}{t}$ et $\sigma(t) = \omega_n t$.
1. Décrire le groupe G. A quel groupe connu est-il isomorphe ?
2. Déterminer le corps des invariants $\mathbb{C}(t)^G$.

Solution

1. Les éléments de G sont les éléments de la forme σ^j pour $j \in [\![0,\ n-1]\!]$ et ceux de la forme $\tau\sigma^j$ pour $j \in [\![0,\ n-1]\!]$. Ils vérifient les relations $\sigma^n = id$, $\tau^2 = id$ et $\tau\sigma\tau = \sigma^{-1}$ (en effet, on a $\tau\sigma\tau(t) = \tau\sigma(\frac{1}{t}) = \tau(\frac{\omega_n}{t}) = \frac{t}{\omega_n} = \sigma^{-1}(t)$). Le groupe G est ainsi isomorphe au groupe diédral d'ordre $2n$, qui est le groupe des transformations d'un polygone régulier à n côtés. Ici, τ représente la réflexion par rappport à l'axe passant par un sommet et par le centre du polygone, tandis que σ représente la rotation d'angle $\frac{2\pi}{n}$.
2. On a $G_t = \{id\}$, donc d'après le théorème 5.2.1, le polynôme minimal de t sur $\mathbb{C}(t)^G$ est

$$\begin{aligned} P_t &= \prod_{g \in G\,/\,G_t}(X - g.t) = \prod_{j=0}^{n-1}(X - \omega_n^j t)\prod_{j=0}^{n-1}(X - \frac{\omega_n^j}{t}) \\ &= (X^n - t^n)(X^n - \frac{1}{t^n}) = X^{2n} - (t^n + \frac{1}{t^n})X^n + 1. \end{aligned}$$

L'extension $\mathbb{C}(t)$ est donc de degré $2n$ sur $\mathbb{C}(t)^G$. Soit $L := \mathbb{C}(t^n + \frac{1}{t^n})$, montrons que $\mathbb{C}(t)^G = L$. On a déjà les inclusions $L \subset \mathbb{C}(t)^G \subset \mathbb{C}(t)$. Or le polynôme P_t annule t, et est à coefficients dans L, donc l'extension $\mathbb{C}(t)$ est de degré inférieur ou égal à $2n$ sur L. Ainsi, $\mathbb{C}(t)$ est de degré $2n$ sur L et on a $L = \mathbb{C}(t)^G$.

Exercice 5.4.4 (Correspondance de Galois)
Soient K un corps, Ω une clôture algébrique de K, σ un $K-$automorphisme de Ω, et $F := \Omega^{\langle\sigma\rangle}$. Montrer que toute extension galoisienne finie de F est cyclique.

Solution

Soit L une extension galoisienne finie de F. Pour montrer que $Gal(L|F) = \langle \sigma_{|L} \rangle$, il suffit de montrer, d'après le théorème 5.3.1, que $L^{Gal(L|F)} = L^{\langle \sigma_{|L} \rangle}$. Or on a $L^{Gal(L|F)} = F$, et si $\sigma(x) = x$, alors $x \in F \subset L$, donc $L^{\langle \sigma_{|L} \rangle} = \Omega^{\langle\sigma\rangle} = F$. Ainsi, L est cyclique.

Exercice 5.4.5 (Extensions purement inséparables)
Soient p un nombre premier et K un corps de caractéristique p. On dit qu'une extension L de K est *purement inséparable* si pour tout $x \in L$, il existe $n \in \mathbb{N}$ tel que $x^{p^n} \in K$.
1. Montrer que l'extension $\mathbb{F}_p(t)$ de $\mathbb{F}_p(t^p)$ est purement inséparable.
2. Soient L une extension normale de K, G le groupe des $K-$automorphismes de L, et L_s l'ensemble des éléments de L qui sont séparables sur K. Montrer que

(i) L_s est un corps,

(ii) L_s est séparable sur K,

(iii) L est purement inséparable sur L_s, et en particulier, pour tout polynôme $P \in K[X]$ irréductible sur K, il existe $m \in \mathbb{N}$ et un polynôme $R \in K[X]$ irréductible sur K et séparable tel que $P = R(X^{p^m})$,

(iv) L est séparable sur L^G,

(v) L^G est purement inséparable sur K.

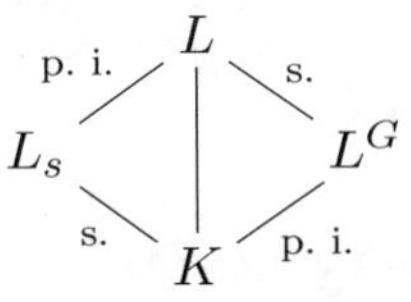

Solution

1. Soient P, $Q \in \mathbb{F}_p[t]$ avec $Q \neq 0$. Alors $\left(\frac{P(t)}{Q(t)}\right)^p = \frac{P(t^p)}{Q(t^p)} \in \mathbb{F}_p(t^p)$, ce qui montre que $\mathbb{F}_p(t)$ est purement inséparable sur $\mathbb{F}_p(t^p)$.

2. **(i)** Si x, $y \in L$ sont séparables sur K, alors l'extension $K(x, y)$ est séparable sur K, donc L_s est un corps.

(ii) Par définition, L_s est séparable sur K.

(iii) Montrons que L est purement inséparable sur L_s. Soit $x \in L$, et soit P le polynôme minimal de x sur K. On suppose que x n'appartient pas à L_s (sinon, le résultat est évident). On a donc $P' = 0$. Ecrivons P sous la forme $P = \sum_{j=0}^n a_j X^j$, de sorte que P' s'écrit $P' = \sum_{j=1}^n j a_j X^{j-1}$. Donc pour tout $j \in [\![1, n]\!]$ non divisible par p, on a $a_j = 0$. Ainsi, P est de la forme $P = \sum_{i=0}^r b_i X^{pi} = Q(X^p)$, avec $Q = \sum_{i=0}^r b_i X^i$, et on a $\partial^\circ(Q) = \frac{\partial^\circ(P)}{p}$. Nécessairement, Q est irréductible car P est irréductible, donc Q est le polynôme minimal de x^p sur K.

— Si Q est séparable, x^p est alors séparable sur K, i. e. x^p appartient à L_s.

— Si Q n'est pas séparable, on reproduit le procédé : le polynôme Q peut s'écrire sous la forme $Q = Q_1(X^p)$, d'où $P = Q_1(X^{p^2})$, puis $P = Q_2(X^{p^3})\dots$ Or la suite $(\partial^\circ(Q_l))_{l \geq 1}$ est strictement décroissante et à valeurs dans $\mathbb{N}$, donc il existe $m \in \mathbb{N}^\times$ tel que $P = Q_m(X^{p^{m+1}})$ avec Q_m séparable. Ainsi, $x^{p^{m+1}}$ est séparable, i. e. $x^{p^{m+1}}$ appartient à L_s.

Ainsi, L est purement inséparable sur L_s.

(iv) Soient $x \in L$, et $P := \prod_{z \in G \cdot x}(X - z)$. Comme x est algébrique sur K, les éléments de l'orbite $G \cdot x$ sont des racines du polynôme minimal de x sur K, donc $G \cdot x$ est un ensemble fini, de sorte que $P \in L[X]$. Pour tout $g \in G$, on a $g \cdot P = \prod_{z \in G \cdot x}(X - g \cdot z) = \prod_{t \in g \cdot G \cdot x}(X - t) = \prod_{z \in G \cdot x}(X - z) = P$ car l'application $z \mapsto g \cdot z$ est une bijection de $G \cdot x$ sur lui-même. Donc P est à coefficients dans L^G. De plus, P est séparable, car les éléments d'une orbite sont distincts. Comme $P(x) = 0$, x est séparable.

(v) Soient $x \in L^G$ et P_x le polynôme minimal de x sur K. Ses racines sont les conjugués de x, or x est invariant sous l'action de G, donc P_x s'écrit sous la forme $P_x = (X - x)^m$. Montrons par récurrence sur le degré m de x que x est purement inséparable.

— Si $m = 1$, on a $x \in K$.

— Supposons le résultat vrai pour les rangs $l \leq m$ avec $m \geq 1$, et montrons-le au rang $m + 1$: P_x n'est pas séparable, donc $0 = P_x' = (m + 1)(X - x)^m$. Ainsi, p divise $m + 1$, i. e. $m + 1$ s'écrit sous la forme $m + 1 = lp$. Alors $P_x = (X^p - x^p)^l$. Or x^p appartient à

L^G et $l \leq \partial^\circ(x^p) < \partial^\circ(x) = m+1$, donc par hypothèse de récurrence, il existe $n \in \mathbb{N}$ tel que $(x^p)^{p^n} \in K$, i. e. $x^{p^{n+1}} \in K$.
Ainsi L^G est purement inséparable sur K.

Exercice 5.4.6 (Extensions purement inséparables)

Cet exercice utilise les résultats de l'exercice précédent.
Soient K un corps et L une extension algébrique de K. On suppose que tout polynôme irréductible sur K admet au moins une racine dans L.
1. Montrer que si L est purement inséparable sur K, et si $P \in K[X]$ est un polynôme irréductible sur K, alors P a toutes ses racines dans L.
2. Montrer que si $P \in K[X]$ est un polynôme irréductible sur K et séparable, alors P a toutes ses racines dans L.
3. Soit G le groupe des $K-$automorphismes de L. Soit $P \in L^G[X]$ un polynôme irréductible sur L^G qui n'est pas nécessairement séparable. Déduire de ce qui précède que toutes ses racines sont dans L.

Solution

1. Par hypothèse, P admet au moins une racine x dans L, donc P est le polynôme minimal de x sur K. Or L est purement inséparable sur K, donc il existe $n \in \mathbb{N}$ tel que $x^{p^n} \in K$. Ainsi, x est racine de $Q := X^{p^n} - x^{p^n} = (X-x)^{p^n} \in K[X]$. Comme P est le polynôme minimal de x sur K, P divise Q, donc la seule racine de P est x, et P a de fait toutes ses racines dans L.
2. Comme P est séparable, le corps de décomposition M de P sur K est une extension séparable de K, car elle est engendrée par des éléments séparables. D'après le théorème 4.2.8 de l'élément primitif, il existe $z \in M$ tel que $M = K[z]$. Or par hypothèse, le polynôme minimal P_z de z sur K a une racine y dans L, donc on a les $K-$isomorphismes $M = K[z] \simeq K[X]/(P_z) \simeq K[y]$. Par définition, P est scindé sur M, donc sur $K[y] \subset L$, et donc sur L. Ainsi, toutes les racines de P sont dans L.
3. D'après l'exercice précédent, l'extension L est une extension séparable de L^G. Il suffit donc, d'après le point précédent, de montrer que P a au moins une racine dans L.
— Si les coefficients de P sont dans K, alors $P \in K[X]$ et P est irréductible sur L^G donc sur K. Par hypothèse, P a au moins une racine dans L.
— Sinon, écrivons P sous la forme $P = \sum_{j=0}^{n} a_j X^j$. D'après l'exercice précédent, l'extension L^G de K est purement inséparable, donc pour tout $j \in [\![0, n]\!]$, il existe $m_j \in \mathbb{N}$

tel que $a_j^{p^{m_j}} \in K$. Comme le nombre de a_j est fini, il existe $m \in \mathbb{N}$ tel que pour tout $j \in [\![0, n]\!]$, $a_j^{p^m} \in K$. Alors $P^{p^m} = \sum_{j=0}^{n} a_j^{p^m} X^{jp^m}$ est à coefficients dans K, donc par hypothèse, n'importe lequel de ses facteurs irréductibles sur K admet une racine dans L. Alors P^{p^m} admet une racine dans L, donc P aussi.
Ainsi, toutes les racines de P sont dans L.

Exercice 5.4.7 (Groupe de Galois de $K(X)$ sur K)
Soient K un corps, $f, g \in K[X]$ deux polynômes premiers entre eux tels que g soit non nul et $\frac{f}{g}$ n'appartienne pas à $K[X]$, et $h := \frac{f}{g} \in K(X)$.
1. Montrer que l'extension $K(X)$ est algébrique sur $K(h)$, et en déduire que h est transcendant sur K.
2. Montrer que le polynôme minimal de X sur $K(h)$ est

$$P_h := h\,g(T) - f(T) \in K(h)[T],$$

et en déduire que l'on a $[K(X) : K(h)] = \max(\partial^\circ(f), \partial^\circ(g))$.
3. On note $Gal(K(X)|K)$ le groupe des automorphismes de $K(X)$ qui préservent K. Soit φ l'application de $\mathbf{GL}_2K$ dans $Gal(K(X)|K)$ définie par

$$\varphi : \begin{pmatrix} a & b \\ c & d \end{pmatrix} \mapsto \left(X \mapsto \frac{aX+b}{cX+d}\right).$$

Montrer que φ induit un isomorphisme de groupes $\overline{\varphi}$ de $\mathbf{PGL}_2K$ sur $Gal(K(X)|K)$.
4. Montrer que $Gal(K(X)|K)$ est engendré par les automorphismes

$$x \mapsto ax \ (a \in K^\times), \ x \mapsto x+b, \ (b \in K), \ x \mapsto x^{-1}.$$

Solution
1. Le polynôme $h\,g(T) - f(T)$ annule X et est à coefficients dans $K(h)$, donc $K(X)$ est algébrique sur $K(h)$. Si h est algébrique sur K, par transitivité X est algébrique sur K. Donc $K(X)$ est de dimension finie sur K. Ceci est absurde car une base de $K(X)$ sur K est $\{X^i, \frac{1}{(X-a)^j} \ / \ i, j \in \mathbb{N}, \ a \in \mathbb{C}\}$.
2. Le polynôme P_h annule X. Montrons que P_h est irréductible sur $K(h)$. Il est de degré 1 en h, donc irréductible comme polynôme de $K(T)[h]$. Or f et g sont premiers entre eux, donc le contenu de P_h (qui est un élément de $K(T)$) est $\mathrm{cont}(P_h) = 1$. D'après la proposition 2.2.3, P_h est irréductible dans $K[T][h]$, i. e. dans $K[T, h] = K[h][T]$. Montrons

que le contenu de $P_h \in K[h][T]$ est un élément de $K[h]^\times$, i. e. montrons que $\mathrm{cont}(P_h)$ est constant : écrivons f et g sous la forme $f = \sum_{i=0}^m a_i T^i$ et $g = \sum_{j=0}^n b_j T^j$ avec $a_m \neq 0$ et $b_n \neq 0$, de sorte que $P_h = \sum_{j=0}^n b_j h T^j - \sum_{i=0}^m a_i T^i$.

— Si $n < m$, alors $P_h = \sum_{j=0}^n (b_j h - a_j) T^j - \sum_{j=n+1}^m a_j T^j$ et $\mathrm{cont}(P_h)$ divise a_m donc est constant.

— Si $n > m$, $P_h = \sum_{j=0}^m (b_j h - a_j) T^j - \sum_{j=m+1}^n a_j T^j$, donc $\mathrm{cont}(P_h)$ divise $b_n h$, donc $\mathrm{cont}(P_h) = k$ ou $\mathrm{cont}(P_h) = kh$ avec $k \in K$. Si $\mathrm{cont}(P_h) = kh$, comme $\mathrm{cont}(P_h)$ divise $b_m h - a_m$, il existe $k' \in K$ tel que $b_m h - a_m = kk'h$, donc $a_m = 0$: ceci est absurde. Donc $\mathrm{cont}(P_h) = k$.

— Si $n = m$, $P_h = \sum_{j=0}^m (b_j h - a_j) T^j$, donc $\mathrm{cont}(P_h)$ divise $b_m h - a_m$, donc $\mathrm{cont}(P_h) = k$ ou $\mathrm{cont}(P_h) = k(b_m h - a_m)$ avec $h \in K$. Si $\mathrm{cont}(P_h) = k(b_m h - a_m)$, alors pour tout $j \in [\![0, m-1]\!]$, $b_j h - a_j = k(b_m h - a_m) k_j$ avec $k_j \in K$, i. e. $b_j = kk_j b_m$ et $a_j = kk_j a_m$, donc $f = \sum_{j=0}^m kk_j a_m T^j$ et $g = \sum_{j=0}^m kk_j b_m T^j$, donc f et g sont colinéaires, ce qui est absurde par hypothèse. Donc $\mathrm{cont}(P_h) = k$.

Ainsi, P_h est irréductible dans $K[h][T]$ et $\mathrm{cont}(P_h) \in K[h]^\times$, donc d'après la proposition 2.2.3, P_h est irréductible sur $K(h)$. Donc $P_h := h\,g(T) - f(T) \in K(h)[T]$ est le polynôme minimal de X sur $K(h)$. D'après ce qui précède, on a $[K(X) : K(h)] = \partial^\circ(P_h) = \max(\partial^\circ(f), \partial^\circ(g))$.

3. On vérifie que l'on a :

$$\begin{aligned}\varphi\left(\begin{pmatrix} a & b \\ c & d \end{pmatrix}\begin{pmatrix} a' & b' \\ c' & d' \end{pmatrix}\right)(X) &= \frac{(aa'+bc')X + (ab'+bd')}{(ca'+dc')X + (cb'+dd')} \\ &= \varphi\begin{pmatrix} a & b \\ c & d \end{pmatrix} \circ \varphi\begin{pmatrix} a' & b' \\ c' & d' \end{pmatrix}(X),\end{aligned}$$

ce qui montre que φ est un morphisme de groupes de $\mathbf{GL}_2 K$ dans $Gal(K(X)|K)$. Or pour tout $A = \begin{pmatrix} a & 0 \\ 0 & a \end{pmatrix} \in Z(\mathbf{GL}_2 K) = K^\times$, on a $\varphi(A)(X) = X$, donc φ passe au quotient en un morphisme de groupes $\overline{\varphi}$ de $\mathbf{GL}_2 K \,/\, Z(\mathbf{GL}_2 K) \simeq \mathbf{PGL}_2 K$ dans $Gal(K(X)|K)$. De plus, si $\varphi\begin{pmatrix} a & b \\ c & d \end{pmatrix} = id$, on a $aX + b = cX^2 + dX$, d'où $c = b = 0$ et $d = a$, donc $\begin{pmatrix} a & b \\ c & d \end{pmatrix} = \begin{pmatrix} a & 0 \\ 0 & a \end{pmatrix} \in Z(\mathbf{GL}_2 K)$. Donc $\overline{\varphi}$ est injectif. Enfin, si $\sigma \in Gal(K(X)|K)$, alors σ envoie X sur un élément de la forme $h := \frac{f}{g}$ avec f et g premiers entre eux. Or X engendre $K(X)$ sur K, et σ est un automorphisme de $K(X)$ qui préserve K, donc $\sigma(X)$ engendre aussi $K(X)$, et $[K(X) : K(h)] = 1$. Or d'après la question 2, on a $[K(X) : K(h)] = \max(\partial^\circ(f), \partial^\circ(g))$, donc $\partial^\circ(f) \leq 1$ et $\partial^\circ(g) \leq 1$, de sorte qu'il existe $a, b, c, d \in K$ tels que $f = aX + b$ et $g = cX + d$. Comme f et g sont premiers entre eux, on a $ad - cb \neq 0$. Ainsi, $\sigma = \varphi\begin{pmatrix} a & b \\ c & d \end{pmatrix}$ avec $\begin{pmatrix} a & b \\ c & d \end{pmatrix} \in \mathbf{GL}_2 K$, et pour tout

$k \in K^\times$, on a $\varphi\begin{pmatrix} ka & kb \\ kc & kd \end{pmatrix} = \sigma$, donc σ appartient à $\overline{\varphi}(\mathbf{PGL}_2 K)$. Ceci montre que $\overline{\varphi}$ est surjectif. Ainsi, $\overline{\varphi}$ est un isomorphisme de groupes de $\mathbf{PGL}_2 K$ sur $Gal(K(X)|K)$.
4. Notons $\lambda_x : x \mapsto ax$ pour $a \in K^\times$, $\tau_b : x \mapsto x + b$ pour $b \in K$, et $\iota : x \mapsto x^{-1}$, et appelons G le groupe engendré par ces automorphismes. On a clairement $G \subset Gal(K(X)|K)$. Réciproquement, soit $\sigma \in Gal(K(X)|K)$ défini par $\sigma(X) = \frac{aX+b}{cX+d}$. Si $c \neq 0$, alors en notant $\delta := ad - cb$, on a $\sigma = \tau_{\frac{a}{c}} \circ \lambda_{-\frac{\delta}{c}} \circ \iota \circ \tau_d \circ \lambda_c$. Si $c = 0$, alors on a $a \neq 0$ et $d \neq 0$, et $\sigma = \lambda_{\frac{1}{d}} \circ \tau_b \circ \lambda_a$. Dans tous les cas, σ appartient à G, d'où $G = Gal(K(X)|K)$.

Chapitre 6

Extensions abéliennes, cycliques, cyclotomiques, radicales et polynômes cyclotomiques

Dans ce chapitre, nous commençons par définir de nouveaux types d'extensions algébriques, à savoir les extensions abéliennes, cycliques, cyclotomiques et radicales, puis nous faisons l'étude des polynômes cyclotomiques.

6.1 Extensions abéliennes, cycliques, cyclotomiques, radicales

6.1.1 Racines primitives de l'unité

Rappelons qu'étant donné un corps K, le groupe des racines $n-$èmes de 1 est un sous-groupe cyclique de $K^{\times}$ dont le cardinal divise n. On appelle alors *racine primitive* $n-$ème de 1 un élément d'ordre n de ce sous-groupe.

Lemme 6.1.1
Soient K un corps et n un entier strictement positif. Une racine primitive n−ème de 1 existe dans K si et seulement si $X^n - 1$ a n racines distinctes dans K.

Démonstration :
• Condition nécessaire : Soit ω une racine primitive n−ème de 1. Alors $|\langle\omega\rangle| = n$, et tous les éléments de $\langle\omega\rangle$ sont des racines de $X^n - 1$, donc $X^n - 1$ a n racines distinctes dans K.
• Condition suffisante : l'ensemble des racines de $X^n - 1$ est un groupe cyclique de cardinal n. Soit ω un générateur de ce groupe. Alors ω est une racine primitive n−ème de 1. ■

Lemme 6.1.2
Soient K un corps, n un entier strictement positif, et Ω une clôture algébrique de K. Il y a alors équivalence entre les trois assertions suivantes.

(i) *Ω contient une racine primitive n−ème de 1.*

(ii) *$X^n - 1$ est séparable.*

(iii) *La caractéristique de K ne divise pas n.*

Démonstration :
(i)⇔(ii) Cela résulte de ce que Ω est algébriquement clos. Les racines de $X^n - 1$ sont donc dans Ω.
(ii)⇔(iii) Comme $(X^n - 1)' = nX^{n-1}$, une racine x est simple si et seulement si $nx^{n-1} \neq 0$, i. e. $n1 \neq 0$. ■

6.1.2 Définition et propriétés des diverses extensions et exemples

Proposition 6.1.3
Soient K un corps, n un entier strictement positif non divisible par la caractéristique de K, et Ω une clôture algébrique de K. Soit $\omega \in \Omega$ une racine primitive n−ème de 1 de K. Alors $L := K(\omega)$ est le corps de décomposition de $X^n - 1$, L est galoisienne sur K, et $Gal(L|K)$ s'identifie à un sous-groupe de $(\mathbb{Z}/n\mathbb{Z})^\times$. En particulier, $[L : K]$ divise $\varphi(n)$.

Démonstration :
Toute racine de $X^n - 1$ est de la forme ω^k, donc est dans $K(\omega)$. Ainsi L est le plus petit corps contenant K et les racines de $X^n - 1$: c'est donc le corps de décomposition de $X^n - 1$. D'après le lemme 6.1.2, $X^n - 1$ est séparable sur K, donc d'après le théorème 5.1.4, L est galoisienne sur K, comme corps de décomposition d'un polynôme séparable.
Pour $\sigma \in Gal(L|K)$, comme $o(\omega) = n$, on a $o(\sigma(\omega)) = n$, donc $\sigma(\omega)$ est une racine primitive $n-$ème de 1. Il existe alors un unique $k \in [\![1, n]\!]$ tel que $\sigma(\omega) = \omega^k$, avec $k \wedge n = 1$, car $o(\omega^k) = n / (k \wedge n)$. L'application $\sigma \mapsto \overline{k}$ de $Gal(L|K)$ dans $(\mathbb{Z} / n\mathbb{Z})^\times$ est alors bien définie, c'est un morphisme de groupes qui est injectif (si $\overline{k} = \overline{1}$, on a $\sigma(\omega) = \omega$, donc $\sigma = id_L$).
Or $[L : K] = |Gal(L|K)|$ d'après le théorème 5.1.4, donc d'après le théorème de Lagrange, $[L : K]$ divise $\varphi(n)$. ■

L'extension L définie dans la proposition ci-dessus est appelée *extension cyclotomique.* Nous définissons maintenant les trois autres types d'extensions utilisées dans la suite.

Définition 6.1.4
Soit K un corps. Une extension L de K est dite abélienne *(resp.* cyclique*) si elle est galoisienne et si son groupe de Galois est abélien (resp. cyclique).*
Une extension L de K est dite radicale *s'il existe $x \in L$ et $n \in \mathbb{N}^\times$ tels que $L = K(x)$ avec $x^n \in K$.*

Exemple 6.1.5
Toute extension cyclique est abélienne, mais la réciproque est fausse (en effet, $(\mathbb{Z} / n\mathbb{Z})^\times$ n'est pas toujours cyclique).
D'après la proposition 6.1.3, toute extension cyclotomique est abélienne et radicale.

La proposition suivante traite le cas très particulier des extensions des corps finis. Elle montre en particulier que les extensions des corps finis sont des exemples d'extensions cycliques.

Proposition 6.1.6
Soient K un corps fini de caractéristique p et de cardinal $q := p^f$, et L une extension de degré fini de K. Alors L est une extension cyclotomique de K, et $Gal(L|K) = \langle \sigma^f \rangle$, où $\sigma : z \mapsto z^p$ est l'automorphisme de Frobenius de L.

Démonstration :
• Soit $n := [L : K]$, de sorte que $|L| = q^n$. D'après le théorème 1.1.1, $L^\times$ est cyclique. Soit donc $\omega \in L$ tel que $L^\times = \langle \omega \rangle$. Alors $o(\omega) = q^n - 1$, et $L = K(\omega)$, donc L est une extension cyclotomique de K.
• Pour $x \in K$, on a $\sigma^f(x) = x^{p^f} = x^q = x$, donc $\sigma^f \in Gal(L|K)$. Si $o(\sigma^f) \neq n$, il existe $m \in [\![1, n-1]\!]$ tel que $\sigma^{fm} = id_L$, i. e. pour tout $x \in L$, on a $x^{q^m} = x$, donc le polynôme $X^{q^m} - X$ a au moins q^n racines ; c'est absurde car $q^n > q^m$, d'où $o(\sigma^f) = n$. Ainsi, $|\langle \sigma^f \rangle| = n = |Gal(L|K)|$ (L est galoisienne sur K). Comme on a déjà $\langle \sigma^f \rangle \subset Gal(L|K)$, on en déduit que $\langle \sigma^f \rangle = Gal(L|K)$. ■

Soient p un nombre premier et $q := p^f$. Considérons le corps $\mathbb{F}_q$ de cardinal q. Par unicité du corps fini de cardinal q^m, une extension de degré m sur $\mathbb{F}_q$ est nécessairement de la forme $\mathbb{F}_{q^m}$ (et non $\mathbb{F}_q^m$!). D'après la proposition 6.1.6, on a alors $Gal(\mathbb{F}_{q^m}|\mathbb{F}_q) \simeq \mathbb{Z} / m\mathbb{Z}$. Comme $\mathbb{Z} / m\mathbb{Z}$ est cyclique, ses sous-groupes sont les $H_{m'} := m'\mathbb{Z} / m\mathbb{Z} \simeq \mathbb{Z} / \frac{m}{m'}\mathbb{Z}$ avec m' divisant m. D'après le théorème 5.3.1, les sous-extensions de $\mathbb{F}_{q^m}$ contenant $\mathbb{F}_q$ sont donc les corps $\mathbb{F}_{q^m}^{H_{m'}} \simeq \mathbb{F}_{q^{m'}}$.

6.1.3 Lien entre extensions cycliques et extensions radicales

Les deux propositions qui suivent sont importantes et utilisées dans la démonstration du théorème de Galois selon lequel une équation est résoluble par radicaux si et seulement si son groupe de Galois est résoluble.

Proposition 6.1.7
Soient K un corps et n un entier strictement positif.
Si K contient une racine primitive $n-$ème de 1, notée ω, alors pour

tout $a \in K$, le corps de décomposition L de $X^n - a$ est une extension cyclique de K, dont le degré d divise n. De plus, L est une extension radicale de K, et pour toute racine x de $X^n - a$, on a $L = K(x)$ et $x^d \in K$.

Démonstration :

• On peut supposer $x \neq 0$, sinon le résultat est évident. Soit x une racine de $X^n - a$ dans une clôture algébrique Ω de K. Alors les $\omega^j x$, pour $j \in [\![0, n-1]\!]$, sont les racines de $X^n - a$. Donc $K(x)$ est le corps de décomposition de $X^n - a$. Or d'après le lemme 6.1.2, la caractéristique de K ne divise pas n, donc $X^n - a$ est séparable sur K, et d'après le théorème 5.1.4, $K(x)$ est galoisienne sur K.

• L'application $\sigma \mapsto \sigma(x)x^{-1}$ de $Gal(L|K)$ dans le groupe $\langle\omega\rangle$ des racines n−èmes de 1 est alors bien définie : en effet, on a

$$(\sigma(x)x^{-1})^n = \sigma(x^n)x^{-n} = \sigma(a)a^{-1} = aa^{-1} = 1.$$

Cette application est un morphisme de groupes injectif : en effet, si $\sigma(x)x^{-1} = 1$, alors $\sigma(x) = x$, or $\sigma_K = id_K$, donc $\sigma = id_L$. Ainsi, $Gal(L|K)$ s'identifie à un sous-groupe de $\langle\omega\rangle$ qui est cyclique d'ordre n, donc $Gal(L|K)$ est cyclique d'ordre d divisant n. Finalement, pour tout σ de $Gal(L|K)$, on a $(\sigma(x)x^{-1})^d = 1$, i. e. $\sigma(x^d) = x^d$, donc $x^d \in L^{Gal(L|K)}$, i. e. $x^d \in K$, puisque L est galoisienne sur K. ■

La proposition suivante montre qu'à condition d'avoir une racine primitive n−ème de 1 dans le corps de base, il y a identité entre extension cyclique de degré n et extension radicale de degré n.

Proposition 6.1.8

Soient K un corps et n un entier strictement positif tels que K contient une racine primitive n−ème de 1, notée ω, et L une extension cyclique de K de degré n. Alors il existe $a \in K$ tel que $X^n - a$ soit irréductible sur K et tel que L soit le corps de décomposition de $X^n - a$. En particulier, L est une extension radicale de K.

Démonstration :

Comme $Gal(L|K)$ est cyclique, considérons σ tel que $Gal(L|K) = \langle\sigma\rangle$.

D'après le lemme de Dedekind 4.2.4, on a $\sum_{j=0}^{n-1} \omega^{-j}\sigma^j \neq 0$. Ainsi, il existe un élément $y \in L$ tel que $x := \sum_{j=0}^{n-1} \omega^{-j}\sigma^j(y) \neq 0$. Alors

$$\sigma(x) = \sum_{j=0}^{n-1} \omega^{-j}\sigma^{j+1}(y) = \omega \sum_{j=1}^{n} \omega^{-j}\sigma^j(y) = \omega \sum_{j=0}^{n-1} \omega^{-j}\sigma^j(y) = \omega x,$$

donc $\sigma(x^n) = \sigma(x)^n = \omega^n x^n = x^n$, donc $a := x^n \in L^{Gal(L|K)}$, i. e. $x \in K$ (L est galoisienne sur K).
On a $\sigma^i(x) = \omega^i x$, et comme $x \neq 0$, les $\sigma^i(x)$ pour $i \in [\![0, n-1]\!]$ sont tous distincts et racines de $X^n - a$. Ainsi, $X^n - a$ est le polynôme minimal de x sur K, donc il est irréductible sur K. Donc $L = K(x)$ est le corps de décomposition de $X^n - a$ qui est irréductible sur K. ■

Corollaire 6.1.9
• *Soient K un corps de caractéristique nulle et L une extension radicale de K. Alors il existe ω une racine primitive de 1 telle que $L(\omega)$ soit une extension cyclique (et radicale) de $K(\omega)$.*
• *Soient K un corps et L une extension cyclique de K de degré non divisible par la caractéristique de K. Alors il existe ω une racine primitive de 1 telle que $L(\omega)$ soit une extension radicale (et cyclique) de $K(\omega)$.*

Démonstration :
• Par hypothèse, L est radicale, donc il existe $x \in L$ et $n \in \mathbb{N}^\times$ tels que $L = K(x)$ avec $a := x^n \in K$. Soit ω une racine primitive $n-$ème de 1 dans une clôture algébrique de L. L'extension $L(\omega) = K(\omega)(x)$ est une extension radicale de $K(\omega)$ ($x^n \in K(\omega)$). Or $L(\omega)$ est le corps de décomposition de $X^n - a$ sur $K(\omega)$, donc d'après la proposition 6.1.7, $L(\omega)$ est une extension cyclique de $K(\omega)$.
• Soit ω une racine primitive $n-$ème de 1 dans une clôture algébrique de L. L'extension $L(\omega)$ est galoisienne sur $K(\omega)$ car L est galoisienne sur K (corps de décomposition d'un polynôme séparable), et son groupe de Galois est isomorphe au sous-groupe $Gal(L|L \cap K(\omega))$ de $Gal(L|K)$, par le morphisme de restriction $\sigma \mapsto \sigma_{|L}$ de $Gal(L(\omega)|K(\omega))$ dans $Gal(L|L \cap K(\omega))$ qui est injectif et surjectif (par prolongement des morphismes). Donc son

groupe de Galois est cyclique comme sous-groupe d'un groupe cyclique. Ainsi $L(\omega)$ est une extension cyclique de $K(\omega)$, donc radicale, d'après la proposition 6.1.8. ■

6.2 Polynômes cyclotomiques

Soient K un corps, Ω une clôture algébrique de K, et $n \in \mathbb{N}^\times$ un entier non divisible par la caractéristique de K. Alors d'après le lemme 6.1.2, Ω contient au moins une racine primitive $n-$ème de l'unité, notée ω.
On définit le $n-$ème *polynôme cyclotomique* de K par la formule

$$\Phi_{n,K} := \prod_{\substack{k \in [\![1,\, n]\!] \\ k \wedge n = 1}} (X - \omega^k).$$

C'est un polynôme unitaire de degré $\varphi(n)$, qui ne dépend que du sous-corps premier de K (voir la remarque qui suit le corollaire 3.2.6).

Proposition 6.2.1
- *Soit K un corps. Alors $X^n - 1 = \prod_{d|n} \Phi_{d,K}$.*
- *On a $\Phi_{n,\mathbb{Q}} \in \mathbb{Z}[X]$, et pour tout p premier ne divisant pas n, $\Phi_{n,\mathbb{F}_p} = \overline{\Phi_{n,\mathbb{Q}}}$.*

Démonstration :
• L'ensemble des racines $n-$èmes de 1 est la réunion disjointe des racines primitives $d-$èmes de 1 pour d divisant n. Le premier point en découle immédiatement.
• Par récurrence sur $n \in \mathbb{N}^\times$, montrons que $\Phi_{n,\mathbb{Q}} \in \mathbb{Z}[X]$. Le résultat est clair pour $n = 1$. Supposons le résultat vrai pour $n - 1$, et démontrons-le pour n. Posons $P := \prod_{d|n,\, d\neq n} \Phi_{d,\mathbb{Q}}$. Par hypothèse de récurrence, P appartient à $\mathbb{Z}[X]$. Alors comme le coefficient dominant de P est un élément inversible de $\mathbb{Z}$, la division euclidienne dans $\mathbb{Z}[X]$ donne l'existence de deux polynômes Q et R de $\mathbb{Z}[X]$ tels que $X^n - 1 = PQ + R$ avec $\partial^\circ R < \partial^\circ P$.
Or $X^n - 1 = P\Phi_{n,\mathbb{Q}}$ (premier point), et par unicité de la division euclidienne dans $\mathbb{C}[X]$, on en déduit $Q = \Phi_{n,\mathbb{Q}}$ (et $R = 0$). Ainsi, $\Phi_{n,\mathbb{Q}}$ appartient à $\mathbb{Z}[X]$.

• Par récurrence sur $n \in \mathbb{N}^\times$, montrons que pour tout p premier ne divisant pas n, on a $\Phi_{n,\mathbb{F}_p} = \overline{\Phi_{n,\mathbb{Q}}}$. Le résultat est clair pour $n = 1$. Supposons le résultat vrai pour $n-1$, et démontrons-le pour n.
Soit $P := \prod_{d|n,\, d\neq n} \Phi_{d,\mathbb{Q}}$, alors d'après les deux premiers points, on a $X^n - 1 = P\Phi_{n,\mathbb{Q}}$, et P et $\Phi_{n,\mathbb{Q}}$ appartiennent à $\mathbb{Z}[X]$. Donc en réduisant modulo p, on obtient $X^n - \overline{1} = \overline{\Phi_{n,\mathbb{Q}}P}$. Comme p ne divise pas n, p ne divise aucun diviseur de n, donc par hypothèse de récurrence, on a

$$\overline{P} = \prod_{d|n,\, d\neq n} \overline{\Phi_{d,\mathbb{Q}}} = \prod_{d|n,\, d\neq n} \Phi_{d,\mathbb{F}_p}.$$

Or d'après le premier point, on a aussi dans $\mathbb{F}_p[X]$,

$$X^n - \overline{1} = \Phi_{n,\mathbb{F}_p} \prod_{d|n,\, d\neq n} \Phi_{d,\mathbb{F}_p},$$

et par unicité de la division euclidienne dans $\mathbb{F}_p[X]$, on en déduit que $\Phi_{n,\mathbb{F}_p} = \overline{\Phi_{n,\mathbb{Q}}}$. ■

Théorème 6.2.2 (Wedderburn)
Tout corps fini est commutatif.

Démonstration :
Soit K un corps fini. La caractéristique de K est alors un nombre premier p, et $\mathbb{F}_p$ s'injecte dans K. Le centre Z de K est un sous-corps commutatif de K, et on note $q := |Z|$. Alors K est un $Z-$espace vectoriel dont on note $d := [K : Z]$ la dimension, de sorte que $|K| = q^d$. L'ensemble Z_x des éléments de K qui commutent avec x est un sous-corps de K qui contient Z, et on note $d_x := [Z_x : Z]$. Par multiplicativité du degré, d_x divise d.

• Le goupe $K^\times$ agit par conjugaison sur lui-même, et pour tout $x \in K^\times$, le stabilisateur $K_x^\times$ de x est $(K^\times)_x = (Z_x)^\times$. Notons $\mathcal{O}_1, \ldots, \mathcal{O}_r$ les orbites non ponctuelles sous cette action. L'équation des classes s'écrit

$$|K^\times| = |Z^\times| + \sum_{j=1}^{r} \frac{|K^\times|}{|Z_{x_j}^\times|},$$

où x_j est un élément de $\mathcal{O}_j$, i. e. $Q^d - 1 = q - 1 + \sum_{j=1}^{r} \frac{q^d-1}{q^{d_{x_j}}-1}$.

• Notons $P := X^d - 1 - \sum_{j=1}^{r} \frac{X^d-1}{X^{d_{x_j}}-1}$. Alors P est un élément de $\mathbb{Q}[X]$: en effet, d_{x_j} divise d, i. e. $d = md_{x_j}$ donc

$$X^d - 1 = X^{md_{x_j}} - 1^m = (X^{d_{x_j}} - 1) \sum_{k=0}^{m} X^{kd_{x_j}},$$

ce qui montre que $X^{d_{x_j}} - 1$ divise $X^d - 1$. Or Φ_d divise aussi $X^d - 1$, et ces deux polynômes sont premiers entre eux : sinon, il existerait x dans $\mathbb{C}$ tel que $x^{d_{x_j}} = 1$ et $\Phi_d(x) = 0$, donc x serait une racine primitive d−ème de l'unité telle que $x^{d_{x_j}} = 1$ avec $d_{x_j} < d$, ce qui est absurde.
Donc $(X^{d_{x_j}} - 1)\Phi_d$ divise $X^d - 1$ dans $\mathbb{Q}[X]$, i. e. il existe $Q_j \in \mathbb{Q}[X]$ tel que $X^d - 1 = (X^{d_{x_j}} - 1)\Phi_d Q_j$, i. e. $\frac{X^d-1}{X^{d_{x_j}}-1} = \Phi_d Q_j$. D'où Φ_d divise P dans $\mathbb{Q}[X]$. Comme Φ_d est unitaire, par division euclidienne dans $\mathbb{Z}[X]$, il existe un unique couple (Q, R) d'éléments de $\mathbb{Z}[X]$ tel que $P = \Phi_d Q + R$ avec $\partial^\circ(R) < \partial^\circ(\Phi_d)$, et par unicité de la division euclidienne dans $\mathbb{Q}[X]$, on a $R = 0$. Ainsi Φ_d divise P dans $\mathbb{Z}[X]$.

• D'après l'équation des classes, on a $P(q) = q - 1$. Donc d'après ce qui précède, on peut écrire $q - 1 = P(q) = \Phi_d(q)Q(q)$, donc $|\Phi_d(q)|$ est un élément de $\mathbb{N}^\times$, et $|\Phi_d(q)| \leq q - 1$. Or si z est une racine primitive de l'unité, on a $|q - z| > q - 1$, donc $|\Phi_d(q)| > q - 1$ sauf si $d = 1$. Ceci entraîne que $d = 1$, i. e. $K = Z$. ■

6.2.1 Irréductibilité de Φ_n sur $\mathbb{Q}$

Théorème 6.2.3
Pour tout $n \in \mathbb{N}^\times$, le polynôme $\Phi_{n,\mathbb{Q}}$ est irréductible sur $\mathbb{Q}$.

Démonstration :
• Soient ω une racine primitive n−ème de 1, et P_ω son polynôme minimal sur $\mathbb{Q}$. Alors P_ω divise $\Phi_{n,\mathbb{Q}}$, avec $\Phi_{n,\mathbb{Q}} \in \mathbb{Z}[X]$ d'après la proposition 6.2.1, et P_ω est unitaire, donc P_ω est dans $\mathbb{Z}[X]$ (proposition 2.2.2). Pour tout

nombre premier p ne divisant pas n, on définit $Q_p := P_{\omega^p}$, le polynôme minimal de ω^p sur $\mathbb{Q}$. De la même façon, Q_p est dans $\mathbb{Z}[X]$.

• Le nombre ω est racine de $Q(X^p)$, et P_ω est irréductible, donc P_ω divise $Q(X^p)$ dans $\mathbb{Q}[X]$. Donc d'après la proposition 2.2.2, P_ω divise $Q(X^p)$ dans $\mathbb{Z}[X]$. Par réduction modulo p, P_ω divise $Q(X^p)$ dans $\mathbb{F}_p[X]$. Or dans $\mathbb{F}_p[X]$, on a $Q(X^p) = Q(X)^p$: en effet, si $Q = \sum_{j=1}^{d} a_j X^j$, alors

$$Q(X)^p = \left(\sum_{j=1}^{d} a_j X^j\right)^p = \sum_{j=1}^{d} a_j^p X^{pj} = \sum_{j=1}^{d} a_j (X^p)^j = Q(X^p).$$

Donc d'après le lemme d'Euclide, P et Q ont un facteur irréductible commun (noté J) dans $\mathbb{F}_p[X]$.

• Le polynôme $X^n - 1$ est séparable dans $\mathbb{F}_p[X]$: sinon, il existe un polynôme irréductible D qui divise $X^n - 1$ et $(X^n-1)' = nX^{n-1}$, donc D divise 1, ce qui est impossible. Alors on a nécessairement $P_\omega = Q_p$. En effet, si $P_\omega \neq Q_p$, comme P_ω et Q_p sont irréductibles sur $\mathbb{Q}$ (comme polynômes minimaux) et qu'ils divisent $X^n - 1$, leur produit divise aussi $X^n - 1$ dans $\mathbb{Z}[X]$. Mais par réduction modulo p, $P_\omega Q_p$ divise $X^n - 1$ dans $\mathbb{F}_p[X]$, donc d'après le point précédent, le polynôme J^2 divise $X^n - 1$ dans $\mathbb{F}_p[X]$. Cela contredit la séparabilité de $X^n - 1$. On a donc bien l'égalité $P_\omega = Q_p$.

• Ainsi, $P_\omega(\omega^p) = Q_p(\omega) = 0$, et pour tout nombre premier p ne divisant pas n, ω^p est racine de P_ω. L'ensemble des racines primitives n−èmes de 1 est l'ensemble $\{\omega^k \ / \ k \wedge n = 1\}$, i. e. l'ensemble

$$\{\omega^{p_1 \cdots p_m} \ / \ p_j \text{ premier et } p_j \wedge n = 1\}.$$

Par récurrence sur m, on a $P_\omega(\omega^{p_1 \cdots p_m}) = 0$ pour tout $m \in \mathbb{N}^\times$, de sorte que P_ω annule toutes les racines primitives n−èmes de 1. Ainsi, $\Phi_{n,\mathbb{Q}}$ divise P_ω. Comme P_ω est irréductible sur $\mathbb{Q}$, on a $\Phi_{n,\mathbb{Q}} = P_\omega$. ■

Corollaire 6.2.4
Les polynômes $\Phi_{n,\mathbb{Q}}$ sont deux à deux premiers entre eux.

Démonstration :
Ce sont des polynômes irréductibles distincts. ■

Théorème 6.2.5
Soit $\omega \in \mathbb{C}$ une racine primitive $n-$ème de 1. Alors l'extension $\mathbb{Q}(\omega)$ est galoisienne sur $\mathbb{Q}$, et on a $Gal(\mathbb{Q}(\omega)|\mathbb{Q}) \simeq (\mathbb{Z}\,/\,n\mathbb{Z})^{\times}$.

Démonstration :
D'après la proposition 6.1.3, $\mathbb{Q}(\omega)$ est galoisienne sur $\mathbb{Q}$, et $Gal(\mathbb{Q}(\omega)|\mathbb{Q})$ s'identifie à un sous-groupe de $(\mathbb{Z}\,/\,n\mathbb{Z})^{\times}$. Or d'après le théorème 6.2.3, Φ_n est irréductible sur $\mathbb{Q}$ et unitaire. C'est donc le polynôme minimal de ω. Donc $|Gal(\mathbb{Q}(\omega)|\mathbb{Q})| = [\mathbb{Q}(\omega) : \mathbb{Q}] = \partial^{\circ}(\Phi_n) = \varphi(n) = |(\mathbb{Z}\,/\,n\mathbb{Z})^{\times}|$, et $Gal(\mathbb{Q}(\omega)|\mathbb{Q})$ est isomorphe à $(\mathbb{Z}\,/\,n\mathbb{Z})^{\times}$. ■

Proposition 6.2.6
Soient $p_1, \ldots, p_r$ des nombres premiers deux à deux distincts, $n := p_1, \ldots p_r$, et $\omega_n \in \Omega$ (resp. $\omega_{p_j} \in \Omega$) une racine primitive $n-$ème (resp. p_j-ème) de 1. Alors on a $\mathbb{Q}(\omega_{p_1}, \ldots, \omega_{p_r}) = \mathbb{Q}(\omega_n)$ et

$$\begin{aligned} Gal(\mathbb{Q}(\omega_n)|\mathbb{Q}) &\simeq Gal(\mathbb{Q}(\omega_{p_1})|\mathbb{Q}) \times \cdots \times Gal(\mathbb{Q}(\omega_{p_r})|\mathbb{Q}) \\ &\simeq (\mathbb{Z}\,/\,p_1\mathbb{Z})^{\times} \times \cdots \times (\mathbb{Z}\,/\,p_1\mathbb{Z})^{\times}. \end{aligned}$$

Démonstration :
Prenons $\omega_{p_j} := e^{\frac{2i\pi}{p_j}}$. On a alors $\mathbb{Q}(\omega_{p_1}, \omega_{p_2}) = \mathbb{Q}(\omega_{p_1 p_2})$ d'après le théorème de Bézout, donc par récurrence, $\mathbb{Q}(\omega_{p_1}, \ldots, \omega_{p_r}) = \mathbb{Q}(\omega_{p_1 \ldots p_r})$. Or l'application

$$\theta : \sigma \mapsto (\sigma_{|\mathbb{Q}(\omega_{p_1})}, \ldots, \sigma_{|\mathbb{Q}(\omega_{p_r})})$$

de $Gal(\mathbb{Q}(\omega_{p_1 \ldots p_r})|\mathbb{Q})$ dans $(\mathbb{Z}\,/\,p_1\mathbb{Z})^{\times} \times \cdots \times (\mathbb{Z}\,/\,p_r\mathbb{Z})^{\times}$ est bien définie, car $\mathbb{Q}(\omega_{p_1}, \ldots, \omega_{p_r}) \subset \mathbb{Q}(\omega_{p_1 \ldots p_r})$. L'inclusion $\mathbb{Q}(\omega_{p_1}, \ldots, \omega_{p_r}) \supset \mathbb{Q}(\omega_{p_1 \ldots p_r})$ montre qu'elle est injective. Comme l'indicatrice d'Euler est une fonction arithmétique multiplicative, les ensembles de départ et d'arrivée de θ ont même cardinal, donc θ est bijective. ■

6.2.2 Factorisation de $\Phi_{n,\mathbb{F}_p}$ sur $\mathbb{F}_q$

La proposition suivante permet de connaître la décomposition en facteurs irréductibles de $\Phi_{n,\mathbb{F}_p}$ sur une extension $\mathbb{F}_q$ de $\mathbb{F}_p$. Elle intervient dans la construction explicite des codes correcteurs d'erreurs.

Proposition 6.2.7
Soient $n \in \mathbb{N}^\times$, p un nombre premier ne divisant pas n, $f \in \mathbb{N}^\times$, $q := p^f$, soient m l'ordre de q dans $(\mathbb{Z}/n\mathbb{Z})^\times$, et $\widetilde{q} := q^m = p^{fm}$. Alors les racines de $\Phi_{n,\mathbb{F}_p}$ sont les racines primitives $n-$èmes de 1 dans une clôture algébrique Ω de $\mathbb{F}_p$, et elles sont dans $\mathbb{F}_{\widetilde{q}}$.
De plus, $\Phi_{n,\mathbb{F}_p}$ se décompose sur $\mathbb{F}_q$ en $\frac{\varphi(n)}{m}$ facteurs irréductibles distincts de degré m.
En particulier, $\Phi_{n,\mathbb{F}_p}$ est irréductible sur $\mathbb{F}_q$ si et seulement si l'on a $(\mathbb{Z}/n\mathbb{Z})^\times = \langle q \rangle$.

Démonstration :
• Le polynôme $X^n - 1$ a n racines distinctes dans $\mathbb{F}_{\widetilde{q}}$. En effet, comme p ne divise pas n, si $X^n - 1$ et $(X^n - 1)' = nX^{n-1}$ avaient un facteur irréductible commun, ce facteur diviserait 1, ce qui est impossible. Donc $X^n - 1$ est séparable. Or par définition, $\mathbb{F}_{\widetilde{q}}$ contient les racines $(\widetilde{q} - 1)-$èmes de 1, et $\widetilde{q} = q^m \equiv 1 \mod n$, i. e. n divise $\widetilde{q} - 1$, donc si $z \in \Omega$ vérifie $z^n = 1$, alors $z^{\widetilde{q}-1} = 1$, donc $z \in \mathbb{F}_{\widetilde{q}}$. Ainsi, $\mathbb{F}_{\widetilde{q}}$ contient les n racines $n-$èmes de 1. Comme $\Phi_{n,\mathbb{F}_p}$ divise $X^n - 1$ et est de degré $\varphi(n)$, $\Phi_{n,\mathbb{F}_p}$ a $\varphi(n)$ racines distinctes dans $\mathbb{F}_{\widetilde{q}}$.

• D'après la proposition 6.1.6, l'extension $\mathbb{F}_{\widetilde{q}}$ est galoisienne sur $\mathbb{F}_q$, et $Gal(\mathbb{F}_{\widetilde{q}}|\mathbb{F}_q) = \langle \sigma^f \rangle = \mathbb{Z}/m\mathbb{Z}$, où $\sigma : z \mapsto z^p$ est l'endomorphisme de Frobenius. Soit $\omega \in \mathbb{F}_{\widetilde{q}}$ une racine primitive $n-$ème de 1. Alors le polynôme minimal P_ω de ω sur $\mathbb{F}_q$ est $P_\omega = \prod_{k=0}^{m-1}(X - \omega^{p^{fk}})$. En effet, d'après le thèorème d'Artin 5.2.1, si L est galoisienne sur K, si $x \in L$, et si $G = Gal(L|K)$, alors le polynôme minimal de x sur K est $P_x = \prod_{g \in G/G_x}(X - g(x))$. Montrons que les $\omega^{p^{fk}}$ ($k \in [\![0, m-1]\!]$) sont deux à deux distincts : soient k, l tels que $0 \leq k \leq l \leq m-1$, et supposons que $\omega^{p^{fk}} = \omega^{p^{fl}}$. Alors $\omega^{p^{fk}-p^{fl}} = 1$, donc n divise $p^{fk} - p^{fl} = p^{fk}(1 - p^{f(l-k)})$. Comme p et n sont premiers entre eux, n divise $1 - p^{f(l-k)}$ (théorème de Gauss), i. e. $q^{l-k} = p^{f(l-k)} \equiv 1 \mod n$, donc l'ordre m de q divise $l - k$. Comme $0 \leq k \leq l \leq m-1$, on a nécessairement $l = k$, de sorte que le stabilisateur G_ω est trivial. Donc $P_\omega = \prod_{k=0}^{m-1}(X - \sigma^{fk}(\omega)) = \prod_{k=0}^{m-1}(X - \omega^{p^{fk}})$.

• Montrons que les racines de $\Phi_{n,\mathbb{F}_p}$ sont les racines primitives $n-$èmes de 1.
— Soit $z \in \mathbb{F}_{\widetilde{q}}$ une racine primitive $n-$ème de 1. On a, d'après la proposition 6.2.1, $X^n - 1 = \prod_{d|n} \Phi_{d,\mathbb{F}_p}$. Comme les racines de $X^n - 1$ sont simples, z n'est pas racine de $\Phi_{d,\mathbb{F}_p}$ pour d diviseur de n strictement inférieur à n, donc $z^d \neq 1$. Ainsi l'ordre de z est n, i. e. z est une racine primitive $n-$ème de 1.
— Réciproquement, si ω est une racine primitive $n-$ème de 1, alors pour tout d diviseur de n strictement inférieur à n, ω n'est pas racine de $\Phi_{d,\mathbb{F}_p}$ (sinon ω serait racine de $X^d - 1$, donc $\omega^d = 1$, ce qui est absurde). Or ω est racine de $X^n - 1$, et $X^n - 1 = \prod_{d|n} \Phi_{d,\mathbb{F}_p}$, donc ω est racine de $\Phi_{n,\mathbb{F}_p}$.

• Montrons que $\Phi_{n,\mathbb{F}_p}$ se décompose en $\frac{\varphi(n)}{m}$ facteurs irréductibles distincts de degré m sur $\mathbb{F}_q$. Soit F un facteur irréductible de $\Phi_{n,\mathbb{F}_p}$ sur $\mathbb{F}_q$. Comme le polynôme $\Phi_{n,\mathbb{F}_p}$ est scindé sur $\mathbb{F}_{\widetilde{q}}$, F est aussi scindé sur $\mathbb{F}_{\widetilde{q}}$. Soit $z \in \mathbb{F}_{\widetilde{q}}$ une racine de F. Alors z est une racine de $\Phi_{n,\mathbb{F}_p}$, et d'après le point précédent, z est une racine primitive $n-$ème de 1. Comme F est irréductible sur $\mathbb{F}_q$, F est le polynôme minimal de z sur $\mathbb{F}_q$. D'après le deuxième point, $F = \prod_{k=0}^{m-1}(X - z^{p^{fk}})$, donc F est de degré m. Ainsi, la décomposition de $\Phi_{n,\mathbb{F}_p}$ en facteurs irréductibles sur $\mathbb{F}_q$ s'écrit sous la forme $\Phi_{n,\mathbb{F}_p} = F_1 \dots F_l$, avec $\partial^\circ(F_j) = m$. Donc $l = \frac{\partial^\circ(\Phi_{n,\mathbb{F}_p})}{m} = \frac{\varphi(n)}{m}$.

• D'après ce qui précède, on a :

$$\begin{aligned} \Phi_{n,\mathbb{F}_p} \text{ irréductible sur } \mathbb{F}_q &\Leftrightarrow l = 1 \Leftrightarrow \varphi(n) = m \\ &\Leftrightarrow q \text{ engendre} (\mathbb{Z}/n\mathbb{Z})^\times \Leftrightarrow (\mathbb{Z}/n\mathbb{Z})^\times = \langle q \rangle. \end{aligned}$$

Cela termine la démonstration. ■

Les tableaux ci-dessous donnent la factorisation des premiers polynômes cyclotomiques sur les corps $\mathbb{F}_p$, pour $p = 2, 3, 5, 7, 11, 13, 17, 19$.

p	$\Phi_{3,\mathbb{F}_p}$	$\Phi_{4,\mathbb{F}_p}$
2	X^2+X+1	$(X+1)^2$
3	$(X+2)^2$	X^2+1
5	X^2+X+1	$(X+3)(X+2)$
7	$(X+3)(X+5)$	X^2+1
11	X^2+X+1	X^2+1
13	$(X+10)(X+4)$	$(X+8)(X+5)$
17	X^2+X+1	$(X+13)(X+4)$
19	$(X+12)(X+8)$	X^2+1

p	$\Phi_{5,\mathbb{F}_p}$	$\Phi_{6,\mathbb{F}_p}$
2	$X^4+X^3+X^2+X+1$	X^2+X+1
3	$X^4+X^3+X^2+X+1$	$(X+1)^2$
5	$(X+4)^4$	X^2+4X+1
7	$X^4+X^3+X^2+X+1$	$(X+2)(X+4)$
11	$(X+7)(X+6)(X+8)(X+2)$	$X^2+10X+1$
13	$X^4+X^3+X^2+X+1$	$(X+3)(X+9)$
17	$X^4+X^3+X^2+X+1$	$X^2+16X+1$
19	$\left(X^2+5X+1\right)\left(X^2+15X+1\right)$	$(X+7)(X+11)$

p	$\Phi_{7,\mathbb{F}_p}$	$\Phi_{8,\mathbb{F}_p}$
2	$\left(X^3+X^2+1\right)\left(X^3+X+1\right)$	$(X+1)^4$
3	$X^6+X^5+X^4+X^3+X^2+X+1$	$\left(X^2+X+2\right)\left(X^2+2X+2\right)$
5	$X^6+X^5+X^4+X^3+X^2+X+1$	$\left(X^2+3\right)\left(X^2+2\right)$
7	$(X+6)^6$	$\left(X^2+3X+1\right)\left(X^2+4X+1\right)$
11	$\left(X^3+5X^2+4X+10\right)\left(X^3+7X^2+6X+10\right)$	$\left(X^2+8X+10\right)\left(X^2+3X+10\right)$
13	$\left(X^2+3X+1\right)\left(X^2+6X+1\right)\left(X^2+5X+1\right)$	$\left(X^2+8\right)\left(X^2+5\right)$
17	$X^6+X^5+X^4+X^3+X^2+X+1$	$(X+8)(X+9)(X+2)(X+15)$
19	$X^6+X^5+X^4+X^3+X^2+X+1$	$\left(X^2+6X+18\right)\left(X^2+13X+18\right)$

p	$\Phi_{9,\mathbb{F}_p}$	$\Phi_{10,\mathbb{F}_p}$
2	X^6+X^3+1	$X^4+X^3+X^2+X+1$
3	$(X+2)^6$	$X^4+2\,X^3+X^2+2\,X+1$
5	X^6+X^3+1	$(X+1)^4$
7	$\left(X^3+5\right)\left(X^3+3\right)$	$X^4+6\,X^3+X^2+6\,X+1$
11	X^6+X^3+1	$(X+3)\,(X+9)\,(X+5)\,(X+4)$
13	$\left(X^3+10\right)\left(X^3+4\right)$	$X^4+12\,X^3+X^2+12\,X+1$
17	$\left(X^2+3\,X+1\right)\left(X^2+10\,X+1\right)\left(X^2+4\,X+1\right)$	$X^4+16\,X^3+X^2+16\,X+1$
19	$(X+10)\,(X+14)\,(X+3)\,(X+2)\,(X+15)\,(X+13)$	$\left(X^2+14\,X+1\right)\left(X^2+4\,X+1\right)$

6.3 Exercices

Exercice 6.3.1 (Critère d'irréductibilité)

1. Soient K un corps et $P \in K[X]$ un polynôme de degré $n \in \mathbb{N}^\times$. Montrer que P est irréductible sur K si et seulement si P n'a aucune racine dans les extensions L de K de degré inférieur ou égal à $\frac{n}{2}$ sur K.
2. Montrer que $P := X^4 + X^3 + 1$ est irréductible sur $\mathbb{F}_2$, et en déduire que $Q := X^4 + 7X^3 - 16X^2 + 3$ est irréductible sur $\mathbb{Q}$.

Solution

1. Supposons P irréductible sur K. Soit L une extension de K contenant une racine x de P. Alors $K(x)$ est une extension de degré n de K, et on a $K \subset K(x) \subset L$, donc $[L : K] \geq [K(x) : K] = n$. Réciproquement, supposons que P est réductible sur K. Il existe donc Q, $R \in K[X]$ tels que $P = QR$ avec $\partial^\circ(Q) \geq 1$ et $\partial^\circ(R) \geq 1$. On a nécessairement $\partial^\circ(Q) \leq \frac{n}{2}$ ou $\partial^\circ(R) \leq \frac{n}{2}$. Supposons que l'on a, par exemple, $\partial^\circ(Q) \leq \frac{n}{2}$. Soient S un facteur irréductible de Q sur K, et x une racine de S dans une clôture algébrique de K. Alors P a une racine (x) dans l'extension $K(x)$ qui est de degré $\partial^\circ(S) \leq \frac{n}{2}$ sur K.
2. Le polynôme $X^4 + X^3 + 1$ n'a aucune racine dans $\mathbb{F}_2$. Or la seule extension stricte de degré inférieur ou égal à 2 de $\mathbb{F}_2$ est $\mathbb{F}_4$, et on a $\mathbb{F}_4 = \mathbb{F}_2[j]$. Or $P(j) = 2 + j$ et $P(j^2) = j$, donc P n'a aucune racine dans $\mathbb{F}_4$. D'après la première question, P est irréductible sur $\mathbb{F}_2$. La réduction modulo 2 de Q est P, donc d'après le critère de réduction modulo 2, Q est irréductible sur $\mathbb{Q}$.

Exercice 6.3.2 (Polynômes cyclotomiques)

Soit α une racine primitive $n-$ème de 5 dans $\mathbb{C}$. Montrer que $\sqrt{5}$ appartient à $\mathbb{Q}(\alpha)$.

Solution

Le polynôme $\Phi_{5,\mathbb{Q}}$ annule α, i. e. $(\alpha^2+\alpha^{-2})+(\alpha+\alpha^{-1})+1=0$. Or $(\alpha+\alpha^{-1})^2=\alpha^2+\alpha^{-2}+2$, donc $(\alpha+\alpha^{-1})^2+(\alpha+\alpha^{-1})-1=0$. Or les deux racines de X^2+X-1 sont $\frac{-1\pm\sqrt{5}}{2}$, donc $\sqrt{5}=\pm(2(\alpha+\alpha^{-1})+1)$ appartient à $\mathbb{Q}(\alpha)$.

Exercice 6.3.3 (Polynômes cyclotomiques)

Montrer que pour tout n supérieur ou égal à 2, le terme constant de $\Phi_{n,\mathbb{Q}}$ est 1.

Solution

Le terme constant a_0 de $\Phi_{n,\mathbb{Q}}$ est le produit de ses racines. On regroupe par deux les racines conjuguées : si n est pair, on a $a_0=\prod_{\substack{k\in[\![1,\frac{n}{2}-1]\!]\\ k\wedge n=1}}(-\omega^k)(-\omega^{-k})=1$, tandis que si n est impair (supérieur ou égal à 3), on a $a_0=\prod_{\substack{k\in[\![1,\frac{n-1}{2}]\!]\\ k\wedge n=1}}(-\omega^k)(-\omega^{-k})=1$.

Exercice 6.3.4 (Polynômes cyclotomiques)

1. Montrer que si n est impair, alors $\Phi_{2n,\mathbb{Q}}(X)=\Phi_{n,\mathbb{Q}}(-X)$.
2. Soit p un nombre premier qui divise n. Montrer que $\Phi_{np,\mathbb{Q}}(X)=\Phi_{n,\mathbb{Q}}(X^p)$.
3. Soit p un nombre premier qui ne divise pas n.
Montrer que $\Phi_{np,\mathbb{Q}}(X)=\frac{\Phi_{n,\mathbb{Q}}(X^p)}{\Phi_{n,\mathbb{Q}}(X)}$, et que $\Phi_{np^\alpha,\mathbb{Q}}(X)=\Phi_{np,\mathbb{Q}}(X^{p^{\alpha-1}})$.
4. Soient $p_1,\ldots,p_r$ des nombres premiers distincts. Montrer que

$$\Phi_{p_1^{\alpha_1}\ldots p_r^{\alpha_r},\mathbb{Q}}(X)=\Phi_{p_1\ldots p_r,\mathbb{Q}}(X^{p_1^{\alpha_1-1}\ldots p_r^{\alpha_r-1}}).$$

5. En déduire la valeur de $\Phi_{1000,\mathbb{Q}}$.

Solution

1. Soit $z=e^{\frac{2ij\pi}{n}}$ une racine primitive $n-$ème de 1 ($j\wedge n=1$). Alors $-z=e^{\frac{2i\pi(n+2j)}{2n}}$. Montrons que $(n+2j)\wedge 2n=1$: supposons qu'il existe un nombre premier p qui divise

$n+2j$ et $2n$. Alors p divise 2 ou n. Si p divise 2, comme p divise $n+2j$, p divise n, ce qui est absurde par hypothèse. Donc p divise n, et alors p divise $2j$, donc p divise j. C'est absurde puisque $j \wedge n = 1$. Donc $n+2j$ et $2n$ sont premiers entre eux, et $-z$ est une racine primitive $2n$−ème de 1, donc une racine de $\Phi_{2n,\mathbb{Q}}(X)$. Ainsi, $\Phi_{n,\mathbb{Q}}(-X)$ divise $\Phi_{2n,\mathbb{Q}}(X)$ dans $\mathbb{C}[X]$, et les deux polynômes sont unitaires, donc $\Phi_{n,\mathbb{Q}}(-X)$ divise $\Phi_{2n,\mathbb{Q}}(X)$ dans $\mathbb{Q}[X]$. Comme $\Phi_{2n,\mathbb{Q}}(X)$ est irréductible sur $\mathbb{Q}$ (théorème 6.2.3), on a l'égalité souhaitée.
2. Soit z une racine de $\Phi_{np,\mathbb{Q}}(X)$. On a $z = e^{\frac{2ij\pi}{np}}$ avec $j \wedge np = 1$, donc $z^p = e^{\frac{2ij\pi}{n}}$ avec $j \wedge n = 1$, et z^p est racine de $\Phi_{n,\mathbb{Q}}(X)$. Ainsi, $\Phi_{np,\mathbb{Q}}(X)$ divise $\Phi_{n,\mathbb{Q}}(X^p)$. Or si $n = p^\alpha q$ avec q non divisible par p, on a $\partial^\circ(\Phi_{np,\mathbb{Q}}(X)) = \varphi(np) = \varphi(p^{\alpha+1})\varphi(q) = (p^{\alpha+1} - p^\alpha)\varphi(q)$, et $\partial^\circ(\Phi_{n,\mathbb{Q}}(X^p)) = p\partial^\circ(\Phi_{n,\mathbb{Q}}(X)) = p\varphi(n) = p(p^\alpha - p^{\alpha-1})\varphi(q)$. Comme les deux polynômes sont unitaires et de même degré, ils sont égaux.
3. • Montrons que $\Phi_{n,\mathbb{Q}}(X^p) = \Phi_{np,\mathbb{Q}}\Phi_{n,\mathbb{Q}}$: soit z une racine de $\Phi_{n,\mathbb{Q}}$. Alors z^p est d'ordre $\frac{n}{n \wedge p} = n$, donc z est racine de $\Phi_{n,\mathbb{Q}}(X^p)$. Soit z une racine de $\Phi_{np,\mathbb{Q}}$. Alors z^p est d'ordre $\frac{np}{np \wedge p} = n$, donc z est racine de $\Phi_{n,\mathbb{Q}}(X^p)$. Donc $\Phi_{np,\mathbb{Q}}\Phi_{n,\mathbb{Q}}$ divise $\Phi_{n,\mathbb{Q}}(X^p)$ dans $\mathbb{C}[X]$. Or $\partial^\circ(\Phi_{n,\mathbb{Q}}(X^p)) = p\varphi(n)$ et $\partial^\circ(\Phi_{np,\mathbb{Q}}\Phi_{n,\mathbb{Q}}) = \varphi(np) + \varphi(n) = p\varphi(n)$. Comme en 2, les deux polynômes sont égaux.
• Montrons que $\Phi_{np^\alpha,\mathbb{Q}}(X) = \Phi_{np,\mathbb{Q}}(X^{p^{\alpha-1}})$: on procède par récurrence sur α. C'est clair si $\alpha = 1$. Supposons le résultat vrai pour $\alpha \geq 1$. Alors $\Phi_{np^{\alpha+1},\mathbb{Q}} = \Phi_{pn(p^\alpha),\mathbb{Q}} = \Phi_{np^\alpha,\mathbb{Q}}(X^2)$ d'après la question 2, donc par hypothèse de récurrence, on a $\Phi_{np^{\alpha+1},\mathbb{Q}} = \Phi_{np,\mathbb{Q}}\left((X^p)^{p^{\alpha-1}}\right) = \Phi_{np^{\alpha+1},\mathbb{Q}}\left(X^{p^\alpha}\right)$.
4. D'après la question 3, on a :

$$\begin{aligned}
\Phi_{p_1^{\alpha_1}\dots p_r^{\alpha_r},\mathbb{Q}}(X) &= \Phi_{p_1^{\alpha_1}(p_2^{\alpha_2}\dots p_r^{\alpha_r}),\mathbb{Q}}(X) \\
&= \Phi_{p_1(p_2^{\alpha_2}\dots p_r^{\alpha_r}),\mathbb{Q}}\left(X^{p_1^{\alpha_1-1}}\right) = \Phi_{p_2^{\alpha_2}(p_1 p_3^{\alpha_3}\dots p_r^{\alpha_r}),\mathbb{Q}}\left(X^{p_1^{\alpha_1-1}}\right) \\
&= \Phi_{p_1 p_2(p_3^{\alpha_3}\dots p_r^{\alpha_r}),\mathbb{Q}}\left((X^{p_1^{\alpha_1-1}})^{p_2^{\alpha_2-1}}\right) \\
&= \dots = \Phi_{p_1\dots p_r,\mathbb{Q}}(X^{p_1^{\alpha_1-1}\dots p_r^{\alpha_r-1}}).
\end{aligned}$$

5. On a $\Phi_{1000,\mathbb{Q}} = \Phi_{2^3 5^3,\mathbb{Q}} = \Phi_{2\times 5,\mathbb{Q}}(X^{2^2 5^2}) = \Phi_{2\times 5,\mathbb{Q}}(X^{100})$.
Or $\Phi_{2\times 5,\mathbb{Q}} = \frac{\Phi_{2,\mathbb{Q}}(X^5)}{\Phi_{2,\mathbb{Q}}} = \frac{X^5+1}{X+1} = X^4 - X^3 + X^2 - X + 1$,
donc $\Phi_{1000,\mathbb{Q}} = X^{400} - X^{300} + X^{200} - X^{100} + 1$.

Exercice 6.3.5 (Racines de l'unité)
1. Montrer que $\varphi(n)$ tend vers l'infini quand n tend vers l'infini.
2. Soit K une extension finie de $\mathbb{Q}$. Montrer que K ne contient qu'un nombre fini de racines de l'unité.

Solution

1. Soit $n \in \mathbb{N}^\times$. Ecrivons n sous la forme $n = p_1^{\alpha_1} \dots p_r^{\alpha_r}$ où $p_1, \dots, p_r$ sont des nombres

premiers distincts. Alors $\varphi(n) = p_1^{\alpha_1 - 1}(p_1 - 1) \dots p_r^{\alpha_r - 1}(p_r - 1)$. Si $\varphi(n) \leq A$, avec $A > 1$, alors pour tout $j \in [\![1, r]\!]$, on a $p_j - 1 \leq A$ et $(\alpha_j - 1)\ln(p_j) \leq \ln(A)$, donc $p_j \leq A + 1$ et $\alpha_j - 1 \leq \frac{\ln(A)}{\ln(p_j)} \leq \frac{\ln(A)}{\ln(2)}$. Ainsi, $n \leq (A+1)^{r(1+\frac{\ln(A)}{\ln(2)})} \leq (A+1)^{A(1+\frac{\ln(A)}{\ln(2)})}$. Par conséquent, $\varphi(n)$ tend vers l'infini quand n tend vers l'infini.

2. Raisonnons par l'absurde en supposant que K contient une infinité de racines de l'unité. Alors K contient une infinité de racines primitives de l'unité : en effet, toute racine de l'unité d'ordre d est une racine primitive d−ème de l'unité. Donc il existe une infinité d'entiers n pour lesquels K contient une racine primitive n−ème de l'unité, notée ω_n. Ainsi, $[\mathbb{Q}(\omega_n) : \mathbb{Q}]$ divise $[K : \mathbb{Q}]$, i. e. $\varphi(n)$ divise $[K : \mathbb{Q}]$ d'après le théorème 6.2.5. Or d'après la première question, $\varphi(n)$ tend vers l'infini quand n tend vers l'infini : cela contredit le fait que $[K : \mathbb{Q}]$ est fini.

Exercice 6.3.6 (Extensions cyclotomiques)

Soient p un nombre premier impair, et $\omega := e^{\frac{2i\pi}{p}}$.

1. Montrer qu'il existe une unique sous-extension E de $\mathbb{Q}(\omega)$ telle que $[\mathbb{Q}(\omega) : E] = 2$.
2. Montrer que $E = \mathbb{Q}(\omega) \cap \mathbb{R} = \mathbb{Q}(\cos(\frac{2\pi}{p}))$.

Solution

1. D'après le théorème 5.3.1, il y a correspondance bijective entre les sous-groupes H de $Gal(Q(\omega)|Q)$ et les sous-extensions L^H de $Q(\omega)$ contenant Q, et on a $[L : L^H] = |H|$. D'après la proposition 6.1.3, $\mathbb{Q}(\omega)$ est une extension cyclique de $\mathbb{Q}$ et son groupe de Galois est $(\mathbb{Z}\,/\,p\mathbb{Z})^\times$. Comme $(\mathbb{Z}\,/\,p\mathbb{Z})^\times$ est un groupe cyclique d'ordre $p-1$ et que $p-1$ est divisible par 2, $(\mathbb{Z}\,/\,p\mathbb{Z})^\times$ admet un unique sous-groupe H d'ordre 2. Donc il existe une unique sous-extension E (c'est L^H) telle que $[\mathbb{Q}(\omega) : E] = 2$.

2. On a $\cos(\frac{2\pi}{p}) = \frac{1}{2}(\omega + \omega^{-1}) = \frac{1}{2}(\omega + \overline{\omega})$, d'où $\mathbb{Q}(\omega) \subset \mathbb{Q}(\omega) \cap \mathbb{R} \subset \mathbb{Q}(\omega)$. De plus, l'inclusion $\mathbb{Q}(\omega) \cap \mathbb{R} \subset \mathbb{Q}(\omega)$ est stricte car ω n'est pas réel. Or $\omega^2 - 2\cos(\frac{2\pi}{p})\omega + 1 = 0$, donc ω est d'ordre 2 sur $\mathbb{Q}(\cos(\frac{2\pi}{p}))$. Par unicité de la sous-extension E de $\mathbb{Q}(\omega)$ telle que $[\mathbb{Q}(\omega) : E] = 2$, on a $E = \mathbb{Q}(\omega) \cap \mathbb{R} = \mathbb{Q}(\cos(\frac{2\pi}{p}))$.

Exercice 6.3.7 (Extensions cycliques)

1. Soient p et q deux nombres premiers distincts, $n = pq$, ω une racine primitive n−ème de 1 dans $\mathbb{C}$, et $P := (X^p - 3)(X^q - 3) \in \mathbb{Q}[X]$. Soit $K := \mathbb{Q}(\omega)$.

Montrer que le corps L des racines de P sur K est une extension cyclique de K.

2. On prend $p = 3$ et $q = 5$. Déterminer le degré de L sur K et représenter le treillis des sous-corps de L contenant K.

Solution

1. Le nombre $\omega_q := \omega^p$ est d'ordre $\frac{n}{n\wedge p} = q$, donc c'est une racine primitive q−ème de 1. De même, $\omega_p := \omega^q$ est une racine primitive p−ème de 1. Or les racines de P sont les éléments de la forme $\omega_p^j \sqrt[p]{3}$ pour $j \in [\![0,\, p-1]\!]$ et ceux de la forme $\omega_q^j \sqrt[q]{3}$ pour $j \in [\![0,\, q-1]\!]$, donc le corps des racines de P sur $\mathbb{Q}$ est $\mathbb{Q}(\sqrt[p]{3},\ \sqrt[q]{3},\ \omega_p,\ \omega_q)$. On a clairement $\mathbb{Q}(\sqrt[p]{3},\ \sqrt[q]{3},\ \omega_p,\ \omega_q) \subset \mathbb{Q}(\sqrt[p]{3},\ \sqrt[q]{3},\ \omega)$. Or d'après le théorème de Bézout, il existe $a,\, b \in \mathbb{Z}$ tels que $ap+bq = 1$, donc on a $\omega = \omega_q^a\omega_p^b$, et ainsi $\mathbb{Q}(\sqrt[p]{3},\ \sqrt[q]{3},\ \omega_p,\ \omega_q) = \mathbb{Q}(\sqrt[p]{3},\ \sqrt[q]{3},\ \omega) = \mathbb{Q}(\omega)(\sqrt[p]{3},\ \sqrt[q]{3})$. Donc le corps des racines de P sur K est $K(\sqrt[p]{3},\ \sqrt[q]{3})$. De même, on a $\sqrt[n]{3} = 3^{\frac{1}{n}} = 3^{\frac{ap+bq}{n}} = 3^{\frac{a}{q}}3^{\frac{b}{p}} = (\sqrt[q]{3})^a(\sqrt[p]{3})^b$, donc $L := K(\sqrt[p]{3},\ \sqrt[q]{3}) = K(\sqrt[n]{3})$. D'après la proposition 6.1.7, L est une extension cyclique de K, et $[L : K]$ divise n.

2. D'après la question 1, $L = K(\sqrt[15]{3})$ est une extension cyclique de K et $[L : K]$ divise 15, donc $[L : K] = 1$, 3, 5 ou 15. Or $\mathbb{Q} \subset \mathbb{Q}(\sqrt[15]{3}) \subset \mathbb{Q}(\sqrt[15]{3})(\omega)$, avec $[\mathbb{Q}(\sqrt[15]{3}) : \mathbb{Q}] = 15$ ($X^{15} - 3$ est irréductible sur $\mathbb{Q}$ d'après le critère d'Eisenstein), donc 15 divise $[L : \mathbb{Q}]$. De même, $\mathbb{Q} \subset \mathbb{Q}(\omega) \subset \mathbb{Q}(\omega)(\sqrt[15]{3})$, avec $[\mathbb{Q}(\omega) : \mathbb{Q}] = \varphi(15) = 8$, donc 8 divise $[L : \mathbb{Q}]$. Ainsi, $8 \wedge 15 = 120$ divise $[L : \mathbb{Q}]$, i. e. $[L : \mathbb{Q}] = 120j$ avec $j \in \mathbb{N}^\times$, d'où $[L : K] = \frac{[L:\mathbb{Q}]}{[K:\mathbb{Q}]} = \frac{120j}{8}$. Or pour $j = 1$, on a $[L : K] = 15$, donc comme $[L : K]$ divise 15, on a nécessairement $j = 1$, i. e. $[L : K] = 15$. D'où $G := Gal(L|K) \simeq \mathbb{Z}/15\mathbb{Z}$. Les seuls sous-groupes de $\mathbb{Z}/15\mathbb{Z}$ sont $\{id\}$, $G_5 := 3\mathbb{Z}/15\mathbb{Z} \simeq \mathbb{Z}/5\mathbb{Z}$, $G_3 := 5\mathbb{Z}/15\mathbb{Z} \simeq \mathbb{Z}/3\mathbb{Z}$ et $\mathbb{Z}/15\mathbb{Z}$. Par la correspondance de Galois, les seules sous-extensions de L contenant K sont $L = L^{\{id\}}$, L^{G_5}, L^{G_3} et $K = L^G$. Or $[L^{G_5} : K] = [G : G_5] = 3$ et $[L^{G_3} : K] = [G : G_3] = 5$. Par ailleurs, $K(\sqrt[5]{3})$ (resp. $K(\sqrt[3]{3})$) est une extension de K de degré divisant 5 (resp. 3), donc $L^{G_5} = K(\sqrt[3]{3})$ (resp. $L^{G_3} = K(\sqrt[5]{3})$). Le treillis demandé est

Chapitre 7

Groupe de Galois d'un polynôme

Dans ce chapitre, nous utilisons les résultats du chapitre précédent pour étudier le groupe de Galois d'un polynôme. Nous démontrons également le célèbre résultat selon lequel une équation est résoluble par radicaux si et seulement si son groupe de Galois est un groupe résoluble.

7.1 Rappels sur la théorie des groupes

Nous nous proposons de rappeler dans ce paragraphe un certain nombre de résultats concernant la théorie des groupes[1], et plus particulièrement les groupes résolubles et les p−groupes. Ces résultats nous serviront dans la suite du chapitre. Ils peuvent être admis, mais nous préférons donner les démonstrations pour éviter l'effet "boîte noire" !

7.1.1 p−groupes et théorème de Sylow

Soient G un groupe fini, p un nombre premier, et k la puissance de p dans la décomposition en facteurs premiers de $|G|$. On appelle p−sous-groupe de G

1. Les mathématiques ne sont qu'une histoire de groupes. *Poincaré.*

un sous-groupe de G de cardinal une puissance de p. On appelle *$p-$sous-groupe de Sylow* de G un sous-groupe de G de cardinal p^k.

Théorème 7.1.1 (Sylow)
Soient G un groupe fini, et p un nombre premier divisant le cardinal de G. Alors

(i) *Il existe au moins un $p-$sous-groupe de Sylow de G.*

(ii) *Tous les $p-$sous-groupes de Sylow de G sont conjugués, et tout $p-$sous-groupe de G est contenu dans un $p-$sous-groupe de Sylow de G.*

(iii) *Le nombre de $p-$sous-groupes de Sylow de G est congru à 1 modulo p.*

Démonstration :
Soient G un groupe de cardinal $|G| = p^k m$ avec m non divisible par p, et Ω l'ensemble des sous-ensembles de G de cardinal p^k.

• Le groupe G agit par translation à gauche sur Ω. Il existe alors une orbite dont le cardinal n'est pas divisible par p. En effet, on a déjà

$$|\Omega| = C_{p^k m}^{p^k} = \frac{p^k m}{p^k} \frac{p^k m - 1}{p^k - 1} \frac{p^k m - 2}{p^k - 2} \cdots \frac{p^k m - p^k + 1}{1}.$$

Pour montrer que p ne divise pas $|\Omega|$, montrons que pour chacune des fractions ci-dessus, le numérateur et le dénominateur contiennent le même nombre de facteurs premiers p. Soit $i \in [\![0, p^k - 1]\!]$, et soit α (resp. β) le plus grand entier tel que p^α divise $p^k m - i$ (resp. tel que p^β divise $p^k - i$). On a évidemment $\beta \leq k$. On a aussi $\alpha \leq k$: en effet, si $\alpha > k$, alors $p^k p^{\alpha-k}$ divise $p^m - i$, donc $p^k m - i = l(p^k p^{\alpha-k})$, donc $i \equiv 0 \mod p^k$, i. e. $i = p^k n$, d'où $m - n = lp^{\alpha-k}$. Donc p divise $m - n$, i. e. $m - n = pq$, et $i = (m - pq)p^k$. Or $i \in [\![0, p^k - 1]\!]$, donc $i = 0$ et $m = pq$. C'est absurde car p ne divise pas m par hypothèse. On a donc l'inégalité $\alpha \leq k$. Alors $p^k m - i \equiv -i \equiv p^k - i \equiv 0 \mod p^\beta$, donc $\beta \leq \alpha$, et $p^k - i \equiv -i \equiv p^k m - i \equiv 0 \mod p^\alpha$, donc $\alpha \leq \beta$. On a montré que p ne divise pas $|\Omega|$. D'après l'équation des classes (voir paragraphe 1.1.2), il existe donc une orbite dont le cardinal n'est pas divisible par p.

• Soient A une telle orbite, et X un de ses éléments. On note G_X le stabilisateur de X, i. e. $G_X = \{g \in G \ / \ g \cdot X = X\}$. Alors on a

$$|G_X| = \frac{|G|}{|A|} = p^k \frac{m}{|A|} = p^k m'$$

où $m' := \frac{m}{|A|}$ n'est pas divisible par p. Or si $x_1 \in X$, les éléments de la forme $g \cdot x_1$ avec $g \in G_X$ sont distincts et sont dans X, donc il y en a au plus p^k, et ainsi G_X a au plus p^k éléments, d'où $|G_X| = p^k$: G_X est un $p-$sous-groupe de Sylow.

• Soient S un $p-$sous-groupe de Sylow de G, et H un $p-$sous-groupe de G. Alors H agit sur $G \,/\, S$ par translation à gauche. Il existe alors $g \in G$ tel que $H \subset gSg^{-1}$. En effet, $|H \cdot gS|$ est une puissance de p, or $|G \,/\, S| = m$, donc il y a au moins une orbite de cardinal $p^0 = 1$. Soit xS un élément de cette orbite : pour tout $h \in H$, $h \cdot xS = xS$, donc $H \subset xSx^{-1}$. Si S est de plus un $p-$sous-groupe de Sylow, comme $|H| = |S| = |xSx^{-1}|$, $H = xSx^{-1}$ est conjugué à S.

• Si G a un unique $p-$sous-groupe de Sylow S, alors gSg^{-1} est aussi un $p-$sous-groupe de Sylow, donc $gSg^{-1} = S$, et S est ainsi distingué dans G. Réciproquement, si S est un $p-$sous-groupe de Sylow distingué dans G, et H un $p-$sous-groupe de Sylow, il existe $g \in G$ tel que $H = gSg^{-1} = S$, donc S est unique.

• Soit S un $p-$sous-groupe de Sylow. Ce groupe agit par conjugaison sur l'ensemble $\mathcal{S}$ des $p-$sous-groupes de Sylow de G. Notons n_p le cardinal de $\mathcal{S}$. Alors on a $n_p \equiv 1 \mod p$ et n_p divise m. En effet, comme S est un $p-$groupe, il résulte de l'équation des classes que

$$|\mathcal{S}| \equiv |\mathcal{S}^S| \mod p,$$

où $\mathcal{S}^S$ est l'ensemble des orbites ponctuelles. Montrons que l'orbite de S est la seule orbite ponctuelle : en effet, si $S \cdot Q$ est ponctuelle, alors pour tout $x \in S$, on a $xQx^{-1} = Q$, donc S est un sous-groupe du normalisateur $N_G(Q)$ de Q dans G. Donc S est un $p-$sous-groupe de Sylow de $N_G(Q)$.

Or d'après le point précédent, le seul p−sous-groupe de Sylow de $N_G(Q)$ est Q, donc $S = Q$. Ainsi, $n_p \equiv 1 \mod p$. Or n_p est le nombre de conjugués de S, donc $n_p = [G : N_G(S)]$ divise m. ■

Proposition 7.1.2
Si G est un groupe simple abélien, alors G est fini et il existe un nombre premier p tel que G soit isomorphe à $\mathbb{Z} / p\mathbb{Z}$.

Démonstration :
Soit $g \in G$ un élément différent du neutre. Comme $\langle g \rangle$ est distingué dans G, on a par hypothèse $G = \langle g \rangle$. Si g est d'ordre infini, alors G est isomorphe à $\mathbb{Z}$. Or ce groupe n'est pas simple ($2\mathbb{Z}$ est par exemple un sous-groupe distingué de $\mathbb{Z}$). Donc g est d'ordre fini et G est isomorphe à $\mathbb{Z} / n\mathbb{Z}$, où n est l'ordre de g. Si n n'est pas premier, alors on a $n = pq$ avec p premier et $p < n$, et $\mathbb{Z} / n\mathbb{Z}$ n'est pas simple car $\langle \overline{p} \rangle$ est un sous-groupe distingué de $\mathbb{Z} / n\mathbb{Z}$ d'ordre $\frac{n}{n \wedge p} = q < n$. Donc n est premier, et G est isomorphe à $\mathbb{Z} / p\mathbb{Z}$ d'après le théorème de Lagrange. ■

7.1.2 Groupes résolubles et groupes nilpotents

Soit G un groupe. Pour $x, y \in G$, on note $[x, y] := xyx^{-1}y^{-1}$ le commutateur de x et y. On a ainsi $[x, y] = e$ si et seulement si x et y commutent. Si A et B sont deux parties de G, on note $[A, B]$ le sous-groupe engendré par les commutateurs $[a, b]$ pour $a \in A$ et $b \in B$.
On appelle *suite dérivée* de G la suite des sous-groupes emboîtés $(D^nG)_{n\in\mathbb{N}}$ définie par $D^0G = G$ et $D^jG = [D^{j-1}G, D^{j-1}G]$ pour tout $j \in \mathbb{N}^\times$. On dit que G est *résoluble* s'il existe $j \in \mathbb{N}^\times$ tel que $D^jG = \{e\}$.
On appelle *suite centrale descendante* de G la suite des sous-groupes emboîtés $(C^{n+1}G)_{n\in\mathbb{N}}$ définie par $C^1G = G$ et $C^{j+1}G = [G, C^jG]$ pour tout $j \in \mathbb{N}^\times$. On dit que G est *nilpotent* s'il existe $j \in \mathbb{N}^\times$ tel que $C^{j+1}G = \{e\}$.
Remarquons tout de suite que l'on a l'inclusion $D^jG \subset C^{j+1}G$, donc tout groupe nilpotent est résoluble. En revanche, la réciproque est fausse.

Exemple 7.1.3
Le groupe des matrices triangulaires supérieures inversibles à coefficients dans $\mathbb{C}$ est résoluble, tandis que le groupe des matrices triangulaires supérieures à coefficients dans $\mathbb{C}$ avec des 1 sur la diagonale est nilpotent.

Proposition 7.1.4
• *Un groupe G est résoluble si et seulement s'il existe une suite de sous-groupes*

$$\{e\} = G_n \lhd G_{n-1} \lhd \cdots \lhd G_1 \lhd G_0 = G$$

telle que G_{j-1} / G_j soit abélien.
• *Un groupe G est nilpotent si et seulement s'il existe une suite de sous-groupes*

$$\{e\} = H_n \lhd H_{n-1} \lhd \cdots \lhd H_1 \lhd H_0 = G$$

telle que H_{j-1} / H_j soit un sous-groupe du centre $Z(G / H_j)$ de G / H_j.

Démonstration :
• Pour la condition nécessaire, on pose $G_j := D^j(G)$, et on vérifie que G_j convient. Pour la condition suffisante, on procède ainsi : comme G / G_1 est abélien, on a $D(G) \subset G_1$. Par récurrence, on montre que $D^j(G) \subset G_j$, et on en déduit que $D^n(G) \subset G_n = \{e\}$, ce qui montre que G est résoluble.
• Pour la condition nécessaire, on pose $H_j := C^{j+1}(G)$. La suite ainsi définie convient car on a toujours

$$C^{j+1}(G) = [G, C^j(G)] \lhd C^j(G) \text{ et } C^j(G) / C^{j+1}(G) \subset Z(G / C^{j+1}(G)).$$

Pour la condition suffisante, on montre par récurrence que $C^{j+1}(G)$ est inclus dans H_j : on a évidemment $C^1(G) = G \subset H_0$. Or si K, H, G sont trois groupes avec $K \subset H \subset G$, $K \lhd G$ et $H / K \subset Z(G, / K)$, alors on a $[H, G] \subset K$. En effet, modulo K,

$$\overline{[h, g]} = \overline{hgh^{-1}g^{-1}} = \overline{h}(\overline{gh^{-1}g^{-1}}) = \overline{h}(\overline{h^{-1}gg^{-1}}) = \overline{h}\overline{h}^{-1} = \overline{e}.$$

Ici, $H_{j-1} / H_j \subset Z(G / H_j)$, donc $C^{j+1}(G) = [G, C^j(G)] \subset [G, H_{j-1}] \subset H_j$, ce qui termine la démonstration. ■

Proposition 7.1.5

• *Tout sous-groupe d'un groupe résoluble (resp. nilpotent) est résoluble (resp. nilpotent). De même, tout quotient d'un groupe résoluble (resp. nilpotent) est résoluble (resp. nilpotent).*

• *Soient G un groupe, et N un sous-groupe distingué de G. Alors G est résoluble si et seulement si N et G/N sont résolubles.*

• *Si G est un groupe nilpotent non trivial, alors son centre $Z(G)$ est non trivial.*

• *Soient G un groupe, et N un sous-groupe du centre de G (il est donc distingué dans G). Alors G est nilpotent si et seulement si G/N est nilpotent.*

Démonstration :

• Si H est un sous-groupe d'un groupe G résoluble (resp. nilpotent), on a $D(H) \subset D(G)$ (resp. $C^2(H) \subset C^2(G)$), et par récurrence, on a $D^n(H) \subset D^n(G) = \{e\}$ (resp. $C^{n+1}(H) \subset C^{n+1}(G) = \{e\}$). Donc H est résoluble. Si N est distingué dans G, avec G résoluble, et si $\pi : G \to G\,/\,N$ est la surjection canonique, alors $\pi : D^n(G) \to D^n(G\,/\,N)$ est aussi surjective. Or $D^n(G) = \{e\}$, donc $D^n(G\,/\,N) = \{e\}$. Donc $G\,/\,N$ est résoluble. De même pour G nilpotent et $C^{n+1}(G)$.

• La condition nécessaire résulte du premier point. Pour la condition suffisante, il existe n tel que $D^n(G\,/\,N) = \{e\}$. Or $\pi : D^n(G) \to D^n(G\,/\,N)$ est surjective, donc $D^n(G) \subset \mathrm{Ker}(\pi) = N$. Or il existe m tel que $D^m(N) = \{e\}$, donc $D^{n+m}(G) \subset D^m(N) = \{e\}$, ce qui montre que G est résoluble.

• Soit n le plus petit entier tel que $C^{n+1}(G) = \{e\}$. Alors $C^n(G) \neq \{e\}$ et $[G, C^n(G)] = \{e\}$, donc $C^n(G) \subset Z(G)$.

• Supposons que $G\,/\,N$ est nilpotent : il existe n tel que $C^{n+1}(G\,/\,N) = \{e\}$. Alors $\pi(C^{n+1}(G)) \subset C^{n+1}(G\,/\,N)$, donc $C^{n+1}(G) \subset \mathrm{Ker}(\pi) = N \subset Z(G)$, donc $[G, C^{n+1}(G)] = \{e\}$, i. e. $C^{n+2}(G) = \{e\}$. Donc G est nilpotent. ■

Proposition 7.1.6

Si G est un groupe fini résoluble, alors il existe une suite de sous-groupes $(G_j)_{j\in[\![0,\,n]\!]}$ telle que

$$\{e\} = G_0 \lhd G_1 \lhd \cdots \lhd G_{n-1} \lhd G_n = G$$

avec $G_j\,/\,G_{j-1}$ cyclique d'ordre premier.

Démonstration :

• Comme G est résoluble, il existe une suite de sous-groupes $(H_j)_j$ telle que

$$\{e\} = H_0 \lhd H_1 \lhd \cdots \lhd H_{n-1} \lhd H_n = G,$$

avec $Q_j := H_j \,/\, H_{j-1}$ groupe abélien fini. Ainsi, Q_j s'écrit sous la forme $Q_j = C_1^j \times \cdots \times C_{r(j)}^j$ avec C_l^j cyclique. Soit $Q_{j,l} := C_1^j \times \cdots \times C_l^j$. On a donc

$$\{e\} = Q_{j,0} \lhd Q_{j,1} \lhd \cdots \lhd Q_{j,r(j)-1} \lhd Q_{j,r(j)} = Q_j,$$

avec $Q_{j,l} \,/\, Q_{j,l-1} \simeq C_l^j$, et C_l^j groupe cyclique. Soient π_j la projection canonique $\pi_j : H_j \to H_j \,/\, H_{j-1} = Q_j$, et $Q'_{j,l,} := \pi_j^{-1}(Q_{j,l})$. Alors

$$H_{j-1} = Q'_{j,0} \lhd Q'_{j,1} \lhd \cdots \lhd Q'_{j,r(j)} = H_j.$$

En effet, si $h \in Q'_{j,l-1}$ et si $g \in Q'_{j,l}$, alors

$$\pi_j(ghg^{-1}) = \pi_j(g)\pi_j(h)\pi_j(g)^{-1} \in Q_{j,l-1},$$

donc $ghg^{-1} \in Q'_{j,l-1}$. De plus, on a

$$Q'_{j,l} \,/\, Q'_{j,l-1} \simeq \frac{Q'_{j,l} \,/\, H_{j-1}}{Q'_{j,l-1} \,/\, H_{j-1}} = \pi_j(Q'_{j,l}) \,/\, \pi_j(Q'_{j,l-1}) = Q_{j,l} \,/\, Q_{j,l-1},$$

puisque π_j est surjective. Ainsi, $Q'_{j,l} \,/\, Q'_{j,l-1} \simeq C_l^j$ est cyclique.

• Le groupe C_l^j est cyclique, donc isomorphe à $\mathbb{Z} \,/\, n\mathbb{Z}$, lui-même isomorphe, via le thèorème chinois, à $\mathbb{Z} \,/\, p_1^{\alpha_1}\mathbb{Z} \times \cdots \times \mathbb{Z} \,/\, p_r^{\alpha_r}\mathbb{Z}$, où $n = p_1^{\alpha_1} \ldots p_r^{\alpha_r}$ est la décomposition en facteurs premiers de n. Ainsi, on a

$$\{e\} \lhd \cdots \lhd \frac{\mathbb{Z}}{p_1^{\alpha_1}\mathbb{Z}} \lhd \ldots \frac{\mathbb{Z}}{p_1^{\alpha_1}\mathbb{Z}} \times \cdots \times \frac{\mathbb{Z}}{p_{r-1}^{\alpha_{r-1}}\mathbb{Z}} \lhd \cdots \lhd \frac{\mathbb{Z}}{p_1^{\alpha_1}\mathbb{Z}} \times \cdots \times \frac{\mathbb{Z}}{p_r^{\alpha_r - 1}\mathbb{Z}} \lhd C_l^j,$$

avec des quotients cycliques d'ordres premiers. Soit $(Q_{j,l,k})_k$ cette suite de sous-groupes distingués. Si $\pi_{j,l} : Q'_{j,l} \to Q'_{j,l} \,/\, Q'_{j,l-1}$ est la projection canonique, et si l'on pose $Q'_{j,l,k} := \pi_{j,l}^{-1}(Q_{j,l,k})$, alors on obtient

$$Q'_{j,l-1} = Q'_{j,l,0} \lhd Q'_{j,l,1} \lhd \cdots \lhd Q'_{j,l,s(j,l)} = Q'_{j,l},$$

avec des quotients isomorphes aux quotients précédents, donc cycliques d'ordres premiers.

• Ainsi, d'après ce qui précède,

$$\{e\} = G_0 = Q'_{1,1,0} \lhd Q'_{1,1,1} \lhd \cdots \lhd Q'_{j,l,k} \lhd \cdots \lhd Q'_{n,r(n),s(n,r(n))} = G_n = G,$$

avec des quotients cycliques d'ordres premiers. ■

7.2 Groupe de Galois d'un polynôme

Soient K un corps et $P \in K[X]$ un polynôme séparable de degré n. Soient Ω une clôture algébrique de K, et L le corps de décomposition de P sur K. Alors L est une extension de degré fini de K, et le groupe $Gal(L|K)$ est un groupe fini (théorème 5.1.4). Ce groupe est appelé le *groupe de Galois* de P sur K, et noté $Gal_K(P)$.
Le polynôme a n racines distinctes dans Ω. On choisit une numérotation $x_1, \ldots, x_n$ des racines de P. Alors $L = K(x_1, \ldots, x_n)$, et tout élément σ de $Gal_K(P)$ induit une permutation des x_i et est déterminé par cette permutation. Ainsi, $Gal_K(P)$ s'identifie à un sous-groupe de $\mathfrak{S}_n$. En particulier, l'ordre de $Gal_K(P)$ divise $n!$.
Notons que plus le corps K est grand, plus le groupe $Gal_K(P)$ est petit. En particulier, si K est le corps de décomposition de P, alors $Gal_K(P)$ est trivial.

Proposition 7.2.1
Soient K un corps, Ω une clôture algébrique de K, $P \in K[X]$ un polynôme séparable unitaire, R l'ensemble des racines de P dans Ω, et $G = Gal_K(P)$. Alors l'application $\mathcal{O} \mapsto P_{\mathcal{O}} := \prod_{x\in\mathcal{O}}(X - x)$ réalise une bijection de l'ensemble des orbites de R sous l'action de G sur l'ensemble des facteurs irréductibles unitaires de P dans $K[X]$.
En particulier, P est irréductible sur K si et seulement si G agit transitivement sur R.

Démonstration :

Soit $\mathcal{O}$ une orbite de R sous l'action de G. Pour tout $\sigma \in G$, on a

$$P_{\mathcal{O}} = \prod_{x\in\mathcal{O}}(X-x) = \prod_{x\in\mathcal{O}}(X-\sigma(x)),$$

donc d'après les relations coefficients-racines, les coefficients de $P_{\mathcal{O}}$ sont dans L^G, i. e. dans K, puisque, d'après le théorème 5.1.4, L est galoisienne sur K. Donc $P_{\mathcal{O}} \in K[X]$. Si $x \in \mathcal{O}$, le polynôme minimal P_x de x sur K est unitaire et a tous les éléments de $\mathcal{O}$ pour racines, donc $P_{\mathcal{O}} = P_x$, et $P_{\mathcal{O}}$ est irréductible, ce qui montre que l'application est bien définie.

Comme l'ensemble $R\,/\,G$ des orbites de R sous l'action de G forme une partition de R, on a

$$P = \prod_{x\in R}(X-x) = \prod_{\mathcal{O}\in R/G}\prod_{x\in\mathcal{O}}(X-x) = \prod_{\mathcal{O}\in R/G} P_{\mathcal{O}}.$$

Soient Q un facteur irréductible de P sur K, $x \in R$ une racine de Q, et $\mathcal{O}$ son orbite, alors Q est le polynôme minimal de x, donc tous les conjugués de x sont des racines de Q, i. e. $Q = \prod_{x\in\mathcal{O}}(X-x) = P_{\mathcal{O}}$. Enfin, si $P_{\mathcal{O}} = P_{\mathcal{O}'}$, et si $x \in \mathcal{O}$, alors x est racine de $P_{\mathcal{O}'}$, donc $x \in \mathcal{O}'$, et $\mathcal{O} = \mathcal{O}'$. Ainsi, l'application est bijective. ■

Corollaire 7.2.2

Soit $P \in \mathbb{Q}[X]$ un polynôme irréductible de degré p premier ayant exactement $p-2$ racines réelles. Alors $Gal_{\mathbb{Q}}(P) = \mathfrak{S}_p$.

Démonstration :

Le résultat est clair si $p = 2$. Supposons que $p \geq 3$. Comme P est irréductible, le groupe $Gal_{\mathbb{Q}}(P)$ agit transitivement sur l'ensemble des p racines de P d'après la proposition 7.2.1. Comme le cardinal de toute orbite divise l'ordre de $Gal_{\mathbb{Q}}(P)$, $|Gal_{\mathbb{Q}}(P)|$ est divisible par p. D'après le théorème de Cauchy, il existe un élément $\sigma \in Gal_{\mathbb{Q}}(P)$ d'ordre p. Cet élément est nécessairement un $p-$cycle. Or la conjugaison $\tau : z \mapsto \overline{z}$ est aussi dans $Gal_{\mathbb{Q}}(P)$, et c'est une transposition. Donc $Gal_{\mathbb{Q}}(P)$ contient $\langle\tau, \sigma\rangle$, i. e. $Gal_{\mathbb{Q}}(P) = \mathfrak{S}_p$. ■

7.3 Discriminant d'un polynôme

Soient K un corps, et $P \in K[X]$ un polynôme non nul de degré n et de coefficient dominant a_n. On définit

$$\delta(P) := a_n^{n-1} \prod_{1 \leq i < j \leq n} (x_i - x_j) \in L,$$

et

$$\Delta(P) := \delta(P)^2 = (-1)^{\frac{n(n-1)}{2}} a_n^{2n-2} \prod_{i \neq j} (x_i - x_j) \in L.$$

L'élément $\Delta(P)$ est appelé le *discriminant* de P. C'est un élément de K. En effet, si $\sigma \in \mathfrak{S}_n$, alors

$$\begin{aligned} \sigma \cdot \delta(P) &= \sigma \cdot \left(a_n^{n-1} \prod_{1 \leq i < j \leq n} (x_i - x_j) \right) = a_n^{n-1} \prod_{1 \leq i < j \leq n} (x_{\sigma(i)} - x_{\sigma(j)}) \\ &= \varepsilon(\sigma) a_n^{n-1} \prod_{1 \leq i < j \leq n} (x_i - x_j) = \varepsilon(\sigma)\delta(P), \end{aligned}$$

donc $\Delta(P)$ est invariant par $\mathfrak{S}_n$, donc par G, i. e. $\Delta(P) \in L^G$. Si P n'est pas séparable, $\Delta(P) = 0$. Si P est séparable, L est galoisienne sur K (théorème 5.1.4), donc $L^G = K$ et $\Delta(P) \in K$.

La proposition suivante fait le lien entre le discriminant et le résultant. Elle donne ainsi un moyen de calculer le discriminant d'un polynôme grâce à l'utilisation de l'algorithme énoncé à la suite de la proposition 2.3.1.

Proposition 7.3.1
Soient K un corps et $P \in K[X]$ un polynôme non nul de degré n et de coefficient dominant a_n. Alors $\Delta(P) = \frac{(-1)^{n(n-1)/2}}{a_n} R_X(P, P')$.

Démonstration :

On a $P = a_n \prod_{i=1}^{n}(X - x_i)$, donc $P' = a_n \sum_{i=1}^{n} \prod_{j \neq i}(X - x_j)$, donc

$$P'(x_k) = a_n \sum_{i=1}^{n} \prod_{j \neq i}(x_k - x_j) = a_n \prod_{j \neq k}(x_k - x_j).$$

Ainsi, $\prod_{j \neq k}(x_k - x_j) = \frac{1}{a_n^n} \prod_{k=1}^{n} P'(x_k)$, donc

$$\Delta(P) = (-1)^{\frac{n(n-1)}{2}} a_n^{2n-2} \prod_{i \neq j}(x_i - x_j) = (-1)^{\frac{n(n-1)}{2}} \frac{a_n^{2n-2}}{a_n^n} \prod_{k=1}^{n} P'(x_k).$$

Or d'après la proposition 2.3.2, on a $\prod_{k=1}^{n} P'(x_k) = \frac{1}{a_n^n} R_X(P, P')$, donc

$$\Delta(P) = (-1)^{\frac{n(n-1)}{2}} \frac{1}{a_n} R_X(P, P'). \blacksquare$$

Proposition 7.3.2
Soient K un corps de caractéristique différente de 2, Ω une clôture algébrique de K, $P \in K[X]$ un polynôme séparable unitaire, et $G = Gal_K(P)$.
Alors $L^{G \cap \mathfrak{A}_n} = K(\delta)$.
D'où l'équivalence des trois assertions suivantes :

(i) *G est un sous-groupe de $\mathfrak{A}_n$.*

(ii) *$\delta(P)$ appartient à K.*

(iii) *$\Delta(P)$ est un carré dans K.*

Démonstration :

Comme δ est stable par toutes les permutations paires, $\delta(P)$ appartient à $L^{G \cap \mathfrak{A}_n}$. Donc $K \subset K(\delta(P)) \subset L^{G \cap \mathfrak{A}_n}$. Or $[K(\delta(P)) : K] = 1$ si $\delta(P) \in K$ et $[K(\delta(P)) : K] = 2$ sinon. Par ailleurs, d'après le théorème 5.3.1, on a $[L^{G \cap \mathfrak{A}_n} : K] = [G : G \cap \mathfrak{A}_n]$, et ce nombre vaut 1 si $G \subset \mathfrak{A}_n$, et 2 sinon. Si $G \subset \mathfrak{A}_n$, on en déduit que $L^{G \cap \mathfrak{A}_n} = K = K(\delta(P))$.

Sinon, il existe une permutation impaire $\sigma \in G$. Alors $\sigma(\delta(P)) = -\delta(P)$. Comme la caractéristique de K est différente de 2, $\delta(P)$ n'est pas dans K, donc $[K(\delta(P)) : K] = 2$. Or $[L^{G\cap\mathfrak{A}_n} : K] = 2$, donc $L^{G\cap\mathfrak{A}_n} = K(\delta(P))$. ■

Proposition 7.3.3
Soient K un corps, $p, q \in K$, n un entier supérieur ou égal à 2, et soit $P := X^n + pX + q$. Alors le discriminant de P est

$$\Delta(P) = (-1)^{\frac{n(n-1)}{2}} \left(n^n q^{n-1} + p^n (-1)^{n-1} (n-1)^{n-1}\right).$$

Démonstration :
Notons $x_1, \dots, x_n$ les racines de P dans une clôture algébrique de K, de sorte que l'on peut écrire $P = \prod_{j=1}^n (X - x_j)$. Posons $\eta := (-1)^{\frac{n(n-1)}{2}}$. D'après la démonstration de la proposition 7.3.1, on a

$$\begin{aligned}
\Delta(P) &= \eta \prod_{i\neq j}(x_i - x_j) = \eta \prod_{j=1}^{n} P'(x_j) = \eta \prod_{j=1}^{n} \left(n x_j^{n-1} - p\right) \\
&= \eta \frac{n^n}{\prod_{j=1}^n x_j} \prod_{j=1}^{n} \left(x_j^n + \frac{p}{n} x_j\right) = \eta \frac{n^n}{(-1)^n q} \prod_{j=1}^{n} \left(-q - p x_j + \frac{p}{n} x_j\right) \\
&= \eta \frac{n^n}{(-1)^n q} p^n \left(\frac{n-1}{n}\right)^n \prod_{j=1}^{n} \left(\frac{-q}{p\left(\frac{n-1}{n}\right)} - x_j\right) \\
&= \eta \frac{p^n}{(-1)^n q} (n-1)^n P\left(\frac{-q}{p\left(\frac{n-1}{n}\right)}\right) \\
&= \eta \frac{p^n}{(-1)^n q} (n-1)^n \left(\frac{(-q)^n}{\left(p\frac{n-1}{n}\right)^n} - \frac{q}{\frac{n-1}{n}} + q\right) \\
&= \eta \left(n^n q^{n-1} + p^n (-1)^{n-1} (n-1)^{n-1}\right),
\end{aligned}$$

ce qui termine la démonstration. ■

En particulier, $\Delta(X^2 + pX + q) = p^2 - 4q$ et $\Delta(X^3 + pX + q) = -4p^3 - 27q^2$.

Proposition 7.3.4
Soient K un corps et Ω une clôture algébrique de K.
Soient $P = X^3 + pX + q \in K[X]$ un polynôme irréductible et séparable de degré 3, et x_1, x_2, x_3 ses racines dans Ω. Alors le corps des racines de P sur K est $K[x_1, \delta(P)]$. Cette extension de K est de degré 3 si $\Delta(P)$ est un carré dans K, et de degré 6 dans le cas contraire.

Démonstration :
On a $\delta(P) = (x_1 - x_2)(x_1 - x_3)(x_2 - x_3)$. Le corps des racines de P est $K[x_1, x_2, x_3]$, et on a évidemment l'inclusion $K[x_1, \delta(P)] \subset K[x_1, x_2, x_3]$. Montrons que $K[x_1, \delta(P)] \supset K[x_1, x_2, x_3]$: comme P est irréductible sur K, $x_1 \neq 0$, et d'après les relations coefficients-racines, on a

$$x_2 + x_3 = \Sigma_1(x_1, x_2, x_3) - x_1 = -x_1$$

et

$$x_2 x_3 = \frac{1}{x_1}\Sigma_3(x_1, x_2, x_3) = -\frac{q}{x_1}.$$

Ainsi $(x_1 - x_2)(x_1 - x_3) = 2x_1^2 - \frac{q}{x_1}$. De plus, P est séparable, donc $\delta(P) \neq 0$, et le nombre

$$(x_2 - x_3) = \frac{\delta(P)}{(x_1 - x_2)(x_1 - x_3)} = \frac{\delta(P)}{2x_1^2 - \frac{q}{x_1}}$$

appartient à $K[x_1, \delta(P)]$. Or $x_2 + x_3 (= -x_1)$ est aussi dans $K[x_1, \delta(P)]$, donc x_2 et x_3 appartiennent à $K[x_1, \delta(P)]$.
Comme P est irréductible sur K, on a $[K[a] : K] = 3$, et ce nombre divise $[K(a, d) : K]$. Si $\delta(P)$ est dans K, on a $[K(a, d) : K] = 3$. Sinon, on a $[K(d) : K] = 2$, et ce nombre divise $[K(a, d) : K]$, donc $[K(a, d) : K]$ est divisible par 6, et on a $[K(a, d) : K] = |Gal_K(P)|$ (théorème 5.1.4). Comme $Gal_K(P)$ est un sous-groupe de $\mathfrak{S}_3$, on a $[K(a, d) : K] = 6$. ∎

7.4 Equations résolubles par radicaux

Nous pouvons maintenant définir les équations résolubles par radicaux, et énoncer le théorème fondamental relatif à celles-ci.

Définition 7.4.1
Soient K un corps, et $P \in K[X]$ un polynôme séparable. L'équation $P(x) = 0$ est dite résoluble par radicaux sur K s'il existe une suite finie d'extensions $K = K_0 \subset \cdots \subset K_r$ telle que pour tout $j \in [\![1, r]\!]$, K_j soit radicale sur K_{j-1}, et telle que P soit scindé sur K_r.

Théorème 7.4.2 (Galois)
Soient K un corps de caractéristique nulle, et $P \in K[X]$ un polynôme séparable. Alors l'équation $P(x) = 0$ est résoluble par radicaux sur K si et seulement si $Gal_K(P)$ est un groupe résoluble.

Démonstration :
Soit P un polynôme séparable. Notons N le corps de décomposition de P sur K, et fixons une clôture algébrique Ω de K. Notons $a_1, \ldots, a_r$ les racines distinctes de P dans Ω.

• Condition nécessaire : supposons que l'équation $P(x) = 0$ est résoluble par radicaux, et montrons que le groupe $Gal_K(P)$ est résoluble. Par hypothèse, il existe une suite d'extensions

$$K_0 := K \subset \cdots \subset K_j := K[a_1, \ldots, a_j] \subset \cdots \subset K_r := L = K[a_1, \ldots, a_r],$$

telle que $N \subset L$ et pour tout $j \in [\![1, r]\!]$, il existe $n_j \in \mathbb{N}^\times$ tel que $a_j^{n_j} \in K_{j-1}$. Raffinons progressivement cette tour de corps.

— Soient $n := \bigvee_{j=1}^{r} n_j$, et ω une racine primitive n−ème de l'unité dans Ω (une telle racine existe bien d'après le lemme 6.1.2). On définit alors une nouvelle tour de corps

$$\begin{aligned} &K'_0 := K \subset K'_1 := K[\omega] \subset K'_2 := K[\omega, a_1] \subset \ldots \\ &\qquad \cdots \subset K'_j := K[\omega, a_1, \ldots, a_{j-1}] \subset \cdots \subset K'_{r+1} := L' = K[\omega, a_1, \ldots, a_r]. \end{aligned}$$

Montrons que K'_{j+1} est une extension normale de K'_j. Les racines du polynôme $Q_1 := X^n - 1$ sont les ω^k pour $k \in [\![0, n-1]\!]$, donc K'_1 est le corps de décomposition de Q_1 sur K'_0. Soient maintenant $j \in [\![1, r]\!]$, et $Q_{j+1} := X^{n_j} - a_j^{n_j}$. L'ordre de $\omega_j := \omega^{\frac{n}{n_j}}$ est n_j, donc ω_j est une racine primitive n_j−ème de 1. Les racines de Q_{j+1} sont alors les nombres $a_j\omega_j^k$ pour $k \in [\![0,\, n_j - 1]\!]$. Donc K_{j+1} contient le corps de décomposition de Q_{j+1} sur K_j. Or a_j est une racine de Q_{j+1}, donc le corps de décomposition de Q_{j+1} sur K_j contient K_{j+1}. Ainsi, K_{j+1} est le corps de décomposition de Q_{j+1} sur K_j, donc K'_{j+1} est une extension normale de K'_j. En revanche, l'extension L' n'est pas forcément normale sur K. Nous allons donc lui ajouter les conjugués de ses éléments.

— Pour $j \in [\![1,\, r]\!]$, soient P_j le polynôme minimal de a_j sur K, et m_j son degré. On note $a_{j,1} := a_j,\, a_{j,2}, \ldots,\, a_{j,m_j}$ les conjugués de a_j (i. e. les racines de P_j dans Ω), et on pose, pour tout $i \in [\![1,\, m_j]\!]$,

$$C_i(a_j) := \{a_{j,1},\, a_{j,2}, \ldots,\, a_{j,i}\},$$

et $C_0(a_j) = \emptyset$. L'extension $L'' := K[\omega,\, \bigcup_{j=1}^r C_{m_j}(a_j)]$ est alors une extension normale de K (comme corps de décomposition de $(X^n - 1)\prod_{j=1}^r P_j$ sur K). Nous allons montrer que L'' est le dernier terme d'une suite d'extensions radicales de K : définissons la tour de corps

$$K''_0 := K \subset K''_1 \subset \cdots \subset K''_s := L''$$

représentée ci-dessous (attention, les flèches représentent ici des *inclusions*), et montrons qu'elle est formée d'extensions radicales.

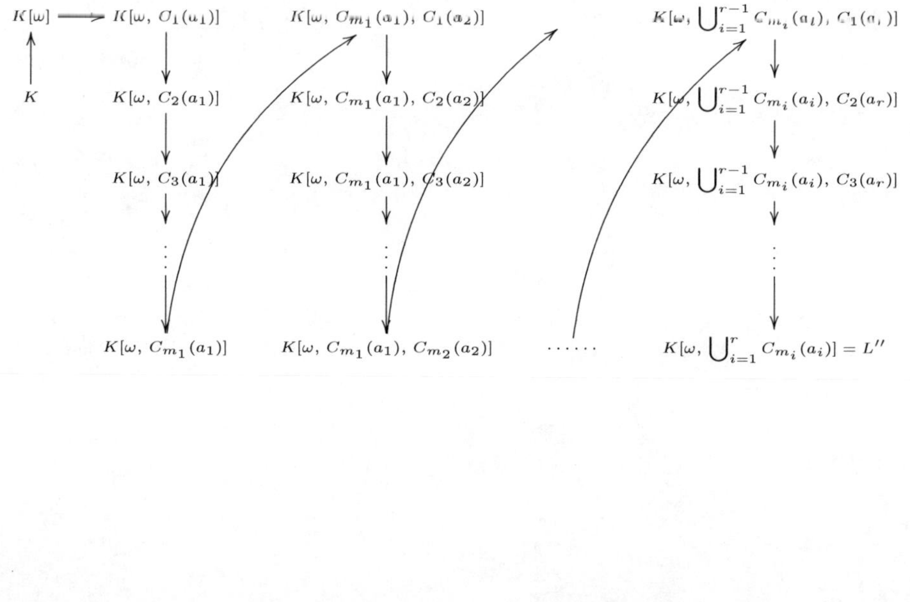

Tout d'abord, l'extension $K[\omega]$ est clairement radicale sur K. Par hypothèse sur a_1, on a ensuite $a_1^{n_1} \in K$, de sorte que $K[\omega, C_1(a_1)] = K[\omega][a_1]$ est radicale sur $K[\omega]$. Il suffit alors de montrer que pour tout $j \in [\![1, r]\!]$, pour tout $i \in [\![1, m_j]\!]$ le nombre $a_{j,i}^{n_j}$ appartient à $K[\omega, \bigcup_{i=1}^{j-1} C_{m_i}(a_i)]$ (notons que pour $j = 1$, on a $K[\omega, \bigcup_{i=1}^{j-1} C_{m_i}(a_i)] = K[\omega]$).
Comme $a_{j,i}$ est un conjugué de a_j sur K, il existe un $K-$morphisme σ de $K[a_j]$ dans Ω tel que $a_{j,j} = \sigma(a_j)$. D'après la proposition 3.2.5, σ se prolonge en un $K-$morphisme $\sigma' : K[\omega, \bigcup_{i=1}^{j-1} C_{m_i}(a_i)] \to \Omega$ tel que $a_{j,j} = \sigma'(a_j)$. Or $K[\omega, \bigcup_{i=1}^{j-1} C_{m_i}(a_i)]$ est le corps de décomposition de $(X^n - 1)\prod_{i=1}^{j-1} P_i$ sur K, donc c'est une extension normale sur K. Par hypothèse, on a $a_j^{n_j} \in K_{j-1}$, donc $a_j^{n_j} \in K[\omega, \bigcup_{i=1}^{j-1} C_{m_i}(a_i)]$. Or $a_{j,i}^{n_j} = (\sigma'(a_j))^{n_j} = \sigma'(a_j^{n_j})$, donc $a_{j,i}^{n_j}$ et $a_j^{n_j}$ sont conjugués sur K, et d'après le théorème 4.1.1, on a $a_{j,i}^{n_j} \in K[\omega, \bigcup_{i=1}^{j-1} C_{m_i}(a_i)]$.

— D'après les propositions 6.1.3 et 6.1.7, l'extension $K[\omega]$ est une extension abélienne de K et l'extension

$$K[\omega, \bigcup_{k=1}^{j-1} C_{m_k}(a_k), C_i(a_j)] = K[\omega, \bigcup_{k=1}^{j-1} C_{m_k}(a_k), C_{i-1}(a_j)][a_{j,i}]$$

est une extension cyclique de $K[\omega, \bigcup_{k=1}^{j-1} C_{m_k}(a_k), C_{i-1}(a_j)]$, car cette dernière contient une racine n_j-ème de l'unité. Ainsi, la tour de corps

$$K_0'' := K \subset K_1'' \subset \cdots \subset K_s'' := L''$$

que l'on vient de construire est telle que pour tout $j \in [\![1, s]\!]$, l'extension K_j'' est une extension radicale et abélienne de K_{j-1}'', et L'' est une extension normale de K, donc galoisienne puisque K est un corps parfait.

— Pour $j \in [\![0, s]\!]$, posons $G_j := Gal(L''|K_j'')$. Alors d'après le théorème fondamental de la théorie de Galois (théorème 5.3.1) on a

$$\{e\} = G_s \subset \cdots \subset G_1 \subset G_0 = Gal(L''|K).$$

Pour tout $j \in [\![1, s]\!]$ $K_j'' = L''^{Gal(L''|K_j'')}$ est galoisienne sur K_{j-1}'', donc d'après le théorème 5.3.1, le groupe $G_j = Gal(L''|K_j'')$ est distingué dans $G_{j-1} = Gal(L''|K''_{j-1})$, et on a $G_{j-1} / G_j \simeq Gal(K''_j|K''_{j-1})$. Ainsi, G_{j-1} / G_j est un groupe cyclique, donc abélien. Donc le groupe $Gal(L''|K)$ est résoluble (proposition 7.1.4). L'extension L'' est galoisienne sur N, donc toujours d'après le théorème 5.3.1, on a

$$Gal(N|K) = Gal(L''^{Gal(L''|N)}|K) \simeq Gal(L''|K) / Gal(L''|N).$$

Ainsi, $Gal(N|K)$ est un quotient d'un groupe résoluble, et d'après la proposition 7.1.5, $Gal_K(P) = Gal(N|K)$ est résoluble.

• Condition suffisante : supposons que $Gal_K(P) = Gal(N|K)$ est résoluble, et montrons que l'équation $P(x) = 0$ est résoluble par radicaux.

— Soient $n := |Gal_K(P)|$, et $\omega \in \Omega$ une racine primitive $n-$ème de 1 (elle existe d'après le lemme 6.1.2). Le morphisme de restriction

$$Gal(N(\omega)|K(\omega)) \to Gal(N|K)$$

défini par $\sigma \mapsto \sigma_{|N}$ est injectif, car si $\sigma_{|N} = \sigma'_{|N}$, alors comme σ et σ' fixent $K(\omega)$, on a $\sigma(\omega) = \omega = \sigma'(\omega)$, donc $\sigma = \sigma'$. Ainsi, le groupe $G := Gal(N(\omega)|K(\omega))$ est résoluble (proposition 7.1.5). D'après la proposition 7.1.6, il existe une suite de groupes $\{e\} = G_r \subset \cdots \subset G_0 = G$, telle que pour tout $j \in [\![1, r]\!]$, G_j est distingué dans G_{j-1} et G_{j-1} / G_j est cyclique d'ordre premier p_j. Posons alors $K_j := N^{G_j}$, de sorte que $K_0 = N^G = K(\omega)$.

— L'extension $N' := N(\omega)$ est normale sur $K' := K(\omega)$ comme corps de décomposition sur K' du polynôme P, et elle est séparable car K' est un corps parfait, donc N' est une extension galoisienne de K' et on a $N'^G = K'$. Soit $j \in [\![1, r]\!]$. D'après le théorème d'Artin 5.2.1, N' est galoisienne sur $N'^{G_{j-1}}$, et $Gal(N'|N'^{G_{j-1}}) = G_{j-1}$. Or G_j est distingué dans G_{j-1}, donc d'après le théorème 5.3.1, $K_j = N'^{G_j}$ est galoisienne sur $K_{j-1} = N'^{G_{j-1}}$, et on a

$$Gal(K_j|K_{j-1}) \simeq Gal(N'|K_{j-1}) / Gal(N'|K_j) \simeq G_{j-1} / G_j \simeq \mathbb{Z} / p_j\mathbb{Z}.$$

Ainsi, $Gal(K_j|K_{j-1})$ est un groupe cyclique d'ordre premier, et K_j est une extension cyclique de K_{j-1}. Par multiplicativité du degré, et comme $[N' : K'] = |Gal(N'|K')|$ divise $|Gal(N|K)| = n$, p_j divise aussi n, donc K_{j-1} contient une racine primitive p_j-ème de 1. Donc d'après la proposition 6.1.8, K_j est une extension radicale de K_{j-1}. Or K' est également une extension radicale de K, et N est inclus dans N', donc la tour de corps $K \subset K' = K_0 \subset K_1 \subset \cdots \subset K_r = N'$ montre que l'équation $P(x) = 0$ est résoluble par radicaux. ■

Corollaire 7.4.3
Soit $P \in \mathbb{Q}[X]$ un polynôme irréductible de degré p premier ayant exactement $p-2$ racines réelles. Si $p \geq 5$, alors l'équation $P(x) = 0$ n'est pas résoluble par radicaux.

Démonstration :
D'après le corollaire 7.2.2, on a $Gal_{\mathbb{Q}}(P) = \mathfrak{S}_p$. Or si $p \geq 5$, $\mathfrak{S}_p$ n'est pas résoluble, car il contient $\mathfrak{A}_p$ qui est simple et non abélien, donc non résoluble. D'après le théorème 7.4.2, l'équation $P(x) = 0$ n'est pas résoluble par radicaux. ■

Nous nous intéressons maintenant à l'équation générique de degré n sur un corps, et nous allons montrer que le groupe de Galois de cette équation est le groupe symétrique $\mathfrak{S}_n$. Soient donc k un corps, et $T_0, \ldots, T_{n-1}$ des indéterminées sur k. On définit alors $K := k(T_0, \ldots, T_{n-1})$ le corps des fractions rationnelles en les indéterminées $T_0, \ldots, T_{n-1}$, et le polynôme

$$f(X) := X^n + T_{n-1}X^{n-1} + \cdots + T_1 X + T_0,$$

appelé polynôme générique de degré n. L'équation $f(x) = 0$ est appelée équation générique de degré n sur K.

Théorème 7.4.4 (Abel-Galois)
Avec les notations ci-dessus, le polynôme f est séparable sur K, et on a $Gal_K(f) = \mathfrak{S}_n$.
Si de plus la caractéristique de k est nulle, alors l'équation $f(x) = 0$ est résoluble par radicaux si et seulement si $n \leq 4$.

Démonstration :
Notons $x_1, \ldots, x_n$ les racines de f dans une clôture algébrique de K. D'après les relations coefficients-racines, on a, pour $p \in [\![0, n-1]\!]$,

$$T_p = (-1)^{n-p}\Sigma_{n-p}(x_1, \ldots, x_n).$$

Les éléments $x_1, \ldots, x_n$ sont algébriquement indépendants sur k, i. e. le morphisme de $k-$algèbres

$$P(X_1, \ldots, X_n) \mapsto P(x_1, \ldots, x_n)$$

réalise un isomorphisme de $k[X_1, \ldots, X_n]$ sur $k[x_1, \ldots, x_n]$. En effet, supposons le contraire : il existe alors un polynôme $P \neq 0$ tel que $P(x_1, \ldots, x_n) = 0$. Soit

$$Q := \prod_{\sigma \in \mathfrak{S}_n} P(X_{\sigma(1)}, \ldots, X_{\sigma(n)}).$$

Alors $Q \neq 0$ et $Q(x_1, \ldots, x_n) = 0$. Comme Q est symétrique, il existe un polynôme $\varphi \in k[X_1, \ldots, X_n]$ tel que $Q = \varphi(\Sigma_1, \ldots, \Sigma_n)$. Alors $\varphi \neq 0$, et

$$\varphi(\Sigma_1(x_1, \ldots, x_n), \ldots, \Sigma_n(x_1, \ldots, x_n)) = 0,$$

i. e $\varphi(-T_{n-1}, \ldots, (-1)^n T_0) = 0$. C'est absurde car les éléments $T_0, \ldots, T_n$ sont par définition algébriquement indépendants sur k. Donc les éléments $x_1, \ldots, x_n$ sont tous distincts, ce qui montre que f est séparable sur K. Le corps de décomposition de f sur K est $K(x_1, \ldots, x_n)$, i. e. $k(x_1, \ldots, x_n)$, d'après les relations coefficients-racines. De plus,

$$\begin{aligned} k(x_1, \ldots, x_n)^{\mathfrak{S}_n} &= k(X_1, \ldots, X_n)^{\mathfrak{S}_n} = k(\Sigma_1, \ldots, \Sigma_n) \\ &= k(T_0, \ldots, T_{n-1}) = K. \end{aligned}$$

Donc d'après le théorème d'Artin 5.2.1, $k(x_1, \ldots, x_n)$ est galoisienne sur K, et

$$Gal(k(x_1, \ldots, x_n)|K) = \mathfrak{S}_n, \text{ i. e. } Gal_K(f) = \mathfrak{S}_n.$$

Enfin, comme f est séparable sur K et unitaire, et comme $\mathfrak{S}_n$ agit transitivement sur l'ensemble $\{x_1, \ldots, x_n\}$ des racines de f, f est irréductible sur K d'après la proposition 7.2.1.
Si k est maintenant un corps de caractéristique nulle, alors le théorème 7.4.2 montre que l'équation $f(x) = 0$ est résoluble par radicaux si et seulement si $\mathfrak{S}_n$ est résoluble, i. e. si $n \leq 4$. ■

7.5 Sous-groupes transitifs de $\mathfrak{S}_p$ et applications

Soient K un corps de caractéristique nulle, p un nombre premier, et P un polynôme irréductible de degré p sur K. D'après la proposition 7.2.1, $Gal_K(P)$ est un sous-groupe *transitif* de $\mathfrak{S}_p$. Le lemme suivant donne plusieurs caractérisations des sous-groupes transitifs résolubles du groupe symétrique $\mathfrak{S}_p$ pour p premier. Il nous servira pour la démonstration du théorème 7.5.2.

Donnons un exemple classique de sous-groupe transitif de $\mathfrak{S}_p$: les transformations affines de K sont les applications de K dans K définies par

$$x \mapsto ax + b$$

avec $a \in K^{\times}$ et $b \in K$. L'ensemble de ces transformations forme un groupe pour la composition, appelé *groupe affine* de K, et noté $Aff(K)$. Le sous-groupe T des translations $x \mapsto x+b$ est un sous-groupe distingué de $Aff(K)$, isomorphe au groupe additif de K. Le sous-groupe H des homothéties $x \mapsto ax$ est un sous-groupe (non distingué) de $Aff(K)$, isomorphe au groupe multiplicatif $K^{\times}$. Comme $T \cap H = \{id_K\}$, on a $Aff(K) = T \rtimes H$, donc $Aff(K)$ est résoluble (T et $Aff(K)\,/\,T$ sont abéliens).
En particulier, pour $K = \mathbb{F}_p$, $Aff(\mathbb{F}_p)$ est un groupe résoluble d'ordre $p(p-1)$ qui est un sous-groupe transitif de $\mathfrak{S}_p$. Nous allons voir dans le lemme 7.5.1 que tout sous-groupe transitif de $\mathfrak{S}_p$ est isomorphe à un sous-groupe de $Aff(\mathbb{F}_p)$.

Lemme 7.5.1 (Galois)
Soient p un nombre premier, et G un sous-groupe transitif du groupe symétrique $\mathfrak{S}_p$. Alors il y a équivalence entre les quatre assertions suivantes :

(i) *G est résoluble.*

(ii) *G contient un sous-groupe (transitif) T distingué dans G d'ordre p (et T est son propre centralisateur dans G).*

(iii) *G est isomorphe à un sous-groupe du groupe affine $Aff(\mathbb{F}_p)$ (qui contient les translations).*

(iv) *Toute permutation $\tau \in G \setminus \{id\}$ fixe au plus un élément.*

Démonstration :
(i)⇒(ii) Comme G est résoluble, G contient un sous-groupe abélien non trivial N distingué dans G. Alors l'unique $p-$sous-groupe de Sylow T de N est d'ordre p. Or pour tout $x \in G$, on a $xTx^{-1} \subset N$, donc par unicité, $xTx^{-1} = T$, et T est distingué dans G. Comme T est de cardinal p, il existe un élément σ d'ordre p tel que $T = \langle\sigma\rangle$. L'élément σ est donc un $p-$cycle. Soient $C_G(T)$ l'ensemble des éléments qui commutent avec tous les éléments de T, et $C_G(\sigma)$ le centralisateur de σ dans G. Alors on a $C_G(T) = C_G(\sigma) = \langle\sigma\rangle = T$ (le centralisateur d'un $p-$cycle est l'ensemble des puissances de ce $p-$cycle).

(ii)⇒(iii) Comme $T = \langle\sigma\rangle$ est distingué dans G, pour tout $\tau \in G$, il existe un unique $i \in [\![1, p-1]\!]$ tel que $\tau\sigma\tau^{-1} = \sigma^i$. L'application $\tau \mapsto \overline{i}$ de G dans $\mathbb{F}_p^\times$ est alors un morphisme de groupes de noyau $C_G(\sigma) = \langle\sigma\rangle = T$. Considérons maintenant l'action de G sur $\mathbb{F}_p := \{\overline{0}, \dots, \overline{p-1}\}$ définie par $\sigma(\overline{x}) = \overline{x+1}$. Alors pour tout $\tau \in G$, $\tau\sigma(\overline{x}) = \sigma^i\tau(\overline{x}) = \tau(\overline{x}) + \overline{i}$. Donc pour $\overline{x} = \overline{0}$, on a $\tau(\overline{1}) = \tau(\overline{0}) + \overline{i}$, et par récurrence sur n, $\tau(\overline{n}) = \tau(\overline{0}) + \overline{in}$. Donc G est formé de transformations affines de $\mathbb{F}_p$, et G contient T qui est l'ensemble des translations.

(iii)⇒(i) Le groupe $Aff(\mathbb{F}_p)$ est résoluble, donc chacun de ses sous-groupes est résoluble.

(iii)⇒(iv) Soit $\tau \in Aff(\mathbb{F}_p)$ une permutation qui fixe au moins deux éléments : il existe x, y tels que $\tau(x) = x$ et $\tau(y) = y$. Comme τ est de la forme $\tau : z \mapsto az+b$, on a $a(x-y) = x-y$, donc $a = 1$, et $b = 0$, d'où $b = id$.

(iv)⇒(ii) Pour $\sigma \in G$, on note $Fix(\sigma) := \{x \in [\![1, p]\!] \ / \ \sigma(x) = x\}$. Soit r (resp. s) le nombre de permutations de G qui fixent un unique élément (resp. aucun élément). Alors $|G| = 1 + r + s$. Or G est transitif, donc d'après la formule de Burnside, on a

$$|G| = \sum_{\sigma \in G} |Fix(\sigma)|.$$

D'où $|G| = r + p$, et ainsi $s = p - 1$. Soit $\tau \in G$ un élément d'ordre p, i. e.

un $p-$cycle, et soit $T := \langle \tau \rangle$. Alors $T \setminus \{id\}$ est l'ensemble des permutations de G qui ne fixent aucun élément. Donc pour tout $\sigma \in T \setminus \{id\}$, pour tout $\rho \in G$, on a $\rho\tau\rho^{-1} \in T \setminus \{id\}$. Ainsi, T est distingué dans G : sinon, il existerait $\rho \in G$ et x tels que $\rho\tau\rho^{-1}(x) = x$, i. e. $\tau(\rho^{-1}(x)) = \rho^{-1}(x)$. ■

Théorème 7.5.2 (Galois)
Soient K un corps de caractéristique nulle, $P \in K[X]$ un polynôme irréductible de degré p premier, et L son corps de décomposition dans une clôture algébrique Ω de K. Alors l'équation $P(x) = 0$ est résoluble par radicaux si et seulement si pour tout couple (α, β) de racines distinctes de P dans Ω, on a $L = K(\alpha, \beta)$.
Dans ce cas, il existe une sous-extension E de L qui est cyclique sur K, et telle que $[L : E] = p$ et $[E : K]$ divise $p - 1$. De plus, toute sous-extension stricte E' de L qui est galoisienne sur K est contenue dans E. L'extension E est donc la plus grande sous-extension stricte de L.

Démonstration :
• Comme P est séparable, d'après le théorème 7.4.2, l'équation $P(x) = 0$ est résoluble par radicaux si et seulement si $G := Gal_K(P) = Gal(L|K)$ est résoluble. Or G est un sous-groupe transitif de $\mathfrak{S}_p$ (proposition 7.2.1), donc d'après le lemme 7.5.1, l'équation $P(x) = 0$ est résoluble par radicaux si et seulement si tout élément $\tau \in G \setminus \{id\}$ fixe au plus une racine de P.

• Condition nécessaire : supposons que l'équation $P(x) = 0$ est résoluble par radicaux. Soient α, β deux racines distinctes de P. D'après le premier point, le groupe $Gal(L|K(\alpha, \beta))$ est réduit au neutre, donc d'après le théorème 5.3.1, $L = K(\alpha, \beta)$.

• Condition suffisante : supposons que pour tout couple (α, β) de racines distinctes de P dans Ω, on ait $L = K(\alpha, \beta)$. Soit $\tau \in G \setminus \{id\}$ un élément qui fixe au moins deux racines distinctes α, β de P. Alors τ fixe tous les éléments de $K(\alpha, \beta)$, i. e. τ fixe tous les éléments de L, i. e. τ est l'identité de L. D'après le premier point, l'équation $P(x) = 0$ est résoluble par radicaux.

• D'après la démonstration du lemme 7.5.1, il existe un sous-groupe cyclique T d'ordre p (T est le sous-groupe des translations du groupe affine) tel que $G\,/\,T$ soit isomorphe à un sous-groupe de $\mathbb{F}_p^\times$. Donc $G\,/\,T$ est cyclique et a pour ordre un diviseur de $p-1$. Soit $E := L^T$. Comme T est distingué dans G, E est galoisienne sur K d'après la correspondance de Galois 5.3.1. Et comme $G\,/\,T$ est un groupe cyclique d'ordre un diviseur de $p-1$, E est une extension cyclique et $[E:K]$ est un diviseur de p. Enfin, on a $[L:E] = |T| = p$.

• Soit E' une sous-extension stricte de L qui est galoisienne sur K, montrons que E' est incluse dans E. Le groupe $G' := Gal(L|E')$ est distingué dans G, donc G' est transitif (comme sous-groupe d'un groupe transitif). Donc le cardinal de l'ensemble des racines de P sur lequel G agit, i. e. p, est un diviseur de $|G'|$. Montrons par l'absurde que $T \subset G'$. Si T n'est pas inclus dans G', l'intersection $G' \cap T$ est réduite au neutre car $|T| = p$ est un nombre premier. Alors selon la formule du produit semi-direct, $|\langle G', T\rangle| = |T| \cdot |G'| = p|G'|$, donc $|\langle G', T\rangle|$ est divisible par p^2. Comme $\langle G', T\rangle$ est un sous-groupe de $\mathfrak{S}_p$, le nombre $|\mathfrak{S}_p| = p!$ est divisible par p^2, ce qui est absurde. Donc $T \subset G'$. Selon le théorème 5.3.1, on a $E' \subset E$. ■

7.6 Détermination du groupe de Galois d'un polynôme

Nous donnons maintenant un théorème de Van der Waerden qui permet de déterminer le groupe de Galois d'un polynôme en utilisant les réductions de ce polynôme modulo des nombres premiers. Une des clés de la démonstration est de faire intervenir un anneau pour utiliser des idéaux. Un exemple illustrera ce résultat.

7.6.1 Théorème de Van der Waerden

Théorème 7.6.1 (Van der Waerden)
Soient $f \in \mathbb{Z}[X]$ un polynôme unitaire de degré n, et p un nombre pre-

mier. Notons $\overline{f} = g_1 \dots g_s$ *la réduction de* f *modulo* p*, et* $n_1, \dots, n_s$ *les degrés des facteurs irréductibles* $g_1, \dots, g_s$ *de* $\overline{f}$ *sur* $\mathbb{F}_p$*. Si* $\overline{f}$ *est séparable, alors le groupe* $Gal_{\mathbb{Q}}(f)$ *contient un produit (commutatif) de cycles disjoints* $\sigma_1, \dots, \sigma_s$ *d'ordres respectifs* $n_1, \dots, n_s$*.*

Démonstration :

• Par hypothèse, $\overline{f}$ et $\overline{f}' = \overline{f'}$ sont premiers entre eux dans $\mathbb{F}_p[X]$, donc f et f' sont premiers entre eux dans $\mathbb{Z}[X]$, donc dans $\mathbb{Q}[X]$. Ainsi, f est séparable sur $\mathbb{Q}$. Soient $x_1, \dots, x_n$ les racines distinctes de f dans $\mathbb{C}$. Soit $L = \mathbb{Q}[x_1, \dots, x_n]$ le corps de décomposition de f sur $\mathbb{Q}$. On note

$$G := Gal_{\mathbb{Q}}(f) = Gal(L|K),$$

et on identifie ce groupe à un sous-groupe de $\mathfrak{S}_n$. Considérons $X_1, \dots, X_n$ des indéterminées sur $\mathbb{Q}$, et notons

$$E := \mathbb{Q}(X_1, \dots, X_n) \text{ et } F := L(X_1, \dots, X_n).$$

Le groupe $\mathfrak{S}_n$ agit sur F par $L-$automorphismes selon la formule $\sigma \cdot X_j = X_{\sigma(j)}$ pour $\sigma \in \mathfrak{S}_n$. Par ailleurs, comme G est le groupe de Galois de L sur $\mathbb{Q}$, G agit naturellement sur L, et cette action s'étend en une action de G sur F, si l'on pose $\sigma(X_j) = X_j$.

• Montrons que l'extension F de E est galoisienne sur E et que $Gal(F|E)$ est égal à G. On a déjà $E \subset F^G$. Montrons que $F^G \subset E$. Soient $R := P/Q \in F^G$, avec $P, Q \in L[X_1, \dots, X_n]$, et $T := \prod_{\sigma \in G} \sigma(Q)$. Alors pour tout $\tau \in G$, on a $\tau(T) = T$, donc d'après les relations coefficients-racines, les coefficients de T sont dans L^G, donc T appartient à $\mathbb{Q}[X_1, \dots, X_n]$. Comme P/Q est dans F^G, tous ses coefficients appartiennent à L^G, donc ceux de

$$P \prod_{\sigma \in G \setminus \{id\}} \sigma(Q) = \frac{P}{Q} T$$

aussi, ainsi que ceux de

$$R = P \prod_{\sigma \in G \setminus \{id\}} \sigma(Q) \Big/ \prod_{\sigma \in G} \sigma(Q).$$

Donc $R \in E$ et $E = F^G$. Par le théorème 5.2.1 d'Artin, on en déduit que F est galoisienne sur E, avec $Gal(F|E) = G$.

• On définit $\theta := \sum_{j=1}^n x_j X_j \in F$ et $\Phi := \prod_{\sigma\in G}(X - \sigma(\theta))$. On a alors, pour tout $\sigma \in G$,

$$\sigma(\theta) = \sum_{j=1}^n \sigma(x_j) X_j = \sum_{j=1}^n x_{\sigma(j)} X_j = \sum_{j=1}^n x_j X_{\sigma^{-1}(j)} = \sigma^{-1}\cdot\theta. \qquad (7.1)$$

Les coefficients de Φ sont dans $L[X_1, \ldots, X_n]$, donc dans F. Or pour tout $\tau \in G$, on a

$$\tau(\Phi) = \tau\left(\prod_{\sigma\in G}(X - \sigma(\theta))\right) = \prod_{\sigma\in G}(X - \tau\circ\sigma(\theta)) = \prod_{\sigma\in G}(X - \sigma(\theta)) = \Phi,$$

donc d'après les relations coefficients-racines, les coefficients de Φ sont dans L^G. Comme F est galoisienne sur E, on a $F^G = E$ d'après le théorème 5.1.2, donc les coefficients de G sont dans E, donc dans $\mathbb{Q}[X_1, \ldots, X_n]$.

• Soient $A = \mathbb{Z}[x_1, \ldots, x_n]$ le plus petit sous-anneau de $\mathbb{C}$ contenant les éléments $x_1, \ldots, x_n$. Comme f est unitaire à coefficients dans $\mathbb{Z}$, A est un groupe additif de type fini : en effet, à partir d'un certain rang, les puissances s'expriment à partir des puissances précédentes (on a par exemple $x_1 = -\sum_{j=0}^{n-1} a_j x_1^j$, et les autres s'en déduisent par récurrence). Donc $A \cap \mathbb{Q}$ est un groupe additif de type fini comme sous-groupe d'un groupe additif de type fini.

• Montrons que $A \cap \mathbb{Q} = \mathbb{Z}$. On a déjà $A \cap \mathbb{Q} \supset \mathbb{Z}$. Il reste à montrer que $A \cap \mathbb{Q} \subset \mathbb{Z}$: pour cela, considérons l'ensemble

$$I := \{\lambda \in \mathbb{Z} \ / \ \lambda(A \cap \mathbb{Q}) \subset \mathbb{Z}\}.$$

C'est un idéal non nul de $\mathbb{Z}$. En effet, si $a_1, \ldots, a_r$ sont des générateurs de $A \cap \mathbb{Q}$, on peut écrire $a_j = \frac{p_j}{q_j}$. En prenant $\lambda = \bigvee_{j=1}^r q_j$, on a $\lambda a_j \in \mathbb{Z}$ pour tout $j \in [\![1, r]\!]$, donc $\lambda(A \cap \mathbb{Q}) \subset \mathbb{Z}$. Il existe $\mu \in \mathbb{Z}^\times$ tel que $I = \mu\mathbb{Z}$. Alors $\mu(A \cap \mathbb{Q}) \subset I = \mu\mathbb{Z}$: en effet, si $a \in A \cap \mathbb{Q}$, alors on a l'inclusion

$\mu a(A\cap\mathbb{Q}) \subset \mu(A\cap\mathbb{Q})$, or $\mu \in I$, donc par définition de I, $\mu(A\cap\mathbb{Q}) \subset \mathbb{Z}$, ce qui montre que $\mu a \in I$. Donc $A\cap\mathbb{Q} \subset \mathbb{Z}$, d'où $A\cap\mathbb{Q} = \mathbb{Z}$. En particulier, p n'est pas inversible dans A, donc il existe un idéal maximal M de A contenant p. Alors $M \cap \mathbb{Z} = \mathbb{Z}p$. Comme M est maximal, $\overline{A} := A\,/\,M$ est un corps, et on a $\overline{A} = \mathbb{F}_p[\overline{x_1}, \dots, \overline{x_n}]$, donc $\overline{A}$ est le corps de décomposition de $\overline{f} = \prod_{j=1}^n (X - \overline{x_j})$.

• D'après le troisième point, les coefficients de $\Phi := \prod_{\sigma\in G}(X - \sigma(\theta))$ sont dans $\mathbb{Q}[X_1, \dots, X_n] \cap A[X_1, \dots, X_n] = \mathbb{Z}[X_1, \dots, X_n]$. Or θ est racine de Φ, donc $\overline{\theta} = \sum_{j=1}^n \overline{x_j} X_j$ est racine du polynôme

$$\overline{\Phi} = \prod_{\sigma\in G} (X - \sigma \cdot \overline{\theta})$$

qui est à coefficients dans $\mathbb{F}_p[X_1, \dots, X_n]$.
Soit $\tau \in Gal_{\mathbb{Q}}(\overline{f}) \subset \mathfrak{S}_n$. Alors $\tau(\overline{\theta})$ est aussi racine de $\overline{\Phi}$, donc il existe $\sigma \in G$ tel que $\tau(\overline{\theta}) = \sigma \cdot \overline{\theta}$, d'où τ s'identifie comme élément de G à σ^{-1}, (formule 7.1). Ainsi, le groupe de Galois de $\overline{f}$ sur $\mathbb{F}_p$ s'injecte dans le groupe de Galois de f sur $\mathbb{Q}$. Or d'après la proposition 6.1.6, le groupe $Gal_{\mathbb{F}_p}(\overline{f})$ est cyclique. Soit $c : z \mapsto z^p$ un générateur de ce groupe. Notons $\overline{f} = g_1 \dots g_s$ la décomposition de $\overline{f}$ en facteurs irréductibles sur $\mathbb{F}_p$, et $n_j := \partial^\circ(g_j)$. Alors d'après la proposition 7.2.1, c s'identifie au produit de cycles disjoints d'ordres $n_1, \dots, n_s$,

$$\begin{aligned}&(1, 2, \dots, n_1)(n_1 + 1, n_1 + 2, \dots, n_1 + n_2) \dots \\ &\quad \dots (n_1 + \dots + n_{s-1} + 1, n_1 + \dots + n_{s-1} + 2, \dots, n_1 + \dots + n_{s-1} + n_s).\end{aligned}$$

En effet, chacun de ces facteurs est le polynôme minimal de ses racines, et c permute les racines. ■

Lemme 7.6.2
Soit G un sous-groupe transitif de $\mathfrak{S}_n$ qui contient une transposition et un $(n-1)-$cycle. Alors $G = \mathfrak{S}_n$.

Démonstration :
Quitte à renuméroter les éléments, on peut supposer que G contient

$\tau := (i, j)$ et $\rho := (2, \ldots, n)$. Comme G agit transitivement, il existe $\sigma \in G$ tel que $\sigma(i) = 1$. Alors $\tau' := \sigma\tau\sigma^{-1} = (1, \sigma(j)) \in G$, donc $\rho\tau'\rho^{-1} = (1, \sigma(j)+1) \in G$. Par conjugaisons successives par ρ, toutes les transpositions de la forme $(1, k)$ sont dans G. Comme elles engendrent $\mathfrak{S}_n$, on a $G = \mathfrak{S}_n$. ■

Donnons une application du théorème de Van der Waerden en déterminant le groupe de Galois du polynôme $P := X^4 + X^3 + 3$. Modulo 5, on a $P = (X^3+2X^2+2X+2)(X+4)$, et ce polynôme est séparable, donc $Gal_{\mathbb{Q}}(P)$ contient un 3−cycle.
De même, modulo 17, $P = (X+8)(X^2+14X+10)(X+13)$, P est séparable, et $Gal_{\mathbb{Q}}(P)$ contient un 2−cycle. Or P est irréductible, car il est irréductible modulo 2, donc $Gal_{\mathbb{Q}}(P)$ est un sous-groupe transitif de $\mathfrak{S}_4$. D'après le lemme 7.6.2, on a alors $Gal_{\mathbb{Q}}(P) = \mathfrak{S}_4$.

On peut utiliser Maple pour calculer le groupe de Galois d'un polynôme *irréductible* $P \in \mathbb{Q}[X]$. La commande est `galois(P,X)`. On obtient alors diverses informations sur le groupe données sous la forme d'une séquence, dont les deux derniers termes sont l'ordre du groupe et un système de générateurs. On peut également calculer la suite dérivée du groupe et ainsi savoir s'il est résoluble.

Calculons, par exemple, le groupe de Galois du polynôme $P := X^4+X^3+3$:

```
P:=X^4+X^3+3: G:=galois(P,X);
⟶ G := "4T5", {"S(4)"}, "-", 24, {"(2 4)", "(3 4)", "(1 4)"}
```

La suite dérivée s'obtient en entrant

```
SD:=group[DerivedS](permgroup(4,G[5]));
⟶ SD := [permgroup(4,{[[2, 4]], [[3, 4]], [[1, 4]]}),
      permgroup(4,{[], [[1, 2, 4]], [[2, 4, 3]]}),
      permgroup(4,{[], [[1, 2], [3, 4]], [[1, 3], [2, 4]]}),
      permgroup(4,{[]})].
```

On accède aux éléments d'un groupe grâce à la commande `elements` :

```
GG:=group[elements](SD[1]); ⟶
GG := {[], [[1, 2, 3]], [[1, 2], [3, 4]], [[1, 4],
       [2, 3]], [[1, 3, 2]],[[1, 4, 2]], [[1, 2]],
```

```
[[1, 2, 3, 4]], [[2, 4]], [[1, 3, 2, 4]],
[[1, 3, 4, 2]], [[1, 4, 2, 3]], [[3, 4]],
[[1, 3]], [[1, 4]], [[1, 2, 4]], [[2, 3, 4]],
[[2, 4, 3]], [[1, 3], [2, 4]], [[1, 4, 3, 2]],
[[1, 2, 4, 3]], [[2, 3]], [[1, 3, 4]], [[1, 4, 3]]}.
```

Enfin, on peut déterminer les ordres des groupes de la suite dérivée :
`[seq(nops(group[elements](SD[j])),j=1..4)];` $\longrightarrow$ `[24, 12, 4, 1]`.
Le groupe de Galois obtenu est bien sûr le groupe $\mathfrak{S}_4$, qui est résoluble.

7.6.2 Résolution des équations de degré 2, 3, 4 sur $\mathbb{C}$

Equations de degré 2

Considérons une équation de degré 2, de la forme $P(x) = 0$, où

$$P = aX^2 + bX + c$$

(avec $a \neq 0$). Soit $\Delta = b^2 - 4ac$ le discriminant de cette équation. Alors les solutions de l'équation sont données par les formules bien connues

$$x_1 = \frac{-b + \sqrt{\Delta}}{2a} \text{ et } x_2 = \frac{-b - \sqrt{\Delta}}{2a}.$$

Equations de degré 3 — formules de Cardan

Considérons une équation de degré 3, de la forme $Q(x) = 0$. Quitte à diviser Q par son coefficient dominant, on peut supposer Q unitaire, de la forme $Q = X^3 + aX^2 + bX + c$. Or

$$Q(X - \lambda) = X^3 + (-3\,\lambda + a)\,X^2 + \left(3\,\lambda^2 - 2\,a\lambda + b\right)X - \lambda^3 + a\lambda^2 - b\lambda + c,$$

donc en prenant $\lambda = \frac{a}{3}$, on se ramène à une équation de la forme

$$P = X^3 + pX + q,$$

et on cherche à résoudre $P(x) = 0$.
On pose d'abord $x = u + v$, et on impose $3uv = -p$. Alors

$$0 = (u + v)^3 + p(u + v) + q = u^3 + v^3 + (u + v)(3uv + p) + q,$$

donc $u^3 + v^3 = -q$, et $u^3v^3 = -\frac{p^3}{27}$.
On pose ensuite $U = u^3$ et $V = v^3$, de sorte que U et V sont solutions de l'équation du second degré $y^2 - (U+V)y + UV = 0$, i. e. $y^2 + qy - \frac{p^3}{27} = 0$, de discriminant $\Delta = q^2 + \frac{4p^3}{27}$. Soit $\delta = \sqrt{q^2 + \frac{4p^3}{27}}$ une racine carrée de Δ. Comme U et V jouent des rôles symétriques, on a par exemple $U = \frac{-q+\delta}{2}$ et $V = \frac{-q-\delta}{2}$, d'où $u = j^k \sqrt[3]{\frac{-q+\delta}{2}}$ et $v = j^l \sqrt[3]{\frac{-q-\delta}{2}}$, avec $k, l \in [\![0, 2]\!]$. Parmi les 9 valeurs possibles pour x, la condition $3uv = -p$ donne les 3 solutions

$$x_1 = \sqrt[3]{\frac{-q+\delta}{2}} + \sqrt[3]{\frac{-q-\delta}{2}},$$
$$x_2 = j\sqrt[3]{\frac{-q+\delta}{2}} + j^2\sqrt[3]{\frac{-q-\delta}{2}},$$
$$x_3 = j^2\sqrt[3]{\frac{-q+\delta}{2}} + j\sqrt[3]{\frac{-q-\delta}{2}}.$$

Equations de degré 4 — formules de Ferrari

Considérons une équation de degré 4, de la forme $Q(x) = 0$. Comme précédemment, on peut supposer Q unitaire, de la forme

$$Q = X^4 + aX^3 + bX^2 + cX + d.$$

Or

$$\begin{aligned} Q(X-\lambda) &= X^4 + (-4\lambda + a)X^3 + (6\lambda^2 - 3a\lambda + b)X^2 \\ &\quad + (-2b\lambda - 4\lambda^3 + 3a\lambda^2 + c)X - c\lambda + d + b\lambda^2 + \lambda^4 - a\lambda^3, \end{aligned}$$

donc en prenant $\lambda = \frac{a}{4}$, on se ramène à une équation de la forme

$$P = X^4 + pX^2 + qX + r,$$

et on cherche à résoudre $P(x) = 0$.
On pose d'abord $z = x^2 + y$, ce qui entraîne

$$z^2 = x^4 + 2x^2y + y^2 = (2y-p)x^2 - qx + y^2 - r.$$

On impose ensuite la condition suivante : on prend y tel que

$$(2y-p)x^2 - qx + y^2 - r$$

soit un carré, i. e. de la forme $(\eta x+\theta)^2$. Cela signifie que le discriminant $\Delta = q^2 - 4(2y-p)(y^2-r)$ est nul. On a ainsi une équation de degré 3 en y que l'on peut résoudre au moyen des formules de Cardan. Notons y_0 l'une des racines de cette équation. On a alors

$$(x^2+y_0)^2 = z^2 = (2y-p)x^2 - qx + y^2 - r = (\eta x+\theta)^2,$$

donc $x^2 = -y_0 \pm (\eta x+\theta)^2$, ce qui donne 4 solutions pour x.
Notons que si $y_0 = \frac{p}{2}$, alors la condition $\Delta = 0$ entraîne $q = 0$; l'équation est alors une équation bicarrée, simple à résoudre.

7.6.3 Détermination du groupe de Galois d'un polynôme de degré inférieur ou égal à 4

Polynôme de degré 2

Le groupe de Galois d'un polynôme séparable irréductible de degré 2 est un sous-groupe transitif de $\mathfrak{S}_2$, c'est donc $\mathfrak{S}_2$ lui-même.

Polynôme de degré 3

Soit $P \in \mathbb{Q}[X]$ un polynôme irréductible et séparable de degré 3. Son groupe de Galois sur $\mathbb{Q}$ est un sous-groupe transitif de $\mathfrak{S}_3$. Alors l'ordre de $Gal_{\mathbb{Q}}(P)$ est divisible par le cardinal de l'unique orbite, à savoir 3, donc $Gal_{\mathbb{Q}}(P)$ est isomorphe à $\mathfrak{A}_3$ ou $\mathfrak{S}_3$. D'après la proposition 7.3.2, $Gal_{\mathbb{Q}}(P)$ est isomorphe à $\mathfrak{A}_3$ si et seulement si $\Delta(P)$ est un carré dans $\mathbb{Q}$, et à $\mathfrak{S}_3$ sinon.

Polynôme de degré 4

On considère dans ce paragraphe un polynôme $P \in \mathbb{Q}[X]$ irréductible et séparable de degré 4. Comme précédemment, on peut supposer que P est de la forme $P = X^4+pX^2+qX+r$. Notons x_1, x_2, x_3, x_4 ses racines dans $\mathbb{C}$, $L := \mathbb{Q}(x_1, x_2, x_3, x_4)$ le corps des racines de P dans $\mathbb{C}$, $G := Gal_{\mathbb{Q}}(P)$, et posons

$$u := x_1 + x_2, \; v := x_1 + x_3, \text{ et } w := x_1 + x_4,$$

de sorte que l'on a, grâce aux relations coefficients-racines,

$$u^2 = -(x_1+x_2)(x_3+x_4), \; v^2 = -(x_1+x_3)(x_2+x_4), \text{ et } w^2 = -(x_1+x_4)(x_2+x_3),$$

et aussi $u + v + w = 2x_1$, donc

$$x_1 = \frac{1}{2}(u+v+w), \; x_2 = \frac{1}{2}(u-v-w), \; x_3 = \frac{1}{2}(-u+v-w), \; x_4 = \frac{1}{2}(-u-v+w).$$

Les trois nombres u, v, w sont alors distincts : en effet, si l'on a par exemple $u = v$, alors $x_2 = -\frac{w}{2} = x_3$, ce qui est impossible puisque P est séparable par hypothèse. On appelle *résolvante cubique* de P le polynôme unitaire dont les racines sont les nombres u^2, v^2, w^2. Notons $\sigma_j := \Sigma_j(x_1, x_2, x_3, x_4)$, pour $j \in [\![1, 4]\!]$. On a alors les relations :

$$\begin{aligned}
u^2+v^2+w^2 &= -2\,x_1x_3 - 2\,x_1x_4 - 2\,x_2x_3 - 2\,x_2x_4 - 2\,x_1x_2 - 2\,x_3x_4 \\
u^2v^2+u^2w^2+v^2w^2 &= 6\,x_1x_4x_3x_2 + {x_1}^2{x_4}^2 + {x_2}^2{x_3}^2 + {x_1}^2{x_3}^2 + 3\,x_1{x_4}^2x_3 \\
&\quad +3\,{x_2}^2x_3x_1 + 3\,{x_2}^2x_4x_1 + 3x_2{x_4}^2x_1 + 3\,{x_2}^2x_4x_3 \\
&\quad +3\,x_2{x_4}^2x_3 + 3\,{x_1}^2x_3x_2 + 3\,{x_1}^2x_3x_4 + 3\,x_1{x_3}^2x_2 + 3\,x_1{x_3}^2x_4 \\
&\quad +3{x_1}^2x_4x_2 + 3\,x_2{x_3}^2x_4 + {x_2}^2{x_4}^2 + {x_1}^2{x_2}^2 + {x_3}^2{x_4}^2 \\
uvw &= {x_1}^3 + {x_1}^2x_4 + {x_1}^2x_3 + {x_1}^2x_2 \\
&\quad +x_1x_4x_3 + x_2x_4x_1 + x_2x_3x_1 + x_2x_4x_3.
\end{aligned}$$

Grâce aux relations coefficients-racines et à l'égalité $x_1 + x_2 + x_3 = x_4 = 0$, on obtient

$$\begin{aligned}
u^2+v^2+w^2 &= -2\sigma_2 \\
u^2v^2+u^2w^2+v^2w^2 &= \sigma_2^2 - 4\sigma_4 - (x_1+x_2+x_3+x_4)\sigma_3 = \sigma_2^2 - 4\sigma_4 \\
uvw &= \sigma_3 + (x_1+x_2+x_3+x_4)x_1^2 = \sigma_3,
\end{aligned}$$

i. e.

$$u^2+v^2+w^2 = -2p, \; u^2v^2+u^2w^2+v^2w^2 = p^2-4r, \; uvw = -q,$$

donc u^2, v^2, w^2 sont solutions de l'équation $X^3 + 2pX^2 + (p^2 - 4r)X - q^2$. Ainsi, la résolvante cubique de P est

$$R_P = X^3 + 2pX^2 + (p^2 - 4r)X - q^2.$$

On peut alors résoudre cette équation grâce aux formules de Cardan, et on obtient trois solutions, notées U, V, W. On choisit ensuite des racines carrées de U, V, W, notées u_1, v_2, w_1, de sorte que l'on ait $u_1v_1w_1 = -q$ (le choix de u_1 et v_1 étant fait, cette relation détermine le choix de w_1). Les solutions x_1, x_2, x_3, x_4 sont alors données par

$$x_1 = \frac{1}{2}(u_1 + v_1 + w_1), \quad x_2 = \frac{1}{2}(u_1 - v_1 - w_1),$$
$$x_3 = \frac{1}{2}(-u_1 + v_1 - w_1), \quad x_4 = \frac{1}{2}(-u_1 - v_1 + w_1).$$

Nous devons maintenant déterminer les sous-groupes transitifs de $\mathfrak{S}_4$. La proposition suivante répond au problème.

Proposition 7.6.3

• *Soit G un sous-groupe transitif de $\mathfrak{A}_4$. Alors G est isomorphe à $\mathfrak{A}_4$ ou à K_4 (groupe de Klein).*

• *Soit G un sous-groupe transitif de $\mathfrak{S}_4$. Alors G est isomorphe à $\mathfrak{S}_4$, à $\mathfrak{A}_4$, à D_4 (groupe diédral d'ordre 8), à $\mathbb{Z}/4\mathbb{Z}$ ou à K_4 (groupe de Klein).*

Démonstration :

• Soit G un sous-groupe transitif de $\mathfrak{A}_4$. Alors l'ordre de G est divisible par le cardinal de l'unique orbite, et celle-ci comporte 4 éléments, donc $|G| = 12$ ou 4. Si $|G| = 12$, on a $G = \mathfrak{A}_4$. Si $|G| = 4$, les seuls éléments de $\mathfrak{A}_4$ d'ordre pair sont les doubles transpositions, donc G est le sous-groupe de $\mathfrak{A}_4$ engendré par les doubles transpositions : ce groupe est isomorphe à K_4.

• Soit G un sous-groupe transitif de $\mathfrak{S}_4$. De même, $|G| = 24$, 12, 8 ou 4. Si $|G| = 24$, on a $G = \mathfrak{S}_4$. Si $|G| = 12$, G est distingué dans $\mathfrak{S}_4$, donc on a $G = \mathfrak{A}_4$ (corollaire 1.4.2). Supposons désormais que $|G| = 4$ ou 8.

— Si G contient un élément d'ordre 4, et si $|G| = 4$, alors $G \simeq \mathbb{Z}/4\mathbb{Z}$. Si G contient un élément x d'ordre 4, et si $|G| = 8$, alors G n'est pas inclus dans $\mathfrak{A}_4$ (8 ne divise pas 12 !). Donc il existe $y \in G \setminus \mathfrak{A}_4$ qui est nécessairement une transposition (et non un 4–cycle). Alors xy est aussi une transposition. Le groupe G est donc engendré par x et y avec $x^4 = id$, $y^2 = id$ et $yxy = x^{-1}$: il est isomorphe au groupe diédral D_4.

— Si G ne contient aucun élément d'ordre 4, alors l'ordre de tout élément est 1 ou 2. Si G contient au moins une transposition, par exemple $(1, 2)$, comme G est transitif, il existe $x \in G$ tel que $x(1) = 3$. Alors on a $x = (1, 3, \cdot)$ ou $(1, 3)$ ou $(1, 3)(2, 4)$. Or $(1, 2)(1, 3)(2, 4) = (1, 3, 2, 4)$ et $(1, 2)(1, 3) = (1, 3, 2)$, ce qui est impossibles pour des raisons d'ordre. Donc G contient les 4 doubles transpositions, et G est isomorphe au groupe de Klein K_4. ■

Le treillis des sous-groupes transitifs de $\mathfrak{S}_4$ est donc :

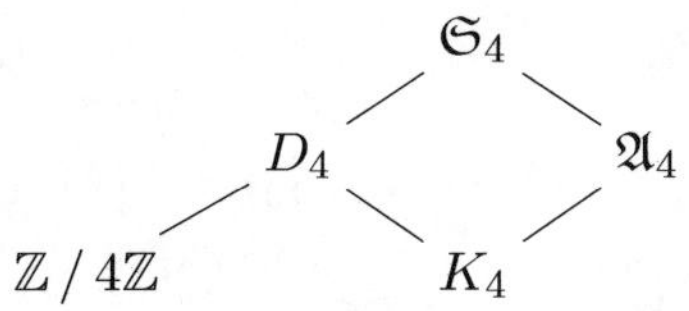

Si $\Delta(P)$ est un carré dans $\mathbb{Q}$, on a $G = \mathfrak{A}_4$ ou K_4 ; sinon $G = \mathfrak{S}_4$ ou D_4 ou $\mathbb{Z}/4\mathbb{Z}$.

Cas 1 : R_P est irréductible sur $\mathbb{Q}$. Comme R_P est de degré 3, chaque racine de R_P est algébrique de degré 3. Or $u^2 \in \mathbb{Q}(x_1, x_2, x_3, x_4) =: L$, donc 3 divise $[L : \mathbb{Q}] = |G|$, donc $|G| = 12$ ou 24, donc $G = \mathfrak{A}_4$ ou $\mathfrak{S}_4$. D'où les deux sous-cas :
— Si $\Delta(P)$ est un carré dans $\mathbb{Q}$ et si R_P est irréductible sur $\mathbb{Q}$, alors $G = \mathfrak{A}_4$.
— Si $\Delta(P)$ n'est pas un carré dans $\mathbb{Q}$ et si R_P est irréductible sur $\mathbb{Q}$, alors $G = \mathfrak{S}_4$.

Cas 2 : R_P est réductible sur $\mathbb{Q}$. Le polynôme R_P a une racine dans $\mathbb{Q}$, donc $Q(u^2, v^2, w^2)$ est de degré 1 ou 2 sur $\mathbb{Q}$, et on a

$$L = \mathbb{Q}(x_1, x_2, x_3, x_4) = \mathbb{Q}(u, v, w).$$

Les inclusions $\mathbb{Q} \subset \mathbb{Q}(u^2) \subset \mathbb{Q}(u) \subset \mathbb{Q}(u, v) \subset \mathbb{Q}(u, v, w)$ montrent que $[\mathbb{Q}(u, v, w) : \mathbb{Q}]$ est une puissance de 2, donc $|G|$ est une puissance de 2. Donc :
— Si $\Delta(P)$ est un carré dans $\mathbb{Q}$ et si R_P est réductible sur $\mathbb{Q}$, alors $G = K_4$.

— Si $\Delta(P)$ n'est pas un carré dans $\mathbb{Q}$ et si R_P est réductible sur $\mathbb{Q}$, supposons R_p séparable. Montrons que $G \subset D_4$ en utilisant deux résultats démontrés dans le chapitre 10 (propositions 10.2.2 et 10.2.3), à savoir : les entiers algébriques forment un anneau, et les seuls rationnels qui sont des entiers algébriques sont les entiers.
Ainsi R_P est à coefficients dans $\mathbb{Z}$. En effet, les x_j sont des entiers algébriques, donc les racines de R_P aussi, et d'après les relations coefficients-racines, ses coefficients aussi. Or pour tout élément $\sigma \in G$, on a $\sigma(R_P) = R_P$, donc les coefficients de R_P sont dans $L^G = \mathbb{Q}$. Comme ce sont des entiers algébriques, ils sont nécessairement dans $\mathbb{Z}$.
Montrons que G est un sous-groupe de D_4. Le polynôme $R_P \in \mathbb{Z}[X]$ étant réductible sur $\mathbb{Q}$, soit par exemple $u^2 = -(x_1 + x_2)(x_3 + x_4)$ une de ses racines dans $\mathbb{Q}$. Cette racine est un entier algébrique, donc un entier. Or les sous-groupes de $\mathfrak{S}_4$ isomorphes à D_4 sont les $2-$sous-groupes de Sylow de $\mathfrak{S}_4$ et ils sont au nombre de 3. Ce sont les groupes qui préservent respectivement les polynômes $(X_1 + X_2)(X_3 + X_4)$, $(X_1 + X_3)(X_2 + X_4)$ et $(X_1 + X_4)(X_2 + X_3)$. Si G n'est pas contenu dans l'un de ces groupes, alors il existe un élément $\sigma \in G$ qui ne préserve aucun de ces trois polynômes. En particulier, $\sigma(u) \neq u$, donc u n'appartient pas à $L^G = \mathbb{Q}$, ce qui est absurde. Donc G est un sous-groupe de D_4.

Il reste à savoir si $G = D_4$ ou $G = \mathbb{Z}/4\mathbb{Z}$. Les sous-groupes de $\mathfrak{S}_4$ isomorphes à $\mathbb{Z}/4\mathbb{Z}$ sont les sous-groupes cycliques d'indice 2 des groupes diédraux ; ils sont donc engendrés par les $4-$cycles $(1, 2, 3, 4)$, $(1, 3, 2, 4)$ et $(1, 2, 4, 3)$. Considérons alors le polynôme

$$\begin{aligned}
&S_P := \\
&(X - (x_1x_2^2 + x_2x_3^2 + x_3x_4^2 + x_4x_1^2))(X - (x_3x_2^2 + x_2x_1^2 + x_1x_4^2 + x_4x_3^2)) \\
&(X - (x_1x_3^2 + x_3x_2^2 + x_2x_4^2 + x_4x_1^2))(X - (x_2x_3^2 + x_3x_1^2 + x_1x_4^2 + x_4x_2^2)) \\
&(X - (x_1x_4^2 + x_4x_2^2 + x_2x_3^2 + x_3x_1^2))(X - (x_2x_4^2 + x_4x_1^2 + x_1x_3^2 + x_3x_2^2)),
\end{aligned}$$

et supposons qu'il est séparable. Les 3 sous-groupes cycliques isomorphes à $\mathbb{Z}/4\mathbb{Z}$ sont les groupes qui préservent les 3 facteurs de S_P correspondant aux 3 lignes ci-dessus. Montrons que G est isomorphe à $\mathbb{Z}/4\mathbb{Z}$ si et seulement s'il admet une racine entière. Comme pour R_P, on a $S_P \in \mathbb{Z}[X]$. Si G est isomorphe à l'un des 3 groupes cycliques, par exemple à celui engendré par (1, 2, 3, 4), alors, avec $z := x_1x_2^2 + x_2x_3^2 + x_3x_4^2 + x_4x_1^2$, on a $\sigma(z) = z$ pour tout $\sigma \in G$, donc y appartient à $L^G = \mathbb{Q}$. Comme z est un entier algébrique (car racine de S_P), on en déduit que z est un entier. Réciproquement, supposons que G n'est isomorphe à aucun des 3 groupes cycliques. Soit z une racine de S_P. Alors il existe un élément $\sigma \in G$ tel que $\sigma(z) \neq Z$, donc z n'appartient pas à $L^G = \mathbb{Q}$, donc z n'est pas un entier. D'où l'équivalence cherchée. Ainsi :

▷ Si $\Delta(P)$ n'est pas un carré dans $\mathbb{Q}$ et si R_P est réductible sur $\mathbb{Q}$, avec R_P et S_P séparables, et si S_P a une racine entière, alors $G = \mathbb{Z}\,/\,4\mathbb{Z}$.
▷ Si $\Delta(P)$ n'est pas un carré dans $\mathbb{Q}$ et si R_P est réductible sur $\mathbb{Q}$, avec R_P et S_P séparables, et si S_P n'a aucune racine entière, alors $G = D_4$.

Le tableau suivant résume les différents cas.

<table>
<tr><td colspan="2">R_P irréductible sur $\mathbb{Q}$</td><td colspan="3">R_p réductible sur $\mathbb{Q}$</td></tr>
<tr><td rowspan="2">$\Delta(P)$ carré
↓
$G = \mathfrak{A}_4$</td><td rowspan="2">$\Delta(P)$ non carré
↓
$G = \mathfrak{S}_4$</td><td rowspan="2">$\Delta(P)$ carré
↓
$G = K_4$</td><td colspan="2">$\Delta(P)$ non carré
Hypothèses : R_P et S_P séparables</td></tr>
<tr><td>$Z(S_P) \cap \mathbb{Z} \neq \emptyset$
↓
$G = \mathbb{Z}\,/\,4\mathbb{Z}$</td><td>$Z(S_P) \cap \mathbb{Z} = \emptyset$
↓
$G = D_4$</td></tr>
</table>

7.6.4 Exemple : problème des échelles

On considère le problème suivant : deux échelles $[AB]$ et $[CD]$ de longueurs respectives 2 mètres et 3 mètres sont appuyées contre deux murs bordant un chemin. Elles se croisent en un point E situé à 1 mètre du sol. La situation peut être représentée par le schéma suivant. On demande la largeur AC du chemin.

On appelle H le point d'intersection de $[AC]$ et de la perpendiculaire au sol passant par E. On note $a := AD$, $b := BC$, $h := EH$, $d_1 := AH$, $d_2 := HC$, et x la largeur du chemin.

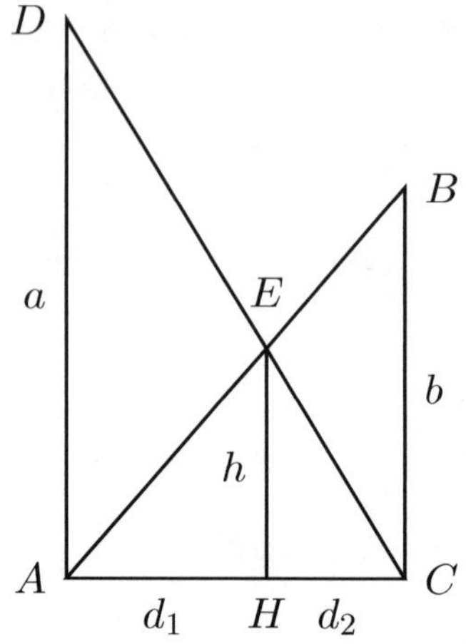

En appliquant le théorème de Thalès aux triangles CAD et CHE, puis aux triangles ACB et AHE, on obtient $\frac{h}{a} = \frac{d_2}{d_1+d_2}$ et $\frac{h}{b} = \frac{d_1}{d_1+d_2}$, d'où $\frac{h}{a} + \frac{h}{b} = 1$, et

$$a + b - ab = 0 \tag{7.2}$$

En appliquant le théorème de Pythagore dans les triangles ACD et ACB rectangles respectivement en A et C, on obtient

$$-a^2 + b^2 + 5 = 0. \tag{7.3}$$

On a donc $a = \sqrt{5+b^2}$, d'où $\sqrt{5+b^2} + b = b\sqrt{5+b^2}$, ce qui s'écrit encore $\sqrt{5+b^2}\,(1-b) = -b$. Ainsi, $(5+b^2)(1-b)^2 = b^2$, et finalement

$$Q(b) := b^4 - 2b^3 + 5b^2 - 10b + 5 = 0. \tag{7.4}$$

Les formules de Ferrari donnent les deux solutions réelles de l'équation $Q(b) = 0$:

$$b_1 := \frac{1}{2} + \frac{1}{6}\sqrt{3}\,\alpha +$$

$$\frac{1}{6}\sqrt{\frac{-42\sqrt[3]{395+60\sqrt{39}}\,\alpha - 3\,\alpha\left(395+60\sqrt{39}\right)^{2/3} - 75\,\alpha + 108\sqrt{3}\sqrt[3]{395+60\sqrt{39}}}{\sqrt[3]{395+60\sqrt{39}}\,\alpha}}$$

et

$$b_2 := \frac{1}{2} + \frac{1}{6}\sqrt{3}\,\alpha -$$

$$\frac{1}{6}\sqrt{\frac{-42\sqrt[3]{395+60\sqrt{39}}\,\alpha - 3\,\alpha\left(395+60\sqrt{39}\right)^{2/3} - 75\,\alpha + 108\sqrt{3}\sqrt[3]{395+60\sqrt{39}}}{\sqrt[3]{395+60\sqrt{39}}\,\alpha}},$$

où

$$\alpha := \sqrt{\frac{-7\sqrt[3]{395+60\sqrt{39}} + \left(395+60\sqrt{39}\right)^{2/3} + 25}{\sqrt[3]{395+60\sqrt{39}}}}.$$

On a $b_1 \simeq 1.58$ et $b_2 \simeq 0.70$. Les deux solutions du problème étudié sont donc (théorème de Pythagore appliqué au triangle ABC rectangle en C)

$$x_1 := \sqrt{4 - b_1^2} \text{ et } x_2 := \sqrt{4 - b_2^2}.$$

On en déduit $x_1 \simeq 1.23$ et $x_2 \simeq 1.87$.

On peut déterminer le groupe de Galois du polynôme Q en utilisant le théorème 7.6.1 de Van der Waerden. Tout d'abord, montrons par l'absurde que la réduction modulo 3 de Q (i. e. $b^4+b^3+2b^2+2b+2$) est irréductible. Si elle est réductible, comme Q n'a aucune racine modulo 3, elle s'écrit comme le produit de deux polynômes unitaires de degré 2, i. e. sous la forme

$$Q(b) = (b^2 + c_1 b + c_2)(b^2 + c_3 b + c_4),$$

avec $c_1, c_2, c_3, c_4 \in [\![0, 2]\!]$. En développant et en identifiant les coefficients, on obtient $c_1 + c_3 = 1$, $c_4 + c_1c_3 + c_2 = 2$, $c_1c_4 + c_2c_3 = 2$ et $c_2c_4 = 2$. Nécessairement, $(c_2, c_4) = (1, 2)$ ou $(c_2, c_4) = (2, 1)$. Dans les deux cas, on obtient une absurdité. Comme le polynôme est irréductible sur un corps parfait, il est séparable, et d'après le théorème 7.6.1 de Van der Waerden, on en déduit que $Gal_{\mathbb{Q}}(Q)$ contient un 4−cycle.

Par ailleurs, la décomposition en facteurs irréductibles de la réduction modulo 23 de Q est $Q(b) = (b-6)(b+1)(b^2+3b+3)$. De même, le polynôme

est séparable, et $Gal_{\mathbb{Q}}(Q)$ contient une transposition.
Or Q est irréductible d'après le critère 2.2.6 de réduction modulo p, donc d'après la proposition 7.2.1, $Gal_{\mathbb{Q}}(Q)$ est un sous-groupe transitif de $\mathfrak{S}_4$. Finalement, d'après le lemme 7.6.2, $Gal_{\mathbb{Q}}(Q)$ est le groupe symétrique $\mathfrak{S}_4$.

Veillez à ne jamais placer deux échelles de cette façon pour ne pas avoir à réfléchir à un tel problème ! ! !

7.7 Réalisation d'un groupe comme un groupe de Galois

Nous montrons maintenant que tout groupe abélien fini est un groupe de Galois sur $\mathbb{Q}$. Pour cela, nous utilisons le théorème suivant sur les nombres premiers, dû à Dirichlet. Ce théorème admet une généralisation importante, que l'on appelle théorème de la progression arithmétique, ou grand théorème de Dirichlet [2].

Théorème 7.7.1 (Petit théorème de Dirichlet)
Pour tout entier $n \in \mathbb{N}^\times$, il existe une infinité de nombres premiers congrus à 1 modulo n.

Démonstration :
• Soient $n \in \mathbb{N}^\times$. Montrons qu'il existe un nombre premier p tel que $(\mathbb{Z}\,/\,p\mathbb{Z})^\times$ contienne un élément $\overline{x}$ d'ordre n. Soit $x > 1$ un entier ayant les mêmes facteurs premiers distincts que n (on peut, par exemple, prendre n, ou le produit des facteurs premiers distincts de n). On a alors (voir la figure ci-dessous)

$$|\Phi_n(x)| = \prod_{\substack{k \in [\![0,\, n]\!] \\ k \wedge n = 1}} |x - e^{\frac{2ik\pi}{n}}| > |x-1|^{\varphi(n)} \geq 1.$$

2. Si n et m sont premiers entre eux, alors il existe une infinité de nombres premiers congrus à m modulo n

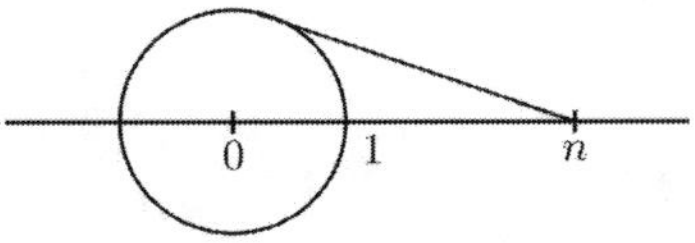

FIGURE 7.1 – $|x-1|^{\varphi(n)} \geq 1$.

Soit p un nombre premier qui divise $|\Phi_n(x)|$. Comme Φ_n divise $X^n - 1$, on a $\overline{x}^n - \overline{1} = 0 \mod p$, donc l'ordre de $\overline{x}$ divise n, et $\overline{x} \neq \overline{0}$ dans $\mathbb{Z}\,/\,p\mathbb{Z}$, donc $\overline{x} \in (\mathbb{Z}\,/\,p\mathbb{Z})^\times$. De plus, n n'est pas congru à 0 modulo p : en effet, comme x et n ont les mêmes facteurs premiers, si p divise n, alors p divise x, ce qui n'est pas vrai. Or $X^n - 1 = \Phi_n Q$, avec $Q = \prod_{d|n,\, d<n} \Phi_d$, donc $nX^{n-1} = \Phi_n' Q + \Phi_n Q'$, puis $nx^{n-1} = \Phi_n'(x)Q(x)$, et $Q(\overline{x}) \neq 0$, donc par définition de Q, on a $\Phi_d(\overline{x}) \neq 0$ pour tout d diviseur strict de n. Or $X^d - 1 = \prod_{e|d,\, d<e} \Phi_e$, et tout diviseur strict de d est un diviseur strict de n, donc $\Phi_e(\overline{x}) \neq 0$ pour tout e diviseur strict de d. Donc $\overline{x}^d - \overline{1} \neq \overline{0}$. Ainsi, l'ordre de $\overline{x}$ est n. Le nombre p s'écrit sous la forme $p = kn + 1$. En effet, $\overline{x}^n = \overline{1}$, donc d'après le théorème de Lagrange, n divise $p - 1$

• Construisons par récurrence une suite $(p_j)_{j\in\mathbb{N}}$ de nombres premiers distincts congrus à 1 modulo n de la façon suivante :
— Pour $j = 0$, on a construit un tel nombre dans le premier point.
— Pour $j \geq 1$, supposons avoir construit j nombres premiers distincts $p_0, \ldots, p_{j-1}$ tous congrus à 1 modulo n. Soit $m := np_0 \ldots p_{j-1}$. Alors d'après le premier point, il existe un nombre premier p_j tel que $p_j \equiv 1 \mod m$, d'où $p_j \equiv 1 \mod n$. De plus, pour tout $i \in [\![0,\, j-1]\!]$, on a $p_j \neq p_i$ (sinon, p_j diviserait m, ce qui est absurde). D'où le résultat. ■

Théorème 7.7.2
Tout groupe abélien fini est un groupe de Galois sur $\mathbb{Q}$.

Démonstration :
• Supposons que G est un groupe cyclique, isomorphe à $\mathbb{Z}\,/\,n\mathbb{Z}$. D'après le

petit théorème de Dirichlet 7.7.1, il existe un nombre premier N congru à 1 modulo n. Alors le groupe $(\mathbb{Z} / N\mathbb{Z})^\times$ est un groupe cyclique d'ordre $N-1$. D'après la proposition 1.1.3, il admet un unique sous-groupe H d'ordre $\frac{N-1}{n}$. Le groupe $(\mathbb{Z} / N\mathbb{Z})^\times / H$ est alors un groupe cyclique, comme quotient d'un groupe cyclique, d'ordre n, isomorphe à $\mathbb{Z} / n\mathbb{Z}$. Soit ω_N une racine primitive $N-$ème de 1 dans $\mathbb{C}$. Alors d'après le théorème 6.2.5, l'extension $\mathbb{Q}(\omega_N)$ est galoisienne sur $\mathbb{Q}$, et $G' := Gal(\mathbb{Q}(\omega_N)|\mathbb{Q})$ est isomorphe à $(\mathbb{Z} / N\mathbb{Z})^\times$. Or H est distingué dans G', donc par la correspondance de Galois (théorème 5.3.1), l'extension $\mathbb{Q}(\omega_N)^H$ est normale sur $\mathbb{Q}$, et $G'/H \simeq Gal(\mathbb{Q}(\omega_N)^H|\mathbb{Q})$. Ainsi, on a $G \simeq Gal(\mathbb{Q}(\omega_N)^H|\mathbb{Q})$.

• Soit G un groupe abélien fini. Selon la décomposition des $\mathbb{Z}-$modules de type fini, G s'écrit sous la forme $G = \prod_{j=1}^r \mathbb{Z} / n_j\mathbb{Z}$. D'après le premier point, on a $\mathbb{Z} / n_j\mathbb{Z} \simeq (\mathbb{Z} / p_j\mathbb{Z})^\times / H_j$ avec p_j premier et d'après le petit théorème de Dirichlet, on peut choisir les p_j de sorte que $p_1 < p_2 < \cdots < p_r$. Alors

$$G \simeq \prod_{j=1}^r (\mathbb{Z} / p_j\mathbb{Z})^\times \Big/ \prod_{j=1}^r H_j,$$

d'où

$$\prod_{j=1}^r (\mathbb{Z} / p_j\mathbb{Z})^\times \simeq Gal(\mathbb{Q}(\omega_{p_1\dots p_r})|\mathbb{Q})$$

(proposition 6.2.6), donc selon la correspondance de Galois (théorème 5.3.1), on en déduit que $G \simeq Gal(\mathbb{Q}(\omega_{p_1\dots p_r})^{\prod_{j=1}^r H_j}|\mathbb{Q})$. ■

Remarquons l'importance de l'hypothèse de commutativité du groupe dans le théorème précédent : sans elle, la question de savoir si *tout groupe fini est un groupe de Galois sur* $\mathbb{Q}$ est un problème ouvert.

De nombreux résultats partiels existent. En particulier, les groupes $\mathfrak{A}_n$ et $\mathfrak{S}_n$ sont des groupes de Galois sur $\mathbb{Q}$. Certains $\mathbf{PSL}_2(\mathbb{F}_p)$ sont aussi des groupes de Galois sur $\mathbb{Q}$. En ce qui concerne les groupes résolubles, une réponse positive au problème a été donnée en 1954 par Shafarevitch, mais la démonstration du résultat est loin d'être évidente ! Par ailleurs, Feit et Thompson ont prouvé en 1962 que tout groupe fini d'ordre impair est résoluble. Ainsi, tout groupe fini d'ordre impair est un groupe de Galois sur $\mathbb{Q}$. On sait également que 18 des 26 groupes sporadiques sont des groupes de Galois sur $\mathbb{Q}$.

7.8 Exercices

Exercice 7.8.1 (Groupes résolubles)
1. Montrer qu'un groupe résoluble admet un sous-groupe distingué abélien non trivial.
2. Soit G un groupe simple. Montrer qu'il est résoluble et fini si et seulement s'il est abélien.

Solution
1. Si G est abélien, le résultat est clair. Sinon, comme G est résoluble, on considère sa suite dérivée $\{e\} = D^nG \lhd \cdots \lhd DG \lhd G$, avec $DG \neq \{e\}$. Soit $H := D^{n-1}G$. Alors H est abélien car H est isomorphe à $D^{n-1}G \,/\, D^nG$, H est différent de $\{e\}$ et H est distingué dans G.
2. Si G est résoluble, fini et simple, alors d'après la question 1, il existe un sous-groupe H distingué abélien non trivial. Comme G est simple, on a $H = G$. La réciproque est évidente.

Exercice 7.8.2 (p-groupes)
1. Soient p un nombre premier et G un groupe qui admet k $p-$sous-groupes de Sylow avec $k \geq 2$. Montrer qu'il existe un morphisme $\varphi : G \to \mathfrak{S}_k$ non trivial.
2. Soit G un groupe d'ordre strictement supérieur à 2 qui admet un $2-$sous-groupe de Sylow qui est cyclique. Montrer que G n'est pas simple.
3. En déduire que si G est un groupe d'ordre $2n$ où n est un nombre impair, alors G n'est pas simple.

Solution
1. Soit $\Sigma = \{S_1, \ldots, S_k\}$ l'ensemble des p-sous-groupes de Sylow de G. D'après le théorème 7.1.1, G agit par conjugaison sur Σ, via le morphisme $\varphi : g \mapsto \sigma_g$, avec $\sigma_g(S_j) = gS_jg^{-1}$. Ce morphisme est non trivial, car si $i \neq j$, on a $S_i \neq S_j$ et il existe $g \in G$ tel que $S_j = gS_ig^{-1}$, i. e. $S_j = \sigma_g(S_i)$, donc $\sigma_g \neq id$.

2. Notons S le $2-$sous-groupe de Sylow cyclique. Il agit sur G par translation à gauche, via le morphisme $\psi : S \to \mathfrak{S}_G$. Les orbites sous cette action sont les classes à gauche modulo S, et le nombre d'orbites est $[G : S]$, tandis que le cardinal d'une orbite est $|S|$. Comme S est cyclique, S peut s'écrire sous la forme $S = \langle s \rangle$. L'élément s de S définit alors une permutation τ_s des éléments de G. Chaque orbite est un $|S|-$cycle de τ_s, donc $\varepsilon(\tau_s) = ((-1)^{|S|-1})^{[G:S]}$. Comme S est un $2-$groupe non trivial, on a $(-1)^{|S|-1} = -1$, et comme $[G : S]$ est impair, on en déduit que $\varepsilon(\tau_s) = -1$. Alors $\chi := \varepsilon \circ \psi$ est un morphisme non trivial de G dans $\{1, -1\}$. Donc $\mathrm{Ker}(\chi)$ est un sous-groupe strict distingué de G. De plus, $\mathrm{Ker}(\chi)$ n'est pas réduit au neutre (χ n'est pas injectif puisque $|G| > |\{1, -1\}|$).
3. Par contraposée, si G est un groupe simple d'ordre pair supérieur ou égal à 4, alors son ordre est divisible par 4 : en effet, si 4 ne divise pas $|G|$, alors le $2-$sous-groupe de Sylow de G est isomorphe à $\mathbb{Z}/2\mathbb{Z}$, et d'après la question 2, G n'est pas simple.

Exercice 7.8.3 (Groupes de Galois)
Soit K un corps fini et $P \in K[X]$ un polynôme séparable. Le groupe de Galois de P sur K peut-il être isomorphe à $\mathfrak{S}_n$, avec $n \geq 2$?

Solution

D'après la proposition 6.1.6, toute extension finie d'un corps fini est cyclique. Or le goupe $\mathfrak{S}_n$ n'est pas cyclique pour $n \geq 2$ (il n'est même pas abélien), donc $Gal_K(P)$ ne peut pas être isomorphe à $\mathfrak{S}_n$.

Exercice 7.8.4 (Extensions normales)
1. Soient K un corps et $P \in K[X]$ un polynôme de degré 3 irréductible sur K. Soit x une racine de P dans une clôture algébrique de K. Montrer que $K(x)$ est normale sur K si et seulement si $\Delta(P)$ est un carré dans K.
2. Soient $P := X^3-9X+9 \in \mathbb{Q}[X]$, et x_1, x_2, x_3 ses racines dans $\mathbb{C}$. Montrer que $\mathbb{Q}(x_1)$ est une extension normale de $\mathbb{Q}$, et exprimer x_2 et x_3 en fonction de x_1.

Solution

1. D'après la proposition 7.3.4, le corps des racines de P est $K(x, \delta(P))$, où $\delta(P)^2 = \Delta(P)$. L'extension $K(x)$ est donc normale sur K si et seulement si $K(x) = K(x, \delta(P))$, i. e. $\delta(P) \in K(x)$. Or $[K(x) : K] = 3$ et $[K(\delta(P)) : K] = 1$ ou 2, donc $K(x)$ est normale sur K si et seulement si $\delta(P)$ appartient à K.
2. Le polynôme P est irréductible sur $\mathbb{Q}$: en effet, sinon, P a une racine dans $\mathbb{Q}$, notée $\frac{a}{b}$ avec a et b premiers entre eux. Or d'après ce qui suit la proposition 2.2.6, a divise 9 et b

divise 1, donc $\frac{a}{b} \in \{\pm 1, \pm 3, \pm 9\}$. Or aucun de ces nombres n'est racine de P. D'après la proposition 7.3.3, on a $\Delta(P) = -4p^3 - 27q^2 = 27^2$, et d'après 1, l'extension $\mathbb{Q}(x_1)$ est normale sur $\mathbb{Q}$. Comme P est séparable, on a, d'après la démonstration de la proposition 7.3.4, $x_2 + x_3 = -x_1$ et $x_2 - x_3 = \frac{\sqrt{\Delta(P)}}{2x_1^2 - \frac{q}{x_1}} = \frac{27x_1}{2x_1^3 - 9}$. Or $\mathbb{Q}(x_1)$ est normale sur $\mathbb{Q}$, donc il existe a, b, $c \in \mathbb{Q}$ tels que $x_2 - x_3 = a + bx_1 + cx_1^2$, i. e.

$$E := (2x_1^3 - 9)(a + bx_1 + cx_1^2) - 27x_1 = 0.$$

Or $x_1^3 = 9x_1 - 9$, $x_1^4 = 9x_1^2 - 9x_1$ et $x_1^5 = 9x_1^3 - 9x_1^2 = -9x_1^2 + 81x_1 - 81$, donc

$$E = (18\,b - 27\,c)\,{x_1}^2 + (18\,a - 27\,b + 162\,c - 27)\,x_1 - 27\,a - 162\,c.$$

L'unique solution du système $\begin{cases} 18\,b - 27\,c &= 0 \\ 18\,a - 27\,b + 162\,c - 27 &= 0 \\ -27\,a - 162\,c &= 0 \end{cases}$ est $a = -12$, $b = 3$, $c = 2$. Donc $x_2 - x_3 = -12 + 3x_1 + 2x_1^2$. On en déduit que $x_2 = -6 + x_1 + x_1^2$ et $x_3 = 6 - 2x_1 - x_1^2$.

Exercice 7.8.5 (Groupes de Galois)
Déterminer le groupe de Galois sur $\mathbb{C}(t)$ du polynôme

$$P_1 := X^3 - 2X - 2(t-1) \in \mathbb{C}(t)[X].$$

Même question pour le polynôme $P_2 := X^3 - 2t^2X - 2t^3$.

Solution

• Le polynôme P_1 est unitaire, donc son contenu vaut 1, et d'après la proposition 2.2.3, l'irréductibilité de P_1 sur $\mathbb{C}(t)$ équivaut à l'irréductibilité de P_1 sur $\mathbb{C}[t]$. Or $Q \subset \mathbb{C}[t]$ vérifie $P_1(Q) = 0$, alors $Q^3 - 2Q - 2(t-1) = 0$: ceci est impossible à cause du degré de Q. Donc P_1 est irréductible sur $\mathbb{C}[t]$, et séparable puisque $\mathbb{C}(t)$ est de caractéristique nulle. Son groupe de Galois est donc un sous-groupe transitif de $\mathfrak{S}_3$, et on a $G := Gal_{\mathbb{C}(t)}(P_1) = \mathfrak{A}_3$ ou $\mathfrak{S}_3$. De plus, d'après la proposition 7.3.2, $G = \mathfrak{A}_3$ si et seulement si $\Delta(P_1)$ est un carré dans $\mathbb{C}(t)$. Or d'après ce qui suit la proposition 7.3.3, on a $\Delta(P_1) = -4p^3 - 27q^2 = -108t^2 + 216t - 76$. S'il existe $R \in \mathbb{C}(t)$ tel que $\Delta(P_1) = R^2$, R est nécessairement un élément de $\mathbb{C}[t]$. On a alors $R^2 = \Delta(P_1) = -\frac{4}{3}(9t - 9 - 2\sqrt{6})(9t - 9 + 2\sqrt{6})$: ceci est impossible, car le polynôme $\Delta(P_1)$ n'a aucun facteur carré. Donc $G = \mathfrak{S}_3$.

• Le polynôme P_2 n'est pas irréductible sur $\mathbb{C}(t)$: en effet, supposons que P_2 a une racine Q dans $\mathbb{C}[t]$. Alors Q est nécessairement de degré inférieur ou égal à 1, i. e. de la forme

$at+b$ avec a, $b \in \mathbb{C}$. On a alors $P_2(at+b) = \big(a^3 - 2\,a - 2\big)\,t^3 + \big(3\,a^2b - 2\,b\big)\,t^2 + 3\,atb^2 + b^3$, donc $P_2(at+b) = 0$ si et seulement si $a^3 - 2a - 2 = 0$, $b^3 = 0$, $3ab^2 = 0$, et $3a^2b - 2b = 0$, i. e. $b = 0$ et $a^3 - 2a - 2 = 0$. Le polynôme $R := X^3 - 2X - 2$ a trois racines dans $\mathbb{C}$, notées a_1, a_2, a_3 donc P_2 a trois racines dans $\mathbb{C}(t)$, à savoir $a_1 t$, $a_2 t$, $a_3 t$. Le corps des racines de P sur $\mathbb{C}(t)$ est donc $\mathbb{C}(t)$, et on a $Gal_{\mathbb{C}(t)}(P_2) = \{id\}$.

Exercice 7.8.6 (Groupes de Galois)

Déterminer le groupe de Galois du polynôme $P_1 := X^7 - 3 \in \mathbb{Q}[X]$. Même question pour les polynômes $P_2 := X^{12} - 1$ et $P_3 := X^{15} - 1$.

Solution

• Soit L le corps des racines de P_1 sur $\mathbb{Q}$. C'est une extension normale de $\mathbb{Q}$. Or P_1 est irréductible sur $\mathbb{Q}$ (critère d'Eisenstein), donc séparable, donc L est une extension galoisienne de $\mathbb{Q}$. Notons $\omega := e^{\frac{2i\pi}{7}}$, et montrons que $L = \mathbb{Q}(\sqrt[7]{3}, \omega)$. Les racines de P_1 sont les nombres $\sqrt[7]{3}\,\omega^j$ pour $j \in [\![0, 6]\!]$, donc $L \subset \mathbb{Q}(\sqrt[7]{3}, \omega)$. Or L contient $\sqrt[7]{3}$ et $\sqrt[7]{3}\,\omega$, donc ω, et ainsi $\mathbb{Q}(\sqrt[7]{3}, \omega) \subset L$, d'où $L = \mathbb{Q}(\sqrt[7]{3}, \omega)$. Comme $\sqrt[7]{3}$ est de degré 7 sur $\mathbb{Q}$, $[L : \mathbb{Q}]$ est divisible par 7. De même, ω est de degré $\varphi(7) = 6$ sur $\mathbb{Q}$, donc $[L : \mathbb{Q}]$ est divisible par 6. Donc $[L : \mathbb{Q}]$ est divisible par 42. On a aussi $\mathbb{Q} \subset \mathbb{Q}(\sqrt[7]{3}) \subset \mathbb{Q}(\sqrt[7]{3})(\omega) = L$, donc $[L : \mathbb{Q}] = [\mathbb{Q}(\sqrt[7]{3})(\omega) : \mathbb{Q}(\sqrt[7]{3})][\mathbb{Q}(\sqrt[7]{3}) : \mathbb{Q}]$, avec $[\mathbb{Q}(\sqrt[7]{3}) : \mathbb{Q}] = 7$ et $[\mathbb{Q}(\sqrt[7]{3})(\omega) : \mathbb{Q}(\sqrt[7]{3})] \leq 6$, donc $[L : \mathbb{Q}] \leq 42$. Finalement, $[L : \mathbb{Q}] = 42$, donc $|Gal(L : \mathbb{Q})| = 42$. L'application $Gal(L : \mathbb{Q}) \to \mathbb{Z}\,/\,7\mathbb{Z} \times (\mathbb{Z}\,/\,7\mathbb{Z})^\times$ définie par $\sigma \mapsto (j \mod 7,\ \sigma(\omega))$, où σ vérifie $\sigma(\sqrt[7]{3}) = \sqrt[7]{3}\,\omega^j$, est un morphisme injectif. Il est bijectif car les groupes ont le même cardinal. Comme $\mathbb{Z}\,/\,7\mathbb{Z} \times (\mathbb{Z}\,/\,7\mathbb{Z})^\times \simeq \mathbb{Z}\,/\,7\mathbb{Z} \times \mathbb{Z}\,/\,6\mathbb{Z} \simeq \mathbb{Z}\,/\,42\mathbb{Z}$ (théorème chinois), $Gal(L : \mathbb{Q})$ est isomorphe à $\mathbb{Z}\,/\,42\mathbb{Z}$.

• Soit $\omega := e^{\frac{2i\pi}{12}}$. Le corps des racines du polynôme $X^{12} - 1$ est alors $\mathbb{Q}(\omega)$. Tout élément σ de $Gal(L : \mathbb{Q})$ est donc déterminé par $\sigma(\omega)$, ce qui définit un morphisme de groupes de $Gal(L : \mathbb{Q})$ dans le groupe H des racines primitives 12−èmes de 1 (en effet, si $\sigma(\omega) = \omega^j$ et $\tau(\omega) = \omega^l$ avec j et l premiers avec 12, alors $\sigma \circ \tau(\omega) = \sigma(\omega^l) = \omega^{j+l}$). Par ailleurs, on a un isomorphisme de groupes de H sur $(\mathbb{Z}\,/\,12\mathbb{Z})^\times$, défini par $\omega^k \mapsto k \mod 12$, d'où un morphisme de $Gal(L : \mathbb{Q})$ dans $(\mathbb{Z}\,/\,12\mathbb{Z})^\times$. Ce morphisme est un isomorphisme de groupes, donc $Gal(L : \mathbb{Q})$ est isomorphe à $(\mathbb{Z}\,/\,12\mathbb{Z})^\times \simeq (\mathbb{Z}\,/\,3\mathbb{Z})^\times \times (\mathbb{Z}\,/\,4\mathbb{Z})^\times \simeq \mathbb{Z}\,/\,2\mathbb{Z} \times \mathbb{Z}\,/\,2\mathbb{Z}$.

• On procède de même avec P_3 : on obtient $Gal(L : \mathbb{Q}) \simeq (\mathbb{Z}\,/\,15\mathbb{Z})^\times \simeq (\mathbb{Z}\,/\,3\mathbb{Z})^\times \times (\mathbb{Z}\,/\,5\mathbb{Z})^\times \simeq \mathbb{Z}\,/\,2\mathbb{Z} \times \mathbb{Z}\,/\,4\mathbb{Z}$.

Exercice 7.8.7 (Groupes de Galois)
Déterminer le groupe de Galois du polynôme $P := X^5 + 2X^2 - 5 \in \mathbb{Q}[X]$.
Indication : montrer que, modulo 29, -2, -15 et -19 sont racines de P et factoriser P modulo 29.

Solution

Soit G le groupe de Galois de P. On a $P = X^5 + 2X^2 + 12 \mod 17$, et ce polynôme est irréductible sur $\mathbb{F}_{17}$, donc d'après le critère de réduction modulo 17, P est irréductible sur $\mathbb{Q}$. Or $P = (X^4 + X^3 + X^2 + X + 1)(X + 1) \mod 2$, et ce polynôme est séparable, donc d'après le théorème 7.6.1, G contient un $4-$cycle. De même, $P = (X + 15)(X + 19)(X + 2)(X^2 + 22X + 15) \mod 29$, et ce polynôme est séparable, donc G contient une transposition. D'après le lemme 7.6.2, G est isomorphe à $\mathfrak{S}_5$.

Exercice 7.8.8 (Groupes de Galois)
Soient p un nombre premier et $P \in \mathbb{Q}[X]$ un polynôme irréductible de degré p qui admet exactement deux racines non réelles.
1. Montrer que le groupe de Galois de P sur $\mathbb{Q}$ est $\mathfrak{S}_p$.
2. Quel est le groupe de Galois du polynôme $P := X^5 - 7X + 4$?

Solution

1. Le polynôme P est irréductible sur $\mathbb{Q}$, donc séparable, et son groupe de Galois $G := Gal_{\mathbb{Q}}(P)$ est un sous-groupe transitif de $\mathfrak{S}_p$. Son ordre est donc divisible par le cardinal de l'unique orbite, à savoir p. Ainsi G contient un élément d'ordre p, i. e. G contient un $p-$cycle. Soit L le corps des racines de P sur $\mathbb{Q}$. La conjugaison complexe τ est un $\mathbb{Q}-$morphisme de $\mathbb{C}$. Comme L est une extension normale de $\mathbb{Q}$, $\tau(L) \subset L$, donc $\tau \subset G$. Comme P est à coefficients réels, les 2 racines non réelles sont complexes conjuguées. La conjugaison τ est ainsi la transposition qui les échange. Donc G contient une transposition et un $p-$cycle et est isomorphe à $\mathfrak{S}_p$ (lemme 7.6.2).
2. Le polynôme P est irréductible sur $\mathbb{Q}$ (par exemple grâce à une réduction modulo 3). Montrons que P a exactement trois racines réelles : on a $P(-1) = 10$, $P(1) = -2$ et $P(x)$ tend vers $-\infty$ (resp. ∞) quand x tend vers $-\infty$ (resp. ∞), donc d'après le théorème des valeurs intermédiaires, P admet au moins trois racines réelles. En fait, sa dérivée ne s'annulant que deux fois sur $\mathbb{R}$, P a au plus trois racines réelles (théorème de Rolle). Ainsi, P a exactement trois racines réelles, donc deux racines non réelles. D'après 1, $Gal_{\mathbb{Q}}(P) = \mathfrak{S}_5$.

Exercice 7.8.9 (Correspondance de Galois)

Soit $L := \mathbb{Q}(\sqrt[6]{2}, j)$. Montrer que L est une extension galoisienne de $\mathbb{Q}$ et déterminer son groupe de Galois sur $\mathbb{Q}$. En déduire le treillis des sous-extensions de L contenant $\mathbb{Q}$, et indiquer celles qui sont des extensions galoisiennes de $\mathbb{Q}$.

Solution

• On a $\mathbb{Q} \subset \mathbb{Q}(j) \subset \mathbb{Q}(j)(\sqrt[6]{2})$ avec $[\mathbb{Q}(j) : \mathbb{Q}] = 2$ et $[\mathbb{Q}(j)(\sqrt[6]{2}) : \mathbb{Q}(j)] \leq 6$, donc $[\mathbb{Q}(j)(\sqrt[6]{2}) : \mathbb{Q}] \leq 12$. Or $\mathbb{Q} \subset \mathbb{Q}(\sqrt[6]{2}) \subset \mathbb{Q}(\sqrt[6]{2})(j)$ avec $[\mathbb{Q}(\sqrt[6]{2}) : \mathbb{Q}] = 6$ ($X^6 - 2$ est irréductible sur $\mathbb{Q}$ d'après le critère d'Eisenstein), donc 6 divise $[\mathbb{Q}(j)(\sqrt[6]{2}) : \mathbb{Q}]$, et $[\mathbb{Q}(j)(\sqrt[6]{2}) : \mathbb{Q}] = 6$ ou 12. Or si $[\mathbb{Q}(j)(\sqrt[6]{2}) : \mathbb{Q}] = 6$, alors j appartient à $\mathbb{Q}(\sqrt[6]{2}) \subset \mathbb{R}$, ce qui est absurde, donc $[L : \mathbb{Q}] = [\mathbb{Q}(j)(\sqrt[6]{2}) : \mathbb{Q}] = 12$.

• Le polynôme $X^6 - 2$ est un polynôme irréductible sur $\mathbb{Q}$, et ses racines, de la forme $e^{\frac{2il\pi}{6}}\sqrt[6]{2}$ pour $l \in [\![0, 5]\!]$, sont les nombres $\sqrt[6]{3}$, $-j^2\sqrt[6]{3}$, $j\sqrt[6]{3}$, $-\sqrt[6]{3}$, $j^2\sqrt[6]{3}$ et $-j\sqrt[6]{3}$, donc son corps de décomposition est $\mathbb{Q}(\sqrt[6]{2}, j)$. D'après le théorème 5.1.4, l'extension L est galoisienne sur $\mathbb{Q}$ et $|Gal(L|\mathbb{Q})| = 12$.

• Notons $G := Gal(L|\mathbb{Q})$. Un élément σ de G est déterminé par $\sigma(\sqrt[6]{2})$ (qui est égal à : $\sqrt[6]{2}$, $-j^2\sqrt[6]{2}$, $j\sqrt[6]{2}$, $-\sqrt[6]{2}$, $j^2\sqrt[6]{2}$ ou $-j\sqrt[6]{2}$), et par $\sigma(j)$ (qui vaut j ou j^2). Appelons ρ l'élément de G défini par $\rho(\sqrt[6]{2}) = e^{\frac{2i\pi}{6}}\sqrt[6]{2} = -j^2\sqrt[6]{2} = (1+j)\sqrt[6]{2}$ et $\rho(j) = j$, et τ l'élément de G défini par $\tau(\sqrt[6]{2}) = \sqrt[6]{2}$ et $\tau(j) = j^2$. Les automorphismes ρ et τ sont d'ordres respectifs 6 et 2. On a ainsi $\rho^6 = id$, $\tau^2 = id$, et $\tau\rho\tau(\sqrt[6]{2}) = \rho^{-1}(\sqrt[6]{2})$ et $\tau\rho\tau(j) = \rho^{-1}(j)$, d'où $\tau\rho\tau = \rho^{-1}$, ce qui montre que $\langle\rho, \tau\rangle$ est le groupe diédral D_6. On a donc $G = \{id, \rho, \rho^2, \rho^3, \rho^4, \rho^5, \tau, \tau\rho, \tau\rho^2, \tau\rho^3, \tau\rho^4, \tau\rho^5\}$. L'élément ρ correspond à la rotation de centre O et d'angle $\frac{2\pi}{6}$ tandis que τ correspond à la réflexion par rapport à l'axe des abscisses. On a également la relation $\tau\rho^l\tau = \rho^{-l}$.

• Dressons maintenant la liste[3] des sous-groupes de D_6 :

— 6 sous-groupes de type D_1 (d'ordre 2) : $\langle\tau\rangle$, $\langle\tau\rho^4\rangle$, $\langle\tau\rho^2\rangle$, $\langle\tau\rho\rangle$, $\langle\tau\rho^5\rangle$, $\langle\tau\rho^3\rangle$, et 1 de type C_1 (d'ordre 1) : $\{id\}$.

— 3 de type D_2 (d'ordre 4) : $\{id, \tau\rho, \rho^3, \tau\rho^4\}$, $\{id, \tau, \rho^3, \tau\rho^3\}$, $\{id, \tau\rho^2, \rho^3, \tau\rho^5\}$, et 1 de type C_2 (d'ordre 2) : $\langle\rho^3\rangle$.

— 2 de type D_3 (d'ordre 6) : $\langle\rho^2, \tau\rangle$, $\langle\rho^2, \tau\rho\rangle$, et 1 de type C_3 (d'ordre 3) : $\langle\rho^2\rangle$.

3. En général, pour tout diviseur m de n, le groupe D_n admet $\frac{n}{m}$ sous-groupes de type D_m (diédral) et 1 sous-groupe de type C_m (cyclique d'ordre m), donc le nombre total de sous-groupes de D_n est $d(n) + \sigma(n)$, où $d(n)$ est le nombre de diviseurs positifs de n et $\sigma(n)$ la somme des diviseurs positifs de n.

— 1 de type D_6 (d'ordre 12) : le groupe D_6 lui-même, et 1 de type C_6 (d'ordre 6) : $\langle\rho\rangle$. On obtient ainsi le treillis des sous-groupes de D_6 : voir la figure 7.2 (les nombres situés à droite donnent l'ordre des groupes figurant sur la même ligne). Grâce à la correspondance

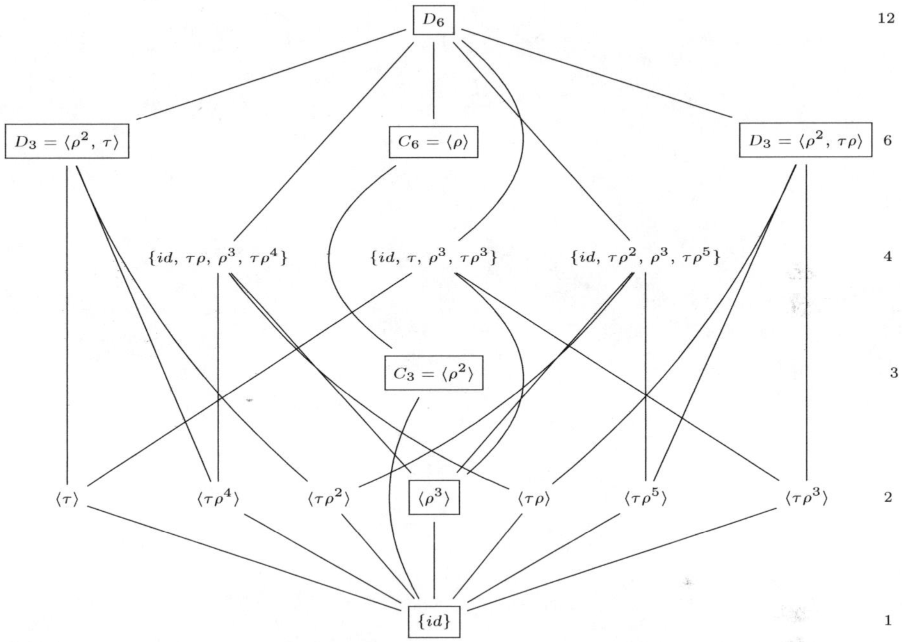

FIGURE 7.2 – Treillis des sous-groupes de D_6.

de Galois (théorème 5.3.1), on obtient le treillis des sous-extensions de L contenant $\mathbb{Q}$: voir la figure 7.3 (les nombes situés à droite donnent le degré des extensions de $\mathbb{Q}$ figurant sur la même ligne). Ce treillis est l'image du treillis des sous-groupes par la réflexion d'axe horizontal.

• Nous allons maintenant expliciter les sous-extensions du treillis. Pour cela, posons $v := \sqrt[6]{2}$, de sorte qu'un élément quelconque z de L s'écrit sous la forme $z = a_0 + a_1v + a_2v^2 + a_3v^3 + a_4v^4 + a_5v^5 + b_0j + b_1jv + b_2jv^2 + b_3jv^3 + b_4jv^4 + b_5jv^5$, avec $a_0, \ldots, a_5 \in \mathbb{Q}$ et $b_0, \ldots, b_5 \in \mathbb{Q}$. On calcule alors les images de z par tous les éléments du groupe D_6 :

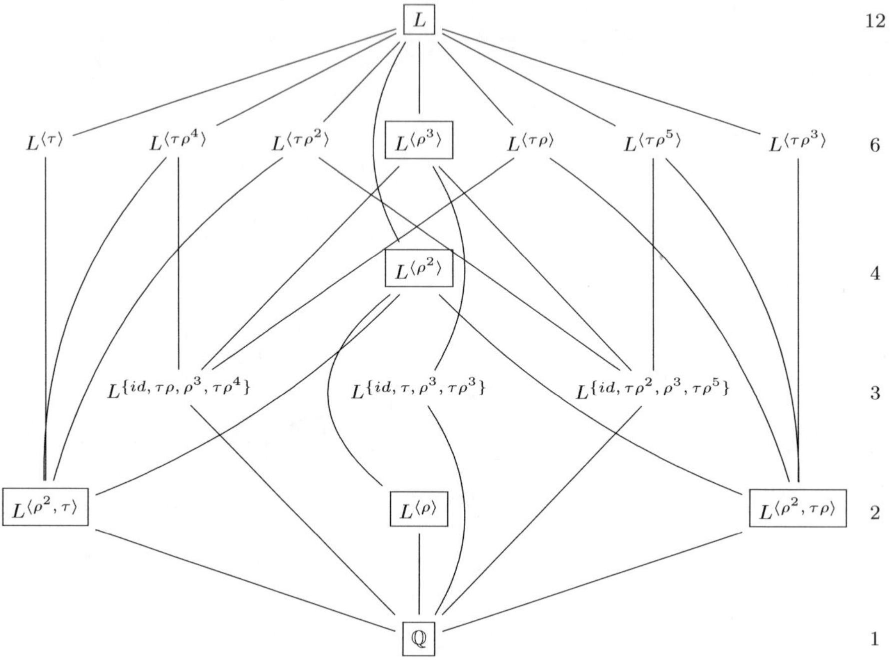

FIGURE 7.3 – Treillis des sous-extensions de L contenant $\mathbb{Q}$.

$\rho(z) = a_0 + (a_1 - b_1)v - b_2v^2 - a_3v^3 + (b_4 - a_4)v^4 + b_5v^5 + b_0j + a_1jv + (a_2 - b_2)jv^2 - b_3jv^3 - a_4jv^4 + (b_5 - a_5)jv^5$,
$\rho^2(z) = a_0 - b_1v + (b_2 - a_2)v^2 + a_3v^3 - b_4v^4 + (b_5 - a_5)v^5 + b_0j + (a_1 - b_1)jv - a_2jv^2 + b_3jv^3 + (a_4 - b_4)jv^4 - a_5jv^5$,
$\rho^3(z) = a_0 - a_1v + a_2v^2 - a_3v^3 + a_4v^4 - a_5v^5 + b_0j - b_1jv + b_2jv^2 - b_3jv^3 + b_4jv^4 - a_5jv^5$,
$\rho^4(z) = a_0 + (b_1 - a_1)v - b_2v^2 + a_3v^3 + (b_4 - a_4)v^4 - b_5v^5 + b_0j - a_1jv + (a_2 - b_2)jv^2 + b_3jv^3 - a_4jv^4 + (a_5 - b_5)jv^5$,
$\rho^5(z) = a_0 + b_1v + (b_2 - a_2)v^2 - a_3v^3 - b_4v^4 + (a_5 - b_5)v^5 + b_0j + (b_1 - a_1)jv - a_2jv^2 - b_3jv^3 + (a_4 - b_4)jv^4 + a_5jv^5$,
$\tau(z) = (a_0 - b_0) + (a_1 - b_1)v + (a_2 - b_2)v^2 + (a_3 - b_3)v^3 + (a_4 - b_4)v^4 + (a_5 - b_5)v^5 - b_0j -$

$b_1jv - b_2jv^2 - b_3jv^3 - b_4jv^4 - b_5jv^5$,
$\tau\rho(z) = (a_0 - b_0) - b_1v - a_2v^2 + (b_3 - a_3)v^3 + b_4v^4 + a_5v^5 - b_0j - a_1jv + (b_2 - a_2)jv^2 + b_3jv^3 + a_4jv^4 + (a_5 - b_5)jv^5$,
$\tau\rho^2(z) = (a_0 - b_0) - a_1v + b_2v^2 + (a_3 - b_3)v^3 - a_4v^4 + b_5v^5 - b_0j + (b_1 - a_1)jv + a_2jv^2 - b_3jv^3 + (b_4 - a_4)jv^4 + a_5jv^5$,
$\tau\rho^3(z) = (a_0 - b_0) + (b_1 - a_1)v + (a_2 - b_2)v^2 + (b_3 - a_3)v^3 + (a_4 - b_4)v^4 + (b_5 - a_5)v^5 - b_0j + b_1jv - b_2jv^2 + b_3jv^3 - b_4jv^4 + b_5jv^5$,
$\tau\rho^4(z) = (a_0 - b_0) + b_1v - a_2v^2 + (a_3 - b_3)v^3 + b_4v^4 - a_5v^5 - b_0j + a_1jv + (b_2 - a_2)jv^2 - b_3jv^3 + a_4jv^4 + (b_5 - a_5)jv^5$,
$\tau\rho^5(z) = (a_0 - b_0) + a_1v + b_2v^2 + (b_3 - a_3)v^3 - a_4v^4 - b_5v^5 - b_0j + (a_1 - b_1)jv + a_2jv^2 + b_3jv^3 + (b_4 - a_4)jv^4 - a_5jv^5$.
Pour déterminer explicitement les éléments d'une extension de la forme L^H, où H est un sous-groupe de G, on est conduit à résoudre un système linéaire. Par exemple, pour expliciter $L^{\langle\rho^2,\tau\rangle}$, on résout $\left\{\begin{array}{lcl}\rho^2(z) & = & z\\ \tau(z) & = & z\end{array}\right.$, et on trouve $z = a_0 + a_3v^3$. Finalement, le treillis des sous-extensions de L contenant $\mathbb{Q}$ est donné par la figure 7.4.

• Selon la correspondance de Galois, une sous-extension L^H de L contenant $\mathbb{Q}$ est galoisienne sur $\mathbb{Q}$ si et seulement si H est un sous-groupe distingué de G. Les sous-groupes $\{id\}$ et G sont évidemment distingués dans G. Les 3 sous-groupes d'ordre 6 sont distingués dans G (ils sont d'indice 2), et le sous-groupe d'ordre 3, $\langle\rho^2\rangle$, aussi, grâce à la relation $\tau\rho^l\tau = \tau^{-l}$. Aucun des sous-groupes d'ordre 4 n'est distingué dans G. En effet, pour $H_1 := \{id,\, \tau\rho,\, \rho^3,\, \tau\rho^4\}$, l'élément $\tau(\tau\rho)\tau = \rho\tau$ n'appartient pas à H_1 (si $\rho\tau = \tau\rho$, on a $\rho^2 = id$; si $\rho\tau = \rho^3$, on a $\tau = \rho^2$; si $\rho\tau = \tau\rho^4$, on a $\rho^5 = id$; dans tous les cas, c'est impossible). De même, pour $H_2 := \{id,\, \tau,\, \rho^3,\, \tau\rho^3\}$, $(\tau\rho^{-1})\tau(\rho\tau)$ n'appartient pas à H_2, et pour $H_3 := \{id,\, \tau\rho^2,\, \rho^3,\, \tau\rho^5\}$, $\tau(\tau\rho^2)\tau$ n'appartient pas à H_3. Quant aux sous-groupes d'ordre 2, ils sont distingués si et seulement si leur générateur appartient au centre de D_6. Or le centre de D_6 est $\{id,\, \rho^3\}$ (6 est pair !), donc le seul sous-groupe distingué d'ordre 2 est $\langle\rho^3\rangle$. Sur la figure 7.2, les sous-groupes distingués de G sont encadrés. On en déduit les sous-extensions de L contenant $\mathbb{Q}$ qui sont galoisiennes sur $\mathbb{Q}$: celles-ci sont encadrées sur les figures 7.3 et 7.4.

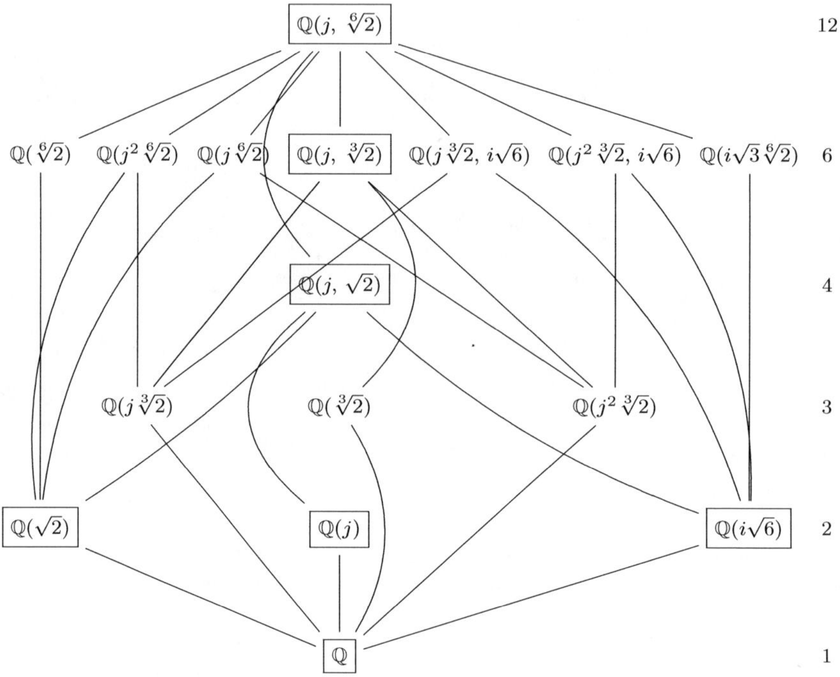

FIGURE 7.4 – Treillis des sous-extensions de L contenant $\mathbb{Q}$.

Troisième partie

Applications

Chapitre 8

Constructions à la règle et au compas

Dans ce chapitre, nous utilisons les résultats démontrés précédemment pour déterminer les figures qui sont constructibles à la règle et au compas [1]. Précisons tout d'abord que seul le dernier paragraphe utilise la correspondance de Galois ; les autres paragraphes se réfèrent aux résultats des trois premiers chapitres.

8.1 Points et nombres constructibles

Dans cette section, nous exposons des résultats concernant les constructions à la règle et au compas, qui sont des conséquences de la correspondance de Galois. Certains de ces résultats donnent des réponses négatives à des problèmes célèbres et anciens, tels la duplication du cube, la trisection de l'angle, ou encore la quadrature du cercle.

Définition 8.1.1
Un point M du plan affine euclidien est constructible à la règle et au compas

1. Le grand livre de la nature est écrit dans la langue des droites, des cercles, la langue de la géométrie et des mathématiques, *Galilée.*

si l'on peut le construire à partir de deux points O et I en un nombre fini d'étapes, avec les deux constructions élémentaires suivantes.

(i) *Tracer la droite passant par deux points A et B.*

(ii) *Tracer le cercle de centre A passant par B.*

• Etant donné deux points O et I, on peut construire un repère orthonormé (O, I, J), ce qui permet d'identifier le plan affine euclidien à $\mathbb{C}$. En effet (figure 8.1), on trace le cercle de centre O et de rayon OI ; il coupe la droite (OI) en I et I'. On trace alors les cercles de centre I et I' et de rayon II' ; ils se coupent en deux points K et K'. On trace alors la droite (KK') : c'est la perpendiculaire à (II') passant par O. Son intersection avec le cercle de centre O et de rayon OI définit le point J.

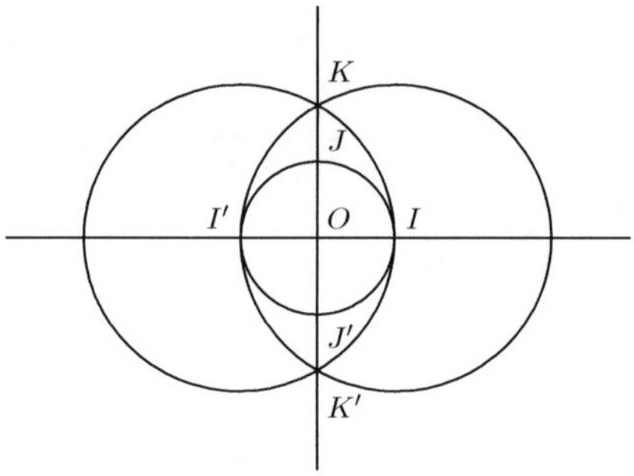

FIGURE 8.1 – Repère orthonormé.

Un nombre complexe z est dit constructible si le point M_z d'affixe z est constructible. Par exemple, les nombres 0, 1, i sont constructibles. Une droite est dite constructible si elle passe par deux points constructibles.

• Si une droite D et un point M sont constructibles, alors la perpendiculaire à D passant par M est constructible. En effet, prenons une droite D

constructible (figure 8.2) : elle passe par deux points A et B constructibles. On trace alors le cercle de centre M et de rayon AM ; il coupe D en deux points A et C. On trace ensuite les cercles de centres A et C et de rayon AC ; ils se coupent en deux points K et K'. La droite passant par K et K' est la perpendiculaire à D passant par M.

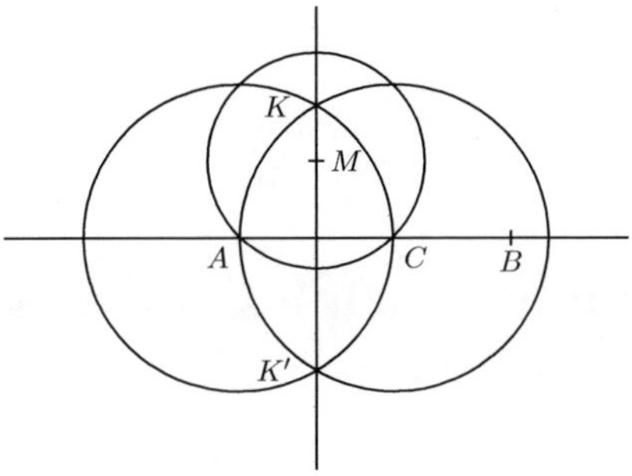

FIGURE 8.2 – Perpendiculaire à D passant par M.

• Si une droite D et un point M sont constructibles, alors la parallèle à D passant par M est constructible. En fait, on effectue deux fois la construction précédente.

• Enfin, un nombre $z \in \mathbb{C}$ est constructible si et seulement si $\Re(z)$ et $\Im(z)$ sont constructibles. En effet, si M_z est constructible, alors on peut construire (figure 8.3 gauche) les droites passant par M_z et perpendiculaires à (OI) et (OJ). Réciproquement (figure 8.3 droite), si $x := \Re(z)$ et $y := \Im(z)$ sont constructibles, on trace le cercle de centre O et de rayon $|y|$, ce qui permet d'obtenir le point Y d'affixe iy. Alors M_z est l'intersection de la droite passant par Y et parallèle à (OI) et de la droite passant par le point X d'affixe x et parallèle à (OJ).

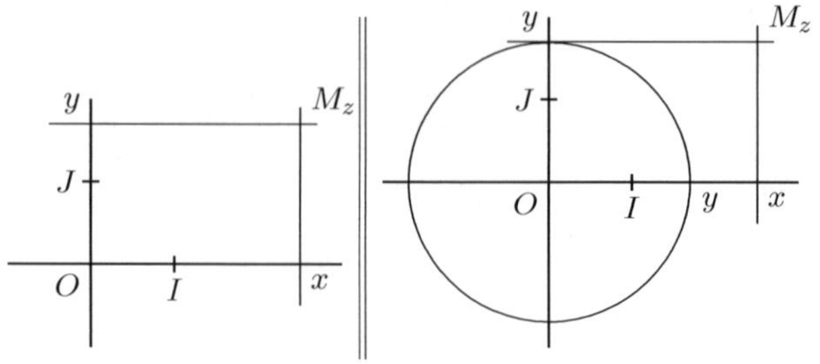

FIGURE 8.3 – Nombres constructibles.

8.2 Résultat principal sur les nombres constructibles : le théorème de Wantzel

Théorème 8.2.1 (Wantzel)

• *L'ensemble $\mathcal{C}$ des nombres complexes constructibles est une extension algébrique de $\mathbb{Q}$ stable par racine carrée.*

• *Un nombre z est constructible si et seulement s'il existe une suite finie d'extensions $\mathbb{Q} = K_0 \subset K_1 \subset \cdots \subset K_n$ telle que $z \in K_n$ et telle que pour tout $j \in [\![0, n-1]\!]$, on ait $[K_{j+1} : K_j] = 2$.*

• *Si z est constructible, alors z est algébrique sur $\mathbb{Q}$, de degré une puissance de 2.*

• *Le corps $\mathcal{C}$ est* le plus petit *sous-corps de $\mathbb{C}$ stable par racine carrée.*

Démonstration :

• Il suffit de montrer que $\mathcal{C} \cap \mathbb{R}$ est un sous-corps de $\mathbb{R}$. Pour cela, on va montrer que si x et y sont deux réels constructibles, alors $-x$, $x+y$, xy et $\frac{1}{x}$ (si $x \neq 0$) sont constructibles.

— L'opposé est immédiatement construit en traçant le cercle de centre O et de rayon $|x|$ (figure 8.4 gauche).

— Pour la somme $x+y$, on trace le cercle de centre le point d'affixe x et de rayon $|y|$. Il coupe (OI) en les points d'affixes $x+y$ et $x-y$ (figure 8.4 droite).

— Pour construire le produit xy, on considère les points A et B d'affixes

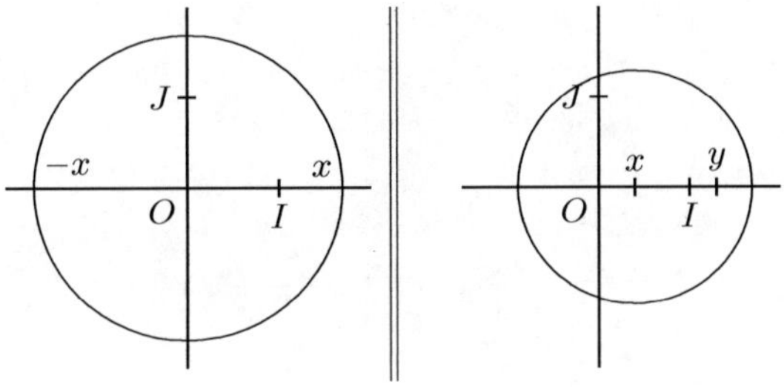

FIGURE 8.4 – Opposé de x, et somme $x+y$.

respectives x et iy et on trace la perpendiculaire à (IB) passant par A. Elle coupe (OJ) en un point C (figure 8.5 gauche). D'après le théorème de Thalès appliqué aux triangles OBI et OCA, on a $\frac{OI}{OA} = \frac{OB}{OC}$, donc $OB \cdot OA = xy$.
— Si x est non nul, on trace la droite passant par J et par le point A d'affixe x, ainsi que la parallèle à cette droite passant par I. Cette dernière coupe (OJ) en un point C (figure 8.5 droite). En procédant comme ci-dessus, on a $OC = \frac{1}{x}$.

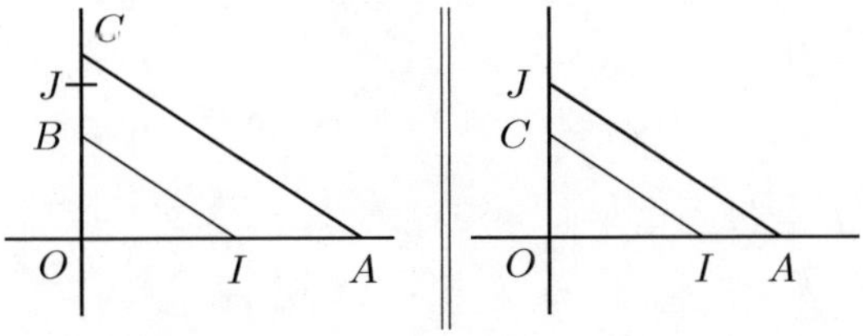

FIGURE 8.5 – Produit xy, et inverse de x.

— Montrons également que $\mathcal{C}$ est stable par racine carrée : soit $z = \rho e^{i\theta} \in \mathcal{C}$, donc $\sqrt{z} = \pm\sqrt{\rho}e^{i\frac{\theta}{2}}$. Comme on sait construire le produit de deux nombres constructibles, il suffit de construire $\sqrt{\rho}$ et $e^{i\frac{\theta}{2}}$. Soit N le point d'affixe ρ, et M le milieu de $[ON]$, d'affixe $\frac{\rho+1}{2}$ (figure 8.6). On trace la perpendiculaire à (OI) passant par I. Alors le cercle de centre M et de rayon OM coupe cette droite en un point A d'ordonnée y positive ou nulle. D'après le théorème de Pythagore appliqué au triangle IAM rectangle en I, on a

$$y^2 = \left(\frac{\rho+1}{2}\right)^2 - \left(\frac{\rho-1}{2}\right)^2 = \rho,$$

donc $y = \sqrt{\rho}$. Enfin, la construction de $e^{i\frac{\theta}{2}}$ se ramène à la construction de la bissectrice de l'angle θ. Soit P le point d'affixe $e^{i\theta}$. La bissectrice de l'angle $\widehat{IOP}$ est obtenue en traçant les cercles de centres I et P et de rayon $\max(OI, OP)$: c'est la droite passant par les points d'intersection de ces cercles.

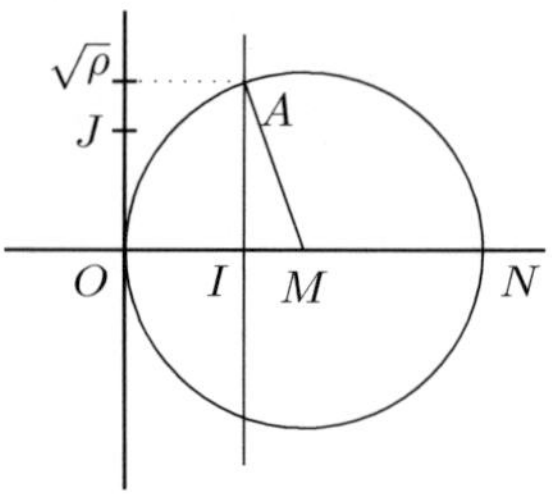

FIGURE 8.6 – Racine carrée de ρ.

• Condition suffisante : supposons qu'il existe une telle suite

$$\mathbb{Q} = K_0 \subset K_1 \subset \cdots \subset K_n.$$

Soit K un sous-corps de $\mathbb{C}$ stable par racine carrée. Par récurrence sur i, montrons que K_i est inclus dans K.

— Pour $i = 0$, c'est clair car tout sous-corps de $\mathbb{C}$ contient $\mathbb{Q}$.
— Supposons le résultat vrai pour $i-1$, et montrons qu'il l'est encore pour i : soit $y \in K_i \setminus K_{i-1}$. Alors le polynôme minimal de y sur K_{i-1} est de la forme $P_y = X^2 + aX + b$, avec $a, b \in K_{i-1}$, de sorte que y vérifie la relation $y^2 + ay + b = 0$. Par hypothèse de récurrence, a et b sont dans K, donc $y = \frac{-a \pm \sqrt{a^2-4b}}{2}$ aussi, puisque K est stable par racine carrée. Donc $K_i \subset K$.
Finalement, $K_n \subset K$, donc z appartient à K, donc à tout sous-corps de $\mathbb{C}$ stable par racine carrée, et en particulier à $\mathcal{C}$ (premier point).

Condition nécessaire : supposons que z est constructible. Soit

$$(M_0 = O,\ M_1 = I, \ldots,\ M_p = M_z)$$

la suite finie des points utilisés pour la construction de z.
Notons $M_j = (x_j, y_j)$, $L_0 = Q$, et pour $j \in [\![1, p]\!]$, $L_j = L_{j-1}(x_j, y_j)$. Comme M_j est l'intersection soit de deux droites, soit d'une droite et d'un cercle, soit de deux cercles, ses coordonnées sont solutions d'un système formé de deux équations de la forme $x^2+y^2+ax+by+c = 0$ ou $ax+by+c = 0$ dont les coefficients sont dans L_{j-1}. Montrons, en distinguant trois cas, que $L_j = L_{j-1}(x_j, y_j) = L_{j-1}(x_j)$ ou $L_{j-1}(y_j)$, et que L_j est algébrique de degré 1 ou 2 sur L_{j-1}.
— Si M_j est l'intersection de deux droites d'équations $ax + by + c = 0$ et $a'x + b'y + c' = 0$, le système qu'elles définissent a une unique solution, donc son déterminant $ab' - ba'$ est non nul. Ainsi, par exemple, $a' \neq 0$ et $b \neq 0$. Alors $y_j = \frac{1}{b}(-c - ax_j) \in L_{j-1}(x_j)$ et $x_j = \frac{1}{a'}(-c' - b'x_j) \in L_{j-1}(x_j)$, d'où l'égalité $L_{j-1}(x_j, y_j) = L_{j-1}(x_j) = L_{j-1}(y_j)$. De plus, x_j vérifie $(b'a - ba')x_j + (b'c - bc') = 0$, donc $[L_j : L_{j-1}] = 1$.
— Si M_j est l'intersection d'une droite et d'un cercle d'équations respectives $ax + by + c = 0$ et $x^2 + y^2 + a'x + b'y + c' = 0$, on a $a \neq 0$ ou $b \neq 0$. Prenons par exemple $b \neq 0$. Alors $y_j = \frac{1}{b}(-c - ax_j) \in L_{j-1}(x_j)$, donc $L_{j-1}(x_j, y_j) = L_{j-1}(x_j)$, et x_j est solution de l'équation

$$x_j^2 + \frac{1}{b^2}(-c - ax_j)^2 + a'x_j + \frac{b'}{b}(-c - ax_j) + c' = 0$$

à coefficients dans L_{j-1}. Le coefficient de x_j^2 dans cette équation est $\frac{a^2+b^2}{b^2}$ et est non nul, donc $[L_j : L_{j-1}] = 1$ ou 2.
— Si M_j est l'intersection de deux cercles d'équations $x^2+y^2+ax+by+c = 0$ et $x^2 + y^2 + a'x + b'y + c' = 0$, c'est aussi l'intersection d'un cercle et de la droite passant par les intersections des deux cercles, et l'on se ramène ainsi au cas précédent.
En supprimant les extensions telles que $L_j = L_{j-1}$, on obtient une suite d'extensions $\mathbb{Q} = K_0 \subset K_1 \subset \cdots \subset K_{n-1}$ telle que pour tout $j \in [\![0, n-2]\!]$, on ait $[K_{j+1} : K_j] = 2$, et $x, y \in K_{n-1}$. Soit $K_n = L_{n-1}(i)$. Alors on a $[K_n : K_{n-1}] = 2$ et $z = x + iy \in K_n$.

• D'après la formule de multiplicativité des degrés (proposition 3.1.6), on a $[K_n : \mathbb{Q}] = 2^n$. Or $\mathbb{Q}(z)$ est inclus dans K_n, donc z est algébrique sur $\mathbb{Q}$ et a pour degré une puissance de 2.

• Si K est un sous-corps de $\mathbb{C}$ stable par racine carrée, d'après le deuxième point de la démonstration, pour tout $z \in \mathcal{C}$, il existe une extension K_{n_z} de $\mathbb{Q}$ contenant z et incluse dans K. Donc $\mathcal{C} \subset K$. D'où le résultat. ■

Un exemple de nombre algébrique de degré 4 non constructible est étudié dans l'exercice 8.5.1.

8.3 Problèmes historiques

Poursuivons ce chapitre avec la résolution par la négative de quelques problèmes importants historiquement :

• La duplication du cube : il s'agit de construire un cube de volume égal au double du volume d'un cube donné. Cela revient à résoudre l'équation $x^3 = 2$. Supposons qu'il existe une solution $x \in \mathbb{C}$. Alors d'après le critère d'Eisenstein, $X^3 - 2$ est irréductible sur $\mathbb{Q}$, donc x est algébrique de degré 3 sur $\mathbb{Q}$. Cela contredit le théorème 8.2.1.

• La trisection de l'angle : il s'agit de construire un angle ζ valant le tiers d'un angle donné η. Cela revient à trouver un nombre constructible x tel que $x = \cos(\zeta)$ et $\cos(3\zeta) = \cos(\eta)$. Le nombre x doit donc vérifier l'équation $4X^3 - 3X - \cos(\eta) = 0$. C'est impossible en général : par exemple, si l'on prend $\eta = \frac{\pi}{3}$, alors si x est constructible, $z := 2x$ l'est aussi. Or z vérifie $z^3 - 3z - 1 = 0$, et $X^3 - 3X - 1$ est irréductible sur $\mathbb{Q}$, donc y est algébrique de degré 3, ce qui contredit le théorème 8.2.1. Cependant, la trisection de l'angle est possible pour certaines valeurs de η, par exemple pour $\eta = \frac{\pi}{2}$.

Plus généralement, posons $a = \cos(\eta)$, de sorte que x est racine du polynôme $P := 4X^3 - 3X - a \in \mathbb{Q}(a)[X]$. Montrons alors que si a est transcendant, le polynôme P est irréductible sur $\mathbb{Q}(a)$: raisonnons par contraposée en supposant que P est réductible sur $\mathbb{Q}(a)$. Il admet donc une racine $y = \frac{f(a)}{g(a)}$ avec $f, g \in \mathbb{Q}[X]$ et $g(a) \neq 0$. Si $f(a) = 0$, a est algébrique. Supposons désormais que $f(a) \neq 0$. Alors a est racine de

$$Q := 4f(X)^3 - f(X)g(X)^2 - Xg(X)^3.$$

Les degrés des trois termes de Q sont $d_1 := 3\partial^\circ(f)$, $d_2 := \partial^\circ(f) + 2\partial^\circ(g)$, $d_3 := 1 + 3\partial^\circ(g)$. Comme $Q(a) = 0$, on a nécessairement $d_1 = d_2$ ou $d_1 = d_3$ ou $d_2 = d_3$.

— Si $d_1 = d_2$, alors $\partial^\circ(f) = \partial^\circ(g)$. Or le degré du troisième terme de Q est $1 + 3\partial^\circ(q) > 3\partial^\circ(f)$, donc Q est un polynôme non nul à coefficients dans $\mathbb{Q}$ dont a est racine, donc a est algébrique.

— Si $d_1 = d_3$, alors $\partial^\circ(f) = \frac{1}{3} + \partial^\circ(g)$, ce qui est impossible puisque ni f ni g n'est nul.

— Si $d_2 = d_3$, alors $\partial^\circ(f) = 1 + \partial^\circ(g)$. Mais alors le premier terme de Q est de degré $3\partial^\circ(f) > 3\partial^\circ(g) + 1$, donc, comme dans le premier cas, a est algébrique.

Ainsi, si $a = \cos(\eta)$ est transcendant, alors P est irréductible sur $\mathbb{Q}(a)$, donc $x = \cos(\zeta)$ est algébrique de degré 3 sur $\mathbb{Q}(a)$.

Le théorème 8.2.1 s'étend facilement au cas de constructions à la règle et au compas *relatives*, ce qui signifie qu'au lieu de partir de l'ensemble $\{O, I\}$, on part d'un ensemble fini de points du plan, ici de l'ensemble $\{O, I, M\}$, où M est le point d'affixe a. Comme le degré d'algébricité du nombre $x = \cos(\zeta)$ sur $\mathbb{Q}(a)$ n'est pas une puissance de 2, ce nombre n'est pas constructible à

partir de a.
D'après la proposition 3.1.2, l'ensemble des nombres de la forme $\cos(\eta)$ qui sont algébriques est dénombrable, et la fonction cos étant injective sur $[0, \pi[$ et symétrique, l'ensemble des angles $\eta \in [-\pi, \pi[$ tels que $\cos(\eta)$ est algébrique est dénombrable, donc de mesure nulle. Ainsi, d'aprés ce qui précède, un angle pris au hasard n'est pas trisectable.

• La quadrature du cercle : il s'agit de construire un carré dont l'aire est égale à l'aire d'un disque donné. Cela revient à trouver un nombre constructible x tel que $x^2 = \pi$. Mais si x est constructible, alors π l'est aussi, donc π est algébrique sur $\mathbb{Q}$, ce qui est impossible d'après le théorème de Lindemann.

8.4 Correspondance de Galois et polygones réguliers

Notons que jusqu'à présent, dans cette partie, nous n'avons pas fait usage de la correspondance de Galois. Celle-ci va maintenant nous servir pour caractériser les nombres constructibles via leur groupe de Galois, ainsi que les polygones réguliers constructibles.

Proposition 8.4.1
Soient $z \in \mathbb{C}$ un nombre algébrique sur $\mathbb{Q}$, et P_z son polynôme minimal sur $\mathbb{Q}$. Alors z est constructible si et seulement si le groupe de Galois de P_z est un $2-$groupe (i. e. un groupe de cardinal une puissance de 2).

Démonstration :
• Condition nécessaire : soit $z \in \mathbb{C}$ un nombre algébrique constructible. D'après le théorème 8.2.1 de Wantzel, il existe une suite d'extensions

$$\mathbb{Q} = K_0 \subset K_1 \subset \cdots \subset K_r$$

telle que $z \in K_r$ et pour tout $j \in [\![1, r-1]\!]$, on ait $[K_{j+1} : K_j] = 2$. Soit σ un $\mathbb{Q}-$morphisme de K_r dans $\mathbb{C}$. Alors on a $\sigma(z) \in \sigma(K_r)$ et pour tout $j \in [\![1,\, r-1]\!]$, $[\sigma(K_{j+1}) : \sigma(K_j)] = 2$. Notons $\widetilde{K_r}$ la fermeture galoisienne sur $\mathbb{Q}$ de K_r dans $\mathbb{C}$. Par définition, c'est la plus petite extension de $\mathbb{Q}$ contenue dans $\mathbb{C}$ telle que pour tout $\mathbb{Q}$−morphisme de K_r dans $\mathbb{C}$, on ait $\sigma(K_r) \subset \widetilde{K_r}$. Il existe donc une suite d'extensions de degré 2 de $\mathbb{Q}$ dont $\widetilde{K_r}$ est le dernier terme, de sorte que $[\widetilde{K_r} : \mathbb{Q}]$ est une puissance de 2. Or si L est le corps de décomposition de P_z sur $\mathbb{Q}$, on a $L \subset \widetilde{K_r}$, donc $|Gal_{\mathbb{Q}}(P_z)| = [L : \mathbb{Q}]$ est une puissance de 2.

• Condition suffisante : supposons que $G := Gal_{\mathbb{Q}}(P_z) = Gal(L|\mathbb{Q})$ est un 2−groupe. Alors il est nilpotent donc résoluble. Donc d'après la proposition 7.1.6, il existe une suite de sous-groupes de G,

$$\{e\} = G_r \lhd G_{r-1} \lhd \cdots \lhd G_0 = G$$

avec $G_j \,/\, G_{j+1}$ d'ordre 2 pour tout $j \in [\![0,\, r-1]\!]$. En utilisant la correspondance de Galois (théorème 5.3.1), et en posant $K_j = L^{G_j}$, on obtient une suite d'extensions $\mathbb{Q} = K_0 \subset K_1 \subset \cdots \subset K_r = L$ telle que $z \in K_r$, avec $[K_{j+1} : K_j] = [G_{j+1} : G_j] = 2$ pour tout $j \in [\![0,\, r-1]\!]$. D'après le théorème de Wantzel 8.2.1, z est constructible. ■

Corollaire 8.4.2

Le polygone régulier à n côtés est constructible si et seulement si n est de la forme $n = 2^r p_1 \ldots p_t$ avec $r,\, t \in \mathbb{N}$ et où les p_j sont des nombres premiers impairs deux à deux distincts de la forme $2^{a_j} + 1$.

Démonstration :

Soit $\omega_n := e^{2i\pi/n}$. Le polygone régulier à n côtés est constructible si et seulement si ω_n est constructible. Le polynôme minimal de ω_n est Φ_n, et $|Gal_{\mathbb{Q}}(\Phi_n)| = \partial^\circ(\Phi_n) = \varphi(n)$. D'après la proposition 8.4.1, ω_n est constructible si et seulement si $\varphi(n)$ est une puissance de 2. Or pour $n = 2^{r_0} p_1^{r_1} \ldots, p_t^{r_t}$, on a

$$\varphi(n) = n \prod_{j=0}^{t} \left(1 - \frac{1}{p_j}\right) = 2^{r_0 - 1} p_1^{r_1 - 1} \ldots, p_t^{r_t - 1}(p_1 - 1) \ldots (p_t - 1),$$

donc ω_n est constructible si et seulement si pour tout $j \in [\![1, t]\!]$, $r_j - 1 = 0$, et $p_j - 1$ est une puissance de 2. ■

8.5 Exercices

Exercice 8.5.1 (Contre-exemple pour la réciproque du théorème 8.2.1)
On considère le polynôme $P := X^4 - X - 1$.
1. Montrer que P s'écrit sous la forme $P = (X^2 + aX + b)(X^2 + a'X + b')$ avec a, b, a', $b' \in \mathbb{R}$, et que l'un des deux facteurs, par exemple $X^2 + aX + b$, a un discriminant strictement positif.
2. Montrer que a^2 est racine de $X^3 + 4X - 1$ et que a n'est pas constructible à la règle et au compas.
3. En déduire que P admet une racine x qui n'est pas constructible à la règle et au compas et qui est de degré 4 sur $\mathbb{Q}$.

Solution

1. Les polynômes irréductibles sur $\mathbb{R}$ sont de degré 2, donc P se factorise sur $\mathbb{R}$ sous la forme $P = (X^2 + aX + b)(X^2 + a'X + b')$ avec a, b, a', $b' \in \mathbb{R}$. En identifiant les coefficients, on a alors $a + a' = 0$, $b + aa' + b' = 0$, $ab' + ba' = -1$ et $bb' = -1$. D'où $a' = -a$ et $b + b' = a^2$, donc b et b' sont solutions de l'équation $X^2 - a^2X - 1 = 0$, avec par exemple $b = \frac{a^2 - \sqrt{a^4+4}}{2}$, de sorte que le discriminant de $X^2 + aX + b$ est $\Delta := a^2 - 4b = -a^2 + 2\sqrt{a^4 + 4} > 0$.
2. On a alors $b' = \frac{a^2 + \sqrt{a^4+4}}{2}$, donc $b - b' = -\sqrt{a^4 + 4}$. Or $ab' - ba = -1$, donc $b - b' = \frac{1}{a}$. Ainsi, on a $\frac{1}{a} = -\sqrt{a^4 + 4}$, et a est solution de l'équation $X^6 + 4X^2 - 1 = 0$, donc a^2 est solution de l'équation $X^3 + 4X - 1 = 0$. Le polynôme $Q := X^3 + 4X - 1$ est irréductible sur $\mathbb{Q}$: en effet, sinon il a une racine dans $\mathbb{Q}$, de la forme $\frac{p}{q}$ avec p et q premiers entre eux, et d'après ce qui suit la proposition 2.2.6, p divise -1 et q divise 1, donc cette racine est ± 1. Or ni 1 ni -1 n'est racine de Q. Le nombre a^2 est donc de degré 3 sur $\mathbb{Q}$, il n'est pas constructible à la règle et au compas d'après le théorème 8.2.1.
3. Soient x et y les racines réelles de $X^2 + aX + b$. Alors $x + y = -a$. Or a n'est pas constructible, car sinon a^2 le serait comme produit de nombres constructibles. Donc au moins l'un des nombres x et y, par exemple x, n'est pas constructible. Alors x est de degré 4 : en effet, si x est de degré 3, P a une racine dans $\mathbb{Q}$, ce qui est impossible (même argument que pour le polynôme Q de la question 2) ; et si x est de degré 1 ou 2, alors il est constructible.

Exercice 8.5.2 (Pentagone régulier)
1. Soit $\omega_5 := e^{\frac{2i\pi}{5}}$. Montrer que $\mathbb{Q} \subset \mathbb{Q}(\omega_5 + \frac{1}{\omega_5}) \subset \mathbb{Q}(\omega_5)$ et calculer les degrés $[\mathbb{Q}(\omega_5 + \frac{1}{\omega_5}) : \mathbb{Q}]$ et $[\mathbb{Q}(\omega_5) : \mathbb{Q}(\omega_5 + \frac{1}{\omega_5})]$.
3. Donner une expression de ω_5 sous forme de radicaux.
2. Construire à la règle et au compas un pentagone régulier.

Solution
1. On a $(\omega_5 + \frac{1}{\omega_5})^2 = \omega_5^2 + \frac{1}{\omega_5^2} + 2$. Or $1 + \omega_5 + \omega_5^2 + \omega_5^3 + \omega_5^4 = \Phi_{5,\mathbb{C}}(\omega_5) = 0$, donc $1 + \omega_5 + \omega_5^2 + \frac{1}{\omega_5} + \frac{1}{\omega_5^2} = 0$, donc $(\omega_5 + \frac{1}{\omega_5})^2 + (\omega_5 + \frac{1}{\omega_5}) - 1 = 0$. Ainsi, $\omega_5 + \frac{1}{\omega_5}$ est de degré inférieur ou égal à 2 sur $\mathbb{Q}$, et donc de degré 2 sur $\mathbb{Q}$: on a donc $[\mathbb{Q}(\omega_5 + \frac{1}{\omega_5}) : \mathbb{Q}] = 2$. Or le polynôme minimal de ω_5 sur Q est $\Phi_{5,\mathbb{C}}$, de degré $\varphi(5) = 4$, donc $[\mathbb{Q}(\omega_5) : \mathbb{Q}] = 4$. Par multiplicativité du degré, on a $[\mathbb{Q}(\omega_5 + \frac{1}{\omega_5}) : \mathbb{Q}(\omega_5)] = 2$, et les inclusions sont strictes.
2. D'après ce qui précède, $z := \omega_5 + \frac{1}{\omega_5}$ est racine de $X^2 + X - 1$, donc $z = \frac{-1+\sqrt{5}}{2}$ ($z = 2\cos(\frac{2\pi}{5}) > 0$). Le nombre ω_5 est alors racine de $X^2 - zX + 1$, et comme $\Im(\omega_5) > 0$, $\omega_5 = \frac{-1+\sqrt{5}}{4} + \frac{i}{2}\sqrt{2}\sqrt{5+\sqrt{5}}$.
3. On a $\cos(\frac{2\pi}{5}) = \frac{-1+\sqrt{5}}{4}$. Dans un repère orthonormé (O, I, J), on trace le cercle de centre O et de rayon 1. On note I' le point tel que O est le milieu de $[II']$, et on appelle A le milieu de $[I'O]$. On trace ensuite le cercle de centre A et de rayon AJ. Il coupe la droite (OI) en un point B situé entre O et I. On appelle C le milieu de $[OB]$, et finalement on trace la perpendiculaire à (OI) passant par C. Elle coupe le cercle en un point D. Le segment $[ID]$ est le premier côté du pentagone régulier. En effet, on a $x_A = -\frac{1}{2}$, puis $x_B = -\frac{1}{2} + \sqrt{\frac{1}{4} + 1} = \frac{-1+\sqrt{5}}{2}$, et enfin $x_C = \frac{1}{2}x_B = \cos(\frac{2\pi}{5})$.

Exercice 8.5.3 (Quadrature du cercle par la quadratrice de Dinostrate)
Cet exercice propose une méthode de construction d'un carré ayant la même aire qu'un disque de rayon 1, c'est-à-dire un carré de côté $\sqrt{\pi}$. Puisque l'on sait construire la racine carrée d'un nombre constructible, la seule difficulté consiste à construire un segment de longueur π. Pour cela, on considère le carré $OJKI$ de côté 1, le cercle de centre O et de rayon 1, et on note A l'intersection du cercle et d'un rayon mobile $[OL]$ qui tourne uniformément autour de O (pour $t = 0$, $[OL] = [OJ]$, pour $t = 1$, $[OL] = [OI]$). Simultanément, le côté $[JL]$ se translate verticalement et uniformément jusqu'à la position $[OI]$. On note alors B l'intersection du côté mobile et du rayon $[OL]$, et C le projeté orthogonal de B sur l'axe (OI). La courbe décrite par B

quand t parcourt $[0,\ 1]$ s'appelle la *quadratrice de Dinostrate.*
1. Donner en fonction de l'angle $\widehat{IOA}$ l'ordonnée de B. En déduire son abscisse quand $\widehat{IOA}$ tend vers 0 et conclure.
2. Donner une équation polaire de la quadratrice de Dinostrate.

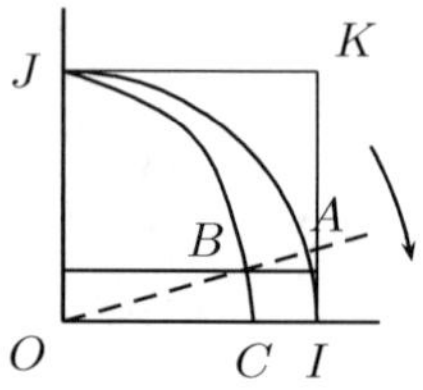

Solution

1. Notons $(x,\ y)$ les coordonnées de B, et φ l'angle $\widehat{IOA}$. On a $y = 1 - lt$ et $\varphi = \frac{\pi}{2} - l't$. Or pour $t = 0$, on a $y = 1$ et $\varphi = \frac{\pi}{2}$, et pour $t = 1$, on a $y = 0$ et $\varphi = 0$, donc $l = 1$ et $l' = \frac{\pi}{2}$, de sorte que l'on a $y = 1 - t$ et $\varphi = \frac{\pi}{2}(1 - t)$. Ainsi, $y = \frac{2}{\pi}\varphi$. Comme $\tan(\varphi) = \frac{y}{x}$, on en déduit que $x = \frac{y}{\tan(\varphi)} = \frac{2}{\pi}\frac{\varphi}{\tan(\varphi)}$. Ce nombre tend vers $\frac{2}{\pi}$ quand φ tend vers 0. On a ainsi construit $\frac{2}{\pi}$. En utilisant la règle et le compas, on en déduit facilement $\frac{1}{\pi}$ puis π.
2. Le rayon en fonction de φ est $r := \sqrt{x^2 + y^2} = \sqrt{\left(\frac{2}{\pi}\right)^2 \frac{\varphi^2}{\tan(\varphi)^2} + \left(\frac{2}{\pi}\right)^2 \varphi^2} = \frac{2}{\pi}\frac{\varphi}{\sin(\varphi)}$.

Exercice 8.5.4 (Trisection de l'angle par la quadratrice de Dinostrate)

La quadratrice de Dinostrate, introduite dans l'exercice précédent, sert maintenant pour le problème de la trisection de l'angle. On considère l'angle $\widehat{IOA}$, et on veut construire un angle dont la mesure est le tiers de la mesure de cet angle. On note B l'intersection du rayon mobile $[OL]$ avec la quadratrice, et on appelle $F = (0,\ y_F)$ le projeté orthogonal de B sur l'axe vertical (OJ). On place alors le point F' de coordonnées $(0,\ \frac{y_F}{3})$ et on trace la droite passant par F' et parallèle à (OI). Elle coupe la quadratrice en un point B' et le cercle en un point A'. Montrer que l'on a $\widehat{IOA'} = \frac{1}{3}\widehat{IOA}$.

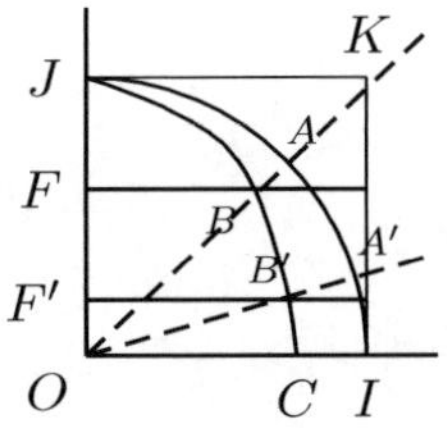

Solution

On utilise les résultats de l'exercice précédent. Notons $y_{F'}$ l'ordonnée de F'. On a alors $y_{F'} = \frac{y_F}{3}$. Or $y_F = \frac{2}{\pi}\widehat{IOA}$ et $y_{F'} = \frac{2}{\pi}\widehat{IOA'}$, donc $\widehat{IOA'} = \frac{1}{3}\widehat{IOA}$.

Exercice 8.5.5 (Trisection de l'angle par la méthode d'Archimède)
On considère un cercle de centre O et de rayon 1. On place deux points A et B sur ce cercle. Le but est de construire un angle dont la mesure est le tiers de la mesure de l'angle $\widehat{AOB}$. La droite (OA) recoupe le cercle en un point C. Placer sur le cercle un point D de sorte que la droite (BD) coupe la droite (OA) en un point E vérifiant $ED = DO$. Montrer alors que l'on a $\widehat{AEB} = \frac{1}{3}\widehat{AOB}$.

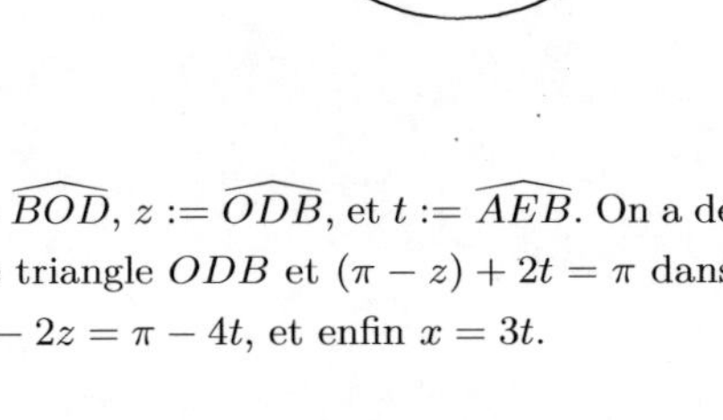

Solution

On note $x := \widehat{AOB}$, $y := \widehat{BOD}$, $z := \widehat{ODB}$, et $t := \widehat{AEB}$. On a déjà $x+y+t = \widehat{AOE} = \pi$. On a $y + 2z = \pi$ dans le triangle ODB et $(\pi - z) + 2t = \pi$ dans le triangle ODE. On a ainsi $z = 2t$, d'où $y = \pi - 2z = \pi - 4t$, et enfin $x = 3t$.

Exercice 8.5.6 (Duplication du cube par la méthode de Ménechme)

On cherche à construire un cube ayant un volume égal au double du volume d'un cube donné. Cela revient à résoudre l'équation $x^3 = 2$, i. e. à construire le nombre $\sqrt[3]{2}$. Proposer une méthode de construction du nombre $\sqrt[3]{2}$ en utilisant l'intersection d'une parabole et d'une hyperbole.

Solution

On considère la parabole d'équation $y = x^2$ et l'hyperbole d'équation $y = \frac{2}{x}$. Alors ces deux courbes ont une unique intersection dont les coordonnées sont données par $x = \sqrt[3]{2}$ et $y = (\sqrt[3]{2})^2$.

Chapitre 9

Corps finis et applications

Dans ce chapitre, nous nous intéressons aux corps finis, et à leurs applications en informatique.

9.1 Résidus quadratiques modulo p

Dans ce paragraphe, nous étudions la question suivante : étant donné un nombre premier p différent de 2 et un entier n, comment savoir si n est un carré modulo p ? Cela nous amènera en particulier à introduire la loi de réciprocité quadratique. L'application de $\mathbb{F}_p^\times$ dans lui-même définie par

$$x \mapsto x^2$$

est un morphisme de groupes dont le noyau est $\{1, -1\}$. Son image est donc de cardinal $\frac{p-1}{2}$, ce qui signifie qu'il y a dans $\mathbb{F}_p^\times$ autant de carrés que de non carrés. Comme cette image est $(\mathbb{F}_p^\times)^2$, on a $\mathbb{F}_p^\times / (\mathbb{F}_p^\times)^2 \simeq \mathbb{Z} / 2\mathbb{Z}$.
Notons $\left(\dfrac{x}{p}\right)$ l'image d'un élément $x \in \mathbb{F}_p^\times$ par la projection canonique de $\mathbb{F}_p^\times$ sur $\mathbb{Z} / 2\mathbb{Z}$. Par définition, $\left(\dfrac{x}{p}\right)$ vaut 1 si x est un carré, et -1 sinon. On pose aussi $\left(\dfrac{0}{p}\right) = 0$. Comme la projection canonique est un

morphisme de groupes, on a $\left(\frac{xy}{p}\right) = \left(\frac{x}{p}\right)\left(\frac{y}{p}\right)$. Le nombre $\left(\frac{x}{p}\right)$ est appelé *symbole de Legendre* de x modulo p.

Remarquons enfin que $\sum_{x \in \mathbb{F}_p^\times} \left(\frac{x}{p}\right) = 0$ (autant de carrés que de non carrés).

Proposition 9.1.1
Soit p un nombre premier.

(i) *Pour tout $x \in \mathbb{F}_p^\times$, on a* $\left(\frac{x}{p}\right) = x^{\frac{p-1}{2}}$.

(ii) *En particulier, -1 est un carré modulo p si et seulement si $p \equiv 1 \mod 4$.*

(iii) *On a* $\left(\frac{2}{p}\right) = (-1)^{\frac{p^2-1}{8}} = \begin{cases} 1 & \textit{si } p \equiv \pm 1 \mod 8 \\ -1 & \textit{si } p \equiv \pm 3 \mod 8 \end{cases}$.

Démonstration :
(i) Si x est un carré, $x^{\frac{p-1}{2}} = 1$ (théorème de Lagrange). Réciproquement, si $x^{\frac{p-1}{2}} = 1$, alors x est nécessairement un carré, car tout carré est solution de cette équation. Or il y a $\frac{p-1}{2}$ carrés, donc les carrés sont *les* solutions de cette équation. D'où le résultat.
(ii) résulte de **(i)**.
(iii) Soient x une racine de $X^4 + 1$ dans une clôture algébrique de $\mathbb{F}_p$, et $z = x + \frac{1}{x}$. Alors $z^2 = 2$, donc 2 est un carré modulo p si et seulement si z est dans $\mathbb{F}_p$, i. e. $z^{p-1} = 1$. Or on a les équivalences

$$z^{p-1} = 1 \Leftrightarrow z^p = z \Leftrightarrow \left(x + \frac{1}{x}\right)^p = x + \frac{1}{x} \Leftrightarrow x^p + \frac{1}{x^p} = x + \frac{1}{x}.$$

De plus, si $x \equiv \pm 1 \mod 8$, on a $x^p + \frac{1}{x^p} = x + \frac{1}{x}$ tandis que si $x \equiv \pm 3 \mod 8$, alors $x^p + \frac{1}{x^p} = -x - \frac{1}{x} \neq x + \frac{1}{x}$ puisque p est supérieur ou égal à 3. ■

Théorème 9.1.2 (Loi de réciprocité quadratique) [1]
Soient p et q deux nombres premiers impairs distincts.
Alors $\left(\begin{array}{c} p \\ q \end{array}\right)\left(\begin{array}{c} q \\ p \end{array}\right) = (-1)^{\frac{p-1}{2}\frac{q-1}{2}}$.

Démonstration :
• Le polynôme $X^{\frac{p-1}{2}}+\cdots+X^2+X+1+Y+Y^2+\cdots+Y^{\frac{p-1}{2}} \in \mathbb{Z}[X, Y]$ est symétrique, donc d'après le théorème 2.5.2, il existe un polynôme $S \in \mathbb{Z}[X, Y]$ tel que

$$X^{\frac{p-1}{2}} + \cdots + X^2 + X + 1 + Y + Y^2 + \cdots + Y^{\frac{p-1}{2}} = S(X + Y, XY).$$

Alors, en remplaçant Y par $\frac{1}{X}$, on a, dans $\mathbb{Z}[X]$,

$$X^{\frac{p-1}{2}} + \cdots + X^2 + X + 1 + X^{-1} + X^{-2} + \cdots + X^{-\frac{p-1}{2}} = S(X + Y, XY),$$

donc

$$X^{p-1} + \cdots + X + 1 = X^{\frac{p-1}{2}} S\left(X + \frac{1}{X}, 1\right) =: X^{\frac{p-1}{2}} P\left(X + \frac{1}{X}\right). \quad (9.1)$$

Le polynôme P ainsi défini appartient à $\mathbb{Z}[X]$ et est de degré $\frac{p-1}{2}$. De la même façon, on définit un polynôme $Q \in \mathbb{Z}[X]$ de degré $\frac{q-1}{2}$ tel que

$$X^{q-1} + \cdots + X + 1 =: X^{\frac{q-1}{2}} Q\left(X + \frac{1}{X}\right). \quad (9.2)$$

• Montrons que $R_X(P, Q) = \pm 1$. Raisonnons par l'absurde en supposant qu'il existe un nombre premier d qui divise $R_X(P, Q) = \pm 1$. Soient $\overline{P}$ et $\overline{Q}$ les réductions modulo d de P et Q, et soit Ω une clôture algébrique de $\mathbb{F}_d$. Alors d'après la proposition 2.6.2 de spécialisation du résultant, on a $R_X(\overline{P}, \overline{Q}) = \overline{R_X(P, Q)} = 0 \mod d$, donc $\overline{P}$ et $\overline{Q}$ ont une racine commune x dans Ω. Soit $y \in \Omega$ tel que $y^2 - xy + 1 = 0$. On a alors $y \neq 0$, et

$$y^{p-1} + \cdots + y + 1 = y^{\frac{p-1}{2}} \overline{P}\left(\frac{y^2+1}{y}\right) = y^{\frac{p-1}{2}} \overline{P}(x) = 0 \mod d. \quad (9.3)$$

1. Ce théoréme admet de nombreuses démonstrations. Celle que nous donnons ici utilise des propriétés du résultant. Nous proposons également en exercice une démonstration plus “classique” de ce résultat.

D'où $y^p - 1 = (y-1)(y^{p-1} + \cdots + y + 1) = 0 \mod d$, i. e. $y^p = 1$ dans Ω. De même, $y^q = 1$ dans Ω, donc d'après le théorème de Bézout, $y = 1$ dans Ω. Alors, d'après la relation (9.3), $p \equiv 0 \mod d$. De même, $q \equiv 0 \mod d$. Ceci est absurde puisque p et q sont premiers entre eux.

• Montrons que $R_X(P, Q) = \left(\begin{array}{c} q \\ p \end{array}\right)$. D'après la proposition 9.1.1, cela revient à montrer que $R_X(P, Q) = q^{\frac{p-1}{2}}$. Or d'après le point précédent, on a $R_X(P, Q) = \pm 1$, donc il suffit de montrer que $R_X(P, Q) \equiv q^{\frac{p-1}{2}} \mod p$ (la différence $R_X(P, Q) - q^{\frac{p-1}{2}}$ sera alors un nombre de l'intervalle $[\![-2, 2]\!]$ et divisible par p, donc nul). Pour tout $j \in [\![2, p-2]\!]$, p divise C_{p-1}^j, donc

$$\begin{aligned} X^{p-1} + \cdots + 1 &= \sum_{j=0}^{p-1} (-1)^{p-1-j} C_{p-1}^j X^j = (X-1)^{p-1} \\ &= (X^2 - 2X + 1)^{\frac{p-1}{2}} \\ &= X^{\frac{p-1}{2}} \left(X + \frac{1}{X} - 2\right)^{\frac{p-1}{2}} \mod p. \end{aligned}$$

Notons $\overline{P}$ la réduction de P modulo p. Alors d'après la relation (9.1),

$$\overline{P}\left(X + \frac{1}{X}\right) = \left(X + \frac{1}{X} - 2\right)^{\frac{p-1}{2}} \mod p.$$

D'après le premier point, $\overline{P}$ est un polynôme de degré $\frac{p-1}{2}$ à coefficients dans $\mathbb{F}_p$. Soit z une racine de $\overline{P}$ dans une clôture algébrique Ω' de $\mathbb{F}_p$. Alors il existe $t \in \Omega'$ tel que $z = t + \frac{1}{t}$. D'où $0 = \overline{P}(z) = \overline{P}\left(t + \frac{1}{t}\right) = \left(t + \frac{1}{t} - 2\right)^{\frac{p-1}{2}}$ mod p, donc $z = t + \frac{1}{t} = 2$. Ainsi, on a $\overline{P}(X) = (X-2)^{\frac{p-1}{2}} \mod p$. Alors d'après la proposition 2.3.2,

$$\overline{R_X(P, Q)} \equiv \overline{Q}(2)^{\frac{p-1}{2}} \equiv \overline{Q}\left(1 + \frac{1}{1}\right)^{\frac{p-1}{2}} \equiv q^{\frac{p-1}{2}} \mod p,$$

la dernière égalité résultant de la relation (9.2) appliquée à $X = 1$. Donc

$$R_X(P, Q) = \left(\begin{array}{c} q \\ p \end{array}\right).$$

De même,

$$R_X(Q,\, P) = \left(\begin{array}{c} p \\ q \end{array}\right).$$

• D'après la remarque qui suit immédiatement la définition du résultant, on a $R_X(Q,\, P) = (-1)^{\frac{p-1}{2}\frac{q-1}{2}} R_X(P,\, Q)$, d'où la loi de réciprocité quadratique. ■

9.2 Polynômes irréductibles sur les corps finis

9.2.1 Description des polynômes irréductibles

Soient p un nombre premier, $m \in \mathbb{N}^\times$, et $q := p^m$. D'après le corollaire 3.4.2, pour tout $n \in \mathbb{N}^\times$, il existe un polynôme irréductible de degré n sur $\mathbb{F}_q$. La proposition suivante donne des informations sur les polynômes irréductibles sur $\mathbb{F}_q$.

Lemme 9.2.1
Soient p un nombre premier, et $m,\, n \in \mathbb{N}$. Alors il y a équivalence entre les trois assertions suivantes :

(i) *m divise n.*

(ii) *$p^m - 1$ divise $p^n - 1$.*

(iii) *$X^{p^m} - X$ divise $X^{p^n} - X$.*

Démonstration :
La division euclidienne de n par m s'écrit $n = mq + r$. Alors

$$p^n - 1 = p^{mq+r} - 1 = (p^{mq} - 1)p^r + (p^r - 1) = (p^m - 1)h + (p^r - 1),$$

où $h := p^r((p^m)^{q-1} + \cdots + p^m + 1)$. Donc

$$\begin{aligned} X^{p^n-1} - 1 &= X^{(p^m-1)h} X^{p^r-1} - 1 = (X^{(p^m-1)h} - 1)X^{p^r-1} + X^{p^r-1} - 1 \\ &= (X^{p^m-1} - 1)((X^{p^m-1})^{h-1} + \cdots + X^{p^m-1} + 1)X^{p^r-1} + X^{p^r-1} - 1, \end{aligned}$$

ce qui montre l'équivalence des trois assertions. ■

Proposition 9.2.2
Soient p un nombre premier, $m \in \mathbb{N}^\times$, et $q := p^m$.
• *Si $Q \in \mathbb{F}_q[X]$ est un polynôme de degré $n \in \mathbb{N}^\times$ irréductible sur $\mathbb{F}_q$, alors Q divise $X^{q^n} - X$ et son corps de décomposition est $\mathbb{F}_{q^n}$.*
• *Si l'on note $Irr_{\mathbb{F}_q}(d)$ l'ensemble des polynômes irréductibles de degré d sur $\mathbb{F}_q$, alors on a*

$$X^{q^n} - X = \prod_{d|n} \prod_{P \in Irr_{\mathbb{F}_q}(d)} P,$$

donc $q^n = \sum_{d|n} d\,|Irr_{\mathbb{F}_q}(d)|$.

Démonstration :
• Soient $Q \in \mathbb{F}_q[X]$ un polynôme de degré $n \in \mathbb{N}^\times$ irréductible sur $\mathbb{F}_q$ et x une racine de Q dans une clôture algébrique de $\mathbb{F}_q$. Alors l'extension $\mathbb{F}_q(x)$ est de degré n sur $\mathbb{F}_q$, donc $|\mathbb{F}_q(x)| = q^n$, d'où $|\mathbb{F}_q(x)^\times| = q^n$. Ainsi, pour tout $x \neq 0$, on a $x^{q^{n-1}} = 1$ (théorème de Lagrange), i. e. $x^{q^n} - x = 0$. Comme $\mathbb{F}_q$ est un corps parfait, Q n'a pas de racine multiple, donc Q divise $X^{q^n} - X$. Ainsi, le corps de décomposition de Q est inclus dans celui de $X^{q^n} - X$. De plus, par unicité du corps de cardinal q^n (théorème 3.4.1), on a $\mathbb{F}_q(x) \simeq \mathbb{F}_{q^n}$, ce dernier corps étant le corps de décomposition de $X^{q^n} - X$. Donc le corps de décomposition de Q est $\mathbb{F}_{q^n}$.

• Soient d un diviseur de n, et P un polynôme de degré d irréductible sur $\mathbb{F}_q$. Alors P divise $X^{q^d} - X$ (premier point), donc P divise $X^{q^n} - X$ (lemme 9.2.1). Comme les éléments $P \in Irr_{\mathbb{F}_q}(d)$ pour d divisant n sont irréductibles et distincts, ils sont deux à deux premiers entre eux, donc $\prod_{d|n} \prod_{P \in Irr_{\mathbb{F}_q}(d)} P$ divise $X^{q^n} - X$.
Réciproquement, si $P \in Irr_{\mathbb{F}_q}(d)$ divise $X^{q^n} - X$, montrons que d divise n : d'après le lemme 9.2.1, il suffit de montrer que $X^{q^d} - X$ divise $X^{q^n} - X$. Soit $K := \mathbb{F}_q[X] \,/\, (P) = \mathbb{F}_q[\alpha]$, où $\alpha := \overline{X}$. Montrons que K est l'ensemble R des racines de $X^{q^d} - X$: K est un $\mathbb{F}_q$−espace vectoriel de dimension d, donc $|K| = q^d$, donc $|K^\times| = q^d - 1$. Alors, pour tout $x \in K^\times$, $x^{d^d - 1} = 1$, donc pour tout $x \in K$, on a $x^{d^d} = x$, ce qui montre que K est inclus dans R. Or $X^{q^d} - X$ a au plus q^d racines dans K, donc $K = R$. De plus,

on a $P(\alpha) = P(\overline{X}) = \overline{P(X)} = \overline{0}$, donc $\alpha^{q^d} - \alpha = 0$. Soit z une racine de $X^{q^d} - X$, i. e. $z \in K$. Alors il existe $f \in \mathbb{F}_q[X]$ de degré inférieur ou égal à $d-1$ tel que $z = f(\alpha)$. D'où $z^{q^n} - z = f(\alpha)^{q^n} - f(\alpha) = f(\alpha^{q^n}) - f(\alpha) = 0$, donc z est une racine de $X^{q^n} - X$. Comme $X^{q^d} - X$ n'a pas de racine multiple, $X^{q^d} - X$ divise $X^{q^n} - X$. ■

9.2.2 Construction explicite des corps finis

Nonobstant sa courte taille, ce paragraphe est d'une importance pratique capitale.

Soient p un nombre premier, m un élément de $\mathbb{N}^\times$, et $q := p^m$. Si $m = 1$, on a clairement $\mathbb{F}_p = [\![0,\, p-1]\!]$. Supposons maintenant $m \geq 2$. Une méthode explicite pour construire le corps $\mathbb{F}_q$ est la suivante : posons $n := p^m - 1$; comme p est premier avec n, p appartient à $(\mathbb{Z}\,/\,n\mathbb{Z})^\times$. Or on a $\overline{p^m} = \overline{1}$ dans $\mathbb{Z}\,/\,n\mathbb{Z}$, donc l'ordre de $\overline{p}$ dans $(\mathbb{Z}\,/\,n\mathbb{Z})^\times$ divise m. De plus, si $a \in \mathbb{N}^\times$ vérifie $\overline{p^a} = \overline{1}$, alors $p^m - 1$ divise $p^a - 1$, donc d'après le lemme 9.2.1, m divise a. Ainsi, l'ordre de $\overline{p}$ dans $(\mathbb{Z}\,/\,n\mathbb{Z})^\times$ est m. D'après la proposition 6.2.7, $\Phi_{n,\mathbb{F}_p}$ se factorise en $\frac{\varphi(n)}{m}$ facteurs irréductibles sur $\mathbb{F}_p$ de degré m. Considérons un tel facteur, noté P, et notons α une racine de P dans une clôture algébrique de $\mathbb{F}_p$. Alors $\mathbb{F}_p[\alpha]$ est un corps isomorphe au corps $\mathbb{F}_q$ ($|\mathbb{F}_p[\alpha]| = p^{\partial^\circ(P)} = p^m = q$, d'où le résultat par unicité du corps fini de cardinal q).
La famille $(1,\, \alpha, \ldots,\, \alpha^{m-1})$ est une base de $\mathbb{F}_p[\alpha]$ sur $\mathbb{F}_p$. On peut donc écrire $\mathbb{F}_p[\alpha] = \mathbb{F}_p \oplus \mathbb{F}_p\alpha \oplus \cdots \oplus \mathbb{F}_p\alpha^{m-1}$, et les éléments de $\mathbb{F}_p[\alpha]$ sont donnés par

$$\mathbb{F}_p[\alpha] = \left\{ \sum_{j=0}^{m-1} \lambda_j \alpha^j \;/\; (\lambda_0, \ldots,\, \lambda_{m-1}) \in \mathbb{F}_p \times \cdots \times \mathbb{F}_p \right\}.$$

Cette construction s'obtient aisément avec Maple : construisons par exemple le corps $\mathbb{F}_{25}$.

```
p:=5: m:=2: n:=p^m-1: Phi:=numtheory[cyclotomic](n,X):
FPhi:=Factor(Phi) mod p;
```

On obtient la factorisation :

$\Phi_{24,\mathbb{F}_5} = (X^2 + 2X + 3)(X^2 + X + 2)(X^2 + 4X + 2)(X^2 + 3X + 3)$.
On choisit l'un des facteurs irréductibles, par exemple $P := X^2 + 2X + 3$, et on prend une racine de ce polynôme.

```
P:=op(1,FPhi); alias(alpha=RootOf(P) mod p);
```

On a ainsi construit le corps $\mathbb{F}_5[\alpha]$, isomorphe à $\mathbb{F}_{25}$. On peut alors effectuer des calculs dans ce corps en utilisant la commande `evala` lors de l'évaluation.
On peut écrire explicitement l'ensemble C des éléments du corps $\mathbb{F}_5[\alpha]$ en utilisant le produit cartésien.

```
T:=combinat[cartprod]([seq([seq(j,j=0..p-1)],i=1..m)]): C:=[]:
while not T[finished] do y:=T[nextvalue]():
                      C:=[op(C),add(y[k+1]*x^k,k=0..m-1)]:
end do: C;
```

On obtient ainsi :
$C := [0,\ \alpha,\ 2\alpha,\ 3\alpha,\ 4\alpha,\ 1,\ 1+\alpha,\ 1+2\alpha,\ 1+3\alpha,\ 1+4\alpha,\ 2,\ 2+\alpha,\ 2+2\alpha,\ 2+3\alpha,\ 2+4\alpha,\ 3,\ 3+\alpha,\ 3+2\alpha,\ 3+3\alpha,\ 3+4\alpha,\ 4,\ 4+\alpha,\ 4+2\alpha,\ 4+3\alpha,\ 4+4\alpha]$.

Soient $\widetilde{m} \in \mathbb{N}^\times$ et $\widetilde{q} := q^{\widetilde{q}} = p^{m\widetilde{m}}$. Ayant construit $\mathbb{F}_q$, on peut également construire le corps $\mathbb{F}_{\widetilde{q}}$ comme espace vectoriel sur $\mathbb{F}_q$. On pose $\widetilde{n} := q^{\widetilde{q}} - 1$. On montre comme précédemment que l'ordre de q dans $(\mathbb{Z} / \widetilde{n}\mathbb{Z})^\times$ est $\widetilde{m}$. D'après la proposition 6.2.7, $\Phi_{n,\mathbb{F}_p}$ se factorise en $\frac{\varphi(\widetilde{n})}{\widetilde{m}}$ facteurs irréductibles sur $\mathbb{F}_q$ de degré $\widetilde{m}$. Considérons un tel facteur, noté $\widetilde{P}$, et prenons une racine $\widetilde{\alpha}$ de $\widetilde{P}$ dans une clôture algébrique de $\mathbb{F}_p$. Alors $\mathbb{F}_q[\widetilde{\alpha}]$ est un corps isomorphe au corps $\mathbb{F}_{\widetilde{q}}$. En effet, le cardinal de $\mathbb{F}_q[\widetilde{\alpha}]$ est $|\mathbb{F}_q[\widetilde{\alpha}]| = q^{\partial^\circ(\widetilde{P})} = q^{\widetilde{q}} = \widetilde{q}$, d'où le résultat par unicité du corps fini de cardinal $\widetilde{q}$.

9.3 Factorisation des polynômes de $\mathbb{F}_q[X]$

Nous utilisons maintenant les résultats précédents pour donner un algorithme de factorisation[2] des polynômes à coefficients dans les corps finis.

2. L'algorithme que nous allons étudier est l'algorithme de Berlekamp. Mentionnons ici que l'algorithme LLL (A. Lenstra, H. Lenstra et L. Lovász) est un algorithme plus récent et plus efficace, mais d'une approche beaucoup plus délicate (voir [LLL82]).

Nous nous intéresserons ensuite à la variation, en fonction du nombre premier p, du type de factorisation de la réduction modulo p d'un polynôme à coefficients entiers.

9.3.1 Définition de l'algèbre de Berlekamp

Soient p un nombre premier, $m \in \mathbb{N}^\times$, et $q := p^m$. On s'intéresse à la factorisation d'un polynôme à coefficients dans le corps fini $\mathbb{F}_q$.

Considérons un polynôme unitaire et séparable $P \in \mathbb{F}_q[X]$ de degré $n \geq 2$. Soient $A_P := \mathbb{F}_q[X] / (P)$ l'algèbre quotient, et $\pi : \mathbb{F}_q[X] \to A_P$ la projection canonique. L'image d'un polynôme $Q \in \mathbb{F}_q[X]$ est notée $\overline{Q}$, et $\overline{Q}$ est la classe du reste de la division euclidienne de Q par P. Alors A_P est un $\mathbb{F}_q$−espace vectoriel de dimension n, dont la base canonique est $(\overline{1}, \overline{X}, \ldots, \overline{X^{n-1}})$. L'application σ de l'algèbre $\mathbb{F}_q[X]$ dans elle-même, définie par $\sigma : Q \mapsto Q^q$, passe au quotient en un morphisme d'algèbres $\overline{\sigma_P}$ de l'algèbre A_P dans elle-même, défini par $\overline{\sigma_P}(\overline{Q}) = \overline{Q^q}$. En effet, si $\overline{Q_1} = \overline{Q_2}$, on a $Q_1 - Q_2 \in (P)$. Or $Q_1 - Q_2$ divise $Q_1^q - Q_2^q$, donc $Q_1^q - Q_2^q \in (P)$, i. e. $\overline{Q_1^q} = \overline{Q_2^q}$, i. e. $\overline{\sigma_P}(Q_1) = \overline{\sigma_P}(Q_2)$.

$$\begin{array}{ccc} \mathbb{F}_q[X] & \xrightarrow{\sigma} & \mathbb{F}_q[X] \\ \downarrow \pi & & \downarrow \pi \\ \mathbb{F}_q[X] / (P) & \xrightarrow{\overline{\sigma_P}} & \mathbb{F}_q[X] / (P) \end{array}$$

Le noyau de l'application $\overline{\sigma_P} - id_{A_P}$ est appelé *algèbre de Berlekamp* associée à P, et est noté

$$\mathcal{B}(P) := \mathrm{Ker}(\overline{\sigma_P} - id_{A_P}).$$

C'est encore l'ensemble des éléments de A_P qui sont fixés par $\overline{\sigma_P}$.
Soit $M := (m_{i,j})_{i,j}$ la matrice de $\overline{\sigma_P} - id_{A_P}$ dans la base canonique $(\overline{1}, \overline{X}, \ldots, \overline{X^{n-1}})$ de $A := \mathbb{F}_q[X] / (P)$, de sorte que $R_j := \sum_{i=1}^n m_{i,j} X^{i-1}$ est le reste de la division euclidienne de $X^{q(j-1)} - X^{j-1}$ par P dans $\mathbb{F}_q[X]$. Soient $(V_1, \ldots, V_r)$ une base de $\mathrm{Ker}(M)$, avec $V_k := (v_{k,1}, \ldots, v_{k,n})$, et $K_r := v_{k,1} + v_{k,2}X + \cdots + v_{k,n}X^{n-1}$. Puisque 1 appartient à $\mathrm{Ker}(M)$, on peut supposer que $K_r = 1$ et que pour $k \in [\![1, r-1]\!]$, K_k est non constant. Alors $(K_1, \ldots, K_r)$ est une base de $\mathcal{B}(P)$.

9.3.2 Irréductibilité et algèbre de Berlekamp

Considérons maintenant la factorisation de P en facteurs irréductibles sur $\mathbb{F}_q$, notée $P = P_1 \dots P_r$, et désignons par n_j le degré de P_j. Comme F_j est irréductible sur $\mathbb{F}_q$, l'algèbre quotient $A_{P_j} := \mathbb{F}_q[X] \,/\, (P_j)$ est un corps, et A_{P_j} est une extension de degré n_j de $\mathbb{F}_q$. Remarquons alors, comme P est séparable, que les polynômes $P_1, \dots, P_r$ sont deux à deux premiers entre eux. Si l'on note $[Q]_j$ la classe de Q modulo P_j, alors d'après le théorème chinois, on a un isomorphisme d'algèbres

$$\chi : \mathbb{F}_q[X] \,/\, (P) \to \mathbb{F}_q[X] \,/\, (P_1) \times \cdots \times \mathbb{F}_q[X] \,/\, (P_r),$$

i. e. $\chi : A_P \to A_{P_1} \times \cdots \times A_{P_r}$, défini par

$$\chi : \overline{Q} \mapsto ([Q]_1, \dots, [Q]_r).$$

Le morphisme χ est compatible avec le morphisme σ_P : en effet, notons $\overline{\sigma_{P_j}}$ le morphisme de A_{P_j} induit par σ. Alors on a

$$\chi \circ \overline{\sigma_P}(Q) = \chi(\overline{Q^p}) = ([Q^p]_1, \dots, [Q^p]_r) = (\overline{\sigma_{P_1}}([Q]_1), \dots, \overline{\sigma_{P_r}}([Q]_r)),$$

donc $\chi \circ \overline{\sigma_P} = (\overline{\sigma_{P_1}}, \dots, \overline{\sigma_{P_r}}) \circ \chi$, et le diagramme suivant commute.

$$\begin{array}{ccc}
A_P & \xrightarrow{\quad\chi\quad} & A_{P_1} \times \cdots \times A_{P_r} \\
\downarrow{\scriptstyle \overline{\sigma_P}} & & \downarrow{\scriptstyle (\overline{\sigma_{P_1}}, \dots, \overline{\sigma_{P_r}})} \\
A_P & \xrightarrow{\quad\chi\quad} & A_{P_1} \times \cdots \times A_{P_r}
\end{array}$$

Or l'ensemble des points fixes dans A_{P_j} de $\overline{\sigma_{P_j}}$ est $\mathbb{F}_q$. En effet, l'équation $x^q = x$ a au plus q solutions dans le corps A_{P_j}, et tous les éléments de $\mathbb{F}_q$ sont solutions de cette équation. D'où l'isomorphisme d'algèbres $\chi : \mathcal{B}(P) \to \mathbb{F}_q^r$.
On en déduit que le nombre r de facteurs irréductibles de P est la dimension de l'algèbre $\mathcal{B}(P)$. De plus, cette algèbre est intègre si et seulement si $\mathbb{F}_q^r$ est elle-même intègre, i. e. $r = 1$, c'est-à-dire si P est irréductible sur $\mathbb{F}_q$.

On a donc prouvé la proposition suivante.

Proposition 9.3.1
Soient p un nombre premier, $m \in \mathbb{N}^\times$, $q := p^m$, et $P \in \mathbb{F}_q[X]$ un polynôme unitaire et séparable. Il y a alors équivalence entre les trois assertions suivantes.

(i) *Le polynôme P est irréductible sur $\mathbb{F}_q$.*

(ii) *L'algèbre de Berlekamp $\mathcal{B}(P)$ est de dimension* 1.

(iii) *L'algèbre de Berlekamp $\mathcal{B}(P)$ est intègre.*

9.3.3 Méthode de factorisation

Soit $Q \in \mathbb{F}_q[X]$. Alors grâce à l'isomorphisme χ, $\overline{Q}$ appartient à $\mathcal{B}(P)$ si et seulement si pour tout $j \in [\![1, r]\!]$, il existe $\omega_j \in \mathbb{F}_q$ tel que $[Q]_j = \omega_j$. Or $X^q - X = \prod_{\omega \in \mathbb{F}_q}(X - \omega)$, donc par substitution, pour tout polynôme Q non constant de $\mathbb{F}_q[X]$, on a $Q^q - Q = \prod_{\omega \in \mathbb{F}_q}(Q - \omega)$. Comme les polynômes $Q - \omega$ sont deux à deux premiers entre eux, on en déduit que

$$P \wedge (Q^q - Q) = \prod_{\omega \in \mathbb{F}_q} P \wedge (Q - \omega).$$

Si $\overline{Q}$ est non constant et appartient à $\mathcal{B}(P)$, le polynôme P divise $Q^q - Q$, d'où la relation $P \wedge (Q^q - Q) = P$, donc

$$P = \prod_{\omega \in \mathbb{F}_q} P \wedge (Q - \omega).$$

On a ainsi obtenu une factorisation non triviale de P. En effet, comme Q n'est pas constant, il existe $i, j \in [\![1, r]\!]$ tels que $\omega_i \neq \omega_j$. Alors les polynômes $P \wedge (Q - \omega_i)$ et $P \wedge (Q - \omega)_j$ ne sont ni constants, ni associés à P. Si maintenant Q parcourt une base de $\mathcal{B}(P)$, alors on obtient la factorisation de P en facteurs irréductibles sur $\mathbb{F}_q$.

9.3.4 Algorithme de Berlekamp

Nous exposons ici l'*algorithme de Berlekamp*[3] et nous l'implémentons en Maple. Notons qu'il existe déjà dans Maple la commande `Berlekamp` qui factorise un polynôme à coefficients dans $\mathbb{F}_q$ en utilisant l'algorithme de Berlekamp. Les deux éléments clés de l'algorithme de Berlekamp sont la division euclidienne (comme toujours !) et le théorème chinois.

L'algorithme de Berlekamp, appliqué à un polynôme P unitaire et séparable, est alors le suivant :
— On calcule la matrice M, et une base de $\mathrm{Ker}(M)$, notée $(V_1, \ldots, V_r)$, puis les polynômes $K_1, \ldots, K_r$ avec $K_r := 1$.
— On pose $\mathcal{S} := \{P\}$, et on effectue la boucle suivante : pour k variant de 1 à $r-1$,

- Supposons que l'on a obtenu $\mathcal{S} := \{S_1, \ldots, S_s\}$. Alors pour tout $\omega \in \mathbb{F}_q$, on détermine $S_j \wedge (K_k - \omega)$.
- L'ensemble $\mathcal{S}$ reçoit l'ensemble des facteurs non constants de $P = \prod_{j=1}^{s} \prod_{\omega \in \mathbb{F}_q} S_j \wedge (K_k - \omega)$.
- Si $|\mathcal{S}| = r$, on arrête la boucle.

— On retourne l'ensemble $\mathcal{S}$, i. e. l'ensemble des facteurs irréductibles de P sur $\mathbb{F}_q$.
Nous donnons ici le code Maple qui implémente cet algorithme. Le programme ci-dessous (appelé `Ber`) reçoit un polynôme $P \in \mathbb{F}_{p^m}[X]$ séparable et l'ensemble C des éléments du corps $\mathbb{F}_{p^m}$, et il retourne la liste des facteurs irréductibles de P sur $\mathbb{F}_{p^m}$.

```
Ber:=proc(P,X,p,m,C)
local j,S,k,s,omega,q,decomp,n,r,K,K1,V,images,M;
if Gcd(P,diff(P,X)) mod p<>1 then
    error("P polynôme non séparable"): break fi:
```

3. L'algorithme de Berlekamp sert aussi pour factoriser les polynômes à coefficients entiers. Pour factoriser dans $\mathbb{Z}[X]$ un polynôme P séparable, on commence par trouver un entier p tel que la réduction $\overline{P}$ de P modulo p soit encore séparable. On factorise ensuite $\overline{P}$ dans $\mathbb{F}_p[X]$, puis on relève cette factorisation dans un anneau $\mathbb{Z}/p^k\mathbb{Z}$ (relèvement de Hensel), et enfin dans $\mathbb{Z}$ (voir [RSP02]).

```
n:=degree(P,X): q:=p^m:
  #Matrice de Berlekamp M et base V de l'algèbre de Berlekamp
images:=[seq(Rem(X^(j*q)-X^j,P,X) mod p,j=0..n-1)]:
M:=Matrix(n,(i,j)->coeff(images[j],X,i-1)):
V:=Nullspace(M) mod p: r:=nops(V):
  #Liste des polynômes K[j] privée de 1
K1:=[seq(add(V[k][j]*X^(j-1),j=1..n),k=1..r)]:
K:=remove(pol->evalb(pol=1),K1):
S:=[P]:
  #Boucle pour déterminer l'ensemble S
for k from 1 to r-1 do
    s:=nops(S): decomp:=[]:
    for omega from 1 to p^m do
        for j from 1 to s do
            decomp:=[op(decomp),
            evala(Gcd(S[j],K[k]-C[omega]) mod p)]
        od:
    od:
    S:=remove(pol->evalb(degree(pol)<=0),decomp):
    if nops(S)=r then break fi:
    od:
S;
end proc:
```

Pour utiliser ce programme, on doit avoir une construction explicite du corps $\mathbb{F}_{p^m}$. On utilise alors les résultats du paragraphe 9.2.2 : on considère un facteur irréductible du polynôme cyclotomique $\Phi_{p^m-1,\mathbb{F}_p}$, et on note α l'une de ses racines. Le corps $\mathbb{F}_{p^m}$ est alors isomorphe au corps $\mathbb{F}_p[\alpha]$.

```
p:=5: m:=3:
Phi:=numtheory[cyclotomic](p^m-1,X): FPhi:=Factor(Phi) mod p:
P:=op(1,FPhi); alias(x=RootOf(P) mod p): ⟶ P:=X^3+2X^2+X+3.
T:=combinat[cartprod]([seq([seq(j,j=0..p-1)],i=1..m)]): C:=[]:
while not T[finished] do y:=T[nextvalue]():
            C:=[op(C),add(y[k+1]*x^k,k=0..m-1)] end do:
```

Donnons un exemple d'utilisation de cette procédure :

```
Ber(X^4+4*x^2+x^4,X,5,m,C)
⟶ [X+4+x+2*x^2, X+3+2*x+4*x^2, X+2+3*x+x^2, X+1+4*x+3*x^2].
```

Le cas où $m = 1$ est plus simple, il ne nécessite pas la construction du corps !

```
Ber(X^7+X^2+1,X,5,1,[0,1,2,3,4]);
⟶ [X^2+X+1, X^5+4*X^4+X^2+4*X+1].
```

9.3.5 Type de factorisation modulo p en fonction de p

Nous citons ici, sans démonstration, un théorème dû à Chebotaryov, qui permet de connaître la probabilité que la réduction modulo p d'un polynôme ait un type donné de décomposition en facteurs irréductibles. Nous renvoyons à l'article [SL95] pour de plus amples détails.

Théorème 9.3.2 (Théorème de Chebotaryov)
Soient $P \in \mathbb{Z}[X]$ un polynôme irréductible sur $\mathbb{Q}$, et G son groupe de Galois sur $\mathbb{Q}$. Alors la densité de l'ensemble des nombres premiers p pour lesquels la réduction modulo p de P a une décomposition de type $(n_1, \ldots, n_r)$ existe et vaut

$$T_{(n_1,\ldots,n_r)} := \frac{1}{|G|} \left|\{\sigma \in G \ / \ \sigma \textit{ est de type } (n_1, \ldots, n_r)\}\right|.$$

Cela signifie que si $\mathfrak{P}$ (resp. $\mathfrak{P}_n$) désigne l'ensemble des nombres premiers (resp. l'ensemble des n premiers nombres premiers), alors la suite de terme général

$$\widetilde{T}^{(n)}_{(n_1,\ldots,n_r)} := \frac{1}{n} \left|\{p \in \mathfrak{P}_n \ / \ \textit{la décomposition de } P \textit{ est du type } (n_1, \ldots, n_r)\}\right|$$

admet une limite quand n tend vers l'infini et cette limite vaut $T_{(n_1,\ldots,n_r)}$.

En particulier, si l'on note L le corps de décomposition de P, et si l'on prend un nombre premier p au hasard, la probabilité que la réduction de P modulo p soit scindée est :

$$\frac{1}{|G|} \left|\{\sigma \in G \ / \ \sigma \text{ est de type } (1, \ldots, 1)\}\right| = \frac{1}{|G|} = \frac{1}{[L : \mathbb{Q}]},$$

puisque L est galoisienne sur $\mathbb{Q}$ (en effet, P est irréductible sur le corps parfait $\mathbb{Q}$, donc séparable).

Exemple 9.3.3
Considérons le polynôme $P := X^5 - 4X + 1$. *Son groupe de Galois est* $\mathfrak{S}_5$. *Nous donnons ci-dessous les valeurs de* $T_{(n_1,\ldots,n_r)}$ *et* $\widetilde{T}^{(1000)}_{(n_1,\ldots,n_r)}$, *ainsi que les nombres* $D^{(1000)}_{(n_1,\ldots,n_r)} := |T_{(n_1,\ldots,n_r)} - \widetilde{T}^{(1000)}_{(n_1,\ldots,n_r)}|$.

Type	$(\cdot)$	$(\cdot\cdot)$	$(\cdot\cdot\cdot)$	$(\cdot\cdot\cdot\cdot)$	$(\cdot\cdot)(\cdot\cdot\cdot)$	$(\cdot\cdot)(\cdot\cdot)$	$(\cdot\cdot\cdot\cdot\cdot)$
$T_{(n_1,\ldots,n_r)}$	$\frac{1}{120}$	$\frac{1}{12}$	$\frac{1}{6}$	$\frac{1}{4}$	$\frac{1}{6}$	$\frac{1}{8}$	$\frac{1}{5}$
$\widetilde{T}^{(1000)}_{(n_1,\ldots,n_r)}$	$\frac{1}{125}$	$\frac{9}{125}$	$\frac{9}{50}$	$\frac{133}{500}$	$\frac{167}{1000}$	$\frac{117}{1000}$	$\frac{19}{100}$
$D^{(1000)}_{(n_1,\ldots,n_r)}$	$3.33\ 10^{-4}$	$1.13\ 10^{-2}$	$1.33\ 10^{-2}$	$1.60\ 10^{-2}$	$3.33\ 10^{-4}$	$8.00\ 10^{-3}$	$1.00\ 10^{-2}$

9.4 Codes correcteurs d'erreurs

Les codes correcteurs d'erreurs, qui sont des outils extrêmement utilisés dans la pratique, font appel à de nombreux résultats sur les corps finis. Pour d'autres renseignements sur ce sujet, nous renvoyons aux livres [Dem08], [Kan02] et [Tan98].

Le principe d'un code correcteur est le suivant : un expéditeur veut envoyer un message m à un destinataire. Or le canal de communication n'est pas parfait et des erreurs peuvent venir modifier le message pendant son transport. Le code correcteur consiste alors à ajouter une information au message initial (on note $\widehat{m}$ le message ainsi obtenu), de sorte que le destinataire — qui reçoit un message erroné $\widehat{m}'$ — puisse récupérer le message d'origine m

à partir de ce message $\widehat{m}'$.

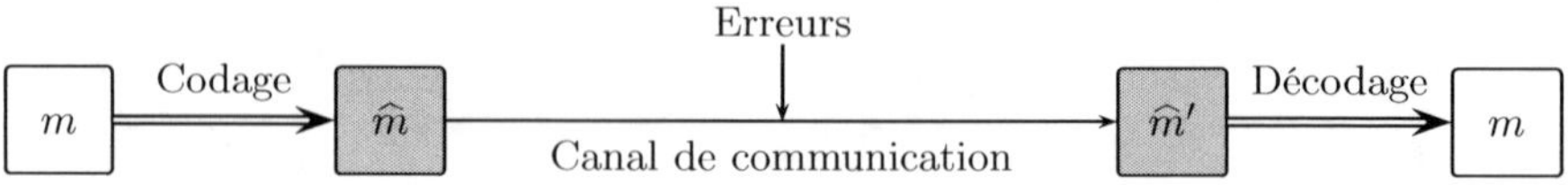

9.4.1 Définition et propriétés des codes correcteurs

Soient p un nombre premier, $f \in \mathbb{N}^\times$ et $q := p^f$. Un *code linéaire* C de *longueur* n est un sous-espace vectoriel de $\mathbb{F}_q^n$. Soit k la dimension de C. Les éléments de C sont appelés les *mots* de C, et les composantes des éléments sont les *lettres*. On appelle *poids* d'un mot m le nombre $\varpi(m)$ de composantes non nulles de m. La *distance minimale* d de C est le minimum de l'ensemble $\{\varpi(m) \ / \ m \in C \setminus \{0\}\}$. L'application $d : \mathbb{F}_q^n \times \mathbb{F}_q^n \to \mathbb{N}$ définie par $d(m, m') := \varpi(m - m')$ est clairement une distance sur $\mathbb{F}_q^n$: c'est la *distance de Hamming*. Le code C est alors appelé code de paramètres $[n, k, d]_q$.

Soit m un mot envoyé. Le mot reçu est noté m', et la différence $e := m' - m$ est l'*erreur* de transmission.
On dit que le code *détecte* une erreur s'il permet de savoir où est l'erreur, et qu'il *corrige* une erreur s'il permet de remplacer la lettre erronée par la lettre initiale.
Un *effacement* dans le mot reçu est une lettre qui a disparu. On peut le noter par le symbole Z. C'est donc une erreur dont on connaît la position, il ne reste plus qu'à la corriger.
On appelle *taux d'information* de C le nombre $\frac{1}{n}\log_q(|C|) = \frac{k}{n}$, et *taux de correction* le nombre $\frac{d}{n}$. Pour des entiers d et n fixés, on cherche à avoir des taux d'information et de correction les plus élevés possible.

Proposition 9.4.1

- *Soit C un code de distance minimale d. Alors C détecte au moins $d - 1$*

erreurs et C en corrige au moins $E(\frac{d-1}{2})$, i. e. pour tout $y \in \mathbb{F}_q^n$, il existe au plus un élément $x \in C$ tel que $d(x, y) \leq E(\frac{d-1}{2})$.
- *On a l'inégalité $d \leq n+1-k$, appelée* borne de Singleton.
- *Un code de distance minimale d peut corriger $d-1$ effacements.*

<u>Démonstration :</u>
• Soit m le mot envoyé et m' le mot reçu. Si $d(m, m') < d$, alors m' n'est pas dans C et l'erreur est détectée. En revanche, si $d(m, m') \geq d$, il se peut que m' appartienne à C et dans ce cas, on ne peut pas détecter l'erreur.
Si $d(m, m') \leq E(\frac{d-1}{2})$, alors pour tout y n'appartenant pas à $C \setminus \{m\}$, on a d'après l'inégalité triangulaire

$$d(m', y) \geq d(m, y) - d(m', m) \geq d - \frac{d-1}{2} = \frac{d+1}{2},$$

donc m est le seul élément de $C \setminus \{m\}$ qui est le plus proche de m'.
• On considère le sous-espace de $\mathbb{F}_q^n$ formé des vecteurs dont les $k-1$ dernières composantes sont nulles. Sa dimension est $n-k+1$, donc $\dim(C) + \dim(E) = n+1 > n$, donc $C \cap E$ n'est pas réduit au vecteur nul. Soit donc $m \in C \cap E$. Alors on a $\varpi(m) \leq n-k+1$.
• Soit m' le mot reçu. Soient m_1 et m_2 deux mots du code qui diffèrent de m' en au plus $d-1$ positions déjà connues, alors m_1 diffère de m_2 au plus en ces positions, donc $d(m_1, m_2) \leq d-1 < e$. Par définition de la distance minimale, on a $m_1 = m_2$. ■

Un code linéaire C est dit *cyclique* s'il est stable par l'endomorphisme

$$T : (x_1, \ldots, x_{n-1}, x_n) \mapsto (x_n, x_1, \ldots, x_{n-1})$$

de $\mathbb{F}_q^n$. L'application $\varphi : \mathbb{F}_q^n \to \mathbb{F}_q[X] \,/\, (X^n - 1)$ définie par

$$\varphi(x_1, \ldots, x_n) = x_1 + x_2 X + \cdots + x_n X^{n-1}$$

est un isomorphisme d'espaces vectoriels, et on a

$$(\varphi \circ T)(x_1, \ldots, x_n) = X\varphi(x_1, \ldots, x_n).$$

Donc le code C est cyclique si et seulement si $\varphi(C)$ est un idéal de l'algèbre $\mathbb{F}_q[X] \,/\, (X^n - 1)$.

Etant donné un code cyclique de paramètres $[n,\, k,\, d]_q$, il existe donc un unique polynôme unitaire $g \in \mathbb{F}_q[X]$ de degré inférieur ou égal à $n-1$ qui divise $X^n - 1$ et tel que l'idéal $\varphi(C)$ de $\mathbb{F}_q[X]\,/\,(X^n-1)$ soit engendré par g. Le polynôme g est appelé *polynôme générateur* du code, et on a $\partial^\circ(g) = n - k$. On peut donc identifier un code cyclique de longueur n sur $\mathbb{F}_q$ avec un quotient $g\mathbb{F}_q[X]\,/\,(X^n-1)$ où $g \in \mathbb{F}_q[X]$ est un polynôme unitaire de degré inférieur ou égal à $n-1$ qui divise $X^n - 1$.

Dans la suite, nous focaliserons notre attention sur les codes cycliques, et plus spécialement sur les codes BCH, avec comme cas particulier les codes de Reed-Solomon. Mais il existe d'autres types de codes, tels les codes de Hamming, ou encore les codes de Reed-Müller, qui servent entre autres pour la transmission des images en noir et blanc (paramètres $[32,\, 6,\, 16]_2$).

9.4.2 Construction des codes BCH

Codes BCH

Nous allons maintenant construire explicitement des codes correcteurs. Soient p un nombre premier, m un élément de $\mathbb{N}^\times$, $q := p^f$, et $n := q^m - 1$. On suppose que p ne divise pas n. Soient P un facteur irréductible du polynôme cyclotomique $\Phi_{n,\mathbb{F}_p}$, et α une racine de P dans une clôture algébrique de $\mathbb{F}_p$. D'après le paragraphe 9.2.2, $K := \mathbb{F}_q[\alpha]$ est une extension de degré m de $\mathbb{F}_q$. Pour $j \in [\![1,\, n-1]\!]$, soit P_{α^j} le polynôme minimal de α^j sur $\mathbb{F}_q$. On pose alors, pour $\delta \in [\![2,\, n]\!]$, $g_\delta := \bigvee_{j=1}^{\delta-1} P_{\alpha^j}$. On appelle *code BCH* [4] de *distance assignée* δ le code cyclique C_δ engendré par g_δ. Ce code est un sous-espace vectoriel de $\mathbb{F}_q^n$ et sa dimension est $k := n - \partial^\circ(g_\delta)$. Grâce à l'isomorphisme φ, les éléments de C_δ sont les polynômes $Q \in \mathbb{F}_q[X]$ de degré inférieur ou égal à $n-1$ tels que pour tout $j \in [\![1,\, \delta-1]\!]$, on ait $Q(\alpha^j) = 0$, c'est-à-dire les polynômes de la forme $Q = Rg_\delta$, où $R \in \mathbb{F}_q[X]$ est un polynôme de degré inférieur ou égal à k.

4. Bose, Ray-Chaudhuri et Hocquenghem.

Proposition 9.4.2
La distance minimale d du code C_δ vérifie $d \geq \delta$.

Démonstration :
Soit $P \in \mathbb{F}_q[X]$ un polynôme de degré inférieur ou égal à $n-1$ tel que pour tout $j \in [\![1,\, \delta-1]\!]$, on ait $P(\alpha^j) = 0$. Supposons que $\varpi(P) \leq \delta - 1$, i. e. P a au plus $\delta - 1$ coefficients non nuls. Alors P peut s'écrire sous la forme $P = \sum_{i=0}^{\delta-1} c_i X^{d_i}$ avec $0 \leq d_1 < \cdots < d_{\delta-1} \leq n-1$, et on a $\sum_{i=0}^{\delta-1} c_i \alpha^{jd_i} = 0$ pour tout $j \in [\![1,\, \delta-1]\!]$. Les coefficients c_i sont donc solutions d'un système linéaire de matrice α^{jd_i}. Comme les nombres $\alpha^{d_1} \ldots \alpha^{d_{\delta-1}}$ sont distincts, le déterminant de Vandermonde $\det(\alpha^{(j-1)d_i})_{j,i}$ est non nul. Or on a la relation $\det(\alpha^{jd_i})_{j,i} = (\alpha^{d_1} \ldots \alpha^{d_{\delta-1}}) \det(\alpha^{(j-1)d_i})_{j,i}$, donc $\det(\alpha^{jd_i})_{j,i}$ est aussi non nul. Ainsi, la seule solution du système est le vecteur nul, ce qui entraîne que P est le polynôme nul. D'où l'inégalité $d \geq \delta$. ■

Codes de Reed-Solomon

Le code obtenu dans le cas particulier où l'on prend $m = 1$ est appelé *code de Reed-Solomon*. On a alors $n = q - 1$, et le polynôme générateur du code C_δ est $g_\delta = \prod_{j=1}^{\delta-1}(X - \alpha^j)$. Alors on a $k = n - \partial^\circ(g_\delta) = n - (\delta - 1)$. Or d'après la proposition 9.4.1, $d \leq n - k + 1 = \delta$, donc $d = \delta$. Ainsi, les paramètres du code de Reed-Solomon C_δ sont donnés par $[q-1,\, q-\delta,\, \delta]_q$.
Les taux d'information et de correction pour un code de Reed-Solomon sont donc respectivement $\frac{q-\delta}{q-1}$ et $\frac{\delta}{q-1}$.

Soient C un code de Reed-Solomon de paramètres $[n,\, k,\, d]_q$, et $n' \in [\![d,\, n]\!]$. Soit $C' := C \cap \mathbb{F}_q^{n'}$ le code formé des mots de C dont les $n - n'$ dernières lettres sont nulles. Ce code est appelé *code de Reed-Solomon raccourci*, et il vérifie la propriété suivante.

Proposition 9.4.3
Les paramètres du code Reed-Solomon raccourci C' (défini ci-dessus) sont $[n',\, k',\, d']$ avec $k' = n' - d + 1$ et $d' = d$.

Démonstration :
D'après la formule de Grassmann, on a

$$\dim(\mathbb{F}_q^n) \geq \dim(\mathbb{F}_q^{n'} + C) = \dim(\mathbb{F}_q^{n'}) + \dim(C) - \dim(C \cap \mathbb{F}_q^{n'}),$$

i. e. $n \geq n' + k - k'$. Or $k = q - \delta = n + 1 - d$, donc $k' \geq n' + 1 - d \geq 1$ par hypothèse sur n'. Donc C n'est pas réduit au vecteur nul. Or si $m \in C'$, alors $m \in C$, donc $d' \geq d$. Ainsi, $k' \geq n' - d' + 1$. D'après la proposition 9.4.1 (inégalité de Singleton), on a $n' - d' + 1 \geq k'$, d'où l'égalité $k' = n' - d' + 1$. Alors $d' = n' + 1 - k' \leq d$, et finalement $d' = d$. ■

9.4.3 Localisation et correction des erreurs pour les codes BCH

On considère un code BCH $C_\delta = g_\delta \mathbb{F}_q[X] / (X^n - 1)$ construit dans le paragraphe 9.4.2. Soit $f \in \mathbb{F}_q[X]$ le mot envoyé, avec $\partial^\circ(f) \leq n - 1$, et $f(\alpha^i) = 0$ pour tout $i \in [\![1, \delta - 1]\!]$. Le mot reçu $\widehat{f}$ comporte une erreur e et on a $\widehat{f} = f + e$. L'erreur e s'écrit sous la forme $e = \sum_{j=1}^{s} c_j X^{d_j}$ avec $0 \leq d_1 < \cdots < d_s \leq n - 1$. Le but est de retrouver le mot envoyé f.
On suppose que l'on a $\varpi(e) \leq E(\frac{\delta-1}{2})$, i. e. $s \leq E(\frac{\delta-1}{2})$. Ainsi, d'après la proposition 9.4.2, on a $s \leq E(\frac{d-1}{2})$, et l'erreur peut être détectée et corrigée (proposition 9.4.1).

Définition 9.4.4

• *La suite syndrome de* $\widehat{f}$ *est la suite* $(S_i)_{i \in [\![1, \delta-1]\!]}$ *définie par* $S_i := \widehat{f}(\alpha^i) = e(\alpha^i)$. *Si l'on note* $x_j := \alpha^{d_j}$ *pour tout* $j \in [\![1, s]\!]$, *alors on a* $S_i = \displaystyle\sum_{j=1}^{s} c_j x_j^i$.

• *Le polynôme syndrome est* $S := \displaystyle\sum_{i=1}^{\delta-1} S_i X^{i-1} \in K[X]$.

• *Le polynôme localisateur d'erreurs est* $\sigma := \displaystyle\prod_{j=1}^{s} (1 - x_j X) \in K[X]$.

On a alors $\sigma = X^s \Pi(\frac{1}{X})$, *avec* $\Pi := \displaystyle\prod_{j=1}^{s} (X - x_j)$.

• *Le polynôme évaluateur d'erreurs est* $\omega := \sigma \sum_{j=1}^{s} \frac{c_j x_j}{1 - x_j X} \in K[X]$.

Localisation des erreurs

La proposition suivante montre que les polynômes σ et ω vérifient une équation appelée équation clé, et que si d'autres polynômes vérifient cette équation, alors ils sont proportionnels à σ et ω. La résolution de l'équation clé permettra de localiser les erreurs de $\widehat{f}$.

Proposition 9.4.5
• *On a l'inégalité* $\partial^\circ(\omega) \leq s-1$, *les polynômes* σ *et* ω *sont premiers entre eux et ils vérifient l'équation clé* $S\sigma \equiv \omega \mod X^{\delta-1}$.
• *Si* $\widetilde{\sigma}$ *et* $\widetilde{\omega}$ *sont deux polynômes de* $K[X]$ *tels que* $\partial^\circ(\widetilde{\sigma}) \leq E(\frac{\delta-1}{2})$ *et* $\partial^\circ(\widetilde{\omega}) < E(\frac{\delta-1}{2})$ *et tels que* $S\widetilde{\sigma} \equiv \widetilde{\omega} \mod X^{\delta-1}$, *alors il existe* $C \in K[X]$ *tel que* $\widetilde{\sigma} = C\sigma$ *et* $\widetilde{\omega} = C\omega$.

Démonstration :
• Les racines de σ sont les nombres $\frac{1}{x_j}$, et on a $\omega\left(\frac{1}{x_j}\right) = c_j x_j \prod_{k\neq j}\left(1 - \frac{x_k}{x_j}\right)$ qui est non nul, ce qui montre que σ et ω sont premiers entre eux.
On a

$$S = \sum_{i=1}^{\delta-1}\sum_{j=1}^{s} c_j x_j^i X^{i-1} = \sum_{j=1}^{s} c_j x_j \sum_{i=1}^{\delta-1}(x_j X)^{i-1} = \sum_{j=1}^{s} c_j x_j \frac{1-(x_j X)^{\delta-1}}{1 - x_j X},$$

donc

$$\begin{aligned} S\sigma &= \sum_{j=1}^{s} c_j x_j \prod_{k=1}^{s}(1 - x_k X)\frac{1-(x_j X)^{\delta-1}}{1-x_j X} \\ &= \sum_{j=1}^{s} c_j x_j \prod_{k\neq j}(1 - x_k X)(1-(x_j X)^{\delta-1}) \\ &\equiv \sum_{j=1}^{s} c_j x_j \prod_{k\neq j}(1 - x_k X) \equiv \sigma \sum_{j=1}^{s}\frac{c_j x_j}{1-x_j X} \mod X^{\delta-1}. \end{aligned}$$

• On a $S\widetilde{\sigma} \equiv \widetilde{\omega} \mod X^{\delta-1}$, d'où $\omega\widetilde{\sigma} \equiv S\sigma\widetilde{\sigma} \equiv \sigma\widetilde{\omega} \mod X^{\delta-1}$. Or $\partial^\circ(\omega\widetilde{\sigma} - \sigma\widetilde{\omega}) < \delta - 1$, donc on a $\omega\widetilde{\sigma} = \widetilde{\omega}\sigma$ et ω divise $\widetilde{\omega}\sigma$. Comme ω et σ sont premiers entre eux, ω divise $\widetilde{\omega}$ d'après le théorème de Gauss, i. e. il existe $C \in K[X]$ tel que $\widetilde{\omega} = C\omega$. Alors $\omega\widetilde{\sigma} = C\omega\sigma$, donc $\widetilde{\sigma} = C\sigma$. ■

Pour localiser les erreurs de $\widehat{f}$, il s'agit maintenant de résoudre l'équation clé. Pour cela, on utilise une variante de l'algorithme d'Euclide[5] appelée *algorithme de Sugiyama.*

Appliquons l'algorithme d'Euclide aux polynômes $X^{\delta-1}$ et S, et notons $(R_k)_k$ la suite des restes successifs, de sorte que l'on a $R_0 = X^{\delta-1}$ et $R_1 = S$. La suite $(\partial^\circ(R_k))_k$ est strictement décroissante. Soit k le plus grand entier tel que $\partial^\circ(R_{k-1}) \geq E(\frac{\delta-1}{2})$. On a donc $\partial^\circ(R_k) > E(\frac{\delta-1}{2})$. Il existe alors deux polynômes U_k et V_k tels que $R_k = U_k X^{\delta-1} + V_k S$, ce qui entraîne la relation $SV_k \equiv R_k \mod X^{\delta-1}$. Or $\partial^\circ(V_k) = \delta - 1 - \partial^\circ(R_{k-1}) \leq E(\frac{\delta-1}{2})$, donc d'après la proposition 9.4.5, il existe $C \in K[X]$ tel que $V_k = C\sigma$ et $R_k = C\omega$. Ainsi

$$C\omega = U_k X^{\delta-1} + C\sigma S. \tag{9.4}$$

Toujours d'après la proposition 9.4.5, $S\sigma \equiv \omega \mod X^{\delta-1}$, donc il existe $U \in K[X]$ tel que $\omega = S\sigma + UX^{\delta-1}$, d'où

$$C\omega = CS\sigma + CUX^{\delta-1} \tag{9.5}$$

On déduit des formules (9.4) et (9.5) que $CU = U_k$, ce qui montre que C divise U_k. Mais comme C divise aussi V_k et que U_k et V_k sont premiers entre eux, C est nécessairement un élément de K. Comme $\sigma(0) = 1$, on a $C = V_k(0)$, et donc

$$\sigma = \frac{V_k}{C} = \frac{V_k}{V_k(0)} \text{ et } \omega = \frac{R_k}{C} = \frac{R_k}{V_k(0)}. \tag{9.6}$$

Ainsi les polynômes σ et ω sont déterminés. On évalue alors les quantités $\sigma(\alpha^{-j})$ pour $j \in [\![0, n-1]\!]$. Les positions des erreurs sont les j tels que $\sigma(\alpha^{-j}) = 0$.

5. Cela montre une fois de plus l'importance de l'algorithme d'Euclide.

Voici un programme Maple qui implémente l'algorithme de Sugiyama : ce programme reçoit un polynôme f (i. e. $X^{\delta-1}$), un polynôme g (i. e. S), un entier t (i. e. $E(\frac{\delta-1}{2})$) et un nombre premier p (i. e. la caractéristique du corps de base), et il retourne le triplet (R_k, U_k, V_k).

```
algeucl:=proc(f,g,t,p)
local R0,R1,R2,U0,U1,U2,V0,V1,V2:
R0:=f: R1:=g: U0:=1: U1:=0: V0:=0: V1:=1:
do
    if R1=0 then break fi:
    if degree(R1,X)<t then break fi:
    R2:=simplify(evala(Rem(R0,R1,X,'Q1'))) mod p:
    U2:=simplify(evala(U0-Q1*U1)) mod p:
    V2:=simplify(evala(V0-Q1*V1)) mod p:
    R0:=R1: R1:=R2: U0:=U1: U1:=U2: V0:=V1: V1:=V2:
od:
[R1,U1,V1];
end proc:
```

Correction des erreurs

Notons que si le corps de base est $\mathbb{F}_2$ (i. e. $q = 2$), la correction des erreurs est immédiate dès lors qu'elles ont été localisées, puisque les seuls nombres possibles sont 0 et 1. Dans le cas général, les *formules de Forney* permettent de retrouver f à partir de $\widehat{f}$.

Proposition 9.4.6 (Formules de Forney)
Pour tout $i \in [\![1, s]\!]$, *on a* $c_i = -\dfrac{\omega(\alpha^{-d_i})}{\sigma'(\alpha^{-d_i})}$.

Démonstration :
La dérivée de σ s'écrit $\sigma' = \sum_{j=1}^{s} -x_j \prod_{k\neq j}(1 - x_k X)$, donc on obtient

$$\sigma'(x_i^{-1}) = -x_i \prod_{k\neq i}\left(1 - \frac{x_k}{x_i}\right).$$

Or $\omega = \sum_{j=1}^{s} c_j x_j \prod_{k \neq j} (1 - x_k X)$, donc

$$\omega(x_i^{-1}) = c_i x_i \prod_{k \neq i} (1 - \frac{x_k}{x_i}) = -c_i \sigma'(x_i^{-1}),$$

d'où la formule. ■

9.4.4 Codes BCH binaires

Dans ce paragraphe, on considère un code BCH, $C_\delta = g_\delta \mathbb{F}_q[X] \,/\, (X^n - 1)$, construit dans le paragraphe 9.4.2, et on suppose de plus qu'il est binaire, c'est-à-dire que q est une puissance de 2, i. e. $q = 2^f$. Soient m un élément de $\mathbb{N}^\times$, $n := q^m - 1$, P un facteur irréductible du polynôme cyclotomique $\Phi_{n,\mathbb{F}_2}$, α une racine de P dans une clôture algébrique de $\mathbb{F}_p$, et $K := \mathbb{F}_q[\alpha] \simeq \mathbb{F}_q^m$. Pour $j \in [\![1,\, n-1]\!]$, soit P_{α^j} le polynôme minimal de α^j sur $\mathbb{F}_q$. On pose alors, pour $\delta \in [\![2,\, n]\!]$, $g_\delta := \bigvee_{j=1}^{\delta-1} P_{\alpha^j}$. Le code BCH binaire engendré par g_δ a pour longueur n et pour dimension $k := n - \partial^\circ(g_\delta)$, et ses éléments sont les polynômes $P \in \mathbb{F}_q[X]$ de degré inférieur ou égal à $n-1$ tels que pour tout $j \in [\![1,\, \delta - 1]\!]$, on ait $P(\alpha^j) = 0$.

Construction du mot à envoyer

Jusqu'à présent, on ne s'est intéressé qu'au décodage du mot reçu. Expliquons maintenant, dans le cas des codes BCH binaires, le procédé de codage d'un mot. Soit $M_I = m_1 + m_2 X + \cdots + m_k X^{k-1}$ un mot que l'on veut envoyer. On définit $\widetilde{M_I} := X^{n-k}(m_1 + m_2 X + \cdots + m_k X^{k-1})$ ($\widetilde{M_I}$ contient l'*information* à envoyer). On ajoute à $\widetilde{M_I}$ une *redondance* M_R qui permettra de corriger les erreurs. Pour M_R, on prend le reste de la division euclidienne de $\widetilde{M_I}$ par g_δ. On pose enfin $M := M_R + \widetilde{M_I}$, mot que l'on envoie. Notons Q le quotient de la division euclidienne de $\widetilde{M_I}$ par g_δ, de sorte que $\widetilde{M_I} = g_\delta Q + M_R$. Alors $M = 2\widetilde{M_I} - g_\delta Q = g_\delta Q$ en caractéristique 2, donc M est bien un élément de C_δ.

Le mot reçu est $\widehat{M} = M + E$ où E est l'erreur. Supposons que l'erreur ait été corrigée. Pour retrouver M_I à partir de M, il suffit alors de ne garder dans M que les termes de degré supérieur ou égal à $n - k$ et de diviser le polynôme obtenu par X^{n-l}.

Exemple

Donnons en premier lieu la fonction `position`, sans lien avec la théorie des codes correcteurs, mais très pratique et utilisée ci-après : elle reçoit une liste d'entiers et retourne les positions du nombre 0 dans cette liste.

```
position:=proc(L) local longu,j,sol:
longu:=nops(L): sol:=[]:
for j from 1 to longu do if L[j]=0 then sol:=[op(sol),j] fi:
od:
sol; end proc:
```

Traitons un exemple à l'aide de Maple en prenant $p = 2$, $q = 2$, $m = 4$, $n = q^m - 1 = 15$. Soient P un facteur irréductible du polynôme cyclotomique $\Phi_{15,\mathbb{F}_2}$ et α l'une de ses racines.

`q:=2: m:=4: n:=q^m-1: delta:=5: t:=floor((delta-1)/2);` $\longrightarrow$ `t:=2`

Le code corrige donc 2 erreurs.

```
with(numtheory): Phi:=cyclotomic(n,X):
Phibis:=Factor(Phi) mod 2:
P:=op(1,Phibis); ⟶ P:=X^4+X^3+1
alias(alpha=RootOf(P) mod 2);
```

Le polynôme g_5 est le ppcm des polynômes minimaux P_{α^j} des puissances α^j pour $j \in [\![1, 4]\!]$.

```
[seq(evala(subs(X=alpha^j,P)) mod 2,j=1..4)];
⟶ [0, 0, 1+alpha^2+alpha, 0]
evala(subs(X=alpha^3,cyclotomic(5,X))) mod 2; ⟶ 0
```

Comme $\Phi_{5,\mathbb{F}_2}$ est irréductible sur $\mathbb{F}_2$, on a $g_5 = P\,\Phi_{5,\mathbb{F}_2}$.

```
g5:=evala(expand(cyclotomic(5,X)*P)) mod 2;
⟶ g5:=X^8+X^4+X^2+X+1
```

Le mot que l'on veut transmettre est $M_0 := 1 + X^3 + X^2 + X$. On le code donc ainsi :

```
M0:=1+X^3+X^2+X:
CI:=expand(X^(n-k)*M0): CR:=Rem(CI,g5,X) mod 2:
M:=CI+CR; ⟶ M:=X^{14}+X^{13}+X^{12}+X^{11}+X^7+X^4+X^3+X
```

Supposons que l'erreur est donnée par $E := X^3 + X^{13}$. Le mot reçu est donc défini comme suit.

```
E:=X^3+X^13: Mp:=M+E;
⟶ Mp:=X^{14}+2*X^{13}+X^{12}+X^{11}+X^7+X^4+2*X^3+X
```

On calcule alors les polynômes σ, σ', ω grâce à l'algorithme de Sugiyama.

```
S:=simplify(add(subs(X=alpha^i,Mp)*X^(i-1),i=1..delta-1)) mod 2:
J:=algeucl(X^(delta-1),S,t,2):
Sigma:=simplify(J[3]/subs(X=0,J[3])) mod 2;
```

$\longrightarrow \sigma := 1 + (\alpha^3 + \alpha^2 + \alpha)X + \alpha X^2$

```
Sigmap:=diff(Sigma,X) mod 2:
omega:=simplify(J[1]/subs(X=0,J[3])) mod 2;
```

$\longrightarrow \omega := \alpha + \alpha^2 + \alpha^3$

On peut alors déterminer les positions des erreurs et corriger le mot reçu.

```
JJ:=[seq(evala(subs(X=alpha^(-j),Sigma)) mod 2,j=0..n-1)]:
JJJ:=position(JJ); ⟶ JJJ:=[4, 14]
```

Le mot envoyé est donc

$Mp - (X^3 + X^{13}) = X^{14} + X^{13} + X^{12} + X^{11} + X^7 + X^4 + X^3 + X$, et on retrouve bien le mot initial, à savoir $1 + X^3 + X^2 + X$.

Les formules de Forney, inutiles ici puisque le polynôme Mp est à coefficients dans $\mathbb{F}_2$, donneraient :

```
[seq(evala(subs(X=alpha^(-j),-omega/Sigmap)) mod 2, j in[11,113])];
⟶ [1, 1].
```

9.4.5 Codages des disques compacts

Pour comprendre comment les résultats sur les corps finis permettent le codage des CD [6], nous développons de façon très explicite un exemple à l'aide de Maple.

6. Des CD ! Avec l'allongement constant de l'espérance de vie, est né l'espoir nouveau de pouvoir un jour hériter de ses enfants. *Philippe Bouvard.*

Du son au CD

Un son (mono) à enregistrer est échantillonné à 44 100 Hz (44 100 échantillons par seconde), et chaque échantillon pouvant avoir 2^{16} valeurs différentes, il se code sur 2 octets [7]. Pour un enregistrement stéréo — et c'est le cas dans toute la suite — les échantillons (stéréo) sont donc codés sur 4 octets. Une seconde de son correspond ainsi à $44\,100 \times 4 = 196\,400$ octets. Le son est transformé en une suite de bits, et les échantillons stéréo sont ensuite groupés en trames de 6 échantillons, i. e. 24 octets ou encore 192 bits. Une seconde correspond donc à $\frac{44\,100}{6} = 7\,300$ trames de 24 octets.

Pour éviter qu'une partie de l'information contenue dans un CD ne soit perdue à cause de rayures ou de poussières présentes lors de la lecture, l'information est codée. Le codage que nous étudions consiste en fait en deux codages successifs, séparés par un entrelacement. Il transforme la suite de trames de 24 octets en une suite de trames de 28 octets, puis en une liste de trames de 32 octets. Après ce codage interviennent d'autres transformations comme l'ajout d'un octet par trame et un autre codage que nous n'étudierons pas. Quoi qu'il en soit, à la suite de ces opérations, on obtient des trames de 588 bits. Une seconde de son donne finalement lieu à $7\,300 \times 588 = 4\,321\,800$ bits.

Sur le CD, un bit demande 0.3 μ, donc une trame nécessite une longueur de 180 μ. Sur un CD de 12 cm de diamètre, on peut graver une spirale de 5.7 km de long, et donc enregistrer au moins 3×10^7 trames, i. e. 74 minutes de son [8].

7. Faut-il rappeler qu'un octet représente 8 bits, et qu'un bit est un élément de $\{0, 1\}$?

8. Initialement, les CD devaient mesurer 11.5 cm et être codés sur 14 bits, ce qui leur donnait une durée de 60 minutes. Mais Sony qui développait la méthode de numérisation du son et de codage demanda que le son soit codé sur 16 bits et que la durée d'un CD soit de 74 minutes, ce qui nécessite 12 cm de diamètre. En fait, ce serait Herbert von Karajan qui aurait insisté pour obtenir cette durée, qui lui permettait d'enregistrer, sur un seul CD, la version la plus lente de la Neuvième Symphonie de Beethoven ! Le premier album de ce nouveau format, vendu en 1982, fut la Symphonie Alpestre de Strauss, justement dirigée par Karajan !

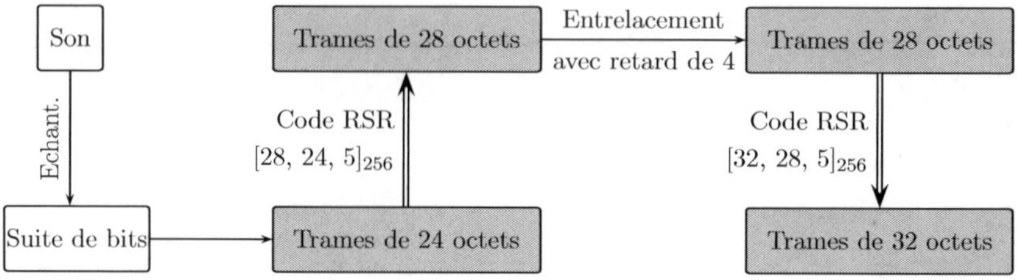

Le codage CIRC

Le codage utilisé pour les CD est le *Cross Interleaved Reed-Solomon Code*, abrégé en CIRC[9]. Il permet de corriger 16 trames consécutives endommagées, ce qui correspond à une rayure radiale[10] de largeur $16 \times 180\ \mu$, i. e. 2.88 mm.
Nous décrivons ci-dessous les trois étapes du codage CIRC, à savoir un codage par le code RCR $[28, 24, 5]_{256}$, puis un entrelacement avec retard de 4, et enfin un codage par le code RCR $[32, 28, 5]_{256}$.
— Le premier code (C_1) a pour distance minimale 5, il permettra donc de corriger 4 effacements dans chaque trame de 28 octets.
— L'entrelacement permettra d'augmenter considérablement le nombre d'effacements pouvant être corrigés.
— Le second code, de distance minimale 5 permettra de détecter 4 erreurs et d'en corriger 2 dans chaque trame de 32 octets.
Tout au long de l'étude, nous traitons un exemple à l'aide de Maple.

Pour le codage, nous utilisons des codes de Reed-Solomon raccourcis.

9. Cirque ! Le cirque, c'est un rond de paradis dans un monde dur et dément. *Annie Fratellini.*

10. Mieux vaut nettoyer un CD "radialement" que de manière circulaire !

Posons $p := 2$, $f := 1$, $q := 2^f = 2$, $m := 8$ et $n := q^m - 1 = 255$. Soient

$$P := X^8 + X^5 + X^3 + X + 1$$

un facteur irréductible de $\Phi_{n,\mathbb{F}_2}$ sur $K := \mathbb{F}_{q^m} = \mathbb{F}_{256}$, et α une racine de P. On prend $\delta := 5$, de sorte que le polynôme générateur du code de Reed-Solomon C ainsi construit est $g_5 = \prod_{j=1}^{\delta-1}(X - \alpha^j)$, i. e.

$$g_5 = X^4 + (\alpha^2 + \alpha + \alpha^4 + \alpha^3)X^3 + (\alpha^3 + \alpha^6 + \alpha^4 + \alpha^7)X^2 + \\ (\alpha^5 + \alpha^3 + \alpha^7 + \alpha^4 + \alpha^2 + 1)X + (\alpha^2 + \alpha^7 + \alpha^5 + \alpha^3).$$

Alors on a $k = n - (\delta - 1) = 251$ et $d = \delta = 5$, et les paramètres du code sont $[255, 251, 5]_{256}$.
On crée ensuite deux codes par raccourcissement de C : le code C_1 est formé des éléments de C dont les $255-28 = 227$ dernières composantes sont nulles, et le code C_2 est formé des éléments de C dont les $255 - 32 = 223$ dernières composantes sont nulles. D'après la proposition 9.4.3, les paramètres de ces codes sont $[28, 24, 5]_{256}$ pour C_1 et $[32, 28, 5]_{256}$ pour C_2.

```
p:=2: f:=8: q:=2^f: m:=1: n:=q^m-1; ⟶ n:=255
delta:=5: t:=floor((delta-1)/2):
with(numtheory): Phi:=cyclotomic(n,X);
Phibis:=Factor(Phi) mod 2; P:=op(6,Phibis);
⟶ P:=X^8+X^5+X^3+X+1
alias(alpha=RootOf(P) mod 2);
g5:=collect(evala(expand(mul(X-alpha^j,j=1..delta-1))),X) mod 2;
```

Opération 1. Le son est échantillonné sous la forme d'une liste de bits (liste de 0 et de 1). Pour notre exemple, nous prenons une liste de 5 376 bits.

```
with(RandomTools):
son1:=Generate(list(nonnegint(range=1), 5376)):
```

Opération 2. On découpe cette liste en une liste d'octets. On obtient une liste de 672 octets.

```
decoupe:=proc(L) local longu,RR,QQ:
```

```
longu:=nops(L): RR:=irem(longu,8,'QQ'):
[seq([seq(L[8*j+i],i=1..8)],j=0..QQ-1)];
end proc:
son2:=decoupe(son1): nops(son2); ⟶ 672
```

Opération 3. La famille $(1, \alpha, \ldots, \alpha^7)$ est une base de K sur $\mathbb{F}_2$. On peut alors convertir chaque octet $(x_1, \ldots, x_8) \in \mathbb{F}_2^8$ en un élément $\sum_{j=1}^{8} x_j \alpha^{j-1}$ du corps K. On obtient une liste de 672 éléments de K.

```
convertit:=proc(L)
[seq(add(L[j][i]*alpha^(i-1),i=1..8),j=1..nops(L))];
end proc:
son3:=convertit(son2): nops(son3); ⟶ 672
```

Opération 4. On convertit la liste précédente en une liste de $\frac{672}{24} = 28$ polynômes de degré inférieur ou égal à 23 : on découpe la liste en 28 sous-listes, et pour chacune d'elles, notée par exemple $(x_1, \ldots, x_{24})$, on définit le polynôme $\sum_{j=1}^{24} x_j X^{j-1}$.

```
convpol:=proc(L) local longu,RR,QQ:
longu:=nops(L): RR:=irem(longu,24,'QQ'):
[seq(add(L[24*j+i]*X^(i-1),i=1..24),j=0..QQ-1)];
end proc:
son4:=convpol(son3): nops(son4); ⟶ 28
```

Opération 5. Premier codage : on code chacun des polynômes Q de la liste grâce au code C_1 : on remplace chaque Q par X^4Q+R, où R est le reste de la division euclidienne de X^4Q par g_5. On obtient alors une liste de 28 polynômes de degré inférieur ou égal à 27 qui sont des mots du code C_1.

```
codage:=proc(L)
[seq(expand(X^4*L[j]+Rem(expand(X^4*L[j]),g5,X)) mod 2,
     j=1..nops(L))]:
end proc:
son5:=codage(son4): nops(son5); ⟶ 28
```

Opération 6. On convertit chacun de ces polynômes en $28 \times 28 = 784$ éléments du corps K.

```
polconv:=proc(L) [seq(op([seq(coeff(L[j],X,i),i=0..27)]),
      j=1..nops(L))];
end proc:
son6:=polconv(son5): nops(son6); ⟶ 784
```

Opération 7. Entrelacement de la liste : on écrit la liste de 784 éléments de K sous la forme de 28 lignes, en décalant chaque ligne par rapport à la précédente de 4 unités vers la droite. Pour obtenir un bloc rectangulaire (i. e. une matrice), on doit ajouter $\sum_{j=1}^{27} 4j = 3\,024$ coefficients nuls, figurés en gris sur le schéma. La matrice est ensuite lue par colonnes, ce qui donne une liste de $3\,808$ éléments de K. L'intérêt de l'entrelacement est le suivant : une erreur de longueur $(4 \times 28 + 1)e = 113e$ dans la liste entrelacée ne touchera que e lettres dans chaque mot initial (avant entrelacement). Ainsi, comme C_1 peut corriger 4 effacements, l'entrelacement permet de corriger $4 \times 113 = 452$ effacements, i. e. au moins 16 trames, soit une rayure de 2.88 mm.

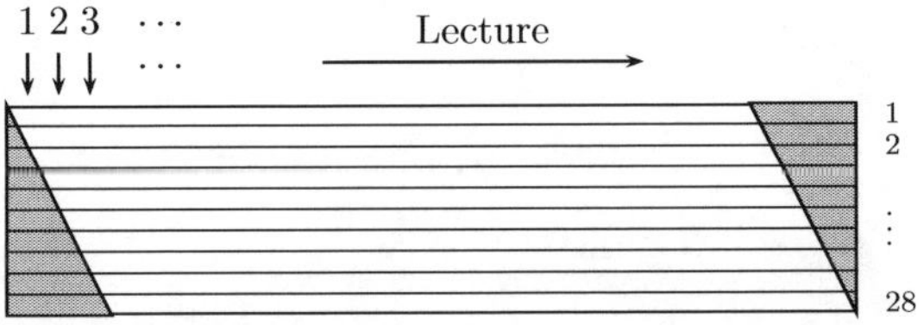


```
entrelace:=proc(L) local sol,N,r,q,temp,longu:
sol:=[]: longu:=nops(L):
for N from 0 to nops(L)+4*28*27-1 do
    r:=irem(N,28,'q'):
    if q<4*r or 28*(q-4*r)+r+1>longu then temp:=0 else
                temp:=L[28*(q-4*r)+r+1] fi:
    sol:=[op(sol),temp]:
od:
sol;
end proc:
```

son7:=entrelace(son6): nops(son7); ⟶ 3808

Opération 8. On convertit cette liste en $\frac{3\,808}{28} = 136$ polynômes de degré inférieur ou égal à 27 : chaque colonne de la matrice précédente donne lieu à un polynôme.

```
convpol32:=proc(L) local longu,RR,QQ:
longu:=nops(L): RR:=irem(longu,28,'QQ'):
[seq(add(L[28*j+i]*X^(i-1),i=1..28),j=0..QQ-1)];
end proc:
son8:=convpol32(son7): nops(son8); ⟶ 136
```

Opération 9. Second codage : on code chacun des polynômes Q de la liste précédente grâce au code C_2 : on remplace chaque Q par $X^4Q + R$, où R est le reste de la division euclidienne de X^4Q par g_5.On obtient alors une liste de 136 polynômes de degré inférieur ou égal à 31 qui sont des mots du code C_2.

```
codage32:=proc(L)
[seq(expand(X^4*L[j]+Rem(expand(X^4*L[j]),g5,X)) mod 2,
      j=1..nops(L))]:
end proc:
son9:=codage32(son8): nops(son9); ⟶ 136
```

Décodage

On suppose qu'une erreur a été introduite (rayure, poussière...), et on note son10 le son obtenu. C'est une liste de 136 polynômes de degré inférieur ou égal à 31.

```
son10bis:=[seq(son9[j]+alpha^(j mod 6)*X^(j mod 31),j=1..80),
son9[81]+X^7+X^4,
  seq(son9[j]+alpha^(j mod 6)*X^(j mod 31),j=82..nops(son9))]:
  nops(son10bis);
nops(son10); ⟶ 136
```

Opération 1. Premier décodage : grâce au code C_2, on obtient une liste de 136 polynômes de degré inférieur ou égal à 31. Le code C_2 permet de corriger 2 erreurs, mais en fait on n'en corrige qu'une. Soit P l'un des polynômes de la liste. On considère les 4 syndromes $s_1 := P(\alpha)$, $s_2 := P(\alpha^2)$, $s_3 := P(\alpha^3)$ et $s_4 := P(\alpha^4)$.

— Si les 4 syndromes sont nuls, il n'y a aucune erreur à corriger.

— Si on a $s_1 \neq 0$ et $s_2 \neq 0$ et $s_2^2 - s_1 s_3 = 0$ et $s_1 s_4 - s_2 s_3 = 0$, alors il y a une unique erreur : P n'est pas dans C_2, mais il existe $j \in [\![0, 31]\!]$ et $\lambda \in K^\times$ tels que $P - \lambda X^j$ appartienne à C_2. On a alors $\lambda = \frac{s_1^2}{s_2}$ et $\alpha^j = \frac{s_2}{s_1}$, et on détermine j grâce à la fonction annexe `puissance` donnée ci-dessous. Cette fonction reçoit un polynôme P et retourne le plus petit entier $j \in [\![0, 255]\!]$ pour lequel $P(\alpha^j) = 0 \mod 2$.

— Sinon, il y a plus d'une erreur. On considère que P est inconnu et on le remplace alors par $\sum_{j=0}^{31} Z\, X^j$, où Z est un symbole.

```
puissance:=proc(P) local j:
for j from 0 to 255 do if evala(subs(X=alpha^j,P)) mod 2=0
then j: break fi: od: j;
end proc:

decodage32:=proc(L) local longu,sol,k,s,j,lam:
longu:=nops(L): sol:=[]:
for k from 1 to longu do
    s[1]:=subs(X=alpha,L[k]): s[2]:=subs(X=alpha^2,L[k]):
    s[3]:=evala(subs(X=alpha^3,L[k])) mod 2:
    s[4]:=evala(subs(X=alpha^4,L[k])) mod 2:
    if evala(s[1]) mod 2=0 and evala(s[2]) mod 2=0 and s[3]=0
        and s[4]=0 then sol:=[op(sol),L[k]]
    elif evala(s[1]) mod 2<>0 and evala(s[2]) mod 2<>0
        and evala(s[2]^2-s[1]*s[3]) mod 2=0
        and evala(s[1]*s[4]-s[2]*s[3]) mod 2=0
        then lam:=evala(s[1]^2/s[2]) mod 2:
        j:=puissance(s[2]-X*s[1]):
        sol:=[op(sol),L[k]-lam*X^j]:
    else sol:=[op(sol),add(Z*X^i,i=0..31)]:
    fi:
od:
```

```
sol;
end proc:
```

```
son11:=decodage32(son10):
```

Opération 2. On convertit cette liste de polynômes en une liste d'éléments du corps K, en ne prenant que les coefficients de degré supérieur ou égal à 4. Ainsi, chaque polynôme $Q = \sum_{j=0}^{31} x_j X^j$ devient $(x_1, \ldots, x_{31})$. On a donc une liste de $136 \times 28 = 3\,808$ éléments du corps.

```
polconv28:=proc(L)
[seq(op([seq(coeff(L[j],X,i),i=4..31)]),j=1..nops(L))];
end proc:
son12:=polconv28(son11): nops(son12); ⟶ 3808
```

Opération 3. Désentrelacement de la liste : il s'agit de remettre en ordre la liste, et de supprimer les $3\,024$ zéros introduits artificiellement. On obtient alors une liste de $3\,808 - 3\,024 = 784$ éléments de K.

```
desentrelace:=proc(L) local longu,imax,jmax:
longu:=nops(L):
imax:=iquo(longu-(4*28*27-1),28):
jmax:=irem(longu-(4*28*27-1),28):
[seq(op([seq(L[1+28*i+113*j],j=0..27)]),i=0..imax-1),
    op([seq(L[1+28*imax+113*j],j=0..jmax-2)])];
end proc:
son13:=desentrelace(son12): nops(son13); ⟶ 784
```

Opération 4. On convertit cette liste en une liste de $\frac{784}{28} = 28$ polynômes de degré inférieur ou égal à 27.

```
convpol28:=proc(L) local longu,RR,QQ:
longu:=nops(L): RR:=irem(longu,28,'QQ'):
[seq(add(L[28*j+i]*X^(i-1),i=1..28),j=0..QQ-1)];
end proc:
son14:=convpol28(son13): nops(son14); ⟶ 28
```

Opération 5. Second décodage : pour chaque polynôme Q de la liste, il s'agit de corriger les effacements. D'après la propriété 9.4.1, le code C_1 permet de corriger 4 effacements. Supposons que le polynôme Q s'écrit sous la forme $Q = Q_1 + ZX^{e_1} + \cdots + ZX^{e_z}$, avec Q_1 connu et $z \leq 4$, et où les $X^{e_1}, \ldots, X^{e_z}$ n'apparaissent pas dans Q_1. On pose alors

$$Q_2 := c_1 X^{e_1} + \cdots + c_z X^{e_z}.$$

Pour tout $i \in [\![1,\, z]\!]$, on a $Q(\alpha^i) = 0$, d'où $Q_1(\alpha^i) + Q_2(\alpha^i) = 0$. Ces z équations forment un système linéaire de Vandermonde d'inconnues $c_1, \ldots, c_z$ que l'on sait résoudre. Cela permet de corriger les effacements. On obtient alors une liste de 28 polynômes de degré inférieur ou égal à 27.

On a besoin de la fonction auxiliaire `expZ` qui reçoit un polynôme P et retourne les exposants de P pour lesquels le coefficient est Z.

```
expZ:=proc(P) local i,j,L:
j:=degree(P,X): L:=[]:
for i from 0 to j do if coeff(P,X,i)=Z then L:=[op(L),i] fi:
od: L;
end proc:

decodage28:=proc(L)
local j,k,degres,incon,Pco,eq,inc,longu,sol,LL:
longu:=nops(L): LL:=[]:
for k from 1 to longu do
    degres:=expZ(L[k]):
    incon:=add(c[j]*X^degres[j],j=1..nops(degres));
    Pco:=subs(Z=0,L[k]):
    eq:={seq(subs(X=alpha^i,Pco+incon),i=1..nops(degres))}:
    inc:={seq(c[j],j=1..nops(degres))}:
    sol:=solve(eq,inc) mod 2:
    LL:=[op(LL),Pco+evala(subs(sol,incon)) mod 2];
od:
end proc:
```

`son15:=decodage28(son14): nops(son15);` $\longrightarrow$ 28

Opération 6. On récupère les éléments du corps K, en prenant pour chaque polynôme de la liste ses coefficients de degré compris entre 4 et 27. On obtient ainsi une liste de $28 \times 24 = 672$ éléments de K.

```
polconv24:=proc(L)
[seq(op([seq(coeff(L[j],X,i),i=4..27)]),j=1..nops(L))];
end proc:
son16:=polconv24(son15): nops(son16); ⟶ 672
```

Opération 7. On convertit la liste d'éléments de K en une liste de bits. On obtient ainsi une liste de $8 \times 672 = 5\,376$ éléments.

```
convbits:=proc(L) local sol,co,k:
sol:=[]:
for k from 1 to nops(L) do
      co:=[seq(coeff(L[k],alpha,j),j=0..7)]:
      sol:=[op(sol),op(co)]:
od:
end proc:

son17:=convbits(son16): nops(son17); ⟶ 5376
evalb(son1=son17); ⟶ true
```

L'erreur a donc bien été corrigée !

9.5 Exercices

Exercice 9.5.1 (Démonstration de la loi de réciprocité quadratique)

Dans cet exercice, on cherche à démontrer la loi de réciprocité quadratique à l'aide de sommes de Gauss : on considère deux nombres premiers impairs distincts p et q, et on veut montrer que $\left(\begin{array}{c} p \\ q \end{array}\right) = (-1)^{\frac{p-1}{2}\frac{q-1}{2}}\left(\begin{array}{c} q \\ p \end{array}\right)$. Pour cela, on considère une racine primitive $q-$ème de l'unité dans une clôture algébrique Ω de $\mathbb{F}_p$ et on note ω cette racine. On considère également la somme de Gauss $\Sigma := \sum_{x\in\mathbb{F}_q} \left(\begin{array}{c} x \\ q \end{array}\right) \omega^x$.

1. Montrer que $S^2 = \sum_{z\in\mathbb{F}_q} \sum_{x\in\mathbb{F}_q} \left(\begin{array}{c} x \\ q \end{array}\right)\left(\begin{array}{c} z-x \\ q \end{array}\right)\omega^z$.

2. En utilisant la proposition 9.1.1, montrer que si $x \neq 0$, alors on a la relation

$$\left(\begin{array}{c} x \\ q \end{array}\right)\left(\begin{array}{c} z-x \\ q \end{array}\right) = (-1)^{\frac{q-1}{2}}\left(\begin{array}{c} 1-x^{-1}z \\ q \end{array}\right).$$

3. Sachant que $\sum_{x\in\mathbb{F}_q} \left(\begin{array}{c} x \\ q \end{array}\right) = 0$, montrer que si $z \neq 0$, alors

$$\sum_{x\in\mathbb{F}_q^\times} \left(\begin{array}{c} 1-x^{-1}z \\ q \end{array}\right) = -1.$$

4. En déduire que $\Sigma^2 = (-1)^{\frac{q-1}{2}} q$.

5. Dans Ω, montrer que $\Sigma^p = \sum_{x\in\mathbb{F}_q} \left(\begin{array}{c} xp^{-1} \\ q \end{array}\right) \omega^x$.

En déduire que $\Sigma^p = \left(\begin{array}{c} p \\ q \end{array}\right) \Sigma$.

6. En utilisant la proposition 9.1.1, déduire de ce qui précède la loi de réci procité quadratique.

Solution

1. Grâce à un changement de variable, on a :

$S^2 = \sum_{x\in\mathbb{F}_q} \left(\begin{array}{c} x \\ q \end{array}\right) \omega^x \sum_{x'\in\mathbb{F}_q} \left(\begin{array}{c} x' \\ q \end{array}\right) \omega^{x'} = \sum_{z\in\mathbb{F}_q} \sum_{x\in\mathbb{F}_q} \left(\begin{array}{c} x \\ q \end{array}\right)\left(\begin{array}{c} z-x \\ q \end{array}\right)\omega^z$.

2. Si $x \neq 0$, alors

$$\begin{aligned}
\left(\begin{array}{c} x \\ q \end{array}\right)\left(\begin{array}{c} z-x \\ q \end{array}\right) = \left(\begin{array}{c} x(z-x) \\ q \end{array}\right) &= \left(\begin{array}{c} -x^2(1-x^{-1}z) \\ q \end{array}\right) \\
&= \left(\begin{array}{c} -1 \\ q \end{array}\right)\left(\begin{array}{c} x^2 \\ q \end{array}\right)\left(\begin{array}{c} 1-x^{-1}z \\ q \end{array}\right) \\
&= (-1)^{\frac{q-1}{2}}\left(\begin{array}{c} 1-x^{-1}z \\ q \end{array}\right),
\end{aligned}$$

la dernière égalité résultant de la proposition 9.1.1.
3. Si $z \neq 0$, l'application $x \mapsto 1 - x^{-1}z$ est une bijection de $\mathbb{F}_q^\times$ sur $\mathbb{F}_q \setminus \{1\}$, donc

$$\sum_{x\in\mathbb{F}_q^\times} \left(\begin{array}{c} 1 - x^{-1}z \\ q \end{array}\right) = \sum_{x\in\mathbb{F}_q\setminus\{1\}} \left(\begin{array}{c} x \\ q \end{array}\right) = \sum_{x\in\mathbb{F}_q} \left(\begin{array}{c} x \\ q \end{array}\right) - 1 = -1.$$

4. D'après la question 2, on a :

$$\begin{aligned}\Sigma^2 &= (-1)^{\frac{q-1}{2}} \sum_{z\in\mathbb{F}_q} \sum_{x\in\mathbb{F}_q^\times} \left(\begin{array}{c} 1 - x^{-1}z \\ q \end{array}\right) \omega^z \\ &= (-1)^{\frac{q-1}{2}} \underbrace{\sum_{x\in\mathbb{F}_q^\times} \left(\begin{array}{c} 1 \\ q \end{array}\right)}_{q-1} + (-1)^{\frac{q-1}{2}} \sum_{z\in\mathbb{F}_q^\times} \underbrace{\sum_{x\in\mathbb{F}_q^\times} \left(\begin{array}{c} 1 - x^{-1}z \\ q \end{array}\right)}_{-1} \omega^z,\end{aligned}$$

donc $\Sigma^2 = q(-1)^{\frac{q-1}{2}}$.
5. On a :
$\Sigma^p = \left(\sum_{x\in\mathbb{F}_q} \left(\begin{array}{c} x \\ q \end{array}\right) \omega^x\right)^p = \sum_{x\in\mathbb{F}_q} \left(\begin{array}{c} x \\ q \end{array}\right)^p \omega^{xp} \sum_{x\in\mathbb{F}_q} \left(\begin{array}{c} xp^{-1} \\ q \end{array}\right) \omega^x,$
car l'application :
$x \mapsto xp$ est une bijection de $\mathbb{F}_q$ sur lui-même. Or $\left(\begin{array}{c} p^{-1} \\ q \end{array}\right) = \left(\begin{array}{c} p \\ q \end{array}\right)$, d'où le résultat souhaité.
6. D'après la question 5, on a

$$\left(\begin{array}{c} p \\ q \end{array}\right) = \Sigma^{p-1} = \left(\Sigma^2\right)^{\frac{p-1}{2}} = \left((-1)^{\frac{q-1}{2}} q\right)^{\frac{p-1}{2}},$$

la dernière égalité provenant de la question 4. Donc d'après la proposition 9.1.1, on a

$$\left(\begin{array}{c} p \\ q \end{array}\right) = (-1)^{\frac{q-1}{2}\frac{p-1}{2}} q^{\frac{p-1}{2}} = (-1)^{\frac{p-1}{2}\frac{q-1}{2}} \left(\begin{array}{c} q \\ p \end{array}\right).$$

Exercice 9.5.2 (Entiers de Gauss et théorème des deux carrés)
Le but de cet exercice est de prouver le théorème des deux carrés. On note $\mathbb{G}$ le sous anneau de $\mathbb{C}$ formé des nombres de la forme $a + ib$ avec a et b éléments de $\mathbb{Z}$. Cet anneau est appelé l'anneau des *entiers de Gauss*. C'est évidemment un anneau intègre (il est inclus dans $\mathbb{C}$). On définit l'application norme N de $\mathbb{G}$ dans $\mathbb{N}$ par $N : z = a + ib \mapsto z\overline{z} = a^2 + b^2$. Cette

application vérifie $N(zz') = N(z)N(z')$.
1. Montrer que $z \in \mathbb{G}$ est inversible si et seulement si $N(z) = 1$, et que l'on a $\mathbb{G}^\times = \{\pm 1, \pm i\}$.
2. On appelle anneau *euclidien* un anneau intègre tel qu'il existe une fonction (appelée norme) $n : \mathbb{G} \setminus \{0\} \to \mathbb{N}$ telle que pour tout $(a, b) \in (\mathbb{G} \setminus \{0\})^2$, il existe $(q, r) \in \mathbb{G}$ tel que $a = bq + r$ et ($r = 0$ ou $n(r) < n(b)$). Montrer que $\mathbb{G}$ est un anneau euclidien.
3. Montrer que tout anneau euclidien est principal. Ainsi, $\mathbb{G}$ est principal, donc factoriel.
4. Soit p un nombre premier impair. Montrer que p est somme de deux carrés si et seulement si $p \equiv 1 \mod 4$. C'est le théorème des deux carrés.

Solution

1. Si $z = a + ib \in \mathbb{G}$ est inversible, il existe $z' \in \mathbb{G}$ tel que $zz' = 1$. Alors $N(z)N(z') = N(zz') = 1$, donc $a^2 + b^2 = N(z) = 1$. Or l'intersection du cercle unité de $\mathbb{C}$ avec l'ensemble des points à coordonnées entières est l'ensemble $\{\pm 1, \pm i\}$, d'où le résultat.
2. Montrons que N est une norme au sens de la définition d'un anneau euclidien. Soit $(a, b) \in (\mathbb{G} \setminus \{0\})^2$. On note $z := \frac{a}{b} = x + iy$, et x' (resp. y') l'entier le plus proche de x (resp. y), de sorte que l'on a $|x - x'| \leq \frac{1}{2}$ et $|y - y'| \leq \frac{1}{2}$. Posons $q := x' + iy' \in \mathbb{G}$. On a alors $|z - q| \leq \frac{\sqrt{2}}{2} < 1$. Soit $r := a - qb = b(\frac{a}{b} - q) \in \mathbb{G}$. Ainsi, $|r| = |b||\frac{a}{b} - q| < |b|$, donc $N(r) < N(b)$.
3. Soit A un anneau euclidien, de norme n. Soit I un idéal non nul de A, et soit $b \in I$ un élément de I de norme non nulle minimale. Pour tout $a \in A$, on a $a = bq + r$ avec $r = 0$ ou $n(r) < n(b)$. Comme $n(b)$ est minimal, on a nécessairement $r = 0$, ce qui montre que $I = (b)$. Ainsi, A est principal.
4. Démonstration du théorème des deux carrés.
• Si p s'écrit sous la forme $p = a^2 + b^2$, nécessairement a et b sont de parités différentes puisque p est premier. Alors par exemple $a = 2m$ et $b = 2n + 1$, donc $p = 4m^2 + 4n^2 + 4n + 1 \equiv 1 \mod 4$.
• Condition suffisante : comme $p \equiv 1 \mod 4$, -1 est un carré modulo p. Donc il existe $a \in \mathbb{Z}$ tel que p divise $a^2 + 1$. Alors p n'est pas premier dans $\mathbb{G}$ car p divise $a^2 + 1 = (a - i)(a + i)$ mais ne divise ni $a - i$ ni $a + i$. En effet, si par exemple p divise $a - i$, alors il existe $\alpha = c + id$ tel que $a - i = p\alpha = p(c + id)$, d'où $pd = -1$, donc p divise 1, ce qui est absurde. Comme $\mathbb{G}$ est factoriel, p n'est pas irréductible. Donc $p = \alpha\beta$ avec $\alpha = a + ib$, $N(\alpha) > 1$ et $N(\beta) > 1$, et alors $p^2 = N(\alpha)N(\beta)$. Ainsi $p = N(\alpha) = N(\beta)$, donc $p = a^2 + b^2$.

Exercice 9.5.3

1. Montrer que le polynôme $P_1 := X^4 - 10X^2 + 1 \in \mathbb{Q}[X]$ est irréductible sur $\mathbb{Q}$ mais réductible sur $\mathbb{F}_p$ pour tout nombre premier p. Indication : étudier les cas où 6, 3 ou 2 sont des carrés dans $\mathbb{F}_p$, et utiliser le symbole de Legendre.
2. Même question avec le polynôme $P_2 := X^4 + 1$.

Solution

1. L'équation est bicarrée. La racine carrée du discriminant de $Q_1 := Y^2 - 10Y + 1$ est $4\sqrt{6}$, ce qui montre que P_1 n'a pas de racine dans $\mathbb{Q}$. Si P_1 est réductible, P_1 se factorise sous la forme $P_1 = (X^2 + aX + b)(X^2 + cX + d)$ avec a, b, c, $d \in \mathbb{Q}$. En identifiant les coefficients, on obtient le système $\begin{cases} 0 &= a + c \\ -10 &= d + ac + b \\ 0 &= ad + bc \\ 1 &= bd \end{cases}$, équivalent à $\begin{cases} c &= -a \\ -10 &= \frac{1}{b} - a^2 + b \\ 0 &= \frac{a}{b}(1 - b^2) \\ d &= \frac{1}{b} \end{cases}$.
Deux cas se présentent alors : soit $a = 0$, et alors $c = 0$, donc la deuxième équation s'écrit $b^2 + 10b + 1 = 0$, et b n'est pas rationnel ; soit $b^2 = 1$, i. e. $b = \pm 1$, et la deuxième équation devient $a^2 = 12$ ou $a^2 = 8$, et a n'est pas rationnel. On a donc une absurdité dans les deux cas, donc P_1 est irréductible sur $\mathbb{Q}$.
Etudions maintenant la réduction de P_1 sur $\mathbb{F}_p$. On a $P_1 = (X^2 - 5)^2 - 24$, donc P_1 est réductible si 6 est un carré. De même, $P_1 = (X^2 - 1)^2 - 8X^2$, donc P_1 est réductible si 2 est un carré, et $P_1 = (X^2 + 1)^2 - 12X^2$, donc P_1 est réductible si 3 est un carré. Or le symbole de Legendre est multiplicatif, donc $\left(\frac{6}{p}\right) = \left(\frac{2}{p}\right)\left(\frac{3}{p}\right)$, et ainsi, pour tout nombre premier p, l'un des nombres de l'ensemble $\{2, 3, 6\}$ est un carré.
2. On procède de la même façon, en utilisant cette fois-ci la relation :
$\left(\frac{-2}{p}\right) = \left(\frac{2}{p}\right)\left(\frac{1}{p}\right)$.

Exercice 9.5.4 (Polynômes irréductibles sur $\mathbb{F}_q$)

Soient p un nombre premier, $m \in \mathbb{N}^\times$, et $q := p^m$.
Comme dans la proposition 9.2.2, on note $Irr_{\mathbb{F}_q}(d)$ l'ensemble des polynômes irréductibles de degré d sur $\mathbb{F}_q$. On note aussi $I_q(n) := |Irr_{\mathbb{F}_q}(d)|$.
1. Montrer que l'on a $I_q(n) = \frac{1}{n}\sum_{d|n} \mu\left(\frac{n}{d}\right) q^d$, et en déduire un équivalent de $I_q(n)$ quand n tend vers l'infini.

2. Donner les éléments de $Irr_{\mathbb{F}_q}(n)$ pour $(q, n) \in \{(2, 3), (2, 4), (3, 2)\}$.

Solution

1. Soient $f(n) := nI_q(n)$ et $\widetilde{f}(n) := \sum_{d|n} f(d)$. D'après la proposition 9.2.2, on a $\widetilde{f}(n) = \sum_{d|n} dI_q(d) = q^n$. Donc d'après l'exercice du paragraphe 1.5 sur la fonction de Möbius, on a $f(n) = \sum_{d|n} \mu(d)\widetilde{f}\left(\frac{n}{d}\right) = \sum_{d|n} \mu\left(\frac{n}{d}\right)\widetilde{f}(d) = \sum_{d|n} \mu\left(\frac{n}{d}\right) q^d$, d'où le résultat souhaité. D'après ce qui précède, on peut écrire

$\frac{I_q(n)}{\frac{q^n}{n}} = 1 + \sum_{d|n,\, d<n} \mu\left(\frac{n}{d}\right) q^{d-n}$. Or $\left|\sum_{d|n,\, d<n} \mu\left(\frac{n}{d}\right) q^{d-n}\right| \le \sum_{d|n,\, d<n} q^{\frac{n}{2}-n} \le nq^{-\frac{n}{2}}$.

Cette dernière expression tend vers 0 quand n tend vers l'infini, ce qui montre que $I_q(n)$ est équivalent à $\frac{q^n}{n}$ quand n tend vers l'infini.

2. D'après la proposition 9.2.2, tout polynôme de degré n irréductible sur $\mathbb{F}_q$ divise $X^{q^n} - X$. On factorise donc ce polynôme.

— Pour $(q, n) = (2, 3)$, on a $X^8 - X = X\left(X^3 + X + 1\right)(X+1)\left(X^3 + X^2 + 1\right)$, donc $Irr_{\mathbb{F}_q}(n) = \{X^3 + X + 1, X^3 + X^2 + 1\}$.

— Pour $(q, n) = (2, 4)$, on a :

$$\begin{aligned} & X^{16} - X \\ = \; & \left(X^4 + X^3 + 1\right) X \left(X^4 + X^3 + X^2 + X + 1\right)\left(X^2 + X + 1\right)(X+1)\left(X^4 + X + 1\right), \end{aligned}$$

donc $Irr_{\mathbb{F}_q}(n) = \{X^4 + X^3 + 1, X^4 + X^3 + X^2 + X + 1, X^4 + X + 1\}$.

— Pour $(q, n) = (3, 2)$, on a :

$X^9 - X = X\left(X^2 + 2X + 2\right)(X+1)\left(X^2 + X + 2\right)(X+2)\left(X^2 + 1\right)$,

donc $Irr_{\mathbb{F}_q}(n) = \{X^2 + 2X + 2, X^2 + X + 2, X^2 + 1\}$.

Exercice 9.5.5

1. Créer une fonction Maple permettant de tester si un polynôme à coefficients dans $\mathbb{F}_p$ est séparable.
2. Appliquer cette procédure aux polynômes $P_1 := X^8 + X^2 + 1 \in \mathbb{F}_5[X]$ et $P_2 := X^{15} - X^{14} + 2X^9 - 2X^7 + X^3 + X^2 - X - 1 \in \mathbb{F}_{257}[X]$.

Solution

1.
```
sep:=proc(P,X,p) if Gcd(P,diff(P,X)) mod p=1 then true else false fi:
 end proc:
```

2. P_1 est séparable mais P_2 ne l'est pas.

Exercice 9.5.6

1. Créer, en utilisant l'algèbre de Berlekamp (mais pas l'algorithme de Berlekamp !), une fonction Maple permettant de tester si un polynôme séparable à coefficients dans $\mathbb{F}_p$ est irréductible.
2. Appliquer cette procédure aux polynômes
$P_1 := X^{11} + X^5 + 1 \in \mathbb{F}_{13}[X]$ et $P_2 := X^8 - X^7 + X^2 - 1 \in \mathbb{F}_{257}[X]$.

Solution

1.
```
irred:=proc(P,X,p) local n,images,M,V;
if Gcd(P,diff(P,X)) mod p<>1 then error("P polynôme non séparable"):break fi:
n:=degree(P,X): images:=[seq(Rem(expand(X^(j*p)-X^j),P,X) mod p,j=0..n-1)]:
M:=Matrix(n,(i,j)->coeff(images[j],X,i-1)): V:=Nullspace(M) mod p:
if nops(V)=1 then true else false fi;
end proc:
```
2. P_1 est irréductible mais P_2 ne l'est pas.

Exercice 9.5.7

A l'aide de l'algorithme de Berlekamp, factoriser le polynôme

$$P := X^6 + 18915\,X^4 + 34134\,X^3 + 16208\,X^2 + 15212\,X + 13077\,X^5 + 14394$$

de $\mathbb{F}_{42473}[X]$ (le calcul peut prendre quelques secondes). Comparer avec le résultat donné par la fonction prédéfinie de Maple.

Solution

Grâce aux instructions :

`Ber(P,X,42473,1,[seq(j,j=0..42472)])` et `Berlekamp(P,X)mod 42473`, on obtient
$P = (X + 23539)\,(X + 38657)\,\left(X^2 + 25738\,X + 28880\right)(X + 39485)\,(X + 13077)$.

Exercice 9.5.8

1. Construire le corps $\mathbb{F}_{7^4} = \mathbb{F}_7[x]$ où x est à déterminer.
2. On considère le polynôme

$$\begin{aligned} P_1 \quad := \quad & X^5 + (4x + 2x^2 + 6x^3)X^4 + (2x + 4x^2)X^3 + (5 + 6x + 4x^2)X^2 \\ & +(6 + 2x + 2x^3)X + 4x^2 + 2 \end{aligned}$$

à coefficients dans ce corps. Factoriser ce polynôme sur $\mathbb{F}_{7^4}$ en utilisant l'algorithme de Berlekamp.

3. On considère maintenant $P_2 := X^4 + X + 1 \in \mathbb{F}_7[X]$. Montrer que P_2 est irréductible sur $\mathbb{F}_7$, et factoriser P_2 sur $\mathbb{F}_{7^4}$.

Solution

1. On construit le corps à l'aide des commandes suivantes.

```
p:=7: m:=4: Phi:=numtheory[cyclotomic](p^m-1,X): FPhi:=Factor(Phi) mod p:
P:=op(1,FPhi); alias(x=RootOf(P) mod p): ⟶ P:=X^4+4X^2+3X+3
T:=combinat[cartprod]([seq([seq(j,j=0..p-1)],i=1..m)]): C:=[]:
while not T[finished]do y:=T[nextvalue]():
C:=[op(C),add(y[k+1]*x^k,k=0..m-1)]:
end do:
```

2. On entre `Ber(P_1,X,7,4,C)` et on obtient $P_1 = (X + 3x^3 + 6x^2 + 5x)(X + 5x^3 + 6x^2 + 5x)(X + 6x^3 + 6x^2 + 5x)(X + 2x^3 + 6x^2 + 5x)(X + 4x^3 + 6x^2 + 5x)$.

3. La commande `Beb(P_2,X,7,1,[seq(j,j=0..6)])` montre que P_2 est irréductible sur $\mathbb{F}_7$. Pour factoriser P_2 sur $\mathbb{F}_{7^4}$, on entre `Ber(P_2,X,7,4,C)` et on trouve $P_2 = (X + 3x^3 + 3x^2 + 4x + 4)(X + 2x^3 + 2x^2 + 4x + 5)(X + 2x^3 + 3x^2 + 5x)(X + 6x^2 + x + 5)$.

Exercice 9.5.9 (Théorème de Chebotaryov et Maple)

Dans cet exercice, nous nous proposons de vérifier avec Maple le théorème de Chebotaryov dans certains cas particuliers.

1. Créer une fonction `tfa` qui reçoit un polynôme sous forme factorisée et qui retourne le type de la factorisation.
2. Créer une fonction `nbelts` qui reçoit un élément x et une liste L et retourne le nombre d'occurrences de x dans L.
3. Créer une fonction `class` qui reçoit une liste L, dont on note $x_1, \ldots, x_r$ les éléments distincts, et qui retourne la liste de terme général $[x_j,\ n_j]$, où n_j est le nombre d'occurrences de x_j dans L.
4. Créer une fonction `proba` qui reçoit un polynôme P et un nombre n, et qui retourne une liste dont le terme général est $[t,\ m(t)]$, où t est un type de factorisation et $m(t)$ est la proportion de nombres premiers p parmi les n premiers nombres premiers tels que la factorisation de la réduction modulo p

de P soit de type t.
5. Créer une fonction `typeperm` qui reçoit une permutation et retourne son type.
6. On considère le polynôme $P := X^5 - 5X + 12$. Appliquer la fonction `proba` à P en prenant les 100 premiers nombres premiers. Calculer le groupe de Galois G de P, donner ses éléments et sa suite dérivée. En utilisant les fontions `typeperm` et `class`, donner le nombre d'éléments de G des différents types.
7. Procéder de même avec le polynôme $P := X^7 - 7X + 3$. Son groupe de Galois est $\mathbf{PGL}_2\mathbb{F}_7$ et c'est un goupe simple d'ordre 168.

Solution

1. Pour créer la fonction `tfa`, on utilise une fonction intermédiaire notée `tf` :

```
tf:=proc(e) if type(e,'+') or type(e,symbol) then degree(e,X)
elif type(e,'^') then seq(degree(op(1,e),X),j=1..op(2,e))
else seq(tf(op(j,e)),j=1..nops(e)) fi:  end proc:
tfa:=proc(e) sort([tf(e)],'>'); end proc:
```

2. Fonction `nbelts` :

```
nbelts:=proc(x,L) local nb,j: nb:=0:
for j from 1 to nops(L) do if L[j]=x then nb:=nb+1 fi: od: nb; end proc:
```

3. Fonction `class` :

```
class:=proc(L) local L1: L1:=ListTools[MakeUnique](L);
[seq([L1[j],nbelts(L1[j],L)],j=1..nops(L1))]: end proc:
```

4. Fonction `proba` :

```
proba:=proc(P,n) local PR,poly,L,LL:
PR:=seq(ithprime(j),j=1..n): poly:=[seq((Factor(P) mod p), p in PR)]:
L:=map(tfa,poly): LL:=class(L): [seq([LL[j][1],LL[j][2]/n],
j=1..nops(LL))]: end proc:
```

5. Fonction `typeperm` :

```
typeperm:=proc(p) sort([seq(nops(p[j]),j=1..nops(p))],'<'); end proc:
```

6. Polynôme $P := X^5 - 5X + 12$:

```
proba(P,100); ⟶ [[[1, 1, 1, 1, 1],11/100], [[2, 2, 1],53/100], [[5], 9/25]]
G:=galois(P,X); ⟶ G := 5T2", "5 :2", "D(5)", "+", 10, "(1 4)(2 3)", "(1 2 3 4 5)""
SD:=group[DerivedS](permgroup(5,G[5])); GG:=group[elements](SD[1]):
⟶ SD := [permgroup(5, {[[1, 4], [2, 3]], [[1, 2, 3, 4, 5]]}),
```

```
permgroup(5, {[], [[1, 4, 2, 5, 3]]}), permgroup(5, {[]})]
seq(nops(group[elements](SD[j])),j=1..3); ⟶ 10, 5, 1
GG1:=map(typeperm,[op(GG)]); ⟶ [[], [2, 2], [5], [5], [5], [2, 2], [2, 2],
 [2, 2], [2, 2], [5]]
class(GG1); ⟶ [[[], 1], [[2, 2], 5], [[5], 4]]
```

7. Polynôme $P := X^7 - 7X + 3$:

```
proba(P,n); ⟶ [[[7], 1/5], [[1, 1, 1, 1, 1, 1, 1], 1/20], [[4, 2, 1], 13/40],
 [[3, 3, 1], 13/40], [[2, 2, 1, 1, 1], 1/10]]
G:=galois(P,X); ⟶ G := 7T5", "L(7)", "L(3,2)", "+", 168, "(1 2 3 4 5 6 7)", "(1 2)(3
6)""
SD:=group[DerivedS](permgroup(7,G[5]));
⟶ SD := [permgroup(7, {[[1, 2, 3, 4, 5, 6, 7]], [[1, 2], [3, 6]]})]
GG:=group[elements](SD[1]): GG1:=map(typeperm,[op(GG)]):
class(GG1); ⟶ [[[], 1], [[2, 4], 42], [[7], 48], [[3, 3], 56], [[2, 2], 21]].
```

Exercice 9.5.10 (Code BCH)

On pose $p := 2$, $f := 1$, $q := p^f$, $m := 3$, $n := q^m - 1$, $\delta := 3$. On appelle P le facteur irréductible de $\Phi_{n,\mathbb{F}_2}$ sur $\mathbb{F}_2$ qui ne comporte aucun terme de degré 1. Soit α une racine de P. On considère le code BCH C_δ construit à partir de ces données comme dans le paragraphe 9.4.2.

1. Construire ce code à l'aide de Maple.
2. Quelles sont la longueur et la dimension du code ? Combien le code corrige-t-il d'erreurs ?
3. Donner la liste de tous les mots du code.
4. On reçoit le mot $X^6 + X^4 + X^3 + X^2 + X$, mot qui est éventuellement erroné. Déterminer le mot qui a été envoyé.
5. Même question avec le mot $X^5 + X^4 + X^3 + 1$.

Solution

```
1. p:=2: f:=1: q:=p^f: m:=3: n:=q^m-1; ⟶ n:=7
delta:=3: t:=floor((delta-1)/2); ⟶ t:=1
with(numtheory): Phi:=cyclotomic(n,X);
Phibis:=Factor(Phi) mod 2; ⟶ Φ := (X^3 + X^2 + 1) (X^3 + X + 1)
P:=op(1,Phibis); alias(alpha=RootOf(P) mod 2): ⟶ P := (X^3 + X^2 + 1).
```

`[seq(evala(subs(X=alpha^j,P)) mod 2,j=1..delta-1)];` ⟶ `[0, 0]`
`g:=P: k:=n-degree(g,X);` ⟶ `k:=4`

2. D'après la question 1, on a $n = 7$ et $k = 4$, et le code corrige $t = 1$ erreur.

3. Les mots du code sont les polynômes de la forme $Q = Rg$ où $R \in \mathbb{F}_2[X]$ est un polynôme de degré inférieur ou égal à $k - 1 = 3$.

```
M1:=[seq(seq(seq(seq(a[0]+a[1]*X+a[2]*X^2+a[3]*X^3,a[0]=0..1),
a[1]=0..1),a[2]=0..1),a[3]=0..1)];
```

Les mots du code sont donc :

```
M2:=[seq(evala(expand(M1[j]*g)) mod p,j=1..2^4)];
```

4. `Mp:=X^6+X^4+X^3+X^2+X:`

```
S:=simplify(add(subs(X=alpha^i,Mp)*X^(i-1),i=1..delta-1)) mod 2:
 J:=algeucl(X^(delta-1),S,t,2):
```

`Sigma:=simplify(J[3]/subs(X=0,J[3])) mod 2;` ⟶ `Sigma:=1+alpha X`
`Sigmap:=diff(Sigma,X) mod 2: omega:=simplify(J[1]/subs(X=0,J[3])) mod 2;`
⟶ `omega:=alpha`
`JJ:=[seq(evala(subs(X=alpha^(-j),Sigma)) mod 2,j=0..n-1)]:`
`JJJ:=position(JJ);` ⟶ `JJJ:=[2]`

L'erreur est donc en position 1. Le mot envoyé était donc $X^6 + X^4 + X^3 + X^2$.

5. On procède de même. Le mot reçu n'est pas erroné.

Exercice 9.5.11 (Exemple d'utilisation de code BCH : le Minitel)

On pose $p := 2$, $f := 1$, $q := p^f$, $m := 7$, $n := q^m - 1$, $\delta := 3$. On considère le facteur irréductible $P := X^7 + X^3 + 1$ de $\Phi_{n,\mathbb{F}_2}$, $\alpha := 2$ une racine de P, et le code BCH C_δ construit à partir de ces données comme dans le paragraphe 9.4.2. C'est ce code qui est utilisé pour le Minitel, système de communication né en 1982 et encore utilisé en 2010 par deux millions de personnes.

1. Construire ce code à l'aide de Maple.

2. Quelles sont la longueur et la dimension du code ? Minorer sa distance minimale. Combien le code corrige-t-il d'erreurs ?

L'information à transmettre au terminal est découpée en blocs de 15 octets, i. e. 120 bits. Chaque bloc est alors codé grâce à C_δ comme expliqué dans le paragraphe 9.4.2. On obtient alors des mots de 127 bits que l'on peut envoyer au terminal.

3. En utilisant la commande **Generate**, choisir un mot quelconque de 120 bits, le coder, et lui ajouter enfin l'erreur X^4. Retrouver grâce au code le mot initial.

Solution

1. `p:=2: f:=1: q:=p^f: m:=7: n:=q^m-1;` $\longrightarrow$ `n:=127`

`delta:=3: t:=floor((delta-1)/2);` $\longrightarrow$ `t:=1`

`alpha:=2: P:=X^7+X^3+1: g:=P: k:=n-degree(g,X);` $\longrightarrow$ `k:=120`

3. D'après la question 2, on a $n = 127$, $k = 120$ et $d \geq \delta = 3$, et le code corrige au moins $t = 1$ erreur.

4. Le mot que l'on envoie est M et le mot reçu est M_p.

```
with(RandomTools): M0:=Generate(polynom(nonnegint(range=p-1),
X,degree=k-1));
CI:=expand(X^(n-k)*M0): CR:=Rem(CI,g,X) mod 2: M:=CI+CR:
E:=X^4; Mp:=M+E;
S:=simplify(add(subs(X=alpha^i,Mp)*X^(i-1),i=1..delta-1)) mod p:
J:=algeucl(X^(delta-1),S,t,p):
Sigma:=simplify(J[3]/subs(X=0,J[3])) mod p: Sigmap:=diff(Sigma,X) mod p:
```

$\longrightarrow$ `Sigma:=1+alpha^4*X`

`omega:=simplify(J[1]/subs(X=0,J[3])) mod p:` $\longrightarrow$ `omega:=alpha^4`

```
JJ:=[seq(evala(subs(X=alpha^(-j),Sigma)) mod p,j=0..n-1)]:
JJJ:=position(JJ);
```

$\longrightarrow$ `JJJ:=[5]`

L'errreur est donc en position 4. On la corrige grâce aux formules de Forney :

`[seq(evala(subs(X=alpha^(-j),-omega/Sigmap)) mod p,j in [4])];` $\longrightarrow$ `[1]`.

Exercice 9.5.12 (Code de Reed-Solomon)

On pose $p := 19$, $f := 1$, $q := p^f$, $m := 1$, $n := q^m - 1$, $\delta := 7$.

1. Montrer que $\Phi_{n,\mathbb{F}_{19}}$ est scindé sur $\mathbb{F}_{19}$ et que $\alpha := 2$ est une racine de $\Phi_{n,\mathbb{F}_{19}}$. On considère le code de Reed-Solomon C_δ construit à partir de ces données comme dans le paragraphe 9.4.2.

2. Construire ce code à l'aide de Maple.

3. Quelles sont la longueur, la dimension et la distance minimale du code ? Combien le code corrige-t-il d'erreurs ?

4. En utilisant la commande `Generate`, choisir un mot quelconque, le coder ensuite, et enfin lui ajouter l'erreur $3X^4 + 7X^{10} + X^{14}$. Retrouver grâce au code le mot initial.

Solution

1. D'après la proposition 6.2.7, $\Phi_{n,\mathbb{F}_{19}}$ se factorise sur $\mathbb{F}_{19}$ en $\frac{\varphi(n)}{m} = 6$ facteurs irréductibles de degré $m = 1$, donc il est scindé sur $\mathbb{F}_{19}$. On a $\Phi_{n,\mathbb{F}_{19}}(2) = 0$.

2. `p:=19: f:=1: q:=p^f: m:=1: n:=q^m-1;` $\longrightarrow$ `n:=18`

`delta:=7: t:=floor((delta-1)/2); k:=n-delta+1;` $\longrightarrow$ `t:=3, k:=12`

`alpha:=2: g:=evala(expand(mul(X-alpha^j,j=1..delta-1))) mod p;`

$\longrightarrow g := X^6 + 7\,X^5 + 2\,X^4 + X^3 + 9\,X^2 + 4\,X + 8$

3. D'après la question 2, on a $n = 18$, $k = 12$ et $d = \delta = 7$, et le code corrige $t = 3$ erreurs.

4. Le mot que l'on envoie est M et le mot reçu est M_p.

```
with(RandomTools): M0:=Generate(polynom(nonnegint(range=p-1),
X,degree=n-delta+1));
M:=evala(expand(M0*g)) mod p; E:=3*X^4+7*X^10+X^14; Mp:=M+E;
S:=simplify(add(subs(X=alpha^i,Mp)*X^(i-1),i=1..delta-1)) mod p:
J:=algeucl(X^(delta-1),S,t,p):
Sigma:=simplify(J[3]/subs(X=0,J[3])) mod p: Sigmap:=diff(Sigma,X) mod p:
omega:=simplify(J[1]/subs(X=0,J[3])) mod p:
JJ:=[seq(evala(subs(X=alpha^(-j),Sigma)) mod p,j=0..n-1)]:
JJJ:=position(JJ); ⟶ JJJ:=[5, 11, 15]
```

Les errreurs sont donc en positions 4, 10 et 14. On les corrige grâce aux formules de Forney :

```
[seq(evala(subs(X=alpha^(-j),-omega/Sigmap)) mod p,j in [4,10,14])];
⟶ [3, 7, 1].
```

Exercice 9.5.13 (Code de Reed-Solomon)

On pose $p := 7$, $f := 2$, $q := p^f$, $m := 1$, $n := q^m - 1$, $\delta := 9$. On note $P := X^2 + 2X + 3$ un facteur irréductible de $\Phi_{n,\mathbb{F}_7}$ sur $\mathbb{F}_{7^2}$. Soit α une racine de P. On considère le code de Reed-Solomon C_δ construit à partir de ces données comme dans le paragraphe 9.4.2.

1. Construire ce code à l'aide de Maple.
2. Quelles sont la longueur, la dimension et la distance minimale du code ?

Combien le code corrige-t-il d'erreurs ?
3. En utilisant la commande `Generate`, choisir un mot quelconque, le coder ensuite, et enfin lui ajouter l'erreur $(3+\alpha)X^4+2X^{10}+\alpha X^{14}-4X^{33}$. Retrouver grâce au code le mot initial.

Solution

1. `p:=7: f:=2: q:=p^f: m:=1: n:=q^m-1; n := 48`
`delta:=9: t:=floor((delta-1)/2); k:=n-delta+1;` ⟶ `t:= 4, k:=40`
`with(numtheory): Phi:=cyclotomic(n,X);`
`Phibis:=Factor(Phi) mod p; P:=X^2+2*X+3; alias(alpha=RootOf(P) mod p);`
`g:=evala(expand(mul(X-alpha^j,j=1..delta-1))) mod p;`
$\longrightarrow g := X^8+(5\,\alpha+6)\,X^7+(2\,\alpha+1)\,X^6+(4\,\alpha+6)\,X^5+(3\,\alpha+2)\,X^4+(\alpha+6)\,X^3+4\,X^2+2\,\alpha X+2+2\,\alpha.$

2. D'après la question 1, la longueur du code est $n=48$, sa dimension est $k=40$ et sa distance minimale est $d=\delta=9$. Le code corrige $t=4$ erreurs.

3.
```
with(RandomTools): M0:=Generate(polynom(nonnegint(range=p-1),
X,degree=n-delta+1))+alpha*Generate(polynom(nonnegint(range=p-1),
X,degree=n-delta+1));
M:=evala(expand(M0*g)) mod p: E:=(3+alpha)*X^4+2*X^10+alpha*X^14-4*X^33:
Mp:=M+E:
S:=simplify(add(subs(X=alpha^i,Mp)*X^(i-1),i=1..delta-1)) mod p:
J:=algeucl(X^(delta-1),S,t,p):
Sigma:=simplify(J[3]/subs(X=0,J[3])) mod p: Sigmap:=diff(Sigma,X) mod p:
omega:=simplify(J[1]/subs(X=0,J[3])) mod p:
JJ:=[seq(evala(subs(X=alpha^(-j),Sigma)) mod p,j=0..n-1)]:
JJJ:=position(JJ); ⟶ JJJ := [5, 11, 15, 34]
```
Les errreurs sont donc en positions 4, 10, 14 et 33. On les corrige grâce aux formules de Forney :
```
[seq(evala(subs(X=alpha^(-j),-omega/Sigmap)) mod p,j in [4,10,14,33])];
⟶ [3 + alpha, 2, alpha, 3].
```

Chapitre 10

Norme, trace et entiers algébriques

Nous introduisons ici deux outils importants, la norme et la trace, qui proviennent de l'algèbre linéaire. Ils nous permettront d'étudier ensuite les anneaux d'entiers algébriques.

10.1 Norme et trace

Soient K un corps, L une extension finie de K, et x un élément de L. L'application u_x de L dans L définie par $y \mapsto xy$ est un endomorphisme du $K-$espace vectoriel L.
On définit le *polynôme caractéristique* de x sur K (noté $\chi_{L|K}(x)$) comme le polynôme caractéristique unitaire $\chi_{u_x} := \det(X\, id_L - u_x) \in K[X]$ de l'endomorphisme u_x.
De même, on définit la *trace* $Tr_{L|K}(x)$ (resp. la *norme* $N_{L|K}(x)$) de x sur K comme la trace $\mathrm{tr}(u_x)$ (resp. le déterminant $\det(u_x)$) de l'endomorphisme u_x.
On a alors évidemment la relation

$$\chi_{L|K}(x) = X^n - Tr_{L|K}X^{n-1} + \cdots + (-1)^n N_{L|K}(x).$$

10.1.1 Propriétés de la norme et de la trace, et expressions équivalentes

Proposition 10.1.1
Soient K un corps, L une extension finie de K, x, y deux éléments de L, et $\lambda \in K$. Alors on a $Tr_{L|K}(\lambda x + y) = \lambda Tr_{L|K}(x) + Tr_{L|K}(y)$ (i. e. $Tr_{L|K}$ est une forme $K-$linéaire sur L), $N_{L|K}(xy) = N_{L|K}(x)N_{L|K}(y)$, $Tr_{L|K}(\lambda) = [L : K]\lambda$, et $N_{L|K}(\lambda) = \lambda^{[L:K]}$.

La proposition suivante montre que l'on peut calculer le polynôme caractéristique $\chi_{L|K}(x)$ d'un élément x à partir de son polynôme minimal P_x.

Lemme 10.1.2
Soient K un corps, L une extension de K telle que $L = K(x)$. Alors $\chi_{L|K}(x)$ est le polynôme minimal de x sur K.

Démonstration :
Notons $P_x = X^n + \lambda_{n-1}X^{n-1} + \cdots + \lambda_0$ le polynôme minimal de x sur K. La famille $\mathcal{B} := (1, x, \ldots, x^{n-1})$ est une base du $K-$espace vectoriel L, et

$$A := Mat_{\mathcal{B}}(u_x) = \begin{pmatrix} 0 & & & -\lambda_0 \\ 1 & \ddots & & -\lambda_1 \\ & \ddots & \ddots & \vdots \\ & & 1 \quad 0 & -\lambda_{n-1} \end{pmatrix}.$$

Alors $\chi_{L|K}(x) = \det(X\,I_n - A) = \lambda_0 + \lambda_1 X + \cdots + \lambda_{n-1}X^{n-1} + X^n = P_x$. ■

Proposition 10.1.3
Soient K un corps, L une extension de degré n de K, $x \in L$ un élément de degré p sur K, et P_x son polynôme minimal sur K. Alors on a $\chi_{L|K}(x) = P_x^{n/p}$.
En notant $x_1, \ldots, x_p$ les racines (non nécessairement distinctes) de P_x dans une clôture algébrique de L, on a

$$Tr_{L|K}(x) = \frac{n}{p}\sum_{i=1}^{p} x_i \text{ et } N_{L|K}(x) = \left(\prod_{i=1}^{p} x_i\right)^{\frac{n}{p}}.$$

Démonstration :
Soit $\mathcal{Y} := (y_1, \ldots, y_p)$ une base de $K(x)$ sur K. L'extension L est de degré $\frac{n}{p}$ sur $K(x)$. Soit donc $\mathcal{Z} := (z_1, \ldots, z_{\frac{n}{p}})$ une base de L sur $K(x)$. Alors $\mathcal{YZ} := (y_i z_j)_{i,j}$ est une base de L sur K. Si $A := Mat_{\mathcal{Y}}(u_{x|_{K(x)}}) = (a_{k,i})_{k,i}$, on a

$$u_x(y_i z_j) = x y_i z_j = \sum_{k=1}^{p} a_{ki}(y_k z_j),$$

donc $B := Mat_{\mathcal{YZ}}(u_x) = Diag(A, \ldots, A)$. Alors

$$\begin{aligned} \chi_{L|K}(x) &= \chi_B = \det(X\, I_n - B) = \det(X\, I_p - A)^{\frac{n}{p}} = \chi_{K(x)|K}(x)^{\frac{n}{p}} \\ &= P_x^{\frac{n}{p}} = \left(\prod_{i=1}^{p}(X - x_i)\right)^{\frac{n}{p}}, \end{aligned}$$

où l'avant-dernière égalité résulte du lemme 10.1.2. Quant aux deux relations sur $Tr_{L|K}(x)$ et $N_{L|K}(x)$, elles proviennent des relations coefficients-racines. ■

Proposition 10.1.4
Soient K un corps, L une extension séparable de degré n de K, et $\sigma_1, \ldots, \sigma_n$ les n $K-$morphismes distincts de L dans une clôture algébrique Ω de K. Alors pour tout $x \in L$, on a

$$Tr_{L|K}(x) = \sum_{i=1}^{n} \sigma_i(x) \text{ et } N_{L|K}(x) = \prod_{i=1}^{n} \sigma_i(x).$$

En particulier, d'après le lemme de Dedekind, il existe $x \in L$ tel que $Tr_{L|K}(x) \neq 0$.

Démonstration :
Notons $a_1, \ldots, x_p$ les conjugués de x sur K dans Ω. Alors

$$|\{i \in [\![1, n]\!] \,/\, \sigma_i(x) = x_j\}| = [L : K(x)] = \frac{n}{p},$$

donc $\sum_{i=1}^{n} \sigma_i(x) = \frac{n}{p} \sum_{j=1}^{p} x_j$ et $\prod_{i=1}^{n} \sigma_i(x) = \left(\prod_{j=1}^{p} x_j\right)^{\frac{n}{p}}$. La fin de la démonstration découle alors de la proposition 10.1.3. ■

Corollaire 10.1.5
Soient K un corps, L une extension galoisienne de degré n de K, et $G = Gal(L|K)$. Alors pour tout $x \in L$, on a

$$Tr_{L|K}(x) = \sum_{\sigma \in G} \sigma(x) \in K \text{ et } N_{L|K}(x) = \prod_{\sigma \in G} \sigma(x) \in K.$$

10.1.2 Lemme 90 de Hilbert et théorème d'Artin-Schreier

Soient K un corps, L une extension galoisienne sur K, et $G = Gal(L|K)$. Remarquons que si $y = x - \sigma(x)$ avec $\sigma \in G$, alors

$$Tr_{L|K}(y) = Tr_{L|K}(x) - Tr_{L|K}(\sigma(x)) = 0.$$

De même, si $z = x^{-1}\sigma(x)$, alors

$$N_{L|K}(z) = N_{L|K}(x)^{-1} N_{L|K}(\sigma(x)) = 1.$$

Le théorème suivant donne une réciproque de ces propriétés sous certaines conditions.

Théorème 10.1.6 (Lemme 90 de Hilbert)
Soient K un corps, L une extension cyclique de degré n de K, et σ tel que $G := Gal(L|K) = \langle \sigma \rangle$. Alors pour tout $x \in L$, on a

(i) $Tr_{L|K}(x) = 0$ *si et seulement s'il existe $\alpha \in L$ tel que $x = \alpha - \sigma(\alpha)$.*

(ii) $N_{L|K}(x) = 1$ *si et seulement s'il existe $\beta \in L^\times$ tel que $x = \beta/\sigma(\beta)$.*

Démonstration :
(i) La condition est clairement suffisante, car $\sum_{\tau \in G} \tau \circ \sigma(x) = \sum_{\tau \in G} \tau(x)$. Montrons qu'elle est aussi nécessaire. Comme L est séparable sur K, il existe d'après la proposition 10.1.4 un élément $y \in L$ tel que $Tr_{L|K}(y) \neq 0$. Soit donc

$$\begin{aligned} \alpha : &= \frac{1}{Tr_{L|K}(y)} \Big(x\sigma(y) + (x + \sigma(x))\sigma^2(t) + \dots \\ &\quad + (x + \sigma(x) + \dots + \sigma^{n-2}(x))\sigma^{n-1}(y) \Big). \end{aligned}$$

Alors :

$$\begin{aligned}\alpha - \sigma(\alpha) &= \frac{1}{Tr_{L|K}(y)}\Big(x(\sigma(y) + \sigma^2(y) + \cdots + \sigma^{n-1}(y)) \\ &\quad -(\sigma(x) + \sigma^2(x) + \cdots + \sigma^{n-1}(x))\sigma^n(y)\Big).\end{aligned}$$

Comme $G = \langle\sigma\rangle = \{id_L, \sigma, \ldots, \sigma^{n-1}\}$, on a d'après le corollaire 10.1.5

$$Tr_{L|K}(x) = x + \sigma(x) + \cdots + \sigma^{n-1}(x),$$

et $\sigma^n = id_L$, donc

$$\begin{aligned}\alpha - \sigma(\alpha) &= \frac{1}{Tr_{L|K}(y)}\Big(x(\sigma(y) + \sigma^2(y) + \cdots + \sigma^{n-1}(y)) \\ &\quad -(Tr_{L|K}(x) - x)y\Big) \\ &= \frac{1}{Tr_{L|K}(y)}\Big(x(\sigma(y) + \sigma^2(y) + \cdots + \sigma^{n}(y))\Big) \\ &= \frac{1}{Tr_{L|K}(y)}\Big(x\,Tr_{L|K}(y)\Big) = x.\end{aligned}$$

(ii) La condition est, là aussi, clairement suffisante. Pour montrer qu'elle est nécessaire, considérons $\gamma_j := \prod_{i=0}^{j-1} \sigma^i(x)$ pour $j \in [\![1, n]\!]$.
D'après le lemme de Dedekind, $\sum_{j=0}^{n-1} \gamma_j\sigma^j \neq 0$, donc il existe $y \in L$ tel que $\beta := \sum_{j=0}^{n-1} \gamma_j\sigma^j(y) \neq 0$. Alors $\sigma(\gamma_j) = \prod_{i=0}^{j-1} \sigma^{i+1}(x) = \frac{\gamma_{j+1}}{x}$, et

$$\begin{aligned}\sigma(\beta) &= \sum_{j=0}^{n-1} \sigma(\gamma_j)\sigma^{j+1}(y) = \sum_{j=0}^{n-2} \frac{\gamma_{j+1}}{x}\sigma^{j+1}(y) + \frac{\gamma_n}{x}\sigma^n(y) \\ &= \frac{1}{x}\sum_{j=0}^{n-1} \gamma_j\sigma^j(y) = \frac{\beta}{x}. \blacksquare\end{aligned}$$

Théorème 10.1.7 (Artin-Schreier)
Soient p un nombre premier, K un corps de caractéristique p, et L une extension de K. Alors L est cyclique de degré p sur K si et seulement s'il

existe $a \in K^\times$ tel que le polynôme $X^p - X - a$ soit irréductible sur K et admette L pour corps de décomposition.
Dans ce cas, pour toute racine α de $X^p - X - a$, on a $L = K(\alpha)$, et $Gal(L|K) = \langle \tau \rangle$, où $\tau(\alpha) = \alpha + 1$.

Démonstration :
• Condition suffisante : notons $J := X^p - X - a$. Soit α une racine de J. Alors pour tout $i \in [\![1, p+1]\!]$, $\alpha + i$ est encore une racine de J : en effet, $J(\alpha+i) = (\alpha+i)^p - \alpha - i - a = \alpha^p + i^p - \alpha - i - a = J(\alpha) = 0$. Donc $K(\alpha)$ est le corps de décomposition de J (i. e. $L = K(\alpha)$), et $J = \prod_{i=0}^{p-1}(X - (\alpha + i))$ est séparable, donc d'après le théorème 5.1.4, $K(\alpha)$ est galoisienne sur K. Si de plus J est irréductible sur K, alors $[L : K] = p$, donc $Gal(L|K)$ est d'ordre p premier, et $Gal(L|K)$ est cyclique.
L'application $f : Gal(L|K) \to \mathbb{Z}/p\mathbb{Z}$ définie par $f : \sigma \mapsto \sigma(\alpha) - \alpha$ est un morphisme de groupes : en effet considérons deux éléments σ_1 et σ_2 de $Gal(L|K)$. Puisque $\sigma_2(\alpha)$ est racine de J, il existe $i \in [\![1, p+1]\!]$ tel que $\sigma_2(\alpha) = \alpha + i$, donc $\sigma_2(\alpha) - \alpha$ est fixé par σ_1 comme élément de $\mathbb{F}_p$. Ainsi,

$$\sigma_1\sigma_2(\alpha) - \alpha = \sigma_1(\sigma_2(\alpha) - \alpha) + (\sigma_1(\alpha) - \alpha) = (\sigma_2(\alpha) - \alpha) + (\sigma_1(\alpha) - \alpha).$$

Donc l'image de f est $\{0\}$ ou $\mathbb{Z}/p\mathbb{Z}$. Or si $\sigma(\alpha) - \alpha = 0$, σ fixe α, donc $\sigma = id_L$, et f est injective. Ainsi, $Gal(L|K)$ est isomorphe à $\mathrm{Im}(f)$. Or $|Gal(L|K)| = p$, donc f est bijective et $Gal(L|K) \simeq \langle \tau \rangle$.
• Condition nécessaire : soit σ tel que $G := Gal(L|K) = \langle \sigma \rangle$. Comme (corollaire 10.1.5)

$$Tr_{L|K}(-1) = \sum_{i=0}^{p} \sigma^i(-1) = -p = 0,$$

il existe d'après le lemme 90 de Hilbert un élément $\alpha \in L$ tel que $-1 = \alpha - \sigma(\alpha)$. Comme $\sigma(\alpha) \neq \alpha$, α n'est pas dans K. Or $[L : K]$ est premier, donc $K(\alpha) = L$. Soit $a := \alpha^p - \alpha$. Alors

$$\sigma(a) = \sigma(\alpha)^p - \sigma(\alpha) = (\alpha + 1)^p - (\alpha + 1) = \alpha^p + 1^p - \alpha - 1 = \alpha^p - \alpha,$$

donc $a \in L^G$, i. e. $a \in K$ puisque L est galoisienne sur K. Or α n'est pas dans K, donc $a \neq 0$. Ainsi, $a \in K^\times$. Finalement, α est algébrique de degré p, et racine de $J := X^p - X - a$, donc J est le polynôme minimal de α sur K. Ainsi J est irréductible sur K, et L est son corps de décomposition. ■

En ce qui concerne le théorème d'Artin-Schreier, notons que la démonstration de la condition nécessaire peut s'effectuer sans utiliser la trace : en effet, on peut montrer l'existence d'un élément $\alpha \in L$ tel que $\sigma(\alpha) = \alpha + 1$ de la façon suivante. Soit $N := \sigma - id_L$. Alors

$$\mathrm{Ker}(N) = \{x \in L \,/\, \sigma(x) = x\} = L^{Gal(L|K)} = K$$

puisque L est galoisienne sur K. C'est une droite, donc d'après le théorème du rang (applicable ici car L est de dimension finie sur K), on a $\mathrm{rg}(N) = p - 1$. Or $NN^{p-1} = N^p = (\sigma - id_L)^p = 0$ (K est de caractéristique p), donc $\mathrm{Ker}(N) \oplus \mathrm{Im}(N) \neq L$, donc $\mathrm{Ker}(N) \subset \mathrm{Im}(N)$. Ainsi, 1 appartient à $\mathrm{Im}(N)$, i. e. il existe $\alpha \in L$ tel que $N(\alpha) = 1$, ou encore $\sigma(\alpha) = \alpha + 1$.

10.2 Entiers algébriques

10.2.1 Définition et propriétés

Lemme 10.2.1
Soit $z \in \mathbb{C}$. Il y a équivalence entre les trois assertions suivantes :

(i) *Il existe un polynôme* unitaire $P \in \mathbb{Z}[X]$ *tel que* $P(z) = 0$.

(ii) *L'anneau $\mathbb{Z}[z]$ est un groupe additif de type fini.*

(iii) *Il existe un sous-anneau A de $\mathbb{C}$ contenant z qui est un groupe additif de type fini.*

Démonstration :

(i)⇒(ii) Notons $P := X^n + a_{n-1}X^{n-1} + \cdots + a_0$.
Alors $z^n = -a_{n-1}z^{n-1} - \cdots - a_0 \in \sum_{j=0}^{n-1} \mathbb{Z}z^j$, et par récurrence sur $m \in \mathbb{N}$, on montre que $z^n + m \in \sum_{j=0}^{n-1} \mathbb{Z}z^j$. Donc $\mathbb{Z}[z]$ est le groupe additif engendré par les éléments $1, z, \ldots, z^{n-1}$.

(ii)⇒(iii) Cette implication est claire si l'on prend $A = \mathbb{Z}[z]$.

(iii)⇒(i) Notons $e_1, \ldots, e_n$ des générateurs de A. Alors pour tout $j \in [\![1, n]\!]$, il existe des éléments $b_{i,j} \in \mathbb{Z}$ tels que $ze_j = \sum_{i=1}^{n} b_{i,j} e_i$. Donc $\sum_{i=1}^{n} (\delta_i^j z - b_{i,j}) e_i = 0$, i. e., en notant $B := (b_{i,j})_{i,j} \in \mathbf{M}_n\mathbb{Z}$, on a la relation $(xI_n - B) \cdot e_i = 0$. D'où ${}^t\mathrm{com}(xI_n - B) \cdot (xI_n - B) \cdot e_i = 0$. D'après la formule de Cramer, on en déduit $\det(xI_n - B) e_i = 0$, i. e. $\chi_B(z) e_i = 0$, pour tout $i \in [\![1, n]\!]$, où χ_B est le polynôme caractéristique unitaire de B. Donc pour tout $y \in A$, on a $\chi_B(z) y = 0$. Comme A est intègre, on obtient $\chi_B(z) = 0$. ■

Un nombre complexe z vérifiant les conditions du lemme 10.2.1 est appelé entier algébrique. On note $\mathbb{A}$ l'ensemble des entiers algébriques.

Proposition 10.2.2
L'ensemble $\mathbb{A}$ des entiers algébriques est un sous-anneau de $\mathbb{C}$.

Démonstration :
Comme $\mathbb{Z}[a] = \sum_{i=0}^{m-1} \mathbb{Z}a^i$ et $\mathbb{Z}[b] = \sum_{j=0}^{n-1} \mathbb{Z}b^j$, $\mathbb{Z}[a, b] = \sum_{i=0}^{m-1} \sum_{j=0}^{n-1} \mathbb{Z}a^i b^j$ est un sous-groupe de type fini qui contient a, b, $a+b$, ab. D'après le lemme 10.2.1, $a + b$ et ab sont dans A. ■

Notons que le résultat précédent peut aussi être obtenu sans avoir recours au lemme 10.2.1, mais en utilisant le résultant. En effet, si x et y sont deux entiers algébriques, leurs polynômes minimaux P_x et P_y sont unitaires et divisent un polynôme unitaire à coefficients dans $\mathbb{Z}$; ils sont donc eux-mêmes dans $\mathbb{Z}[X]$ d'après la proposition 2.2.2. Or d'après la proposition 3.1.9, P_{x+y} divise $R_T(P_x(X - T), P_y(T))$, ce dernier polynôme étant à coefficients dans $\mathbb{Z}$. Donc P_{x+y} est lui-même à coefficients dans $\mathbb{Z}$. On procède de même avec P_{x-y}, P_{xy} et $P_{\frac{x}{y}}$.

10.2.2 Exemples d'entiers algébriques

Les deux propositions suivantes décrivent deux types d'entiers algébriques, ceux qui sont des rationnels, et ceux qui sont dans un corps cyclotomique.

Proposition 10.2.3
On a $\mathbb{A} \cap \mathbb{Q} = \mathbb{Z}$, i. e. les seuls rationnels qui sont des entiers algébriques sont les entiers. On dit que $\mathbb{Z}$ est intégralement clos.

Démonstration :
L'inclusion $\mathbb{Z} \subset \mathbb{A} \cap \mathbb{Q}$ est évidente. Soit $z := \frac{m}{n} \in \mathbb{A} \cap \mathbb{Q}$, avec $m \wedge n = 1$. Par hypothèse, il existe $r \in \mathbb{N}^\times$ et des éléments $a_0, \ldots, a_{r-1} \in \mathbb{Z}$ tels que $z^r + a_{r-1}z^{r-1} + \cdots + a_0 = 0$, i. e. $\frac{m^r}{n^r} + a_{r-1}\frac{m^{r-1}}{n^{r-1}} + \cdots + a_0 = 0$, d'où $m^r + a_{r-1}m^{r-1}n + \cdots + a_0 n^r = 0$. Donc n divise m^r dans $\mathbb{Z}$. Or $m \wedge n = 1$, donc n est inversible dans $\mathbb{Z}$, i. e. $n = \pm 1$, et $z = \pm m \in \mathbb{Z}$. ■

La proposition 10.2.3 se généralise immédiatement au cas des anneaux factoriels : un élément d'un anneau factoriel A est dit entier s'il est racine d'un polynôme *unitaire* à coefficients dans A. Tout anneau factoriel est intégralement clos, i. e. les seuls éléments entiers du corps des fractions de A sont déjà dans A.

Proposition 10.2.4
Soient p un nombre premier, ω une racine primitive $p-$ème de 1, et $\mathbb{Q}(\omega)$ le corps cyclotomique associé. Alors l'anneau des entiers de $\mathbb{Q}(\omega)$ est $\mathbb{Z}[\omega]$, i. e. $\mathbb{A} \cap \mathbb{Q}(\omega) = \mathbb{Z}[\omega]$.

Démonstration :
• Notons $K := \mathbb{Q}(\omega)$ et $C := A \cap \mathbb{Q}(\omega)$. Comme $\omega^p = 1$, ω est un entier algébrique, donc le sous-anneau $\mathbb{Z}[\omega]$ engendré par ω est inclus dans C. Il reste à montrer que $\mathbb{Z}[\omega]$ contient C.

• La relation

$$\Phi_p = 1 + X + \cdots + X^{p-1} = \prod_{j=1}^{p-1}(X - \omega^j) = (1-\omega)\prod_{j=2}^{p-1}(X - \omega^j) \qquad (10.1)$$

entraîne l'égalité

$$p = \Phi_p(1) = \prod_{j=1}^{p-1}(1 - \omega^j) \qquad (10.2)$$

et l'appartenance de p à $(1-\omega)C$. Ainsi, on a l'inclusion $\mathbb{Z}p \subset C(1-\omega)\cap\mathbb{Z}$. Montrons que cette inclusion est une égalité : en effet, $C(1-\omega)$ est un idéal de l'anneau C, donc $C(1-\omega)\cap\mathbb{Z}$ est un idéal de $\mathbb{Z}$ qui contient l'idéal maximal $\mathbb{Z}p$. Si l'inclusion précédente n'est pas une égalité, on a par maximalité de $\mathbb{Z}p$, $C(1-\omega)\cap\mathbb{Z} = \mathbb{Z}$. Il existe alors $c \in C$ tel que $c(1-\omega) = 1$. Soit $i \in [\![1, p-1]\!]$. Comme $\mathbb{Z}/p\mathbb{Z}$ est un corps, il existe $j \in [\![1, p-1]\!]$ tel que $ij \equiv 1 \mod p$. Alors

$$1-\omega = 1-(\omega^i)^l = (1-\omega)\sum_{k=0}^{j-1}(-\omega^i)^k \in (1-\omega^i)B.$$

Ainsi, il existe $c_i \in C$ tel que $1-\omega = (1-\omega^i)c_i$, d'où

$$(1-\omega^i)xc_i = x(1-\omega) = 1,$$

de sorte que pour tout $i \in [\![1, p-1]\!]$, $1-\omega^i$ est inversible dans C.
D'après la formule (10.2), p est inversible dans C, i. e. $\frac{1}{p}$ appartient à $C = A\cap K = A\cap\mathbb{Q}(\omega)$. D'après la proposition 10.2.3, $\frac{1}{p}$ est alors un élément de $\mathbb{Z}$, ce qui est absurde. On a donc bien $C(1-\omega)\cap\mathbb{Z} = \mathbb{Z}p$.

• D'après la proposition 6.1.3, l'extension K est galoisienne sur $\mathbb{Q}$, et pour tout $\sigma \in Gal(K|\mathbb{Q})$, il existe $i \in [\![1, p-1]\!]$ tel que $\sigma(\omega) = \omega^i$. Soit $x \in C$; on a alors $\sigma(x) \in C$ pour tout $\sigma \in Gal(K|\mathbb{Q})$, donc

$$\sigma(x(1-\omega)) = \sigma(x)(1-\omega^i) \in C(1-\omega^i) \subset C(1-\omega).$$

Alors d'après le corollaire 10.1.5, on a

$$Tr_{K|\mathbb{Q}}(x(1-\omega)) = \sum_{\sigma\in Gal(K|\mathbb{Q})}\sigma(x(1-\omega)) \in C(1-\omega) = (A\cap K)(1-\omega) \subset A\cap K,$$

et $Tr_{K|\mathbb{Q}}$ est à valeurs dans $\mathbb{Q}$, donc $Tr_{K|\mathbb{Q}}(x(1-\omega)) \in A\cap K\cap\mathbb{Q} \subset A\cap\mathbb{Q}$, et d'après la proposition 10.2.3, on a $Tr_{K|\mathbb{Q}}(x(1-\omega)) \in \mathbb{Z}$.
Ainsi, $Tr_{K|\mathbb{Q}}(x(1-\omega)) \in C(1-\omega)\cap\mathbb{Z}$, et d'après le point précédent, $Tr_{K|\mathbb{Q}}(x(1-\omega))$ appartient à $\mathbb{Z}p$.

• L'élément x s'écrit sous la forme $x = \sum_{j=0}^{p-2} m_j\omega^j$ avec $m_j \in \mathbb{Q}$, donc

$$x(1-\omega) = m_0(1-\omega) + \sum_{j=1}^{p-2} m_j(\omega^j - \omega^{j+1}).$$

Or $Tr_{K|\mathbb{Q}}(\omega^j) = -1$ si $j \in [\![1,\, p-2]\!]$ et $Tr_{K|\mathbb{Q}}(1) = p-1$, donc

$$Tr_{K|\mathbb{Q}}(x(1-\omega)) = m_0 Tr_{K|\mathbb{Q}}((1-\omega)) + \sum_{j=1}^{p-2} m_j Tr_{K|\mathbb{Q}}((\omega^j - \omega^{j+1})) = pm_0$$

appartient à $p\mathbb{Z}$. Ainsi m_0 appartient à $\mathbb{Z}$. Alors

$$x' := (x - m_0)\omega^{p-1} = m_1 + m_2\omega + \cdots + m_{p-2}\omega^{p-3}$$

est dans C, donc en procédant avec x' comme avec x, on obtient $m_1 \in \mathbb{Z}$, et par récurrence, on a $m_j \in \mathbb{Z}$ pour tout $j \in [\![0,\, p-2]\!]$. ■

10.2.3 Discriminant d'une famille

Soient K un corps, et L une extension de degré fini de K. L'application $\langle\cdot,\cdot\rangle : (x,\, y) \mapsto Tr_{L|K}(xy)$ définit une forme bilinéaire symétrique sur le $K-$espace vectoriel L.

Proposition 10.2.5
Si L est une extension séparable de degré n sur K, alors la forme bilinéaire symétrique $\langle\cdot,\cdot\rangle$ est non dégénérée. Elle induit donc un isomorphisme de L sur son dual.

Démonstration :
Soit $x \in L$ tel que pour tout $y \in L$, on a $\langle x,\, y\rangle = 0$, et montrons que $x = 0$. Soient $\sigma_1, \ldots, \sigma_n$ les n $K-$morphismes distincts de L dans une clôture algébrique de K. D'après la propriété 10.1.4, on a, pour tout $y \in L$,

$$\langle x,\, y\rangle = Tr_{L|K}(xy) = \sum_{j=1}^{n} \sigma_j(xy) = \sum_{j=1}^{n} \sigma_j(x)\sigma_j(y),$$

donc $\sum_{j=1}^{n} \sigma_j(x)\sigma_j = 0$. D'après le lemme de Dedekind, pour tout $j \in [\![1, n]\!]$, on a $\sigma_j(x) = 0$. Comme σ_j est injectif (morphisme de corps), on en déduit que $x = 0$. ■

Soient K un corps, L une extension de degré n sur K, et $(x_1, \dots, x_n)$ une famille d'éléments de L. On appelle *discriminant* de la famille $(x_1, \dots, x_n)$ relativement à K la quantité $\Delta_{L|K}(x_1, \dots, x_n) := \det(\langle x_i, x_j\rangle_{i,j})$.

Lemme 10.2.6
Soient K un corps, et L une extension séparable de degré n sur K. Les éléments $x_1, \dots, x_n \in L$ forment une base du $K-$espace vectoriel L si et seulement si $\Delta_{L|K}(x_1, \dots, x_n) \neq 0$.

Démonstration :
• Condition nécessaire : si $(x_1, \dots, x_n)$ est une base de L sur K, comme la forme $\langle \cdot, \cdot \rangle$ est non dégénérée, on a $\Delta_{L|K}(x_1, \dots, x_n) \neq 0$.
• Condition suffisante : soient $\lambda_1, \dots, \lambda_n \in K$ tels que $\sum_{j=1}^{n} \lambda_j x_j = 0$. Alors, par bilinéarité, on a, pour tout $j \in [\![1, n]\!]$, $\sum_{j=1}^{n} \lambda_j \langle x_i, x_j\rangle = 0$. Par hypothèse, le système obtenu est un système de Cramer, et tous les λ_j sont nuls. Ainsi, la famille $(x_1, \dots, x_n)$ est libre, c'est donc une base de L sur K. ■

Proposition 10.2.7
Soient K un corps, et L une extension séparable de degré n sur K.
Notons $\sigma_1, \dots, \sigma_n$ les n $K-$morphismes distincts de L dans une clôture algébrique de K, et $(x_1, \dots, x_n)$ une famille d'éléments de L.
Alors $\Delta_{L|K}(x_1, \dots, x_n) = (\det(\sigma_i(x_j)_{i,j}))^2$.

Démonstration :
Notons M la matrice de terme général $\sigma_i(x_j)$. Alors le coefficient d'indice (i, j) de ${}^tMM$ est

$$({}^tMM)_{i,j} = \sum_{k=1}^{n} \sigma_k(x_i)\sigma_k(x_j) = \sum_{k=1}^{n} \sigma_k(x_i x_j) = Tr_{L|K}(x_i x_j) = \langle x_i, x_j\rangle,$$

d'après la proposition 10.1.4, donc $\Delta_{L|K}(x_1, \dots, x_n) = \det(\langle x_i, x_j\rangle_{i,j})$, i. e. $\Delta_{L|K}(x_1, \dots, x_n) = \det({}^tMM) = \det(M^2)$. ■

Corollaire 10.2.8
Soient K un corps, L une extension galoisienne de degré n sur K, $Gal(L|K) = \{\sigma_1, \ldots, \sigma_n\}$, et $(x_1, \ldots, x_n)$ une famille d'éléments de L. Alors cette famille est une base du $K-$espace vectoriel L si et seulement si $\det(\sigma_i(x_j)_{i,j}) \neq 0$.

Donnons un exemple d'application du lemme 10.2.6 et de la proposition 10.2.7. Il s'agit de la proposition suivante, qui donne un résultat beaucoup plus fort que le lemme de Dedekind.
Notons que si L et Ω sont deux corps, $f_1, \ldots, f_n$ des fonctions de L dans Ω, et P un élément de $\Omega[X_1, \ldots, X_n]$, alors

$$P(f_1, \ldots, f_n) : x \mapsto P(f_1(x), \ldots, f_n(x))$$

définit une fonction de L dans Ω.

Proposition 10.2.9
Soient K un corps infini, L une extension séparable de degré n sur K, et $\sigma_1, \ldots, \sigma_n$ les $K-$morphismes distincts de L dans une clôture algébrique Ω de K. Alors les $K-$morphismes $\sigma_1, \ldots, \sigma_n$ sont algébriquement indépendants sur Ω, i. e. s'il existe $P \in \Omega[X_1, \ldots, X_n]$ tel que $P(\sigma_1, \ldots, \sigma_n) = 0$, alors $P = 0$.

Démonstration :
• Soient $(x_1, \ldots, x_n)$ une base du $K-$espace vectoriel L, et

$$Q := P\left(\sum_{i=1}^{n} \sigma_1(x_i)X_i, \ldots, \sum_{i=1}^{n} \sigma_n(x_i)X_i\right) \in \Omega[X_1, \ldots, X_n].$$

Alors pour tout $(\lambda_1, \ldots, \lambda_n) \in K^n$,

$$\begin{aligned} Q(\lambda_1, \ldots, \lambda_n) &= P\left(\sum_{i=1}^{n} \sigma_1(x_i)\lambda_i, \ldots, \sum_{i=1}^{n} \sigma_n(x_i)\lambda_i\right) \\ &= P\left(\sigma_1\left(\sum_{i=1}^{n} \lambda_i x_i\right), \ldots, \sigma_n\left(\sum_{i=1}^{n} \lambda_i x_i\right)\right) \\ &= P(\sigma_1, \ldots, \sigma_n)\left(\sum_{i=1}^{n} \lambda_i x_i\right) = \widetilde{0}\left(\sum_{i=1}^{n} \lambda_i x_i\right) = 0. \end{aligned}$$

Comme K est infini, on en déduit que $Q = 0$.

• D'après la proposition 10.2.7, on a $\Delta_{L|K}(x_1, \ldots, x_n) = (\det(\sigma_i(x_j)))^2$. Or $(x_1, \ldots, x_n)$ est une base du $K-$espace vectoriel L, donc d'après le lemme 10.2.6, on a $\Delta_{L|K}(x_1, \ldots, x_n) \neq 0$, i. e. $\det(\sigma_i(x_j)) \neq 0$. Ainsi, la matrice de terme général $\sigma_i(x_j)$ est inversible dans Ω. Donc pour tout $(y_1, \ldots, y_n) \in \Omega^n$, il existe $(\mu_1, \ldots, \mu_n) \in \Omega^n$ tel que $y_i = \sum_{j=1}^n \sigma_i(x_j)\mu_j$, d'où $P(y_1, \ldots, y_n) = 0$. Puisque Ω est infini (comme clôture algébrique), on en déduit que $P = 0$. ■

La proposition suivante fait le lien entre le discriminant d'une famille et celui d'un polynôme. Elle donne également un moyen pratique de calculer le discriminant d'un polynôme irréductible.

Proposition 10.2.10
Soient K un corps, L une extension séparable de degré n sur K, x un élément primitif de L sur K (i. e. $L = K(x)$), et P_x le polynôme minimal de x sur K. Alors

$$\Delta_{L|K}(1, x, \ldots, x^{n-1}) = (-1)^{\frac{n(n-1)}{2}} N_{L|K}(P'_x(x)) = \Delta(P).$$

<u>Démonstration :</u>
• Notons $\sigma_1 = id_L, \sigma_2, \ldots, \sigma_n$ les $K-$morphismes distincts de L dans une clôture algébrique de K. Alors les éléments $x_i := \sigma_i(x)$ sont les conjugués de x sur K, i. e. les racines de P_x. D'après la proposition 10.2.7, on a

$$\begin{aligned}
\Delta_{L|K}(1, x, \ldots, x^{n-1}) &= (\det(\sigma_i(x^j)_{i,j}))^2 = \left(\det(x_i^j)_{i,j})\right)^2 \\
&= V_n(1, x, \ldots, x^{n-1})^2 \\
&= \left(\prod_{i<j}(x_i - x_j)\right)^2 = \delta^2 \\
&= (-1)^{\frac{n(n-1)}{2}} \prod_{i\neq j}(x_i - x_j) = \Delta(P),
\end{aligned}$$

où $V_n(1, x, \ldots, x^{n-1})$ désigne le déterminant de Vandermonde de la famille $(1, x, \ldots, x^{n-1})$.

• Comme $P = \prod_{j=1}^{n}(X - x_j)$, on a $P' = \sum_{k=1}^{n}\prod_{j\neq k}(X - x_j)$, d'où la relation $P'(x_i) = \prod_{j\neq i}(x_i - x_j)$. Ainsi

$$\Delta_{L|K}(1, x, \ldots, x^{n-1}) = (-1)^{\frac{n(n-1)}{2}}\prod_{i=1}^{n}P'(x_i) = (-1)^{\frac{n(n-1)}{2}}\prod_{i=1}^{n}\sigma_i(P'(x))$$
$$= (-1)^{\frac{n(n-1)}{2}}N_{L|K}(P'_x(x)),$$

d'après la proposition 10.1.4. ■

10.2.4 Théorème de la base normale

Les deux lemmes qui suivent servent dans la démonstration du théorème de la base normale donnée ci-après.

Lemme 10.2.11

Soient K un corps, L une extension de degré n de K, $(x_1, \ldots, x_n)$ une base du $K-$espace vectoriel L. Alors il y a équivalence entre les deux assertions suivantes :

(i) *Tous les x_i sont conjugués sur K.*

(ii) *L est galoisienne sur K, et $(x_1, \ldots, x_n)$ est une orbite sous l'action de $Gal(L|K)$ sur L.*

Démonstration :

(i)⇒(ii) Comme tous les x_i sont distincts, le polynôme minimal commun à tous les x_i est $P := \prod_{i=1}^{n}(X - x_i)$. Alors P est séparable sur K. Or P est irréductible de degré n, donc x_i est de degré n sur K. Comme $K(x_i) \subset L$, on en déduit que $K(x_i) = L$. D'après le théorème 5.1.4, L est galoisienne sur K comme corps de décomposition d'un polynôme séparable. Si $G := Gal(L|K)$, alors le cardinal de l'orbite d'un élément y est $|G|/|G_y|$, donc il divise n. Or tous les x_i étant dans la même orbite, ils forment une orbite.

(ii)⇒(i) Cette implication est claire : les x_i ont même polynôme minimal sur K. ■

Une base $(x_1, \ldots, x_n)$ vérifiant les conditions du lemme 10.2.11 est appelée *base normale* de L sur K.

Lemme 10.2.12
Soient K un corps, E un $K-$espace vectoriel, et u un endomorphisme de E qui admet un polynôme minimal π_u. Pour tout $x \in E$, on note $\pi_{u,x}$ l'unique polynôme unitaire de plus bas degré tel que $\pi_{u,x}(u)(x) = 0$ et on pose $E_{u,x} := \{P(u)(x) \ / \ P \in K[X]\}$. Alors $E_{u,x}$ est de dimension $\partial^\circ(\pi_{u,x})$ et il existe $x \in E$ tel que $\pi_u = \pi_{u,x}$.

Démonstration :
Pour alléger les notations, on pose $\pi_x := \pi_{u,x}$ et $E_x := E_{u,x}$.
• Notons tout d'abord que pour $x \in E$, l'existence et l'unicité de π_x proviennent du fait que $\{P \in K[X] \ / \ P(u)(x) = 0\}$ est un idéal de l'anneau principal $K[X]$. L'application de $K[X]$ dans E_x définie par $P \mapsto P(u)(x)$ est une application linéaire et surjective qui induit un isomorphisme de $K[X] \,/\, (\pi_x)$ sur E_x, donc $\dim(E_x) = \partial^\circ(\pi_x)$.

• Montrons que si $x_1, \ldots, x_r \in E$ sont tels que $E_{x_1} + \cdots + E_{x_r} = E$, alors on a $P_{x_1+\cdots+x_r} = \bigvee_{j=1}^r \pi_{x_j}$. En effet,

$$\pi_{x_1+\cdots+x_r}(u)(x_1) + \pi_{x_1+\cdots+x_r}(u) \cdots + x_r = \pi_{x_1+\cdots+x_r}(u)(x_1 + \cdots + x_r) = 0.$$

Comme la somme est directe, on a $\pi_{x_1+\cdots+x_r}(u)(x_j) = 0$ pour tout $j \in [\![1, r]\!]$. Ainsi, π_{x_j} divise $\pi_{x_1+\cdots+x_r}$, donc $\bigvee_{j=1}^r \pi_{x_j}$ divise $\pi_{x_1+\cdots+x_r}$. Or π_{x_i} divise $\bigvee_{j=1}^r \pi_{x_j}$, donc $\bigvee_{j=1}^r \pi_{x_j}(u)(x_i) = 0$, d'où $\bigvee_{j=1}^r \pi_{x_j}(u)(x_1 + \cdots + x_r) = 0$, ce qui montre que $\pi_{x_1+\cdots+x_r}$ divise $\bigvee_{j=1}^r \pi_{x_j}$. Comme les deux polynômes sont unitaires, ils sont égaux.

• Montrons que si $\pi_{x_1}, \ldots, \pi_{x_r}$ sont deux à deux premiers entre eux, alors $E_{x_1+\cdots+x_r} = E_{x_1} \oplus \cdots \oplus E_{x_r}$. Soit $(z_1, \ldots, z_r) \in E_{x_1} \times \cdots \times E_{x_r}$ un $r-$uplet tel que $z_1 + \cdots + z_r = 0$. Pour tout $j \in [\![1, r]\!]$, il existe $Q_j \in K[X]$ tel que $z_j = Q_j(u)(x_j)$, et

$$\begin{aligned}
0 &= \pi_{x_1}(u) \ldots \pi_{x_{j-1}}(u)\pi_{x_{j+1}}(u) \ldots \pi_{x_r}(u)(z_1 + \cdots + z_r) \\
&= \pi_{x_1}(u) \ldots \pi_{x_{j-1}}(u)\pi_{x_{j+1}}(u) \ldots \pi_{x_r}(u)(z_j) \\
&\qquad + \textstyle\sum_{i \neq j} \pi_{x_1}(u) \ldots \pi_{x_{j-1}}(u)\pi_{x_{j+1}}(u) \ldots \pi_{x_r}(u)(x_i) \\
&= \pi_{x_1}(u) \ldots \pi_{x_{j-1}}(u)\pi_{x_{j+1}}(u) \ldots \pi_{x_r}(u) Q_j(u)(x_j) \\
&\qquad + \textstyle\sum_{i \neq j} \pi_{x_1}(u) \ldots \pi_{x_{j-1}}(u)\pi_{x_{j+1}}(u) \ldots \pi_{x_r}(u)(x_i) \\
&= (\pi_{x_1} \ldots \pi_{x_{j-1}}\pi_{x_{j+1}} \cdots \pi_{x_r} Q_j)(u)(x_j),
\end{aligned}$$

donc π_{x_j} divise $\pi_{x_1} \ldots \pi_{x_{j-1}} \pi_{x_{j+1}} \ldots \pi_{x_r} Q_j$. Or par hypothèse, π_{x_j} est premier avec $\pi_{x_1} \ldots \pi_{x_{j-1}} \pi_{x_{j+1}} \ldots \pi_{x_r}$, donc d'après le théorème de Gauss, π_{x_j} divise Q_j, d'où $z_j = 0$. Ainsi, la somme est directe. On a de plus, d'après le point précédent,

$$\dim(E_{x_1+\cdots+x_r}) = \partial^\circ(\pi_{x_1+\cdots+x_r}) = \partial^\circ(\bigvee_{j=1}^{r} \pi_{x_j}) = \sum_{j=1}^{r} \partial^\circ(\pi_{x_j}) = \sum_{j=1}^{r} \dim(E_{x_j}).$$

Grâce à cette formule, il ne reste plus qu'à montrer que

$$E_{x_1+\cdots+x_r} \subset E_{x_1} \oplus \cdots \oplus E_{x_r}.$$

Pour tout $j \in [\![1, r]\!]$, posons $Q_j := \prod_{i \neq j} \pi_{x_i}$. Par hypothèse, les Q_j sont premiers entre eux dans leur ensemble, donc d'après le théorème de Bézout, il existe $U_1, \ldots, U_r \in K[X]$ tels que $U_1 Q_1 + \cdots + U_r Q_r = 1$. Soit $P \in K[X]$. Alors

$$\begin{aligned} P(u)(x_1 + \cdots + x_r) &= P(U_1Q_1 + \cdots + U_rQ_r)(u)(x_1 + \cdots + x_r) \\ &= (PU_1Q_1)(u)(x_1 + \cdots + x_r) + \ldots \\ &\qquad \cdots + (PU_rQ_r)(u)(x_1 + \cdots + x_r) \\ &= (PU_1Q_1)(u)(x_1) + \cdots + (PU_rQ_r)(u)(u)(x_r), \end{aligned}$$

donc $P(u)(x_1 + \cdots + x_r) \in E_{x_1} \oplus \cdots \oplus E_{x_r}$.

• Notons maintenant $\pi_u = \prod_{j=1}^r R_j^{\alpha_j}$ la décomposition de π_u en produit de facteurs irréductibles sur K. Soit $j \in [\![1, r]\!]$. Alors il existe $x_j \in \operatorname{Ker} R_j^{\alpha_j}(u)$ tel que $\pi_{x_j} = R_j^{\alpha_j}$. En effet, si l'on pose $S_j := \prod_{i \neq j} R_i^{\alpha_i}$, alors on a d'après le théorème de décomposition des noyaux [1] $E = \operatorname{Ker} R_j^{\alpha_j}(u) \oplus \operatorname{Ker} S_j(u)$. Pour tout $x \in \operatorname{Ker} R_j^{\alpha_j}(u)$, $R_j^{\alpha_j}(u)(x) = 0$, donc π_x divise $R_j^{\alpha_j}$. Or R_j est irréductible sur K, donc il existe $\gamma_x \in [\![0, \alpha]\!]$ tel que $\pi_x = R_j^{\gamma_x}$. Montrons qu'il existe $x_j \in \operatorname{Ker} R_j(u)$ tel que $\gamma_{x_j} = \alpha_j$: en effet, sinon pour tout

1. Théorème de décomposition des noyaux : soient K un corps, E un K−espace vectoriel, u un endomorphisme de E, et $P_1, \ldots, P_r$ des éléments de $K[X]$. Si les polynômes $P_1, \ldots, P_r$ sont deux à deux premiers entre eux, alors on a $\operatorname{Ker}(P_1, \ldots, P_r)(u) = \operatorname{Ker} P_1(u) \oplus \cdots \oplus \operatorname{Ker} P_r(u)$.

$x \in \operatorname{Ker} R_j^{\alpha_j-1}(u)$, π_x divise $\operatorname{Ker} R_j^{\alpha_j-1}(u)$, donc $\operatorname{Ker} R_j^{\alpha_j-1}(u) = \operatorname{Ker} R_j^{\alpha_j}(u)$, et ainsi d'après le même théorème,

$$E = \operatorname{Ker} R_j^{\alpha_j-1}(u) \oplus \operatorname{Ker} S_j(u) = \operatorname{Ker}(R_j^{\alpha_j-1}S_j)(u).$$

Comme $\partial^\circ(R_j^{\alpha_j-1}S_j) < \partial^\circ(\pi_u)$, ceci contredit le caractère minimal de π_x. Ainsi, il existe $x_j \in \operatorname{Ker} R_j(u)$ tel que $\pi_{x_j} = R_j^{\alpha_j}$. Alors d'après les deuxième et troisième points de la démonstration, on a $E_{x_1+\dots+x_r} = E_{x_1} \oplus \dots \oplus E_{x_1}$, et $\pi_{x_1+\dots+x_r} = \prod_{j=1}^r \pi_{x_j} = \prod_{j=1}^r R_j^{\alpha_j} = \pi_u$. ■

Théorème 10.2.13 (Théorème de la base normale)
Soient K un corps, et L une extension galoisienne de degré fini de K. Alors L admet une base normale sur K.

Démonstration :
Distinguons deux cas, et notons $n := [L : K]$.

• Premier cas : supposons K fini. D'après la proposition 6.1.6, L est une extension cyclique de K. Soit donc σ un générateur du groupe $Gal(L|K)$. L'élément σ est un automorphisme du $K-$espace vectoriel L. Or $\sigma^n = id_L$, donc le polynôme minimal π_σ de σ divise $X^n - 1$. Mais si le degré de π_σ est strictement inférieur à n, on a une combinaison linéaire non triviale des éléments id_L, $\sigma, \dots, \sigma^{n-1}$. Ceci est absurde d'après le lemme 4.2.4 de Dedekind, donc on a $\pi_\sigma = X^n - 1$. D'après le lemme 10.2.12, il existe $x \in K$ tel que $\pi_{\sigma,x} = X^n - 1$. Montrons que $(x, \sigma(x), \dots, \sigma^{n-1}(x))$ est une base de L sur K, en montrant qu'elle est libre. Soient $\lambda_0, \dots, \lambda_{n-1} \in K$ tels que l'on ait $\lambda_0 x + \lambda_1\sigma(x) + \dots + \lambda_{n-1}\sigma^{n-1}(x) = 0$. On pose alors $P := \lambda_0 x + \lambda_1 X + \dots + \lambda_{n-1}X^{n-1} \in K[X]$, de sorte que $P(\sigma)(x) = 0$. Ainsi, si $P \neq 0$, alors par définition de $\pi_{\sigma,x}$, $\pi_{\sigma,x}$ divise P. Or $\partial^\circ(\pi_{\sigma,x}) = n > \partial^\circ(P)$, donc $P = 0$, i. e. $\lambda_0 = \dots = \lambda_{n-1} = 0$. Donc la famille $(x, \sigma(x), \dots, \sigma^{n-1}(x))$ est une base de L sur K, et c'est une base normale par construction puisqu'elle est formée d'éléments conjugués.

• Second cas : supposons K infini. Notons $\{\sigma_1, \dots, \sigma_n\}$ le groupe de Galois de L sur K. Pour tout $(i, j) \in [\![1, n]\!] \times [\![1, n]\!]$, il existe un unique entier $l(i, j) \in [\![1, n]\!]$ tel que $\sigma_i \circ \sigma_j = \sigma_{l(i,j)}$. Considérons le polynôme multivarié $P := \det(M) \in K[X_1, \ldots, X_n]$, où M est la matrice de terme général $X_{l(i,j)}$. On a évidemment $P(1, 0, \ldots, 0) = 1$. Alors d'après la proposition 4.2.6, il existe $x \in K$ tel que $P(\sigma_1(x), \ldots, \sigma_n(x)) \neq 0$. Ainsi, on a $\det(N) \neq 0$, où N est la matrice de terme général $\sigma_{l(i,j)}(x) = \sigma_i(\sigma_j(x))$. D'après le corollaire 10.2.8, on en déduit que $(\sigma_1(x), \ldots, \sigma_n(x))$ est une base de L sur K, et elle est normale par construction. ■

En général, si K est un corps, L une extension galoisienne de K, et x un élément primitif de L sur K (i. e. $L = K(x)$), l'orbite de x sous l'action de $Gal(L|K)$ n'est pas une base. Par exemple, si l'on considère l'extension cyclotomique $L = \mathbb{Q}(i)$, l'orbite de i est $\{i, -i\}$ qui est une famille liée. Une base normale de L sur $\mathbb{Q}$ est $\{1 + i, 1 - i\}$, puisque ses deux éléments sont linéairement indépendants sur $\mathbb{Q}$ et conjugués.

La proposition suivante permet de savoir dans quel cas l'orbite d'une racine primitive de 1 est une base normale de l'extension cyclotomique associée.

Proposition 10.2.14
Soient $n \in \mathbb{N}^\times$, $\omega \in \mathbb{C}$ une racine primitive $n-$ème de 1, et $L = \mathbb{Q}(\omega)$. Alors l'orbite de ω sous l'action de $Gal(L|K)$ est une base (normale) si et seulement si n est sans facteur carré.

Démonstration :

- Condition nécessaire : supposons que l'orbite de ω sous l'action de $Gal(L|K)$ est une base, et montrons par l'absurde que n n'admet pas de facteur carré. Si n s'écrit sous la forme $n = mp^k$ avec p premier ne divisant pas m et $k \geq 2$, alors

$$\varphi(n) = \varphi(m)\varphi(p^k) = \varphi(m)p^{k-1}(p-1) = \varphi(mp)p^{k-1}.$$

Or $\omega^{p^{k-1}}$ est une racine primitive $mp-$ème de 1, donc $\Phi_{mp}(\omega^{p^{k-1}}) = 0$. Alors les polynômes Φ_n et $Q := \Phi_{mp}(X^{p^{k-1}})$ sont unitaires, de même degré, et Φ_n divise Q, donc $\Phi_n = Q$. Or $\varphi(n) - 1 = \varphi(mp)p^{k-1} - 1 > (\varphi(mp) - 1)p^{k-1}$ $(k \geq 2)$, donc le coefficient de $X^{\varphi(m)-1}$ dans Φ_n est nul. Or $Tr_{L|K}(\omega)$

est le deuxième coefficient de χ_ω, et comme ω est primitif, son polynôme caractéristique est, d'après le lemme 10.1.2, son polynôme minimal P_ω, donc $Tr_{L|K}(\omega) = 0$, i. e. $\sum_{\omega \in Gal(L|K)} \sigma(\omega) = 0$ d'après le corollaire 10.1.5. Donc les conjugués de ω sont liés ; c'est absurde par hypothèse.

• Condition suffisante : on raisonne par récurrence sur le nombre de facteurs premiers de n.

— Si $n = p$ est premier, l'orbite de ω est $\{\omega^i \,/\, i \in [\![1,\, p-1]\!]\}$. S'il existe $\lambda_1, \ldots, \lambda_n \in \mathbb{Q}$ tels que $\sum_{j=1}^{p-1} \lambda_j \omega^j = 0$, alors $\sum_{j=0}^{p-2} \lambda_{j+1} \omega^j = 0$. Or ω est de degré $p-1$, donc pour tout $i \in [\![1,\, p-1]\!]$, $\lambda_i = 0$. Ainsi l'orbite de ω est une base de L.

— Cas général : n s'écrit sous la forme $n = mp$ avec p premier ne divisant pas m, et m sans facteur carré. Alors ω^p est une racine primitive m−ème de l'unité, donc par hypothèse de récurrence, l'orbite de ω^p sous l'action de $Gal(\mathbb{Q}(\omega^p)|\mathbb{Q})$ forme une base de $\mathbb{Q}(\omega^p)$ sur $\mathbb{Q}$. De même, ω^m est une racine primitive p−ème de l'unité et son orbite sous l'action de $Gal(\mathbb{Q}(\omega^m)|\mathbb{Q})$ forme une base de $\mathbb{Q}(\omega^m)$ sur $\mathbb{Q}$ qui est encore une base de $\mathbb{Q}(\omega^m)$ sur $\mathbb{Q}(\omega^p)$. En effet, d'après la proposition 6.2.6, $\mathbb{Q}(\omega^m)(\omega^p) = \mathbb{Q}(\omega^m, \omega^p) = \mathbb{Q}(\omega)$, et cette extension est de degré $\varphi(mp)$ sur $\mathbb{Q}$. Or $\mathbb{Q}(\omega^p)$ est de degré $\varphi(m)$ sur $\mathbb{Q}$, donc par multiplicativité des degrés, ω^m est de degré $\frac{\varphi(mp)}{\varphi(m)} = p - 1$ sur $\mathbb{Q}(\omega^p)$, ce qui montre que Φ_p est irréductible sur $\mathbb{Q}(\omega^p)$.
Si l'orbite de ω^m sous l'action de $Gal(\mathbb{Q}(\omega^m)|\mathbb{Q})$ était liée sur $\mathbb{Q}(\omega^p)$, on aurait, comme dans le cas où $n = p$, un polynôme annulateur de ω^m de degré strictement inférieur à $p-1$, ce qui contredirait la minimalité de Φ_p. En prenant le produit des éléments des deux bases obtenues, on obtient une base de $\mathbb{Q}(\omega)$ sur $\mathbb{Q}$. Ses éléments sont alors des racines primitives n−èmes de l'unité. En effet, le produit de deux éléments (qui commutent évidemment) d'ordre m et p est $mp = n$ (m et p premiers entre eux). Donc ce sont des éléments de l'orbite de ω. Comme il y en a $\varphi(n)$, ce sont *les* éléments de l'orbite de ω. ∎

10.3 Exercices

Exercice 10.3.1

1. Soient $x,\, y \in \mathbb{R}$, et $z := x + iy$. Calculer la norme et la trace de z sur $\mathbb{R}$.
2. Soit d un entier naturel sans facteur carré, et soient $x,\, y \in \mathbb{Q}$. Calculer la norme et la trace de $z := x + y\sqrt{d}$ sur $\mathbb{Q}$.

Solution

1. La matrice dans la base $(1,\, i)$ de $\mathbb{C}$ de la multiplication par z est $A := \begin{pmatrix} x & -y \\ y & x \end{pmatrix}$, donc la norme et la trace de z sur $\mathbb{R}$ sont données par $N_{\mathbb{C}|\mathbb{R}}(z) = \det(A) = x^2 + y^2$ et $Tr_{\mathbb{C}|\mathbb{R}}(z) = \mathrm{tr}(A) = 2x$.
2. On procède de même : la matrice dans la base $(1,\, \sqrt{d})$ de $\mathbb{Q}(\sqrt{d})$ de la multiplication par z est $B := \begin{pmatrix} x & yd \\ y & x \end{pmatrix}$, donc la norme et la trace de z sur $\mathbb{Q}$ sont $N_{\mathbb{Q}(\sqrt{d})|\mathbb{Q}}(z) = \det(B) = x^2 - dy^2$ et $Tr_{\mathbb{Q}(\sqrt{d})|\mathbb{Q}}(z) = \mathrm{tr}(B) = 2x$.

Exercice 10.3.2

Soient K un corps et L une extension séparable de K de degré fini.
1. Montrer que l'application $\varphi(x,\, y) \mapsto Tr_{L|K}(xy)$ est une forme bilinéaire symétrique non dégénérée sur L.
2. On suppose désormais que L est de la forme $L = K(x)$ où x est un élément algébrique de degré n sur K, et on note P_x le polynôme minimal de x sur K. Montrer qu'il existe $a_0, \ldots,\, x_{n-1} \in L$ tels que l'on ait

$$\frac{P_x(x)}{X - x} = a_0 + a_1 X + \cdots + a_{n-1} X^{n-1}.$$

Montrer que pour tout $l \in [\![0,\, n-1]\!]$, on a $\displaystyle\sum_{j=1}^{n} \frac{P}{X - x_j} \frac{x_j^l}{P_x'(x_j)} = X^l$.

3. En déduire que les bases $(1,\, x, \ldots,\, x^{n-1})$ et $\left(\dfrac{a_0}{P_x'(x)}, \ldots,\, \dfrac{a_{n-1}}{P_x'(x)}\right)$ de L sur K sont duales pour la forme φ.

Solution

1. Par définition de la norme, φ est une forme bilinéaire symétrique. Montrons qu'elle est non dégénérée. Tout d'abord, on a $\varphi \neq 0$: en effet, d'après la proposition 10.1.4, il existe $x \in L$ tel que $Tr_{L|K}(x) \neq 0$ puisque L est séparable sur K. Soit $x \in L$ tel que l'on ait $\varphi(x, y) = 0$ pour tout $y \in L$, alors $Tr(xy) = 0$, donc Tr est nulle sur xL. Or $xL = 0$ si $x = 0$, et $xL = L$ si $x \neq 0$ puisque L est un corps. Comme $Tr_{L|K} \neq 0$, on a nécessairement $x = 0$. Ceci montre que φ est non dégénérée.
2. Le polynôme $X - x$ divise P dans $L[X]$, donc il existe $a_0, \dots, x_{n-1} \in L$ tels que l'on ait $\frac{P_x(x)}{X-x} = a_0 + a_1 X + \cdots + a_{n-1}X^{n-1}$. Notons $x_1, \dots, x_n$ les racines de P_x dans une extension de L, avec $x_1 := x$, et montrons que pour tout $l \in [\![0, n-1]\!]$, on a $\sum_{j=1}^n \frac{P}{X-x_j} \frac{x_j^l}{P_x'(x_j)} = X^l$. Le polynôme P_x s'écrit sous la forme $P_x = \prod_{j=1}^n (X - x_j)$, donc $P_x' = \sum_{j=1}^n \prod_{i\neq j}(X - x_i)$, donc $P_x'(x_k) = \prod_{i\neq k}(x_k - x_i) \neq 0$ (P est séparable). Notons $Q := \sum_{j=1}^n \frac{P}{X-x_j} \frac{x_j^l}{P_x'(x_j)}$. Alors $Q = \sum_{j=1}^n \prod_{i\neq j}(X - x_i) \frac{x_j^l}{P_x'(x_j)}$, donc $Q(x_k) = \prod_{i\neq k}(x_k - x_i) \frac{x_k^l}{P_x'(x_k)} = P_x'(x_k) \frac{x_k^l}{P_x'(x_k)} = x_k^l$. Donc les polynômes Q et X^l coïncident sur n nombres distincts et sont de degré inférieur ou égal à $n-1$. Ainsi ils sont égaux et $\sum_{j=1}^n \frac{P}{X-x_j} \frac{x_j^l}{P_x'(x_j)} = X^l$.
3. Pour montrer que les bases sont duales l'une de l'autre, on doit montrer que pour tout $(j, l) \in [\![0, n-1]\!] \times [\![0, n-1]\!]$, on a $Tr_{L|K}\left(x^l \frac{a_j}{P_x'(x)}\right) = \delta_{j,l}$. Notons $\sigma_1, \dots, \sigma_n$ les n $K-$morphismes distincts de L dans une clôture algébrique Ω de K. Alors d'après la proposition 10.1.4, pour tout $z \in L$, on a $Tr_{L|K}(z) = \sum_{i=1}^n \sigma_i(z)$, et les morphismes σ_i sont déterminés par $\sigma_i(x) = x_i$.
On a donc
$Tr_{L|K}\left(x^l \frac{a_j}{P_x'(x)}\right) = \sum_{i=1}^n \sigma_i\left(x^l \frac{a_j}{P_x'(x)}\right) = \sum_{i=1}^n \sigma_i(x)^l \frac{\sigma_i(a_j)}{P_x'(\sigma_i(x))} = \sum_{i=1}^n \sigma_i(a_j) \frac{x_i^l}{P_x'(x_i)}$.
Or $\sigma_i(a_j)$ est le $j-$ème coefficient de $\sigma_i\left(\frac{P}{X-x}\right) = \sigma_i\left(\sum_{i=0}^{n-1} a_i X^i\right) = \sum_{i=0}^{n-1} \sigma_i(a_i)X^i = \frac{P}{\sigma_i(X-x)} = \frac{P}{X-x_i}$, donc $\sum_{i=1}^n x_i^l \frac{\sigma_i(a_j)}{P_x'(x_i)}$ est le $j-$ème coefficient de $\sum_{i=1}^n \frac{P}{X-x_i} \frac{x_i^l}{P_x'(x_i)} = X^l$. Ainsi, $Tr_{L|K}\left(x^l \frac{a_j}{P_x'(x)}\right)$ est le $j-$ème coefficient de X^l, donc $Tr_{L|K}\left(x^l \frac{a_j}{P_x'(x)}\right)$ vaut 1 si $j = l$ et 0 sinon, i. e. $Tr_{L|K}\left(x^l \frac{a_j}{P_x'(x)}\right) = \delta_{j,l}$, d'où le résultat.

Exercice 10.3.3

Soient K un corps fini et L une extension algébrique de K de degré fini.
1. Montrer que l'application $Tr_{L|K} : L \to K$ est surjective.
2. Montrer que l'application $N_{L|K} : L^\times \to K^\times$ est surjective.

Solution

1. Comme K est un $K-$espace vectoriel de dimension 1 et que $Tr_{L|K}$ est une application linéaire de L dans K, il suffit de montrer que $Tr_{L|K}$ est non nulle. C'est vrai d'après la proposition 10.1.4 puisque toute extension algébrique d'un corps fini est séparable.
2. Notons q le cardinal de K, et m le degré de L sur K, de sorte que l'on a $|L| = q^m$. Le groupe $L^\times$ est alors cyclique, et on note $x \in L$ un générateur de $L^\times$. L'application u_x : $y \mapsto xy$ de L dans L est une application bijective, donc $N_{L|K}(x) = \det(u_x) \neq 0$. D'après la proposition 6.1.6, L est une extension cyclique de K, et si φ est l'application de L dans L définie par $\varphi(y) = y$, alors on a $Gal(L|K) = \langle\varphi\rangle = \{\varphi^j \ / \ j \in [\![0,\, m-1]\!]\}$. D'après le corollaire 10.1.5, on a $N_{L|K}(x) = \prod_{\sigma \in Gal(L|K)} \sigma(x) = \prod_{j=0}^{m-1} x^{q^j} = x^{\sum_{j=0}^{m-1} q^j} = x^{\frac{q^m-1}{q-1}}$. Cette application est un morphisme de groupes de $L^\times$ dans $K^\times$, et $\text{Ker}(N_{L|K}) = \{x^j \ / \ j \in [\![0,\, q^m - 2$ et $N(x^j) = 1]\!]\}$. Or $N_{L|K}(x^j) = N_{L|K}(x)^j = x^{j\frac{q^m-1}{q-1}}$, donc on a les équivalences

$$x^j \in \text{Ker}(N_{L|K}) \Leftrightarrow x^{j\frac{q^m-1}{q-1}} = 1 \Leftrightarrow q^m - 1 | j\,\frac{q^m-1}{q-1} \Leftrightarrow q-1|j,$$

d'où $\text{Ker}(N_{L|K}) = \{x^{(q-1)l} \ / \ (q-1)l \in [\![0,\, q^m - 2\}$. Le cardinal de $\text{Ker}(N_{L|K})$ est ainsi $|\text{Ker}(N_{L|K})| = E\left(\frac{q^m-2}{q-1}\right) + 1 \leq \frac{q^m-2}{q-1} + 1 < \frac{q^m-1}{q-1} + 1$, donc $|\text{Ker}(N_{L|K})| \leq \frac{q^m-1}{q-1}$. Alors on a $|\text{Im}(N_{L|K}))| = \frac{|L^\times|}{|\text{Ker}(N_{L|K})|} \geq \frac{q-1}{q^m-1}(q^m-1) = q-1 = |K^\times|$, ce qui montre que $N_{L|K}$ est surjective.

Annexe A

Biographie des mathématiciens cités

Niels Henrik ABEL, 1802 (Frindoë), 1829 (Christiania = Oslo), Norvégien. Analyse (semi-convergence des séries numériques, critère d'Abel) et algèbre (résolution des équations algébriques).

Jean le Rond D'ALEMBERT, 1717 (Paris), 1783 (Paris), Français. Mathématicien (équations différentielles, dérivées partielles), philosophe et encyclopédiste (il a dirigé l'Encyclopédie avec Denis Diderot). Son fameux *théorème de D'Alembert* ne sera démontré qu' au XIXème siècle par Gauß.

ARCHIMÈDE, 287 av. J.-C. (Syracuse), 212 av. J.-C. (Syracuse), Grec. Mathématicien (calcul de l'aire sous un arc de parabole, encadrement de π), physicien (hydrostatique : principe d'Archimède) et ingénieur (vis d'Archimède).

Emil ARTIN, 1898 (Vienne), 1962 (Hambourg), Autrichien. A publié un ouvrage de référence qui présente de façon moderne la théorie de Galois. S'est aussi intéressé à l'analyse (théorème d'Artin sur la fonction Γ), et a résolu deux des 23 problèmes de Hilbert.

Elwyn Ralph BERLEKAMP, né en 1940 (Ohio), Américain. Mathématicien : théorie de l'information et théorie combinatoire des jeux (jeu de Go), mathématiques financières.

Étienne BÉZOUT, 1730 (Nemours), 1783 (Avon), Français. A écrit le *Cours de mathématiques à l'usage des gardes du pavillon et de la marine*, et travaillé sur les équations algébriques, et sur les fonctions symétriques des racines d'une équation.

Raj Chandra BOSE, 1901, 1987, Indien. Mathématicien, statisticien. A créé en 1960 les codes BCH avec Ray-Chaudhuri, indépendamment de Hocquenghem. A travaillé sur les carrés latins.

William BURNSIDE, 1852 (Londres), 1927 (West Wickham), Anglais. L'étude de l'hydrodynamique l'a amené à travailler sur la théorie des groupes (théorème de Burnside).

Jérôme CARDAN, 1501 (Pavie), 1576 (Rome), Italien. Mathématicien, philosophe, astrologue, inventeur et médecin. Méthode de résolution des équations de degré 3, publiée dans son livre *Ars Magna.*

Arthur CAYLEY, 1821, 1895, Anglais. Mathématicien et avocat. Algèbre linéaire (introduction de la multiplication des matrices, théorème de Cayley-Hamilton), découverte des octonions (ou octaves).

Nikolai CHEBOTARYOV, 1894 (Kamianets-Podilskyi, Ukraine), 1947 (Moscou), Russe. Algèbres de polynômes (théorème de Chebotaryov), théorie de Galois.

James William COOLEY, né en 1926, Américain. Mathématicien (traitement du signal : transformée de Fourier rapide, en 1965 chez IBM, dans le but de détecter les essais d'armes nucléaires en URSS).

DINOSTRATE, 390 av. J.-C., 320 av. J.-C., Grec. Mathématicien, disciple de Platon et frère de Ménechme. A utilisé une courbe appelée la quadratrice (ou trisectrice) pour étudier la quadrature du cercle.

Johann Peter Gustav Lejeune DIRICHLET, 1805 (Düren), 1859 (Göttingen), Allemand. Séries de Fourier (noyau de Dirichlet et théorème de Dirichlet), fonctions harmoniques (problème de Dirichlet), arithmétique. On lui doit le principe des tiroirs, ou principe des trous de pigeons.

Ferdinand Gotthold Max EISENSTEIN, 1823 (Berlin), 1852 (Berlin), Allemand. Elève de Dirichlet. Gauß a dit de lui "Il n'y a que trois mathématiciens qui feront date : Archimède, Newton et Eisenstein". Critère d'Eisenstein, séries d'Eisenstein.

Leonhard Paul EULER, 1707 (Bâle), 1783 (Saint-Pétersbourg), Suisse. Mathématicien (formules d'Euler, calcul infinitésimal, théorie des graphes avec le problème des ponts de Königsberg) et physicien (mécanique, optique, astronomie). Son œuvre est considérable (886 publications, soit 80 volumes). Laplace a dit de lui : "Lisez Euler, lisez Euler, c'est notre maître à tous". Fervent chrétien, croyant en l'inerrance biblique, il s'opposa avec force aux athées.

Pierre DE FERMAT, début du XVIIème siècle (Beaumont-de-Lomagne), 1665 (Castres), Français. Juriste, mathématicien (petit et grand *théorèmes de Fermat*, théorème des deux carrés, méthode de descente infinie), helléniste, physicien (principe de Fermat en optique) il est surnommé le "prince des amateurs".

Ludivico FERRARI, 1522 (Bologne), 1565 (Bologne), Italien. Méthode de résolution des équations de degré 4, publiée dans le livre *Ars Magna* de Cardan.

George David FORNEY, né en 1940 (New York). Ingénieur en électricité. Théorie des systèmes de télécommunication, théorie des codes correcteurs et de l'information.

Jean Baptiste Joseph FOURIER, 1768 (Auxerre), 1830 (Paris), Français. Mathématicien, physicien (théorie de la propagation de la chaleur). A travaillé sur la décomposition de fonctions périodiques en séries trigonométriques, appelées séries de Fourier.

Ferdinand Georg FROBENIUS, 1849 (Charlottenbourg), 1917 (Berlin), Allemand. Mathématicien : théorie des groupes, algèbre linéaire, théorème de Frobenius "les seules $\mathbb{R}-$algèbres associatives intègres de dimension finie sont $\mathbb{R}$, $\mathbb{C}$ et $\mathbb{H}$".

Évariste GALOIS 1811 (Bourg-la-Reine), 1832 (Paris), Français. Mathématicien. Equations algébriques. A montré en particulier le lien qui existe entre la résolubilité par radicaux d'une équation et la résolubilité du groupe qui lui est associé.

Johann Carl Friedrich GAUß, 1777 (Brunswick, Basse-Saxe), 1855 (Göttingen), Allemand. Mathématicien (nombres premiers, loi de réciprocité quadratique, theorema egregium sur la courbure), astronome (observatoire de Göttingen) et physicien (électromagnétisme), profondément pieux, surnommé "mathematicorum principi" (prince des mathématiciens).

Charles HERMITE, 1822 (Dieuze), 1901 (Paris), Français. Théorie des nombres (transcendance de e), formes quadratiques (formes hermitiennes), polynômes orthogonaux (polynômes de Hermite), équations différentielles.

David HILBERT, 1862 (Königsberg, Prusse-Orientale), 1943 (Göttingen), Allemand. Considéré, au même titre que Henri Poincaré, comme l'un des plus grands mathématiciens du vingtième siècle. Théorie des invariants, axiomatisation de la géométrie, analyse fonctionnelle (espaces de Hilbert). A énoncé au congrès international des mathématiciens de Paris en 1900 les fameux 23 problèmes pour le vingtième siècle, dont 5 ne sont encore que partiellement résolus.

Alexis HOCQUENGHEM, 1908, 1990, Français. A créé en 1959 les codes BCH, indépendamment de Bose et Ray-Chaudhuri.

Felix Christian KLEIN, 1849 (Düsseldorf), 1925 (Göttingen), Allemand. Théorie des groupes, géométrie non euclidienne, analyse. Il a énoncé le fameux programme d'Erlangen, selon lequel l'étude d'une géométrie se ramène à l'étude de son groupe de transformations.

Léopold KRONECKER, 1823, 1891, Allemand. Mathématicien (théorie des nombres), logicien. On lui doit la phrase "Dieu fit les nombres naturels ; tout le reste est l'œuvre de l'homme", et il s'est opposé à Cantor.

Wolfgang KRULL, 1899, 1971, Allemand. Mathématicien. Algèbre commutative (théorème de Krull, anneaux de Krull).

Joseph Louis, comte de LAGRANGE, 1736 (Turin), 1813 (Paris), Français. Mathématicien (théorie des groupes, théorème de Lagrange, équations différentielles), mécanicien (mécanique des fluides, multiplicateurs de Lagrange), astronome (problème des trois corps). Il est, avec Euler, le fondateur du calcul des variations (lagrangien). A élaboré, avec Lavoisier, le système métrique.

Adrien-Marie LEGENDRE, 1752 (Paris), 1833 (Auteuil), Français. A publié une version simplifiée des Elements d'Euclide, les *Elements de géométrie* qui fut un succès, et travaillé sur la mécanique céleste (méthode des moindres carrés). Utilise l'analyse en théorie des nombres, et fait de nombreux travaux sur les fonctions elliptiques.

Carl Louis Ferdinand von LINDEMANN, 1852 (Hanovre), 1939 (Munich), Allemand. A démontré que π est transcendant.

Joseph LIOUVILLE, 1809 (Saint-Omer), 1882 (Paris), Français. Théorie des nombres (nombres de Liouville), analyse complexe (théorème de Liouville), équations intégrales (problème de Sturm-Liouville). A fondé en 1836 le Journal de mathématiques pures et appliquées, et a été le premier à lire les travaux inédits de Galois.

François Édouard Anatole LUCAS, 1842 (Amiens), 1891 (Paris), Français. Théorie des nombres (test de primalité de Lucas). A travaillé sur la suite de Fibonacci, et montré que le nombre de Mersenne M_{127} est premier.

August Ferdinand MÖBIUS, 1790 (Schulpforta, Saxe), 1868 (Leipzig), Allemand. Mathématicien (ruban de Möbius, qui est un exemple de surface non orientable à deux dimensions avec seulement un bord, introduction des coordonnées homogènes en géométrie projective, théorie des nombres : formule d'inversion de Möbius), astronome. Elève de Gauß.

Isaac NEWTON, 1643 (Woolsthorpe), 1727 (Kensington), Anglais. Philosophe, mathématicien (calcul infinitésimal, binôme de Newton, méthode de Newton pour trouver des valeurs approchées des racines d'une fonction réelle), physicien (théorie de la gravitation), astronome (télescope de Newton), alchimiste.

Henri POINCARÉ, 1854 (Nancy), 1912 (Paris), Français. Mathématicien, physicien, philosophe. Cousin du président de la république Raymond Poincaré. Fondateur de la topologie algébrique et de l'étude qualitative des systèmes différentiels. Ses travaux en physique ont initié la théorie de la relativité restreinte.
C'est le dernier mathématicien, et savant universel, à connaître toutes les mathématiques de son temps.

Dwijendra Kumar RAY-CHAUDHURI, né en 1933 (Inde), Américain. Mathématicien, statisticien. A résolu avec R. M. Wilson le problème des demoiselles de Kirkman en 1968.

Irving Stoy REED, né en 1923 (Seattle), Américain. Mathématicien, ingénieur. A inventé avec Gustave Solomon les codes correcteurs d'erreurs de Reed-Solomon et de Reed-Müller.

Otto SCHREIER, 1901 (Vienne), 1929 (Hambourg). Algèbre et théorie des groupes.

Gustave SOLOMON, 1930, 1996, Américain. Mathématicien, ingénieur. A inventé avec Irving S. Reed les codes correcteurs d'erreurs de Reed-Solomon.

Ernst STEINITZ, 1871 (Laurahütte, Silésie), 1928 (Kiel), Allemand. Théorie des corps. A introduit les notions de corps parfait et de degré de transcendance, et prouvé le fameux théorème de Steinitz.

Kozo SUGIYAMA, Japonais. Vice-président de la School of Knowledge Science du Japan Advanced Institute of Science and Technology.

Peter Ludwig Mejdell SYLOW, 1832 (Christiania = Oslo), 1918 (Oslo), Norvégien. Théorie des groupes (théorèmes de Sylow, en 1872).

James Joseph SYLVESTER, 1814 (Londres), 1897 (Mayfair), Anglais. Formes quadratiques et leurs invariants (théoréme d'inertie de Sylvester), théorie des déterminants. A introduit en 1850 le terme de matrice.

John TUKEY, 1915 (Massachusetts), 2000 (New Jersey), Américain. Surdoué (a appris seul à lire à l'âge de trois ans). Statisticien (test de Tukey, Loi de Tukey-Lambda), algorithme de la transformée de Fourier rapide. A dirigé le comité qui met en garde les autorités contre les effets dévastateurs des aérosols sur la couche d'ozone.

Bartel Leendert van der WAERDEN, 1903 (Amsterdam), 1996 (Zurich), Hollandais. A résolu le quinzième problème de Hilbert, et son livre *Moderne Algebra*, a révolutionné l'algèbre.

Pierre-Laurent WANTZEL, 1814 (Paris), 1848 (Paris), Français. S'est intéressé aux problèmes de constructibilité par la règle et le compas (théorème de Wantzel).

Joseph Henry Maclagan WEDDERBURN, 1882 (Forfar, Écosse), 1948 (Princeton, New Jersey), Anglais. Théorie des corps (théorème de Wedderburn, en 1905, et exemples de corps non commutatifs).

Index

Bibliographie

[Art59] Emil Artin, *Galois Theory*, 1959.

[But08] Frédéric Butin, *Hochschild Homology and Cohomology of Klein Surfaces*, SIGMA **4** (2008), 64–89, arXiv :0804.4324[math-ph].

[Dem08] Michel Demazure, *Cours d'algèbre*, Cassini, Paris, 2008.

[Gal89] Evariste Galois, *Oeuvres Mathématiques*, Editions Jacques Gabay, Sceaux, 1989.

[GW04] Claude Gasquet and Patrick Witomski, *Analyse de Fourier et applications*, Dunod, Paris, 2004.

[Kan02] Jean-Michel Kantor, *Où en sont les mathématiques ? Société Mathématique de France*, Vuibert, Paris, 2002.

[LLL82] A. K. Lenstra, Jr. Lenstra, H. W., and L. Lovász, *Factoring polynomials with rational coefficients*, Mathematische Annalen **261** (1982), no. 4, 515–534, arXiv :0809.4983[math-ph].

[Per96] Daniel Perrin, *Cours d'Algèbre*, Mathématiques pour l'Agrégation, Ellipses, Paris, 1996.

[Rei89] Hervé Reinhard, *Equations différentielles*, Dunod, Paris, 1989.

[RSP02] E. Rannou and P. Saux-Picart, *Cours de calcul formel, partie II*, Editions Ellipses, 2002.

[SL95] P. Stevenhagen and H. W. Lenstra, *Chebotarëv and his density theorem*, 1995, Jr. version 19950323.

[Spr77] T.A. Springer, *Invariant theory*, Lecture Notes in Math., vol. 585, Springer-Verlag, 1977.

[Ste86] Ian Stewart, *Ah, les beaux groupes*, Les Chroniques de Rose Polymath, Belin, Paris, 1986.

[Tan98] Tangente, *Secrets de Nombres, Arithmétique*, Editions Archimède, Paris, 1998.

[Val79] Leslie Gabriel Valiant, *The complexity of computing the permanent*, Theoret. Comput. Sci. **8** (1979), 189–201.

[VdW48] Bartel Leendert Van der Waerden, *Modern Algebra, Vol. I*, Baltimore, 1948.

Imprimé en France par
LIGHTNING SOURCE
www.lightningsource.fr

IMPRIM'VERT
Votre imprimeur agit pour l'environnement

Printed in Dunstable, United Kingdom

91337295R00188